Corrosion of Metals Fabricated by Additive Manufacturing

增材制造金属的腐蚀行为与机理

董超芳　孔德成　张 亮　等编著

·北京·

内容简介

本书着重研究增材制造成形（3D打印）金属的打印工艺、组织结构与耐蚀性能之间对应关系，旨在阐述这种新兴工艺制备金属的腐蚀行为，包括点蚀、晶间腐蚀、应力腐蚀开裂和氢脆等。全书共8章，对增材制造316L不锈钢、15-5PH高强度不锈钢、CoCrMo合金、AlSi10Mg合金、Ti6Al4V合金、哈氏合金和Inconel 718合金的腐蚀行为与机理进行了系统的探讨，为读者展现出了丰富的增材制造金属独特的腐蚀行为与案例。可为科研人员提供成分设计、工艺优化、组织调控和腐蚀控制等方面的服务与技术支撑，为增材制造金属用户提供基础的数据和参考，为提高增材制造金属的耐蚀性与使用寿命提供技术保障。

本书适合从事金属增材制造的科技人员阅读，也可作为高校相关专业高年级本科生及研究生的参考书。

图书在版编目（CIP）数据

增材制造金属的腐蚀行为与机理/董超芳等编著. —北京：化学工业出版社，2021.12

ISBN 978-7-122-39963-2

Ⅰ.①增… Ⅱ.①董… Ⅲ.①快速成型技术-金属-生物腐蚀-研究 Ⅳ.①TB4

中国版本图书馆CIP数据核字（2021）第196775号

责任编辑：窦　臻　林　媛　　　装帧设计：王晓宇
责任校对：王　静

出版发行：化学工业出版社
（北京市东城区青年湖南街13号　邮政编码100011）
印　　装：北京缤索印刷有限公司
710mm×1000mm　1/16　印张19½　字数327千字
2023年1月北京第1版第1次印刷

购书咨询：010-64518888　　售后服务：010-64518899
网　　址：http://www.cip.com.cn
凡购买本书，如有缺损质量问题，本社销售中心负责调换。

定　　价：158.00元

前言

随着航空航天、电子信息、能源化工、轨道交通及生物医用等领域对快速成形和制造的需求逐年增长，源于20世纪80年代的快速成形技术——增材制造技术（3D打印）在全球范围内引起了广泛的关注并得以迅速发展。

与传统制造工艺相比，增材制造技术制备的金属材料具有以下突出优点：快速凝固组织呈晶粒细小、组织致密等特征，综合力学性能优异；可实现复杂结构无模具近终成形，产品研发周期短，制造成本低；适用材料广泛，零部件设计思维不受传统制造工艺局限，可高效制备难以加工的复杂金属零部件；制造过程中根据实际使用需求设计不同部位的成分和组织，提高材料的综合性能，扩大应用范围。

目前，国内外相关研究机构与企业等已利用增材制造技术制造、研发了各类产品并应用，既探索了该领域科学前沿问题，又满足了重大装备制造需求，行业近年来保持了很高的增长速率。金属增材制造过程中，熔池内的瞬间温升快、冷却快、成分过冷度大，同时激光和粉末交互作用过程中，涉及黏度梯度、金属蒸气等复杂的传质、传热过程，导致增材制造组织结构具有明显的各向异性特征，化学和物理特性不均匀，并且不可避免地存在少量微孔洞或裂纹。这些组织特征使得增材制造金属具有较大的腐蚀敏感性，可能降低成形件的安全等级及服役寿命。因此，需要系统研究增材制造金属的粉末特性、打印工艺、材料特征和腐蚀行为，为材料优化和工程应用提供技术支撑。

本书得益于北京科技大学和上海材料研究所在该领域的科研合作，归纳梳理了联合研究团队近5年的部分研究结果，以期给出增材制造金属成分、组织结构、力学性能和腐蚀性能之间的关系。全书共8章，第1章概括介绍增材制造技术发展，增材制造成形金属的应用及腐蚀行为特征；第2章详细介绍了激光选区熔化（SLM）成形316L不锈钢的腐蚀行为与机理；第3章介绍了SLM成形15-5PH高强度不锈钢的腐蚀行为与机理；第4章介绍了SLM成形CoCrMo合金腐蚀行为与机理；第5章介绍了SLM成形AlSi10Mg铝合金腐蚀行为与机理；第6章介绍了SLM成形Ti6Al4V钛合金腐蚀行为与机理；第7章介绍了SLM成形哈氏合金腐蚀行为与机理；第8章介绍了激光金属沉积（LMD）成形Inconel 718合金腐蚀行为与机理。书中研讨了粉末性质、打印工艺、组织结构与耐蚀性能之间的对应关系，有助于更好地理解增材制造金属的腐蚀行为，对优化增材制造工艺参数和制定防护方案具有实践应用意义。

本系列研究工作是在国家重点研发计划项目（No.2017YFB0702300）、国家自然科学基金项目（No.52125102、No.51871028）、中央高校基本科研业务费（No. FRF-TP-19-003B2）和科技部国家材料腐蚀与防护科学数据中心的共同资助下完成的，在此一并感谢！

本专著是对增材制造典型金属腐蚀行为及机理现有研究成果的阶段性总结，各章参加编写人员如下：第1章由孔德成、张亮、孙晓光、肖葵、董超芳编写；第2章由孔德成、满成、李瑞雪编写；第3章由王力、张维、董超芳编写；第4章由胡亚博、邹士文编写；第5章由纪毓成、董超芳编写；第6章由乔炳轩、纪毓成、董超芳编写；第7章由孔德成、倪晓晴、贺星编写；第8章由孔德成、倪晓晴、张亮编写。

感谢北京科技大学新材料技术研究院的各位同仁在完成本书的过程中给予的支持与鼓励，同时也感谢上海材料研究所3D打印中心的吴文恒、卢林、王涛等工作人员对于本项目工作的参与和大力支持。特别感谢李晓刚教授对于本书的出版给予了大力支持，提出了非常宝贵的意见。此外，感谢所有在本书撰写过程中做出贡献的朋友们。

由于受工作和认识的局限，本书存在一些不妥之处在所难免，希望读者赐教与指正。

董超芳

2022年8月

目录

第1章

概论 001

第3章 SLM成形15-5PH高强度不锈钢的腐蚀行为与机理 097

第4章 SLM成形CoCrMo合金的腐蚀行为与机理 133

第6章

SLM成形Ti6Al4V合金的腐蚀行为与机理 205

第7章

SLM成形哈氏合金的腐蚀行为与机理 245

第8章 LMD成形Inconel 718合金的腐蚀行为与机理 271

第1章 概论

1.1 增材制造技术概述

1.1.1 增材制造技术的定义及发展历程

增材制造（additive manufacturing，AM）技术从20世纪80年代末逐步发展，是通过计算机辅助技术（CAD）设计数据并采用材料逐层累加的方法制造实体零件的技术，相对于传统的材料去除（切削加工）技术，是一种“自下而上”的材料累加制造方法。期间也被称为“材料累加制造”“快速原型”“分层制造”“实体自由制造”“3D打印技术”等。美国材料与试验协会（ASTM）国际委员会对增材制造给出以下定义：增材制造是依据三维模型数据将材料连接制作物体的过程，相对于减法制造，它通常是逐层累加的过程。3D打印也常用来表示“增材制造”技术。狭义的3D打印是指采用打印头、喷嘴或其他打印技术沉积材料来制造物体的技术，这些增材制造设备相对价格较低，总体功能较弱。从更广义的原理来看，以三维CAD设计数据为基础，将材料（包括液体、粉末、线材或块材等）自动化地累加起来成为实体结构的制造方法，均可视为增材制造技术（3D打印技术）。

增材制造的发展历史较短，图1.1为增材制造技术发展的一些关键历史节点。1986年，查尔斯·哈尔（Charles Hull）发明了立体光固化成形技术，并以此申请了专利。同年，查尔斯开发了第一台商业3D打印机，并成立了3D Systems公司。1995年，麻省理工学院研发了粉末层和喷头3D打印技术，Z Corp公司从麻省理工学院获得了独家使用“三维打印技术”的授权，并在三维打印技术的基础上开发了3D打印机；2005年，Z Corp公司推出Spectrum Z510，这是市场上第一台高精度彩色3D打印机；2010年11月,第一台用巨型3D打印机打印出整个身躯的轿车出现；2011年8月，世界上第一架3D打印飞机由英国南安普敦大学的工程师完成；2012年11月，苏格兰科学家利用人体细胞首次用3D打印机打印出人造肝脏组织；2014年，首座3D打印搭建建筑现身上海。随着技术的发展，增材制造技术向着多尺度、材料多元化等方向不断突破创新，其发展前景广阔。

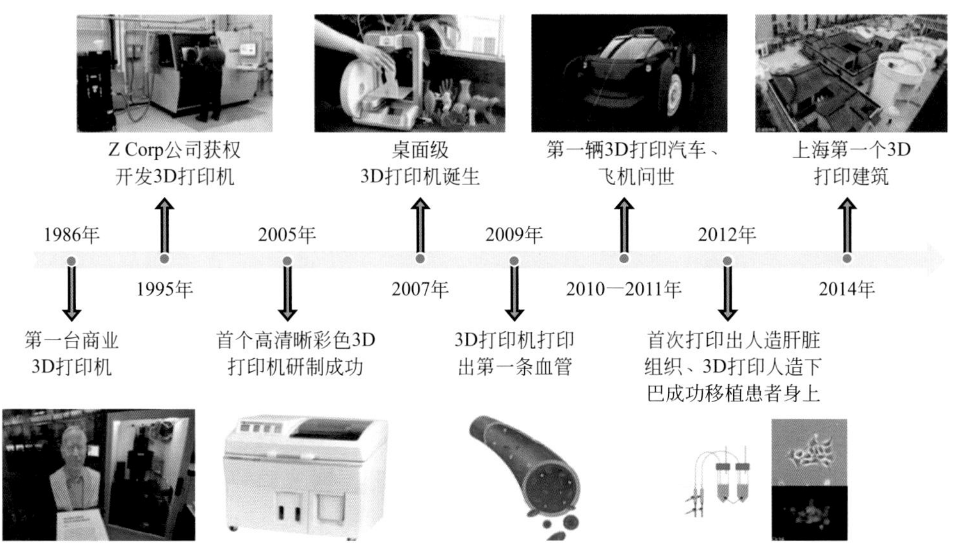

图1.1　增材制造（3D打印）技术发展的关键历史节点

图1.2　增材制造技术在各行各业的应用

目前，增材制造技术已在医疗器械、航空航天、建筑、汽车、工业制造等领域广泛应用，如图1.2所示。随着经济发展和生活水平提高，消费者更加追求个性化的需求，3D打印将与机器人、人工智能等技术一起，提高制造业生产线的柔性化程度，以更低成本生产定制产品，推动制造业生产方式由大规模生产向个性化定制转变。然而，增材制造技术也面临一些严峻的问题，就目前我国增材制造产业发展而言，存在如下的主要问题：关键原材料依赖进口，批次稳定性差，应用有限；材料品种单一化，尤其是可打印的金属材料只有几十种，缺少梯度材料和复合材料等；尚未形成全面的行业标准，成形件往往只能通过尺寸精度、致密度、力学性能等宏观因素考察打印效果，缺乏微观组织认证的依据和验证标准。尤其在航空航天、医疗等领域造成无标准可依，制造出零件又没有考核标准，拟定考核标准又不敢用的尴尬局面；创新平台协同发展较弱，国内目前尚未建立有效的国家层面的增材制造产业创新平台。

1.1.2 增材制造技术的分类与特点

目前，可进行增材制造成形的材料有很多，包括高分子材料、金属材料以及陶瓷材料，不同的材料适应不同的增材制造技术。现有的增材制造技术有多种，包括电子束熔化成形、激光选区熔化成形、激光烧结成形、熔融沉积成形、立体平版印刷技术、三维喷印、紫外线成形技术等。不同技术的成形方式如图1.3所示，如果是采用粉末成形，根据粉末供给方式的不同，可分为同轴送粉技术和粉末床技术；根据能量来源的不同又可分为电子束成形或者激光束成形等。

（1）激光选区烧结成形（selective laser sintering，SLS）

以预置于工作平台上的粉末为原料，计算机根据模型切片控制激光束的二维扫描轨迹，有选择地烧结固体粉末材料以形成零件的一个层面。在烧结之前，整个工作台通常被加热至稍低于粉末熔化温度，以减少热变形，并利于与前一层的熔合。完成一层烧结后，工作平面下降一个层厚，铺粉系统铺设新粉层，激光束扫描烧结新的一层。如此层层叠加循环，最终制造出三维零件。由于烧结后仍然是密度较低的多孔结构，未烧结的粉末能够对已烧结结构形成支撑，因此，SLS工艺具有自支撑性能，可制造任意复杂的形体。

适用于SLS工艺的材料可以是高分子材料、陶瓷或金属粉末。其中，陶瓷与金属材料的应用更为广泛。陶瓷粉末在进行SLS工艺时要在粉末中加入黏结剂，烧结成形后再通过后续热处理去除黏结剂。金属材料可以直接采用SLS工艺烧结，但成形件致密度低、表面粗糙度大，需要后续采取热等静压处理提高致密度。针对小部分高熔点金属，或为了提高成形效率与成形致密度，会采取将目标金属与有机黏结剂或其他低熔点金属混合的方法，通过熔化有机黏结剂或低熔点合金实现快速成形，但这种工艺路线会造成后续热处理工序多（脱脂、高温焙烧或液相烧结）、零件尺寸收缩大、产品力学性能降低等问题。随着高功率激光器的发展，激光能束已可以熔化大部分的金属材料，因此在金属应用方向上，SLS工艺已越来越多地被SLM（激光选区熔化）工艺所取代。

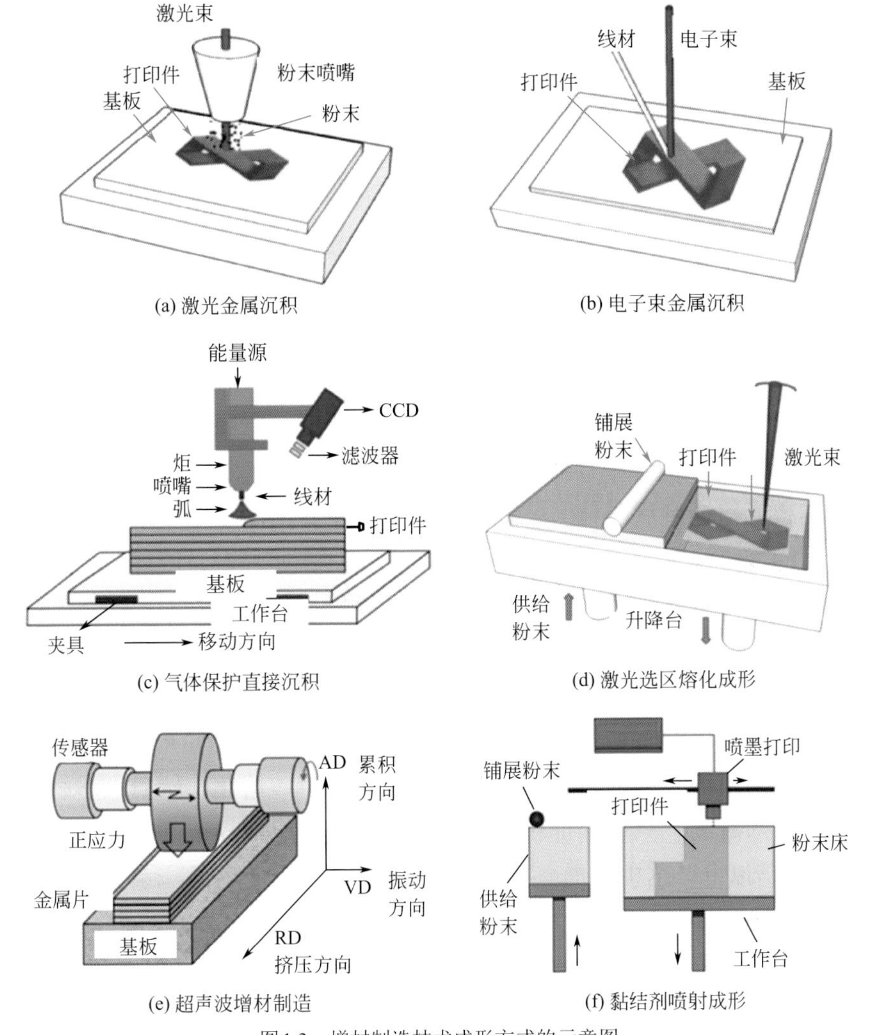

图1.3　增材制造技术成形方式的示意图

（2）激光选区熔化成形（selective laser melting，SLM）

激光选区熔化工艺过程与SLS工艺几乎完全一致，所不同的是金属粉末在高能量密度激光作用下发生熔化而不是固态烧结，成形件可以直接达到99%以上的致密度。同时，由于激光扫描速度快，微小尺寸的熔池带来极快的冷却凝固速度，得到均匀细小的金相组织，大大提高了材料力学性能；激光选区熔化一般采用53μm以下粒径的粉末，单层粉末厚度控制在20 ~ 100μm，可实现精密成形，成形件表面质量好；整个工作腔被密闭于惰性气体（氮气或者氩气）环境中，避免金属材料在高温下氧化，可以处理钛合金等活跃金属；通过支撑结构的设计，可以打印各种复杂形状产品，包括带有悬空部位的复杂曲面，以及含有内部流道的结构、镂空复杂形状等。

为了完全熔化金属粉末，要求激光能量密度超过10^6W/cm^2。目前SLM技术的激光器主要有Nd-YAG激光器、CO_2激光器、光纤激光器。这些激光器产生的激光波长分别为1064nm、10640nm、1090nm。金属粉末对1064nm等较短波长激光的吸收率比较高，而对10640nm等较长波长激光的吸收率较低。因此，在成形金属零件过程中具有较短波长激光器的激光能量利用率高，而采用较长波长的CO_2激光器，其激光能量利用率低。在高激光能量密度作用下，金属粉末完全熔化，经散热冷却后可实现与固体金属冶金焊合成形。

（3）直接激光金属沉积（direct laser metal deposition，DLMD）

直接激光金属沉积技术采用高能激光束，逐层熔融金属粉末，最终成形三维零件。在DLMD过程中，粉末不是预置在工作平台上，而是通过送粉机构与喷嘴，在激光扫描金属基体时，被实时送入基体表面的熔池中。没有了粉末床的限制，DLMD技术对成形件的尺寸理论上没有任何限制，因此，很适合用来成形大型的金属结构件。而受限于粉末的汇聚尺寸（一般粉斑直径在1mm以上），DLMD技术的成形精度要远低于SLM技术，但是成形效率要高很多。

除了三维成形，DMLD技术的另一大应用是在各种金属零件的表面熔覆增强涂层。2017年Fraunhofer开发的超高速激光熔覆工艺中，粉末被送入聚焦的激光束中而不是基体表面的熔池中，粉末在激光束中被熔化，然后以熔融状态落到基板上冷却凝固。只要保证粉末充分熔化，激光的扫描速度可以提高到传统熔覆的100倍以上，这极大提高了熔覆效率，降低了生产成本，目前已成了有希望取代电镀的熔覆技术。

（4）电子束熔化成形（electron beam melting，EBM）

电子束熔化成形采用高能电子束作为能量源。在真空环境中，阴极由于高压电场的作用被加热而发射出电子，电子汇集成束，电子束在加速电压的作用下，以极高的速度向阳极运动，穿过阳极后，在聚焦线圈和偏转线圈的作用下，准确地轰击到结晶器内的底锭和物料上。高能电子束选择性地熔化金属粉末层，层层堆积直至形成整个实体金属零件。每个粉末层扫描分为预热和熔化两个阶段，在预热阶段，通过使用高扫描速度的散焦电子束多次预热粉末层（预热温度高达0.4 ～ 0.6T_m，T_m为粉末的熔点温度）；熔化阶段，使用低扫描速度的聚焦电子束。相比较SLM工艺，EBM工艺的能量利用率更高，很多对激光吸收率低的材料，可以采用EBM工艺成形；同时，EBM工艺特殊的粉末预热方式与很高的预热温度，进一步扩大了可处理材料范围。相对较低的冷却速率（10^3 ～ 10^5K/s）和较小的温度梯度有助于降低残余应力、变形和开裂倾向。使用EBM工艺成形易裂的金属间化合物TiAl就是一个成功的应用。EBM工艺可以采用较大粒径的粉末材料，单层厚度更大，成形效率比SLM工艺要高。但EBM设备需要真空系统，成本昂贵，也限制了打印零件的尺寸；另外在成形过程中会产生很强的X射线，因此需要对工作环境与人员采取特别的保护措施。

（5）电弧送丝增材制造（wire and arc additive manufacturing，WAAM）

电弧送丝增材制造技术是采用焊接电弧作为热源将金属丝材熔化，按设定成形路径在基板上堆积每一层片，层层堆敷直至成形金属件。与上述采用粉末原料的多种增材制造技术相比，WAAM技术的材料利用率更高，成形效率高，设备成本低，对成形件的尺寸基本无限制，虽然成形精度稍差，成形件微观组织粗大，但仍是与激光增材制造方法优势互补的3D增材成形技术。

（6）黏结剂喷射成形（binder jetting，BJ）

黏结剂喷射成形是另一种基于粉末床的3D增材制造技术。不同之处在于，它不是通过激光熔融的方式黏结粉末，而是使用喷墨打印头将黏结剂喷到粉末里，从而将一层粉末在选择的区域内黏合，每一层粉末又会同之前的粉层通过黏结剂的渗透结合为一体，如此层层叠加制造出三维结构的物体。黏结剂喷射成形可以用于高分子材料、金属、陶瓷材料的制造，当用于金属和陶瓷材料时，黏结剂喷射成形的原型件需要通过高温烧结将黏结剂去除并实现粉末颗粒之间的冶金结合，才能得到有一定密度与强度的成品。黏结剂喷射成形制作的金属件力学性能较差，但是成形效率非常高，适合对力学性能要求不高的应用场合。

（7）分层实体制造（laminated object manufacturing，LOM）

LOM技术是激光切割系统按照计算机提取的横截面轮廓线数据，将背面涂有热熔胶的纸用激光切割出工件的内外轮廓。切割完一层后，送料机构将新的一层纸叠加上去，利用热黏压装置将已切割层黏合在一起，然后再进行切割。这样一层层地切割、黏合，最终成为三维工件。

（8）立体平版印刷（stereolithography）

立体平版印刷又称为光敏液相固化法、光固化成形、立体光刻等。打印时，将树脂材料倒进树脂槽中，平台下降至料槽中，激光发射器会根据切片层的形状通过激光振镜对料槽中的树脂进行轮廓扫描固化，一层一层上升，得到精细的三维立体模型。

（9）数字光处理（digital light processing，DLP）

数字光处理是先把影像信号经过数字处理，然后再把光投影出来。它是基于美国得克萨斯州仪器公司开发的数字微镜元件——DMD（digital micro-mirror device）来完成可视数字信息显示的技术。说得具体点，就是数字光处理投影技术应用了数字微镜晶片来作为主要关键处理元件以实现数字光学处理过程。

增材制造技术的性能特点及适应打印材料和应用领域，如表1.1所示，主要涉及航空航天、生物医用、石油化工等领域。

表1.1 增材制造技术分类、性能特点及应用领域

成形技术	材料	性能特点	应用领域
光固化成形	液态树脂	精度高；表面质量好	航空航天、生物医学等
分层实体制造	片材	成形速率高、性能不高	用于新产品外形验证
黏结剂喷射成形	光敏树脂、黏结剂	喷黏结剂时强度不高、喷头易堵塞	制造业、医学、建筑业等的原型验证
激光选区烧结	高分子、金属、陶瓷、砂等粉末材料	成形材料广泛、应用范围广等	制作复杂铸件用熔模或砂芯等
激光选区熔化	金属或合金粉末	可直接制造高性能复杂金属零件	用于航空航天、珠宝首饰、模具等
熔融沉积成形	低熔点丝状材料	零件强度高、系统成本低	汽车、工艺品等
激光近净成形	金属粉末	成形效率高、可直接成形金属零件	航空领域
电子束熔化成形	金属粉末	可成形难熔材料	航空航天、医疗、石油化工等
电子束熔丝沉积	金属丝材	成形速度快、精度不高	航空航天高附加值产品制造

1.2 金属增材制造技术

1.2.1 金属增材制造的工艺与原理

目前，可打印的金属主要有铝基、镍基、钛基、钴基以及铁基金属等。金属材料增材制造技术（图1.4）面临的难点在于：金属的熔点高，金属材料零件在成形过程会涉及固液相变、表面扩散及热传导等问题，一般在激光或电子束的快速加热和冷却过程容易使零件内部产生较大的残余应力。而某些适应特殊环境要求的零部件，如发动机零件等对金属材料制造精度及性能等方面的要求往往高于常规零件，性能要求一般体现在尺寸精度、表面粗糙度及力学性能等

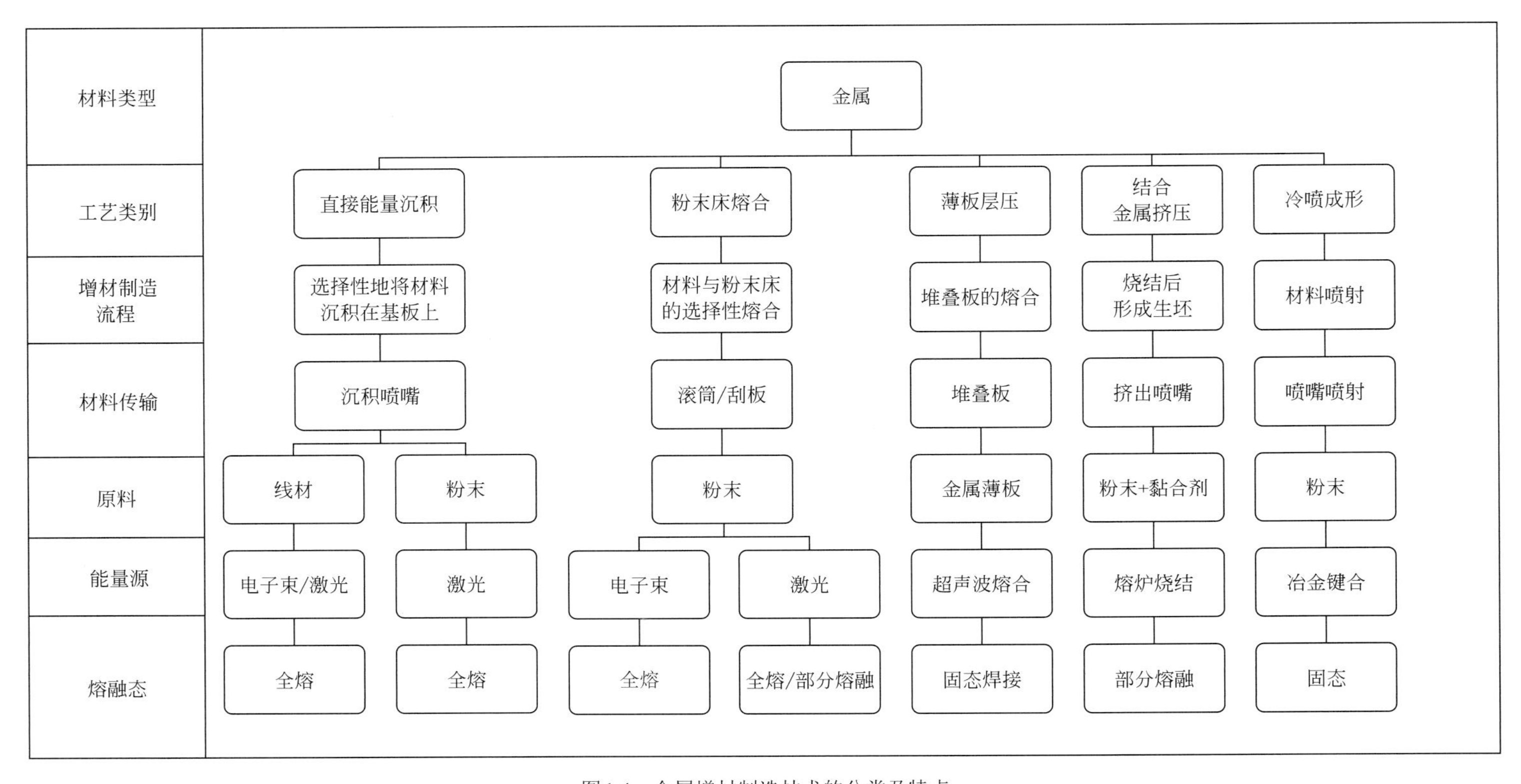

图1.4 金属增材制造技术的分类及特点

方面。目前，增材制造技术在很多方面还不能完全满足特殊零件的精度及性能需求，需要进行成形件的后处理或后加工，这阻碍了增材制造技术的进一步推广和应用。要实现增材制造零件在工业生产中更广泛的应用，需要解决很多关键工艺技术问题，实现对增材制造制件冶金质量及力学性能的有效控制。

SLM是金属粉末床技术最常用的一种成形方式，打印部件的尺寸不能太大，因为较大面积上均匀铺上一层仅有40μm左右的粉末是较为困难的。SLM金属成形采用的激光器一般是光纤激光器，由三部分构成，即激发工作介质的泵浦源装置、产生光子的工作介质与使光子得到反馈并谐振放大的谐振腔。光纤激光器发出的激光波长受其中的稀土掺杂剂控制，其输出波长可调控至接近Nd:YAG激光波长，从而易于被金属吸收。激光光斑尺寸一般在微米量级，单位面积上功率极高，达到10^8 ~ 10^{10}W/cm^2，光斑区域温度迅速上升，金属材料在激光照射下，随激光功率密度的增加，其状态发生变化，依次为加热、熔融、气化、形成等离子体云。激光与金属材料相互作用的本质是高频电磁场使金属中的自由电子发生高频振动，除一部分振动能量由韧致辐射向外辐射电磁波，其余振动能量变成电子的平均动能，再由电子与晶格之间的弛豫过程转变为热能。不同材料对不同波长的激光的吸收能力也完全不同。激光波长小于1000nm时，反射率较低，吸收率较高，所以波长较长的CO_2激光器发出的激光不利于金属的熔化成形，金属对其发射的较长波长的激光吸收较少必将导致能量的浪费。激光光斑的移动一般依靠扫描振镜完成，扫描电机的偏转带动反射镜的偏转，从而改变激光光路，达到控制激光光斑位置的目的。激光技术的发展必将推动金属增材制造技术的发展，提高金属打印成形的效率与速度。表1.2为一些国际商用化激光选区熔化装备技术指标。其光学系统均相同，主要的差别在于激光器的功率不同，功率越大允许的最大扫描速度越大，同时对应的铺粉层厚有所差异。此外，不同的设备根据需求成形件的尺寸、铺粉的方式以及打印基板是否需要预热等有所差异。

SLM快速成形技术的详细步骤为：第一，利用切片技术将连续的三维CAD数模离散成具有一定层厚及顺序的分层切片；第二，提取每一层切片所产生的轮廓并根据切片轮廓设计合理的激光器扫描路径、激光扫描速度、激光强度等，并转换成相应的计算机数字控制程序；第三，将激光熔化沉积腔抽真空，并充入一定压力的惰性保护气体，防止粉末熔化时被氧化；第四，计算机控制可升降系统上升，粉末碾轮将粉末从粉末储存室推送到零件成形室工作台上的基板，同时激光器在计算机指令控制下，按照预先设置的扫描程序进行扫描，熔化铺撒在基板上的粉末，熔覆生成与这一层形状、尺寸一致的熔覆层；最后，粉末

表1.2　国际商用化激光选区熔化装备技术指标

厂家	设备名称	激光器功率/W	成形尺寸/mm	铺粉装置	层厚/mm	光学系统	聚焦光斑尺寸/μm	最大扫描速度/（m/s）	成形环境
EOS	M400	1000	400×400×400	压紧式铺粉刷	30～60	F-θ聚焦镜+扫描振镜	60～300	7	无预热+惰性气氛室
Realizer	SLM300	200/400	300×300×300	柔性铺粉刷	20～100	F-θ聚焦镜+扫描振镜	70～200	5	无预热+惰性气氛室
Concept Laser	X line 1000R	1000	630×400×500	压紧式铺粉刷	30～200	F-θ聚焦镜+数控激光头移动	100～500	7	预热+惰性气氛室
SLM Solutions	SLM 500HL	2000	500×280×325	压紧式铺粉刷	20～200	F-θ聚焦镜+扫描振镜	80～150	15	无预热+惰性气氛室
3D Systems	sPro 250	200	250×250×300	柔性铺粉刷	50～200	F-θ聚焦镜+扫描振镜	50～150	7	无预热+惰性气氛室
Renishaw PLC	AM250	200/400	250×250×300	压紧式铺粉刷	30～100	F-θ聚焦镜+扫描振镜	70～100	5	无预热+惰性气氛室
Phenix Systems	PXL	200	250×250×300	柔性铺粉刷	20～50	F-θ聚焦镜+扫描振镜	50～100	7	无预热+惰性气氛室

储存室上移而零件成形室下移一个切片厚度并重复上述过程，逐层熔覆堆积直到形成CAD模型所设计的零件，如图1.5所示。多余的粉末被回收利用，但也有部分粉末在打印过程中会造成热损伤导致变形等，因此粉末在多次循环利用之后还需要进行粉末筛选，保证较高的松装密度。

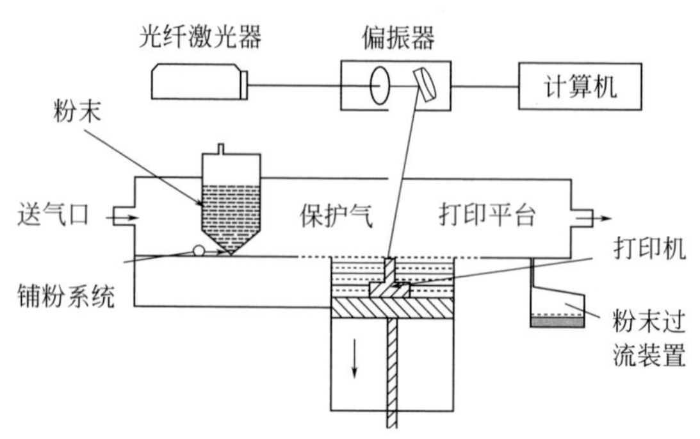

图1.5　激光选区熔化成形的示意图

激光选区熔化成形是一个高能瞬态冶金过程，材料的熔化、凝固和冷却都是在极短的时间内完成，若粉末或者工艺参数选择不当，成形件中容易出现球化、裂纹、孔隙以及翘曲变形等缺陷，严重影响其成形精度和力学性能。激光熔融沉积是金属增材制造的另一种常见的成形方式，二者的主要区别在于粉末的输送方式不同，激光熔融沉积是从喷嘴吹出金属粉末同时被激光束熔化。这两种技术因其成形方式与工艺参数的差别，导致二者在熔池形貌、冷却速率、凝固组织以及力学性能等若干材料成形基础方面存在较大差异。

表1.3为激光选区熔化与激光熔融沉积打印方式参数、优缺点的对比，激光选区熔化的激光束光斑直径较小，这也就决定了它打印的部件具有高的精度，同时，激光选区熔化成形的部件致密度较高，一般金属均能达到99.0%以上，但打印机的成本较高同时打印过程中会对样件周边多余的粉末造成一定的损伤。由于增材制造过程影响因素众多，而且工业生产中选用增材制造技术的零件大多为复杂结构件，对于特定零件特定材料的成形过程中的工艺控制方法仍需进行大量模拟及试验工作，以确保最终零件的质量。

表1.3　常用的两种激光成形打印方式的参数及特点对比

参数	激光选区熔化	激光熔融沉积
光斑直径/mm	0.05～0.1	1～2
激光功率/W	100～300	1000～2000
扫描速度/（mm/s）	200～7000	约10

续表

参数	激光选区熔化	激光熔融沉积
层厚/mm	0.02 ～ 0.05	0.2 ～ 0.5
冷却速度/（K/s）	10^5 ～ 10^8	10^5 ～ 10^8
优点	精度高，致密度高	粉末利用率高，易操作
缺点	成本高，耗费粉末	精度低，致密度低

1.2.2 金属增材制造技术的发展趋势

近年来，随着对快速成形和制造的需求逐步增加，增材制造技术得到了快速的发展和壮大，已经在工业设计、汽车、航空航天及医疗产业等各个领域中得到应用。但是，仍然存在诸多问题限制其发展。

对于金属材料的增材制造来讲，材料、设备和工艺是影响最终产品质量的三个基本要素，未来所有的技术发展都将围绕这些基本要素。其瓶颈包括以下：①成本太高，而且不具备规模生产的优势；②新材料研发滞后；③功率源开发滞后；④缺乏各种金属材料最佳烧结参数；⑤凝固组织、内部缺陷质量控制及其无损检验关键技术。从材料角度，亟须建立粉末性质-打印工艺-组织结构-服役性能之间对应关系，如图1.6所示；系统开展增材制造打印金属组织结构、力学性能以及耐久性的研究，弥补工程设计所需要的关键基础数据。

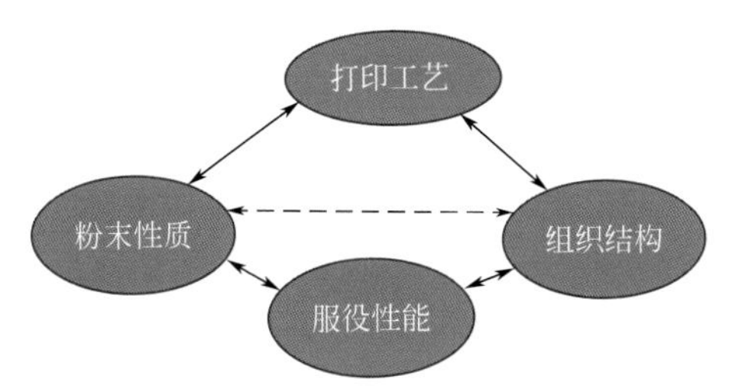

图1.6　增材制造技术中粉末性质-打印工艺-组织结构-服役性能之间对应关系

相关领域的研发重点包括：

第一，多样化的材料设计以及现有材料的改性。相对于上千个牌号的传统金属材料，目前适用于金属增材制造的材料牌号仅有数十种，这也从某种程度上限制了增材制造技术的应用。近年来随着市场关注度的提高，材料供应商和解决方案供应商开始联合进行新材料以及针对性工艺的开发，例如近年来出现的针对纯铜材料或者钨合金材料的开发。

通过对现有材料进行改性，可以帮助提高加工质量或者降低成本，例如经过改性的钛合金材料可以减少对热等静压处理的依赖，而如果新的采用传统粉末冶金材料的增材工艺通过验证，预计可以将材料成本降低为原来的1/10。

第二，更广的成形尺寸范围。现有的金属材料增材制造工艺已经可以覆盖比较大的零件尺寸范围。然而针对一些微小尺寸或者是超大尺寸的结构时仍然存在较大的局限性。面对微小尺寸结构，由于后续加工的难度较大，用户往往希望利用增材制造工艺一次完成，这对加工精度和表面质量提出了很高的要求。而面对超大尺寸结构时，结构的热变形往往较大，导致合格率显著下降。为解决这样的问题，需要从产品设计、材料、设备和工艺多角度入手来解决。

第三，替代工艺和/或工艺优化。以双激光的激光选区熔化成形工艺为例，其加工效率在2017年就已经可以超过100cm^3/h，但是这个效率仍然无法满足部分工业企业的需求。在设备厂商采取了各种手段后，例如增加到四激光、提高激光功率并增加铺粉层厚、加快铺粉速度等，加工效率已经接近理论极限了。为了进一步提升加工效率，替代工艺例如多射流熔融将会是关注的方向之一。针对现有工艺的优化也是现阶段技术发展的重点之一，其中就包括基于虚拟仿真的工艺优化设计。利用虚拟仿真软件，工程师可以在制造前优化摆放方向、合理设计支撑结构、尝试不同的能量源扫描路径等，从而提高加工质量、提高效率且降低成本。

此外，对于整个增材制造产业，我们国家亟须解决以下问题：关键原料替代进口；打印设备打造国际知名品牌，建立基础数据库；完善标准建设；搭建创新服务平台。

1.3 金属增材制造用球形粉末及其制备技术

1.3.1 金属增材制造用粉末特性

现阶段，尽管金属增材制造所需的原材料存在金属粉末、金属丝材、金属片材等多种形式，但主要工业应用的几类金属增材制造方式，如激光选区熔化成形（SLM）、电子束熔化成形（EBM）和黏结剂喷射成形（BJ）等，均使用金属粉末为原材料。

区别于传统粉末冶金技术，增材制造技术用金属粉末在粉末形貌、表面状态、粒径分布、流动性、堆积密度等方面，都有更加严格的需求。以激光选区熔化成形技术为例，粉末的形貌及表面状态、粒度分布与化学成分、夹杂含量等，直接决定了激光选区熔化制件的综合力学性能。不同粉末的粒度分布，决定了该粉末激光选区熔化工艺的适配性；高球形度、低卫星球（粉末颗粒表面黏结微小粉末颗粒形成卫星状的粉末团聚体）比例的粉末，可以保证粉末良好的流动性，从而增加激光选区熔化过程铺粉的稳定性与减少未熔合现象。较低的氧含量、夹杂含量和空心粉比例，可以有效避免增材制造制件内部缺陷的形成。因此，金属粉末的特性，是整个成形工艺的起点与根源。

（1）粉末形貌与流动性

粉末形貌通常指粉末颗粒的球形度与卫星球比例，是决定粉末流动性的主要因素之一。粉末颗粒的球形度越高，卫星球比例越低，其流动性也就越好。铺粉式的激光/电子束选区熔化技术和激光近净成形技术，都采用具有良好流动性的球形金属粉末，保证粉末铺设的均匀性和送粉的连续性，以减少增材制造制件内部孔隙、未熔合等缺陷的形成。传统的研磨法、还原法、电解法和水雾化法等金属粉末制备技术，由于所生产的粉末形貌普遍为棱角状、板条状等非球形［如图1.7（b）所示］。因此，这几类制粉技术很少应用于激光选区熔化等增材制造技术中。国内外增材制造用球形金属粉末目前主要采取气雾化法（gas atomization, GA）、旋转电极法（plasma rotating electrode process, PREP）、等离子雾化法（plasma atomization, PA）来制备。

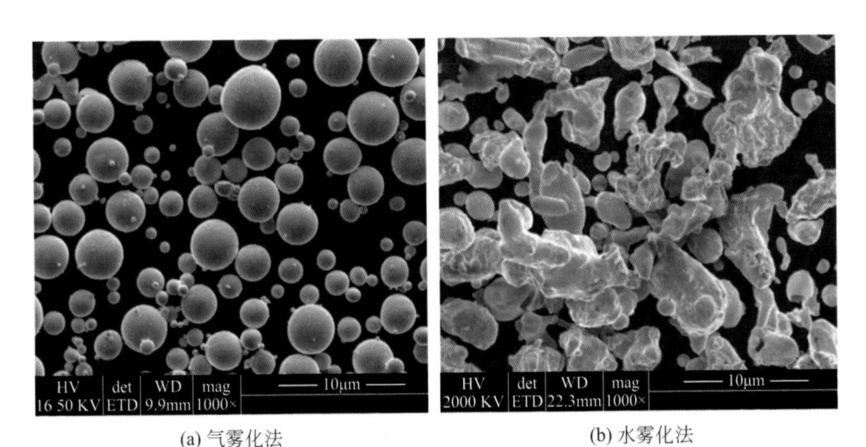

(a) 气雾化法　　(b) 水雾化法

图1.7　不同粉末生产工艺所制备的金属粉末形貌

（2）粒径分布与堆积密度

粉末的粒径分布通常是一个高斯分布形式，其分布形式通常可以用累计粒径D_{10}、中值粒径D_{50}、累计粒径D_{90}来表示。累计粒径D_{10}和累计粒径D_{90}分别表示粉末样品的累计粒度分布数达到10%和90%时所对应的粒径。

粒径分布的形式，对于粉末的流动性与堆积密度都有着明显的影响。通常来说，粉末粒度越细，尤其是小于15μm粉末比例越大时，微细粉末越易于团聚，从而影响整体的流动性。

粉体的堆积密度，主要描述颗粒与颗粒之间的堆积状态，通常采用松装密度与振实密度来表示。对于球形金属粉末来说，粉体的堆积密度主要取决于其粒径分布。研究结果表明，粒径分布较窄的粉末，其堆积密度往往小于粒径分布较宽的粉末。这主要是由于在高斯分布中，不同粉末颗粒大小差异越大，细小的粉末越易填充在大颗粒粉末的空隙中，从而达到最优化的堆积状态。

在激光选区熔化增材制造技术中，粉末在激光作用下熔化，随后在凝固过程中，从粉末堆积状态（约为致密材料密度的40% ~ 60%）到致密状态，将经历一个较大的体积收缩过程。这一收缩过程，对于成形制件的致密度有着一定的影响。研究结果表明，粉末的堆积密度越大，其激光选区熔化体积收缩程度也就越小，从而熔池的稳定性和连续性也越高，成形件致密度越大。研究人员也通过仿真模拟，观察到了较低的粉末堆积密度，会导致熔池的不连续和球化现象出现，如图1.8所示，从而影响成形件致密度。

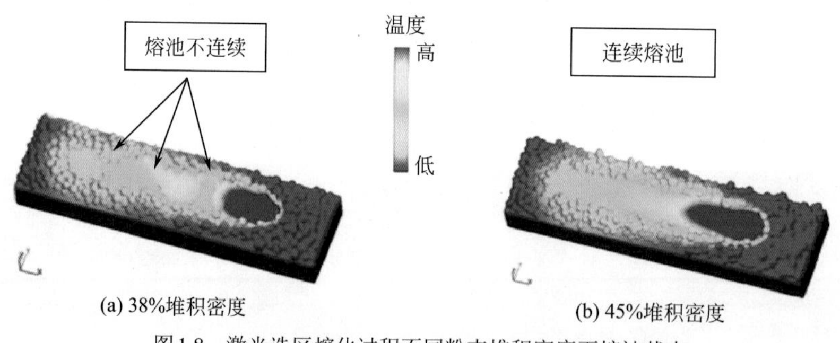

图1.8　激光选区熔化过程不同粉末堆积密度下熔池状态

（3）表面成分与夹杂含量

从广义上来看，增材制造用金属粉末实际上是一个固、液、气三相的集合体。颗粒表面的氧含量与湿度等因素，都对成形制件的综合力学性能产生较大的影响。研究表明，过高的粉末颗粒氧含量，将导致成形制件塑性和韧性的下降，尤其是钛合金、铝合金等高活性金属，其主要原因在于凝固过程中氧化膜的形成。粉末的湿度不仅对其流动性有着较大的影响，颗粒表面水膜的存在，也易导致增材制造过程中氧化物和氢氧化物的形成，从而增加孔隙形成的概率，降低成形制件的致密度。

1.3.2 气雾化球形金属粉末制备技术

气雾化技术是利用高速惰性气体直接冲击熔融金属液流，使之破碎成微小液滴，在液滴表面张力的作用下，冷却凝固成球形金属粉末。在整个气雾化过程中，氮气或氩气等惰性气体不仅起到保护气的作用，同时气体的动能将转变为溶滴的表面能。

根据熔炼方式的不同，气雾化可分为非真空气雾化和真空气雾化。由于氧含量控制的需求，增材制造球形金属粉末主要采用真空气雾化技术所制备。真空气雾化工艺由于具备粉末球形度良好、氧含量低以及生产成本低等优点，已成为现阶段国内外增材制造用球形金属粉末的主流制备方法。

目前国内外气雾化法用于制备增材制造用金属粉末最典型技术有真空熔炼气雾化（vacuum inert gas atomization, VIGA）和电极感应气雾化（electrode induction gas atomization，EIGA）。

VIGA技术采用熔炼坩埚和中间包系统。金属或合金首先在坩埚中感应加热至熔融状态，再浇注至中间包系统，后经过中间包导流系统形成细小金属液流，最后金属液流经过气雾化喷盘破碎作用形成球形金属粉末，其技术原理如图1.9所示。该方法中，由于可以采用紧耦合式喷盘设计和装配方式，使得喷盘出口处气体到金属液流的距离最小化，从而最大化利用气体的动能，提升破碎效果。因此，该方法微细粉收得率较高。在工业生产中，每炉坩埚容量可以达到50kg ~ 1t，所生产的粉末D_{50}可以达到20 ~ 40μm。VIGA技术已广泛用于制备熔点在1600℃以下的金属及合金粉末，如铁基合金、镍基合金、钴基合金、铝合金等。

由于在VIGA技术中，熔炼坩埚和中间包系统均采用陶瓷耐火材料，因此所生产的粉末中存在少量非金属夹杂现象。同时，由于高速气体冲击下的复杂气（高速惰性气体）、固（导流管）、液（金属液流）之间热交互和耦合作用，工艺控制难度较高，所制备的粉末也存在空心粉、卫星球现象。

EIGA技术采用无坩埚熔炼方式。金属棒材缓慢旋转下降至锥形铜线圈中，通过感应加热的方式，将金属棒材表面不断熔化，熔融的金属液体在重

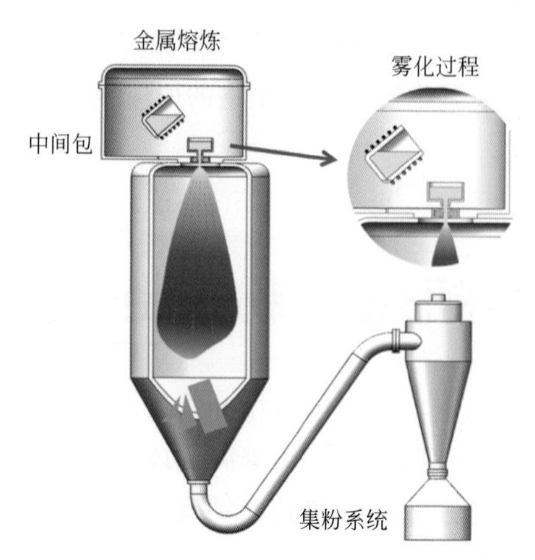

图1.9　真空熔炼气雾化技术原理示意图

力作用下自由滴落至气雾化区域，被高速惰性气体冲击至微小液滴，后续凝固成球形金属粉末，其技术原理如图1.10所示。粉末在整个雾化过程中没有接触陶瓷等耐火材料，因此该工艺适合于制备高纯净度、高活性、熔点2000℃以下金属及合金粉末。目前该方法是球形钛合金粉末的主要工业生产方式之一。

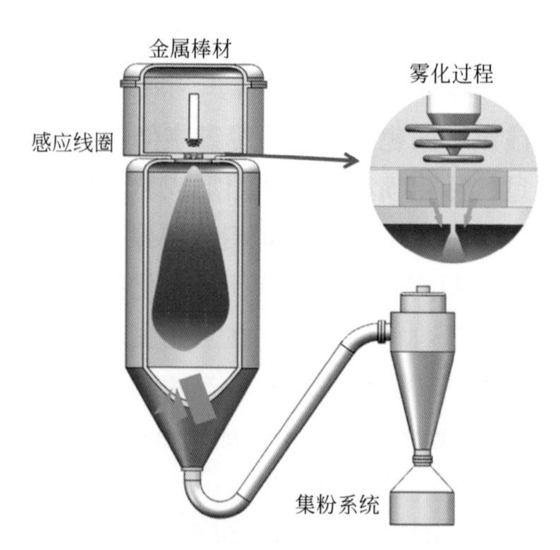

图1.10　电极感应真空气雾化技术原理示意图

在这两种典型代表的气雾化技术中，最核心的技术在于气雾化喷嘴的结构设计与雾化工艺的优化，这直接影响着雾化过程的稳定性与53μm以下细粉收得率，从而对粉末的品质与综合成本起到了决定性作用。

气雾化喷嘴设计最早起源于19世纪30年代，主要可分为两类喷嘴：自由式与限制式。自由式结构简单，不易堵嘴，但雾化效率不高。限制式喷嘴结构紧凑，雾化效率高，但设计复杂，工艺过程较难控制。在漫长的气雾化喷嘴技术发展体系中，出现过两个里程碑式的技术进步，其一是美国麻省理工学院（MIT）的Grant教授在瑞典人发明的超声雾化装置上进行了改进和完善,发展了超声气雾化制粉工艺，并生产出了具有快速冷凝效果的微细粉末。超声雾化喷嘴由拉瓦尔喷嘴和哈德曼振动管组合而成。在获得2 ~ 2.5马赫（1马赫=340.3m/s）的超音速气流的同时产生80 ~ 100kHz的脉冲频率，粉末冷凝速率可以达到10^4 ~ 10^5K/s。另一里程碑式进展是美国Miller等通过对限制式喷嘴的研究发现，增加气体动能对金属液流表面能的传输效率，设计出紧耦合雾化喷嘴，其要点是使气流出口到金属液流的距离最短。紧耦合雾化粉末的粒度小，粒度分布窄，冷却速度高，有利于快速冷凝和非晶粉末的生产。

近年来，随着计算机技术和现代控制技术的发展,气雾化技术得到很大进步，气雾化系统更加完善，生产效率不断提高，工艺可控性增强，性能也更为稳定，开始进入蓬勃发展阶段。目前国外最先进的喷嘴设计前沿技术主要是通过优化喷嘴结构，采用拉瓦尔效应与哈德曼共振效应，使气流的出口速度超过声速，同时最大化缩小气流出口到金属液流的距离，从而在较小的雾化压力下获得较高雾化效率。最典型的代表有英国PSI公司的超音速紧耦合气雾化技术与德国Nanoval公司的层流超音速气雾化技术。

由于气雾化技术本身的特点，气雾化所制备金属粉末存在卫星粉、空心粉，限制了气雾化粉末在高端增材制造领域的应用。尽管如此，气雾化制粉设备简单、工艺成熟、生产效率高，适合批量化生产、综合成本低等显著优势使得当前气雾化粉末在增材制造粉末市场中占据着绝对优势。

1.3.3 旋转电极球形金属粉末制备技术

旋转电极雾化技术（PREP）主要采用等离子弧作为热源，以金属或合金棒材为自耗电极。通过持续熔化高速旋转的金属棒端面，被熔化的金属液在离心力的作用下沿切线方向发散成微小熔滴，熔滴在飞行过程中在惰性气体的冷却下，由于表面张力作用凝固成球形金属粉末，其原理示意图如图1.11所示。

等离子旋转电极雾化本质上属于离心雾化，但与传统的旋转盘离心雾化不同之处在于，等离子旋转电极雾化过程中，金属液熔化及雾化过程中均不与旋

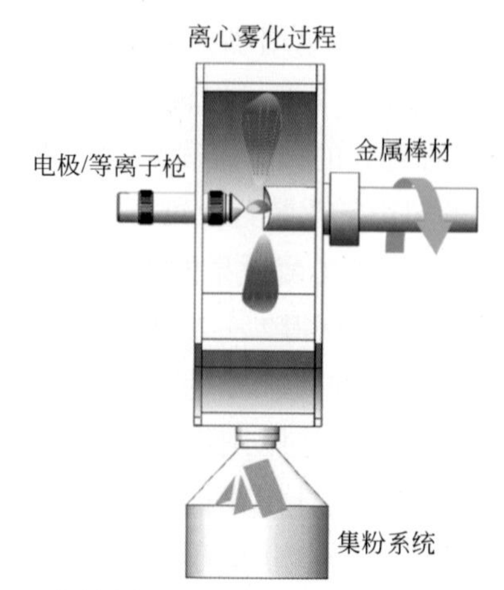

图1.11 旋转电极球形金属粉末制备技术原理示意图

转盘等接触，因此所制备的金属粉末纯净度更高。同时，电极的旋转也比旋转盘转速更快，有利于微细粉收得率的提升。

在旋转电极雾化技术中，所制备的粉末平均粒径D_{50}主要取决于电极棒转速ω、电极棒直径d、材料密度ρ、液滴表面张力σ等，从工艺角度而言，电极棒旋转速度直接决定了所制备粉末粒径大小。旋转速度越快，所制备的粉末越细。其理论公式为：

$$D_{50}=\frac{\sqrt{12}}{\omega}\left(\frac{\sigma}{\rho d}\right)^{1/2} \tag{1.1}$$

自1974年诞生至今，等离子旋转电极雾化在设备、工艺等方面得到了迅速发展，目前已经成为制备球形金属粉末的方法之一，并已在俄罗斯、乌克兰、中国等地区实现商业化应用，尤其是俄罗斯一直采用等离子旋转电极雾化技术生产航空发动机涡轮盘用镍基高温合金粉末。该技术适用性较广，可制备钛合金、镍基高温合金、钴基高温合金、铝合金、钢类及难熔金属等多种合金粉末。主要优点是粉末纯净度高、球形度高、氧含量低，粒径分布较窄，并且由于不需要高速气体流，因此避免出现因“伞效应”而产生的空心粉，无卫星球产生。

该技术的核心要点在于高速旋转过程中系统动平衡控制，这也是该技术进一步发展的瓶颈问题。近年来，为了获得细粉收得率方面的提升，发展出了超高速旋转电极技术（SS-PREP），在实验室级别设备上转速可高达50000 ~ 60000r/min，但稳定的工业生产中，电极棒转速一般稳定在18000 ~ 30000r/min，使得15 ~ 53μm的微细粉收得率低，微细粉末成本较高。同时，在高速旋转的过程中，转轴等零部件易于磨损，设备维护成本较高，生产的连续性较低。

1.3.4 等离子雾化球形金属粉末制备技术

等离子雾化技术（PA）是利用高温等离子体熔化金属丝材，并同时利用高动能的等离子体雾化熔滴从而制备金属粉末，其技术原理如图1.12所示。通常等离子热源是由多个互呈一定角度的等离子炬所组成，在等离子出口处，引入超音速喷盘的加速作用，增强气流的冲击作用，在熔化丝材的同时，将熔融金属破碎成细小液滴，随后冷凝成球形金属粉末。该技术的核心点主要为等离子喷枪的结构设计及排布、超音速喷盘的设计和连续送丝控制系统等。

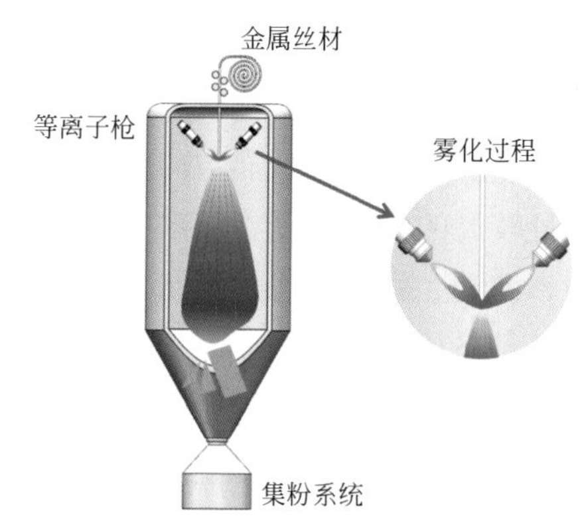

图1.12　等离子雾化球形金属粉末制备技术原理示意图

等离子雾化技术本质上类似于气雾化，可归于二流雾化范畴，但与传统气雾化不同的是，热等离子射流既是加热源，同时也是动力源。由于熔化和雾化过程几乎同时发生，且熔化过程不依赖传统陶瓷坩埚，可用于制备高纯度金属粉末，特别适合类似钛合金这类高活性材料的粉末制备。等离子射流温度可高达5500℃，满足诸多难熔合金粉末制备需求，如锆、铌、钼、钽、钨及其合金。因此，等离子雾化适合高活性及高熔点金属及其合金高球形度粉末的制备。

自1995年加拿大AP&C公司率先获得等离子体雾化制粉技术专利以来，等离子雾化经过近30年的发展，目前已在北美地区进入成熟商业化阶段，如：加拿大AP&C公司、加拿大Pyro Genesis公司。Pyro Genesis公司2019年推出的NexGen®等离子体雾化系统，能够以超过25kg/h的速度生产增材制造用金属粉末，并且所生产的金属粉末的粒度分布非常窄，非常适合生产15 ~ 53μm的钛合金球形粉末。

该技术的主要优点为粉末球形度高、粒度分布均匀、15 ~ 53μm细粉收得率高（主要取决于所用丝材的直径），且卫星粉、空心粉占比极低，非常适合航空、航天等高端领域激光选区熔化成形技术和电子束选区熔化技术。但该工艺所使用的原材料局限于5mm以下直径的丝材，因此成本较高，通常粉末价格为电极感应气雾化EIGA的2 ~ 3倍，限制了该技术的规模化普及。

1.4 增材制造金属的组织结构特征

增材制造成形过程中，材料的熔化、凝固和冷却都是在极快的条件下进行的，较大的温度梯度促使晶粒呈现出具有柱状、织构化特征以及晶粒内部元素的非均匀分布；周期性的热膨胀收缩导致晶粒内部产生微观亚结构，如位错胞状结构。同时，金属本身较高的熔点以及在熔融状态下的高化学活性，以致在成形过程中若工艺（功率波动、粉末状态、形状及尺寸、工艺不匹配等）或环境控制不当，容易产生各种各样的冶金缺陷，如裂纹、气孔、熔合不良、成分偏析和变形等。这些结构特征对材料的后续服役行为有着关键影响，亟需建立组织结构和性能的对应关系。

1.4.1 晶粒及亚结构

金属增材制造工艺被进一步广泛应用还有很多技术问题，其中一个主要障碍是对晶粒结构的控制。增材制造技术的冷却速度均较快，如激光选区熔化技术冷却速度高达10^5 ~ 10^8K/s，高的冷却速度会导致晶粒细化，从而改变材料的性能；此外，由于逐层扫描打印的特征，会造成熔池边界的晶粒更加细化，从而形成周期排列的异质结构。金属增材制造零件中观察到的常见微观结构特征是外延柱状晶粒形态，即平行于打印方向为拉长的晶粒而垂直于打印方向为等轴的不规则的晶粒，这种柱状晶的形成会导致力学性能的各向异性。

此外，在一些增材制造成形合金的晶粒内部还会存在胞状结构，这是传统制备工艺中未有的。如Al-Si系合金、钴基合金、高熵合金以及奥氏体不锈钢等内部都存在这种胞状结构，主要是由于马朗格尼对流效应和颗粒堆积形成机制。除了元素在胞壁处富集，大量的位错也缠结在胞壁处，这主要由于周期性的膨胀收缩产生较高的内应力，在较高的温度下由于屈服强度较低从而引起塑性变形，而胞壁处富集的元素又具有位错钉扎效应，从而使得位错在胞壁处富集。胞状结构的尺寸与打印过程中的温度场有关，冷却速度越快，胞状结构尺寸越小。这种胞状结构三维轮廓为柱状结构，根据平面观察的角度不同，可呈现出圆形、椭圆形以及平行的直线。此外，胞状结构也存在择优生长取向：对于立方晶体而言，<001>晶体学取向是最优的晶体生长方向；对于密排六方和体心四方结构，胞状组织的择优生长方向分别沿着<10-10>和<110>方向。在实际结果中，胞状结构的生长方向是沿着接近温度梯度方向的最优晶体学取向。对于立方晶体，当胞状结构生长方向进入下一层时，如果改变生长方向是有利的，则方向变为另一个<100>方向，那么改变角度将是90°。如果沿着原始方向生长有利，则胞状结构会穿过熔池界面继续生长。因此，立方晶体胞状结构在熔池界面生长方向有两种可能性，要么在先前的轨道中继续相同的生长方向，要么在跨越熔池界发生90°变化的生长。后者就会使得胞状结构在沿着构建方向相邻熔池边界之间呈现出生长方向垂直交替的现象。

然而，并不是所有的增材制造金属都存在这种胞状组织，如钛合金等，主要原因可能是在凝固过程中发生合金相变（马氏体转变）从而导致这种胞状组织遭到破坏而未能在室温下保留下来或者密排六方结构滑移系极度不对称导致未能形成位错胞，其本质原因还有待科学系统的研究，目前对此尚未达成共识。

1.4.2 偏析偏聚

由于冷速太快凝固区域的元素来不及均匀扩散会发生聚集或某些析出相未能形成，胞状结构边界处常常出现高熔点元素富集，如Al-Si系铝合金中，Si由于较高的熔点和较低的溶解度会在胞壁处富集。同样，对于激光选区熔化成形的316L不锈钢，Cr和Mo也会在胞界附近发生一定程度的富集。激光熔融凝固的胞状结构处元素的偏聚演变可以使用经典的凝固理论解释：当溶质在溶剂中的溶解度平衡分配系数小于1时，溶剂中喷射出溶质颗粒（通常高熔点），平面的稳定性界面会破裂，从而使得蜂窝状（或没有分支的枝晶）结构形成。这些溶质原子的偏析偏聚会影响材料的强度以及腐蚀行为，如周期性的元素偏析会阻碍位错的移动，胞壁和胞内的微电偶效应也会导致腐蚀动力学过程发生改变。

当元素在某些区域偏析偏聚达到一定程度时，某些增材制造成形材料的内部会发生相变，如采用直接金属沉积形成的304L不锈钢，由于Cr元素在胞壁处大量富集，导致铁素体的形成，使得单相奥氏体变为奥氏体-铁素体双向组织，对材料的力学性能及腐蚀行为影响较大。此外，快速凝固过程中一些由于扩散形成的析出相或者夹杂物并不存在于增材制造成形材料中，如传统锻造成形的316L不锈钢中会存在MnS等夹杂物，而激光选区熔化成形316L不锈钢中未能检测到MnS夹杂物的存在，此种夹杂物的改性对材料的腐蚀行为影响巨大，尤其是点蚀敏感性。同时，增材制造高强度不锈钢打印过程中快速冷却导致显微组织细小，马氏体转变温度降低，导致马氏体转变不完全，奥氏体形成元素（Ni）富集于熔池界面，因此显微组织包含高含量的第二相奥氏体组织。

1.4.3 孔隙

孔隙在增材制造成形金属中多为规则的球形或类球形，内壁光滑，大部分是由空心粉末所包裹的气体在熔池凝固过程中未能及时溢出所致。孔隙是增材制造技术的一大致命弱点，在制造过程中形成“匙孔”（蒸气凹陷）会导致孔隙化，从而降低合金性能，尤其是断裂性能，亦会使得制件的耐腐蚀性和抗疲劳性能大打折扣。

研究学者利用高速X射线成像技术，详细研究了增材制造金属中由匙孔导致的孔结构的形成过程。得出以下结果：

① 处于激光功率-扫描速度空间中匙孔孔隙具有尖锐、平滑的边界形貌；

② 临界失稳状态下的匙孔在熔池中产生声波，为匙孔尖端附近的气孔提供额外的驱动力，使其远离匙孔并成为缺陷；

③ 小的球形气孔的形成可能源于粉末的亚稳态的熔化条件。“匙孔”在高功率、低扫描速度的激光熔融条件下，金属快速蒸发产生的强反冲压将周围的熔化液向下推，从而产生称为匙孔的深窄腔（keyholes）。在匙孔内，激光束经过多次反射，从而在很大程度上增强了激光吸收，提高了能量转化效率。然而，在某些激光条件下，匙孔壁不断波动和坍塌。此时的匙孔塌陷是不稳定的，会因为保护气体如氩气、氮气的侵入和基材中存在气体而崩塌。这个过程通常归因于热毛细力、马朗格尼对流、反冲压力和产生气体等离子体的复杂相互作用。这种匙孔的不稳定性状态会产生气孔，如果在凝固前沿被固定下来，这些孔隙将成为有害的结构缺陷。通过调节激光增材制造工艺参数，延长熔池存在的时间，使气泡从熔池中溢出的时间增加，可以有效减少气孔的数量。

1.4.4 裂纹

裂纹是增材制造金属材料中常见的、破坏性最大的一种缺陷。目前使用的5500多种合金中，绝大多数都无法进行增材制造，主要因为打印过程中的熔融和定向凝固会导致粗大的柱状晶和周期性裂纹的产生。

以铝基材料为例，铝合金在打印过程中裂纹的现象普遍存在，尤其是7系铝合金。为了解决此问题，John H. Martin实验室采用纳米颗粒修饰将不可焊接的7系铝合金粉末变成可焊接成形的。已有研究表明，通过优化激光增材制造工艺参数、成形之前预热、成形后缓慢冷却或热处理、合理设计粉末成分等措施可以控制裂纹的形成。采用纳米Zr颗粒均匀分布在铝合金粉末颗粒的表面，即利用特定的纳米颗粒修饰高强度不可焊接的合金粉末。在熔化和固化的过程中，纳米颗粒的角色就是合金微观结构的成核位置，从而预防热裂纹的出现并完整地保留合金强度。该项通过纳米颗粒修饰合金粉末的技术可规模化生产，也适用于其他的合金体系，比如高强度钢和镍基超合金。

此外，当惰性气氛加工室中的氧含量得到控制时，激光快速成形一般不会出现裂纹，但可能会出现气孔和熔合不良等冶金缺陷。熔合不良缺陷一般呈不规则状，主要分布在各熔覆层的层间和道间，合理匹配激光光斑大小、搭接率、Z轴单层行程等关键参数能有效减少熔合不良缺陷的形成。增材制造层存在热应力、相变应力和拘束应力，在上述应力的综合作用下可能会导致工件变形甚至开裂，合理控制层厚并在成形前对基板进行预热、成形后进行热处理，能有效减小基板热变形和增材制造层的内应力，从而减小工件的变形。

1.4.5 残余应力

与变形类似，增材制造金属零件内部的残余应力分布及演化很复杂。增材制造过程中粉末层的层层熔化和凝固过程造成的膨胀和收缩应力累积而形成较高的残余应力。随着层层沉积的不断循环，压应力就会在内部不断地积聚，而平衡表面由于凝固造成的热-弹性-塑性变形，产生抵抗应力。一般情况下变形以Z向翘曲为主，结构边缘的翘曲变形量最大。

增材制造金属中残余应力有以下特点：

① 金属增材制造零件的最大残余应力主要沿着激光扫描方向（x向），该方向的应力沿着零件高度呈现“拉-压-拉”的分布状态；

② 残余应力沿堆积高度方向（z向）和垂直扫描方向（y向）数值均较小，且多以压应力为主；

③ 残余应力受结构形式的影响较大，长方体、圆柱体、L形等均有明显差别；

④ 残余应力受激光工艺参数和扫描方式的影响较小，而后处理（如热处理、滚压、激光冲击强化等）可有效降低残余应力。残余应力会在长时间的服役过程中得到释放或重新分布，由此造成疲劳裂纹、脆性断裂、应力腐蚀失效等。残余应力是疲劳裂纹扩展的最主要的因素之一，增材制造成形的制品抗疲劳性能仍然低于锻造的产品，其原因就是存在较大的残余应力。

1.4.6 表面粗糙度

选择激光熔融制造的部件表面粗糙度（10 ~ 30μm的范围）通常高于其他方法制造的部件，例如铣削（约1μm）。导致表面粗糙的原因主要有两个：一个是由气体膨胀引起的，粉末熔化过程中存在马朗格尼对流力，气体膨胀使熔体流动不稳定，高度不规则和不稳定的熔池增加了表面粗糙度。对于较厚的粉末层，更多的粉末被激光束熔化从而使得更多的气体发生膨胀。因此，适当地减小铺粉层的厚度可以在一定程度上减小表面粗糙度，如图1.13（a）。然而，较薄的铺粉层厚会增加打印时间，效率低下，因此要权衡二者的关系。

粗糙表面的第二个原因是粉末不充分的熔化和球化现象（在激光熔化过程中金属液滴的形成与熔融表面上所需的液态金属均匀扩散相反）。当设置低激光功率时，输送的能量不足以完全熔化粉末颗粒，并且固体粉末颗粒黏附到部件的表面。因此，预期随着热输入的增加可以使表面粗糙度最小化，因为较高的热输入值可以使熔池变平，由于锁孔效应改善层间连接并且增加熔体的润湿性。改善的润湿性可以通过减轻表面张力变化来减少熔池的倾向，从而减少粗糙度。然而，由于破坏熔池表面的反冲压力增加，非常高的热输入可能对表面光洁度有害，如图1.13（b）。最后，由于激光点直径相对较小，大粉末（大于100μm）难以熔化，这可能导致表面光洁度差，如图1.13（c）。后处理可在一定程度上改善打印材料的表面质量，未来可以根据材料的特性选择不同的表面改性技术，包括喷砂、电化学沉积、碱-酸-热处理、电化学蚀刻和微弧氧化等。

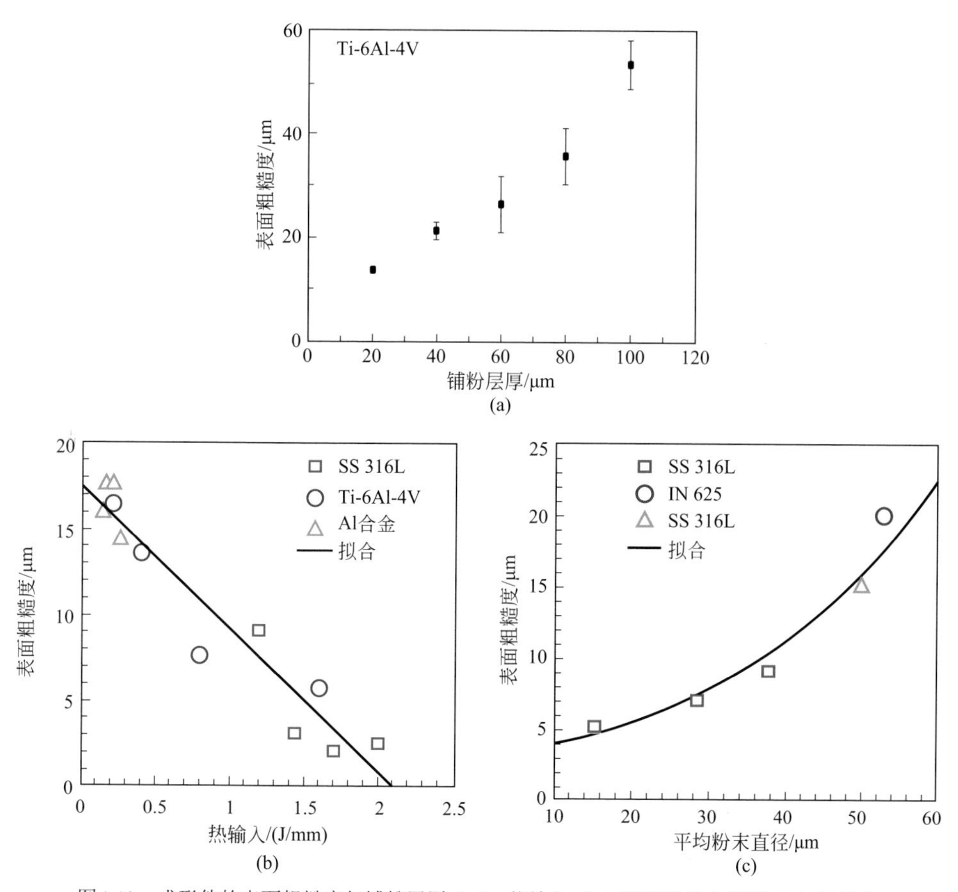

图1.13　成形件的表面粗糙度与铺粉层厚（a）、热输入（b）和平均粉末直径（c）的关系

1.5 增材制造金属的腐蚀行为与特征

作为个高能瞬态冶金过程，金属在极短的时间内完成熔化和凝固会造成其特殊的组织结构，从而有着独特的腐蚀行为与特征。这其中包括两方面的特征：①宏观和微观的几何缺陷，包括孔隙、裂纹、粗糙表面等；②晶体结构、相含量、成分分布等差异。本书针对几种典型的增材制造金属材料的腐蚀行为，

细致地阐述这些质量缺陷、组织结构等对材料腐蚀规律及机理的影响。

1.5.1 点蚀

点蚀又称孔蚀，是一种腐蚀集中在金属表面很小范围内并扩展到金属内部甚至穿孔的腐蚀形态，具有自钝化特性的金属，如不锈钢、镍基合金和铝合金等在含氯离子的介质中，经常发生点蚀，呈细长的针状形态。小孔腐蚀的蚀孔直径一般只有数十微米，但深度等于或远大于孔径。孔口多数有腐蚀产物覆盖，少数呈开放式（无腐蚀产物覆盖）。蚀孔通常沿着重力方向发展，一块平放在介质中的金属，蚀孔多在朝上的表面出现，很少在朝下的表面出现。点蚀产生的主要特征有下列三个方面：

① 点蚀多发生于表面生成钝化膜的金属或表面有阴极性镀层的金属上（如碳钢表面镀锡、铜、镍）。当这些膜上某些点上发生破坏，破坏区域下的金属基体与膜未破坏区域形成活化-钝化腐蚀电池，钝化表面为阴极而且面积比活化区大很多，腐蚀向深处发展形成小孔。增材制造材料内部存在孔隙、裂纹等缺陷，这些缺陷有可能是点蚀的起源位点。

② 点蚀发生在含有特殊离子的介质中，如不锈钢对卤素离子特别敏感，其作用顺序为$Cl^->Br^->I^-$。这些阴离子在合金表面不均匀吸附导致膜的不均匀破坏。

③ 点蚀通常在某一临界电位以上发生，该电位称作点蚀电位或击破电位（E_b），又在某一电位以下停止，而这一电位称作保护电位或再钝化电位（E_p）。当电位大于E_b，点蚀迅速发生、发展；电位在E_b ~ E_p之间，已发生的蚀孔继续发展，但不产生新的蚀孔；电位小于E_p，点蚀不发生，即不会产生新的孔蚀，已有的蚀孔将被钝化不再发展。但是，也有许多体系可能找不到特定的点蚀电位，如点蚀发生在过钝化电位区及在活化/钝化转变区时，就难以确定点蚀电位。在一些情况下，例如含硫化物夹杂的低碳钢在中性氯化物溶液中，点蚀也可能发生在活化电位区。

点蚀可分为两个阶段，即点蚀成核（诱发）阶段和点蚀生长（发展）阶段。点蚀从发生到成核之前有一段孕育期，有的长达几个月甚至几年时间。孕育期是从金属与溶液接触一直到点蚀开始的这段时间。孕育期阶段是一个亚稳态阶段，它包括亚稳孔形核、生长、亚稳孔转变为稳定蚀孔的过程。蚀孔内金属的溶解依赖于蚀孔内溶液中的盐浓度，当盐浓度达到饱和浓度的60%后，阳极溶解电流迅速增加，但盐浓度太高后，溶解速率又有所下降。这可能是当盐浓度超过一定值后，金属从钝化态转变为活化状态，溶解速率加快；盐浓度太高时，由于溶液电导率下降，导致腐蚀速率降低。对于增材制造金属而言，打印缺陷，如孔隙、裂纹等，会形成早期腐蚀位点，从而加速点蚀孕育期，造成打印件的耐点蚀能力下降。此外，孔隙等位置易塞积浓度较高的电解液，同时，离子扩散受阻，易加速局部腐蚀的扩展。具体的腐蚀动力学过程还需进一步探究。

1.5.2 晶间腐蚀

晶间腐蚀是局部腐蚀的一种，是腐蚀沿着金属晶粒间的分界面向内部扩展。主要由于晶粒表面和内部间化学成分的差异以及晶界杂质或内应力的存在。晶间腐蚀破坏晶粒间的结合，大大降低金属的机械强度。而且晶间腐蚀发生后金属和合金的表面仍保持一定的金属光泽，看不出被破坏的迹象，但晶粒间结合力显著减弱，力学性能恶化,不能经受敲击，所以是一种很危险的腐蚀。晶间腐蚀常出现于黄铜、硬铝合金和一些不锈钢、镍基合金中。对于增材制造金属，由于是快速凝固过程，粉末在熔融过程中由于元素来不及扩散，部分高熔点金属元素会在位错胞界附近发生聚集，从而可能会影响材料晶间腐蚀行为。增材制造成形由于冷却速度极快，在凝固过程中，一些元素来不及在晶界扩散偏聚，从而造成特殊的晶界环境，具体的晶间腐蚀倾向还需进一步研究。

产生晶间腐蚀有三个条件：①金属或合金中含有杂质，或者有第二相沿晶界析出；②晶界与晶粒内化学成分的差异，在适宜的介质中形成腐蚀的电池，晶界为阳极，晶粒为阴极，晶界产生选择性溶解；③有特定的腐蚀介质存在。

贫化理论：例如将奥氏体不锈钢1Cr18Ni9加热至1050 ~ 1150℃，固溶碳的固溶度为0.10% ~ 0.15%，随后进行淬火，经固溶处理的1Cr18Ni9钢是一种碳过饱和体，不会产生晶间腐蚀。在700 ~ 800℃温度范围内，碳的固溶度不超过0.02%，过饱和的碳要全部或部分从奥氏体中析出，这时碳将扩散到晶界处，并与晶界处的铁和铬化合生成含铬量高的碳化物$Cr_{23}C_6$，消耗了晶界区的铬，而铬在晶粒内部的扩散速度比其在晶界处的扩散速度要慢得多，来不及补充晶界区消耗的铬，因此在晶界区形成贫铬区。对于不锈钢来说，由于晶界钝态受到破坏，在晶界上析出的碳化铬周围贫化铬区就成为阳极区，而碳化铬和晶粒处于钝态成为阴极区，在腐蚀介质中晶界与晶粒构成活化-钝化微电池，该电池具有大阴极-小阳极的面积比，加速了晶界区的腐蚀。

晶间σ相析出理论：对于低碳的高铬、高钼不锈钢已不存在贫铬的条件，可是在650 ～ 850℃内热处理时，会生成含铬42% ～ 48%的σ相FeCr金属间化合物。在过钝化电位下，会发生严重的腐蚀。其阳极溶解电流急剧地上升。可能是σ相自身的选择性溶解的缘故。σ相FeCr金属间化合物一般只能在很强的氧化性介质中才能发生溶解。因而检测这种类型的腐蚀必须使用氧化性很强的65%的沸腾硝酸，才能够使不锈钢的腐蚀电位达到过钝化区。

1.5.3 应力腐蚀开裂

应力腐蚀开裂（stress corrosion cracking，SCC）是指受拉伸应力作用的金属材料在某些特定的介质中，由于腐蚀介质和应力的协同作用而产生的滞后开裂现象。通常，在某种特定的腐蚀介质中，材料在不受应力时腐蚀速率很小，而受到一定的拉伸应力（可远低于材料的屈服强度）下，经过一段时间后，即使是延展性很好的金属也会发生低应力脆性断裂。一般这种SCC断裂事先没有明显的征兆，往往造成灾难性的后果。常见的SCC有：低碳钢在硝酸盐中的“硝脆”、奥氏体不锈钢在氯化物溶液中的“氯脆”和铜合金在氨水溶液中的“氨脆”等。低合金结构钢在NaOH溶液、硝酸盐溶液、含H_2S和HCl溶液、CO-CO_2-H_2O、碳酸盐溶液中都会发生应力腐蚀。增材制造成形材料屈服强度较高，其应力腐蚀敏感性一般较高，此外，打印成形件中存在较大的残余应力，对于裂纹的形核和扩展将产生重要的影响。同时，熔池线普遍地存在于增材制造的金属之中，在熔池附近处在较高的残余应力以及可能存在裂纹等，这种结构对于应力腐蚀开裂影响较大，因此，需要着重考虑其影响规律。

发生SCC需要同时具备三个条件，具体来说：①材料本身对SCC具有敏感性。几乎所有的金属或合金在特定的介质中都有一定的SCC敏感性，合金和含有杂质的金属比纯金属更容易产生SCC。②存在能引起该金属发生SCC的介质。对每种材料，并不是任何介质都能引起SCC，只有某些特定的介质才产生SCC。③发生SCC必须有一定拉伸应力的作用。这种拉伸应力可以是工作状态下材料承受外加载荷造成的工作应力；也可以是在生产、制造、加工和安装过程中形成的热应力、形变应力等残余应力；或表面腐蚀产物膜（钝化膜或脱合金疏松层）引起的附加应力，裂纹内腐蚀产物的体积效应造成的楔入作用也会产生拉应力。

应力腐蚀具有以下特点：①应力腐蚀是一种与时间有关的典型的滞后破坏，即材料在应力和腐蚀介质共同作用下，需要经过一定时间使裂纹形核、扩展，并最终达到临界尺寸，发生失稳断裂。②应力腐蚀是一种低应力脆性断裂。因为导致应力腐蚀开裂的最低应力（或K_I）远小于过载断裂的应力σ_b（或K_{IC}），断裂前没有明显的宏观塑性变形，故应力腐蚀往往会导致无先兆的灾难性事故。③应力腐蚀裂纹的扩展速率一般为10^{-6} ~ 10^{-3}mm/min，比均匀腐蚀要快10^6倍，裂纹扩展分为三个阶段，第Ⅱ阶段的裂纹扩展速率da/dt基本上与K_I无关，它完全由电化学条件所决定。④应力腐蚀按机理可分为阳极溶解型和氢致开裂型两类，主要是根据阳极金属溶解所对应的阴极过程进行区分。

1.5.4 氢损伤

氢损伤是指金属由于内部溶入氢原子或内部的氢在起还原作用而引起的损伤甚至引起构件破坏。氢损伤的形式有使钢材出现氢脆、氢鼓泡、氢腐蚀、发纹或白点等。氢脆发生在钢材中，按氢来源，氢损伤可分成内部氢损伤（或内部氢脆）和外部氢损伤（或外部氢脆）两类。和应力腐蚀开裂类似，高强度的增材制造成形样品一般均展现出较高的氢脆敏感性，这种快速成形的合金具有特殊的组织结构，氢的吸附、分布以及扩散与普通锻造组织有所差别，具体的影响规律还需要进一步的研究。

一般而言，氢的来源有：①在冶炼、酸洗、焊接或电镀等工艺过程中所吸收的氢。②使用过程中由环境中吸收的氢。含氢介质有H_2、H_2S等气体，或在水溶液中腐蚀时阴极过程所释放的氢。

按氢的存在形式和作用机理，氢损伤可分成如下三类：

（1）氢原子导致的氢损伤

在外加或残余拉应力作用下，氢原子在裂纹尖端等应力集中处积聚并优先积聚在晶界和位错等缺陷（常称为氢陷阱）处，导致材料脆化，表现为延塑性降低甚至发生穿晶或沿晶断裂的脆性失效。工程上许多脆化或低应力破裂，如酸洗脆化、某些应力腐蚀和焊接延迟开裂（冷裂），就属于这类损伤。

关于氢脆本质机理，即氢原子积聚后氢如何导致材料脆化，数十年来吸引许多科研工作者从各方面去探索，但到现在依然尚未定论，提出的若干重要假说有：①氢致材料原子间聚合力下降；②氢促进局部塑性变形；③氢吸附导致表面能下降或裂尖位错增值。

（2）氢分子导致的氢损伤

氢在材料内部以分子态氢气聚集，产生高压，使材料发生脆裂。比如高温熔炼时大量溶解进入的氢在冷却过程中以分子态氢气在钢内析出，产生缺陷，或直接在空洞夹杂等缺陷处析出，导致缺陷脆性扩展，这些缺陷的萌生和扩展可无需外加应力，但在某些情况下，它们会由于残余的或外加的拉应力的存在而发展呈现为线状。工程上常见的氢鼓泡和白点就属于这类损伤。

（3）氢化物导致的氢损伤

即氢与材料基体或某些组分发生化学反应，生成脆性的氢化物，导致脆性破裂。例如钛合金和锆合金在含氢环境中由于裂纹尖端逐渐形成脆性钛氢化物或锆氢化物，而发生延迟开裂就属于这类损伤。钢在高温（一般为220℃以上）氢环境中服役时，氢与材料中的Fe_3C反应生成甲烷（CH_4），它们在夹杂和晶界等缺陷处不断积聚形成局部高压，结果造成材料内裂纹和鼓泡，称为氢蚀，也属于这类氢损伤。

1.5.5 其它腐蚀类型

其它腐蚀类型还包括腐蚀疲劳、摩擦磨损、高温氧化和微生物腐蚀等。目前，与增材制造金属材料相关的这些腐蚀类型研究较少，暂不系统展开，在此一并简单介绍。

腐蚀疲劳是指金属材料在循环应力或脉动应力和腐蚀介质共同作用下，所产生的脆性断裂的腐蚀形态。在腐蚀介质和交变应力的共同作用下，金属的疲劳极限大大降低，因而会过早地破裂。这种破坏要比单纯交变应力造成的破坏（即疲劳）或单纯腐蚀造成的破坏严重得多，而且有时腐蚀环境不需要有明显的侵蚀性。产生腐蚀疲劳的金属材料中有碳钢、低合金钢、奥氏体不锈钢以及镍基合金和其他非铁合金等。腐蚀疲劳一般按腐蚀介质进行分类，有气相腐蚀疲劳和液相腐蚀疲劳。从腐蚀介质作用的化学机理上分，气相腐蚀疲劳过程中，气相腐蚀介质对金属材料的作用属于化学腐蚀；液相腐蚀疲劳通常指在电解质溶液环境中，液相腐蚀介质对金属材料的作用属于电化学腐蚀。腐蚀疲劳按试验控制的参数，又分为应变腐蚀疲劳和应力腐蚀疲劳。前者是控制应变量，得到应变量与腐蚀疲劳寿命的关系；后者是控制试验应力，得到应力与腐蚀疲劳寿命的关系。

腐蚀疲劳是构件在循环载荷和腐蚀环境共同作用下，腐蚀疲劳损伤在构件内逐渐积累，达到某一临界值时，形成初始疲劳裂纹。然后，初始疲劳裂纹在循环应力和腐蚀环境共同作用下逐步扩展，即发生亚临界扩展。当裂纹长度达到其临界裂纹长度时，难以承受外载，裂纹发生快速扩展，以致断裂。因此，对于光滑试件的腐蚀疲劳过程包括裂纹形成、亚临界扩展和快速扩展，以至断裂等过程。

摩擦磨损过程是一个复杂的过程。当金属产生塑性变形时，要释放热量，因此，在摩擦表面上的温度要比基体金属的温度高得多。当温度高于再结晶温度时，因变形而引起的表面强化现象将消失；当温度继续升高时，金属被软化，摩擦表面金属分子相互黏结；当温度升高到相变温度，摩擦表面金属就会产生相变，强度和硬度也大大降低。在摩擦磨损过程中，摩擦表面还要与周围介质起作用。例如当氧化膜被压碎或前切后，裸露的金属表面迅速与氧气起化学反应，形成新的氧化膜。氧化膜和基体金属的结合力较弱，容易被压碎或剪切。另外，空气中的水分和润滑油中的硫分均能与摩擦表面起化学反应，产生化合物，加剧摩擦表面的磨损。因此，摩擦磨损过程就是由于机械和化学的作用，使物质从表面不断损失或产生残余变形的过程。增材制造成形的表面状态严重影响其摩擦磨损性能，尤其是表面黏结的粉末颗粒等。

高温氧化是指在高温下，金属材料与氧反应生成氧化物造成的一种金属腐蚀过程。广义的高温氧化还包括硫化、卤化、氮化、碳化等。微生物腐蚀是与微生物生命活动有关的特殊腐蚀类型，总而言之，腐蚀评估是增材制造材料产业化应用之前所必须进行的，系统深入地研究其腐蚀行为是非常有必要的，为今后耐蚀材料打印以及增材制造部件的表面防护提供理论基础。

1.6 金属增材制造技术的应用领域

数据显示，增材制造技术在航空航天、汽车领域应用占比逐年提升，2017年全球占比分别为18.9%、16.0%，如图1.14所示。相较于2016年分别提升了2.3%和2.2%。此外，增材制造技术应用于工业机械领域仍是目前的市场主流，2017年占比为20.8%。

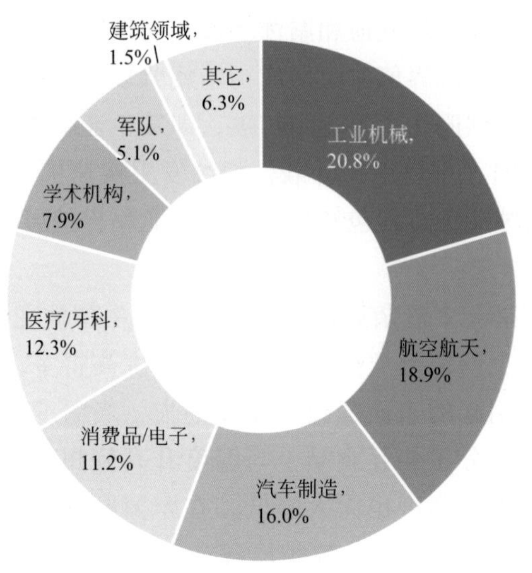

图1.14　2017年全球增材制造行业领域应用分布

2018年，增材制造被列入我国重点支持产业，在立项的10个重点中有3个都提到增材制造产业的发展，分别为：智能制造产业——增材制造；新材料产业——先进结构材料；先进生物产业——3D生物打印。本节主要介绍增材制造技术在生物医用、航空航天、能源环境、高精加工（维护修复）等领域的应用。

1.6.1　生物医疗

增材制造技术在生物医疗领域的应用非常受瞩目，且已经普及，从模型，到一类器械、二类三类器械等都已经有成功案例，尤其是三类器械，如植入体，这方面的应用受到了国家、地方还有整个行业的高度重视。所以说生物医疗是增材制造技术未来发展非常大的一个市场领域。不过，这一领域尚需解决一个约束的瓶颈——医疗许可。国家食品药品监督管理总局（CFDA）于2015年正式批准制造和使用3D打印髋关节植入物，尤其是使用金属3D打印技术生产的植入物。

增材制造技术在生物医学领域的应用可归类为以下三个方面：

（1）体外医疗模型和医疗机械个性化制造

基于计算机X射线断层扫描（CT）、磁共振成像（MRI）等生物医学图像，生成增材制造用计算机辅助设计（CAD）模型，应用于外科整形、手术规划和个性化假肢设计等领域，即体外医疗模型和医疗器械的个性化制造。在此类应用中增材制造的零件无需植入体内，所用材料无需考虑生物相容性问题，体外医疗器械一般也只考虑所用材料的力学和理化性能。目前这类应用最为成熟也最为普遍，正在为人们的健康服务。在美国，大部分此类应用已经纳入医疗保险的范畴，特别是对于大型和高风险的手术，体外模型已经成为常规手术步骤，医生通过它进行手术规划，并与其他医生探讨与手术相关的各种重要的问题。

（2）永久植入的个性化制造

基于仿生的多尺度生物复杂结构设计，建立具有多尺度复杂结构的生物系统模型，采用生物相容性的材料，制造出可植入人体的替代和修复体。因需要植入体内发挥功能，所以对使用的材料要求必须具有良好的生物相容性，并不要求它在体内环境中降解。典型的应用有钛合金假体定制、人工骨、非降解骨钉、人工外耳、个性化种植牙等。

（3）组织工程支架的增材制造

组织工程即是人体器官的人工诱导制造，基于应用工程学和生命科学原理生长出活的替代物，用以修复、维持和改善人体组织和器官的功能。传统方法生产的人造器官在人体内永远是异物；而组织工程植入物则可形成活的组织，参与人体新陈代谢。组织工程支架的三大要素之一是细胞载体框架结构。研制适用的“细胞载体框架结构”所需要材料和成形工艺是问题的关键之一。这一框架植入人体后，细胞参与生长过程，作为信号分子的载体和新组织生长的支架，随新组织的生长，适时降解，最终与新组织生长相匹配。

1.6.2 航空航天

增材制造技术能够满足航空武器装备研制的低成本、短周期需求。高速、高机动性、长续航能力、安全高效、低成本运行等苛刻服役条件对飞行器结构设计、材料和制造提出了更高要求。轻量化、整体化、长寿命、高可靠性、结构功能一体化以及低成本运行成为结构设计、材料应用和制造技术共同面临的严峻挑战，这取决于结构设计、结构材料和现代制造技术的进步与创新。随着技术的进步，为了减轻机体重量，提高机体寿命，降低制造成本，飞机结构中大型整体金属构件的使用越来越多。大型整体钛合金结构制造技术已经成为现代飞机制造工艺先进性的重要标志之一。美国F-22后机身加强框、F-14和“狂风”的中央翼盒均采用了整体钛合金结构。大型金属结构传统制造方法是锻造再机械加工，但能用于制造大型或超大型金属锻坯的装备较为稀缺，高昂的模具费用和较长的制造周期仍难满足新型号的快速低成本研制的需求；另外，一些大型结构还具有复杂的形状或特殊规格，用锻造方法难以制造。而增量制造技术对零件结构尺寸不敏感，可以制造超大、超厚、复杂型腔等特殊结构。除了大型结构，还有一些具有极其复杂外形的中小型零件，如带有空间曲面及密集复杂孔道结构等，用其他方法很难制造，而用高能束流选区制造技术可以实现零件的净成形，仅需抛光即可装机使用。传统制造行业中，单件、小批量的超规格产品往往成为制约整机生产的瓶颈，通过增量制造技术能够实现以相对较低的成本提供这类产品。

据统计，我国大型航空钛合金零件的材料利用率非常低，平均不超过10%；同时，模锻、铸造还需要大量的工装模具，由此带来研制成本的上升。通过高能束流增量制造技术，可以节省材料三分之二以上，数控加工时间减少一半以上，同时无须模具，从而能够将研制成本尤其是首件、小批量的研制成本大大降低，节省国家宝贵的科研经费。通过大量使用基于金属粉末和丝材的高能束流增材制造技术生产飞机零件，从而实现结构的整体化，降低成本和周期，达到“快速反应，无模敏捷制造”的目的。

随着我国综合国力的提升和科学技术的进步，我国经济体已经处于世界经济体前列，与发达国家的一样，保证研制速度、加快装备更新速度，急需要这种新型无模敏捷制造技术。增材制造技术有助于促进设计-生产过程从平面思维向立体思维的转变。传统制造思维是先从使用目的形成三维构想，转化成二维图纸，再制造成三维实体。在空间维度转换过程中，差错、干涉、非最优化等现象一直存在，而对于极度复杂的三维空间结构，无论是三维构想还是二维图纸化已十分困难。计算机辅助设计（CAD）为三维构想提供了重要工具，但虚拟数字三维构型仍然不能完全推演出实际结构的装配特性、物理特征、运动特征等诸多属性。采用增量制造技术，实现三维设计、三维检验与优化，甚至三维直接制造，可以摆脱二维制造思想的束缚，直接面向零件的三维属性进行设计与生产，大大简化设计流程，从而促进产品的技术更新与性能优化。在飞机结构设计时，设计者既要考虑结构与功能，还要考虑制造工艺，增材制造的最终目标是解放零件制造对设计者的思想束缚，使飞机结构设计师将精力集中在如何更好实现功能的优化，而非零件的制造上。在以往的大量实践中，利用增材制造技术，快速准确地制造并验证设计思想在飞机关键零部件的研制过程中已经发挥了重要的作用。另一个重要的应用是原型制造，即构建模型，用于设计评估，例如风洞模型，通过增材制造迅速生产出模型，可以大大加快“设计-验证”迭代循环。

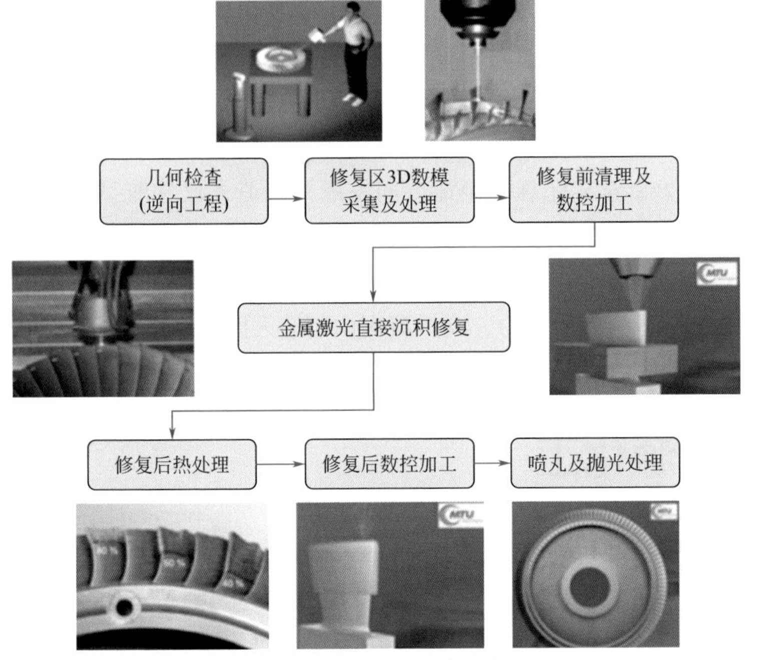

图1.15　整体叶盘激光修复流程

在整体叶盘修复技术方面，德国弗朗恩霍夫协会与MTU公司合作利用激光修复技术修复钛合金整体叶盘，修复流程如图1.15所示，经测试，修复部位的高周疲劳性能优于原始材料。其实除了航空航天领域外，机械、能源、船舶、模具等行业也对大型装备的高性能快速修复提出了迫切需求。据悉，西门子公司从2014年开始采用金属增材制造技术制造和修复燃气轮机的某些金属零部件，并称在某些情况下，通过增材制造技术可以把对涡轮燃烧器的修理时间从44周缩减为4周。国内西北工业大学、中航工业北京航空制造工程研究所、北京航空航天大学、中科院金属所等均开展了整体叶盘的激光修复技术研究工作，并取得了一定的成果。北京航空制造工程研究所采用激光修复技术修复了某钛合金整体叶轮的加工超差，并成功通过了试车考核。此外，作为一项新型的先进制造技术，增材制造技术在零件的成形修复方面具有很大的发展潜力。制造过程中误加工损伤的零件、服役过程中失效的零件均可以采用增材制造技术进行修复。零件的修复包括几何性能（几何形状、尺寸精度）和力学性能（强度、塑性）恢复，激光修复后经少量的后续加工，即可使零件达到使用要求，从而实现零部件的高效率、低成本再生制造。和传统的修复工艺相比，激光成形修复技术有如下主要特点：①激光束能量可控性好，修复过程中可以严格控制热输入，零件热影响区小，修复后零件中的残余应力水平低，零件变形较小；②修复区域和零件本体界面处为致密冶金结合，不易出现修复体脱落等问题；③力学性能达到新品的80%以上，部分材料性能与新品相当；④整个修复过程可以由计算机控制进行，零件修复的可靠性高，重复性好。

金属增材制造在航空航天领域目前有三大发展趋势：①复杂零件的精密铸造技术应用；②金属零件直接制造方向发展，制造大尺寸航空零部件；③向组织与结构一体化制造发展。未来需要解决的关键技术包括精度控制技术、大尺寸构件高效制造技术、复合材料零件制造技术。金属增材制造技术的发展将有力地提高航空制造的创新能力，支撑我国由制造大国向制造强国发展。

1.6.3 能源化工

围绕能源科技和产业变革的国际竞争日趋激烈，能源系统正在从化石能源绝对主导向低碳多能融合方向转变。全球能源生产与消费革命不断深化，新产业、新业态日益壮大，此外，能源生产系统非常复杂多样，充满了可以处理极端条件的关键部件。而增材制造技术在小批量产品快速制造、复杂零部件制造领域颇具优势。随着化石燃料的逐渐消耗，电动汽力涡轮机和太阳能电池板逐步发展，但是这些设备大部分仍然相当昂贵，需要改进。增材制造也能在太阳能电池和光伏电池制造领域发挥潜力，采用增材制造技术可制备多功能、多种类的电极及电解质材料，如图1.16所示。

麻省理工学院（MIT）的研究人员正在证明，由于增材制造技术，太阳能电池板的生产成本可以降低50%，同时，可能比传统的太阳能电池板更有效率。增材制造技术解放了形状，使太阳能板的结构获得无限的可能，并且可以进一步提升太阳能的捕捉效率，根据MIT的一项研究，3D太阳能电池板的效率有可能高20%之多。

太阳能电池的装配是太阳能电池成本的支配力量，高成本显然是可再生能源发展的制动。而根据估算，高精度的增材制造技术能降低约50%的生产成本，增材制造技术能消除许多低效工艺，减少昂贵的材料如玻璃废物、多晶硅甚至铟的浪费。在轻松控制材料成本的同时，还能非常方便按照客户的需求生产，不需要像传统光伏制造那样在遥远的一个工厂制备。这将极大地减轻运输成本，对光伏产业将产生非常积极的作用。此外，美国加州一家公司研发的柔性、可反复充电的3D锌电池，致力于使用在穿戴式设备、医疗器械、智能型标签、环境感应器等领域。增材制造技术微晶格电极大幅提升锂电池性能可制作形状复

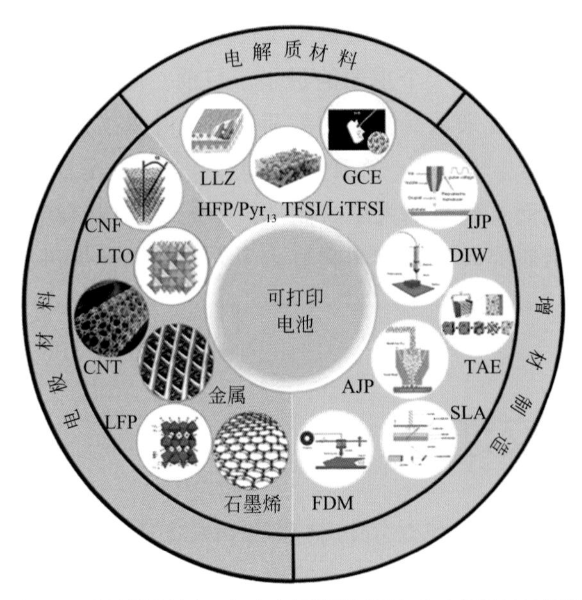

图1.16　增材制造技术、打印电极材料以及打印电解质材料概况

杂的电池架构，可实现可控孔隙率，有助于优化电化学储能的配置；大幅提升锂离子电池的容量及充放电速率。

与传统的电池制造技术相比，增材制造技术有几个显著的优势：①能够制造所需的复杂架构；②电极形状和厚度的精确控制；③打印固态电解质，结构稳定性高，操作安全；④低成本、环保、易操作的潜力；⑤通过电池与其它电器的直接集成，可以省去设备组装和包装的步骤。增材制造技术能够制造出表面积更大、面载密度更高、扩散路径更短、离子输运过程阻力更小的新型3D架构电极，从而提高电池的能量密度和功率密度。此外，增材制造技术可以大大减少材料的浪费，并节约时间。总的来说，增材制造技术为快速制造具有复杂结构和高性能的3D结构电池开辟了新的途径。

在核能源领域，俄罗斯国有核电公司Rosatom成立了一家开发增材制造技术的公司，该公司开发了用于生产电源组件的Gen II打印机。西门子公司在斯洛文尼亚的Krko核电站安装了一个用于消防泵的金属叶轮。中国核动力研究设计院与南方增材科技有限公司，曾联合发起ACP100反应堆压力容器增材制造（增材制造技术）项目。使用大型电熔增材制造技术，可精确地实现结构复杂的大型金属构件一体成形，为核电装备的高质量、高效率、低成本制造开辟了一条新的道路。经过技术鉴定，增材制造技术试件的产品性能可达到甚至部分优于锻件产品。在风力发电领域，寻找更快、更具成本效益的方法来制造风电机组，以及研究如何更好地利用风能，都是至关重要的，而叶片的增材制造技术则有希望解决这两个问题。在缩短风电机组生产时间和降低制造成本的问题上，增材制造技术叶片模具也是一个重要的进步。目前，叶片长度平均超过50m，而且还需要足够高的强度来承受巨大的载荷，因此叶片生产流程是高耗能、高成本和高耗时的。通常，需要用一个阳模来制造叶片模具（阴模），再用阴模来制造玻璃钢叶片。然而，如果引入增材制造技术，将可以直接将第一步取消，降低制造成本，并给研究人员以时间和自由，来对新的性能进行试验，并提高设计的灵活性。

1.6.4 轨道交通

异质材料的组合制造也是增材制造的一大优势，对于传统制造方式（铸造、锻造等）来讲，将不同材料组合成单一产品非常困难，但是增材制造技术有能力使不同原材料进行组合制造。金属增材制造技术可以在通过铸造、锻造和机械加工等传统技术制造出来的零件上任意添加同/异质材料的精细结构，并且使其具有与整体制造相当的力学性能。因此，针对部分工业零件适当利用增材制造技术进行组合制造，不同的结构部位采用不同类别的金属材料，不仅大大提高结构件的性能，而且降低了成本，特别是昂贵材料的成本。同时，也把增材制造技术成形复杂精细结构的优势与传统制造技术高精度的优势结合起来，形成了最佳的制造策略。此外，利用增材制造定制化优势，产品被赋予更多的个性化特点，在交通运输、人们日常消费品等对不同的人群形成了强大的吸引力。

增材制造技术正处于发展期，具有旺盛的生命力，还在不断发展；随着技术成熟度的提升，材料种类的丰富，成本的下降，其应用领域也将越来越广泛。

参考文献

[1] DebRoy T, Wei H L, Zuback J S, et al. Additive manufacturing of metallic components—process, structure and properties. Progress in Materials Science, 2018, 92: 112-224.

[2] Pang Y, Cao Y, Chu Y, et al. Additive manufacturing of batteries. Advanced Functional Materials, 2020, 30（1）: 1906244.

[3] 王华明. “增材制造”带来制造技术革命. 科学与现代化，2013，54（1）.

[4] A comprehensive review of the methods and mechanisms for powder feedstock handling in directed energy deposition. Additive Manufacturing, 2020: 101388.

[5] 卢秉恒. 增材制造技术——现状与未来. 中国机械工程, 2020, 31（01）:19-23.

[6] 王泽敏, 黄文普, 曾晓雁. 激光选区熔化成形装备的发展现状与趋势. 精密成形工程, 2019, 11（004）:21-28.

[7] Huang S H, Liu P, Mokasdar A, et al. Additive manufacturing and its societal impact: a literature review. The International Journal of Advanced Manufacturing Technology, 2013, 67（5-8）: 1191-1203.

[8] Singh S, Ramakrishna S, Singh R. Material issues in additive manufacturing: A review. Journal of Manufacturing Processes, 2017, 25: 185-200.

[9] Kong D, Dong C, Ni X, et al. Corrosion of metallic materials fabricated by selective laser melting. Npj Materials Degradation, 2019, 3（1）: 1-14.

[10] 李晓刚. 耐蚀低合金结构钢. 北京：冶金工业出版社，2017.

第2章

SLM成形316L不锈钢的腐蚀行为与机理

不锈钢是指耐空气、蒸汽、水等弱腐蚀介质和酸、碱、盐等化学侵蚀性介质腐蚀的钢，又称不锈耐酸钢。因其粉末成形性好且成本低廉，是较早应用于增材制造金属打印的材料。如德国EOS公司很早就将不锈钢列为其3D打印机的一种基本原材料。研究表明，粉末特性和工艺参数对SLM成形质量有影响，数据显示金属粉末的质量显著影响着最终产品质量。

316L不锈钢因具有较高的耐腐蚀性能、良好的力学性能以及生物相容性等优点，在医疗器械、能源动力及海洋化工、航空航天等高新技术领域的应用极其广泛。近年来科技与经济的发展使得不锈钢的需求量日益增多，同时也促进了不锈钢制造技术的发展。传统方法通常采用车、铣、刨、磨、钻等加工不锈钢样件，这些方法加工的样件原材料利用率较低，对于结构复杂的样件很难甚至不能加工，导致了生产周期较长、加工费用较高。近年来，随着大功率高品质激光器以及激光技术的发展，激光增材制造技术在不锈钢制造中的优势逐渐凸显。本章以SLM 316L不锈钢为研究对象，研究打印参数（激光功率、扫描速度等）对其组织结构及性能的影响，同时探究快速凝固过程中奥氏体不锈钢非平衡凝固组织的宏观结构缺陷（如孔隙）、成分偏析偏聚及晶格畸变等对材料腐蚀行为的影响。研究归纳SLM 316L不锈钢钝化膜的组成及结构特征，局部腐蚀（点蚀、晶间腐蚀等）机理、氢损伤行为以及特殊服役环境下的电化学特性。

2.1 SLM 316L不锈钢组织结构特征及打印参数的影响

2.1.1 各向异性

由于在打印过程中不同方向的温度梯度有所差异，打印件存在各向异性；各向异性是增材制造成形材料的显著特征之一。图2.1所示为SLM 316L不锈钢固溶热处理前后的三维电子背散射衍射（EBSD）中反极图（IPF）和Kemel平均取向差图（KAM）结果。从图中可以看到，未热处理的成形样品*xoz*和*yoz*面晶粒沿着打印方向生长（一般为垂直于基板方向）；而*xoy*面的晶粒则相对较为均匀，这是由于在打印过程中，热量沿着底部基板比沿着周边粉末的传播速度快，从而导致沿着打印成形方向的温度梯度较大，形成柱状的晶粒。固溶热处理之后，晶粒开始长大并逐渐变为规则的形状，组织各向异性现象逐渐消失。同时，从KAM图的结果可以看到，热处理前材料内部存在较高的残余应力，固溶热处理后残余应力被消除。热处理前后不同平面的晶粒尺寸分布结果显示，未热处理的SLM 316L不锈钢*xoz*和*yoz*面的晶粒尺寸大小相当，均为*xoy*面的2倍左右；固溶热处理后，三个面的晶粒尺寸相当，在60 ~ 70μm范围。

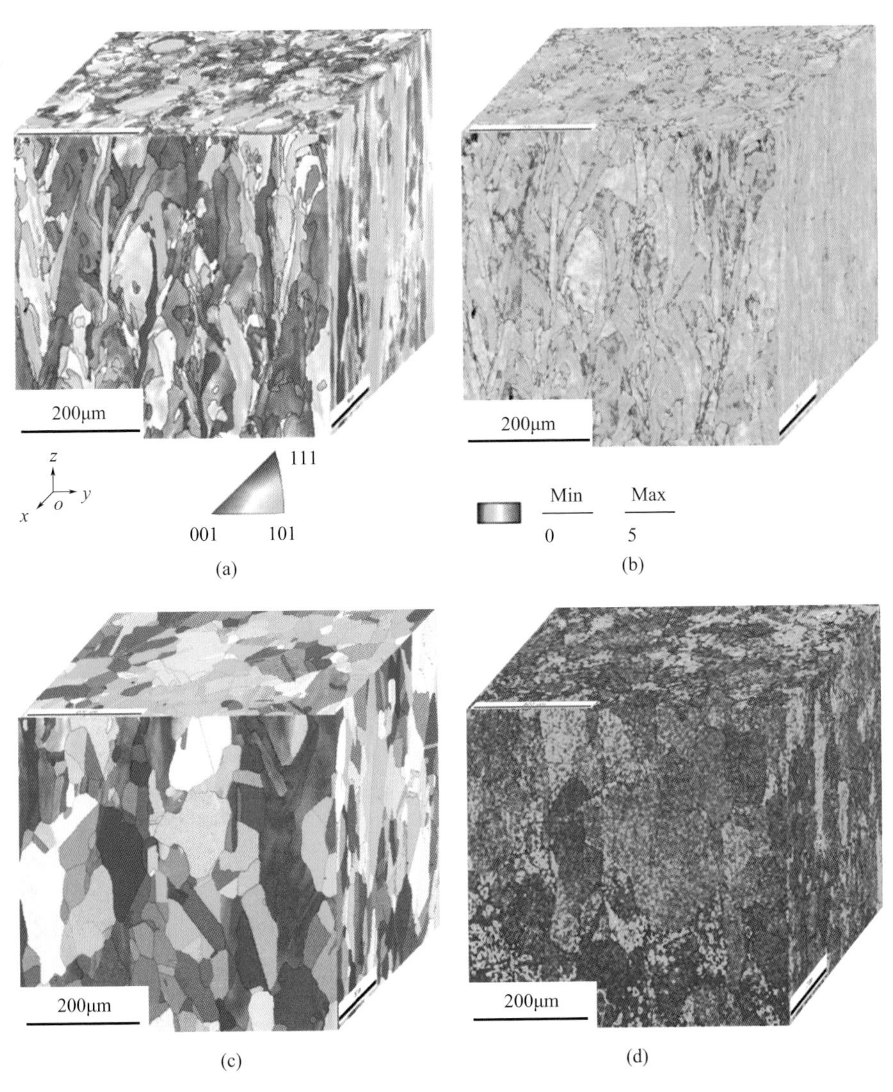

图2.1

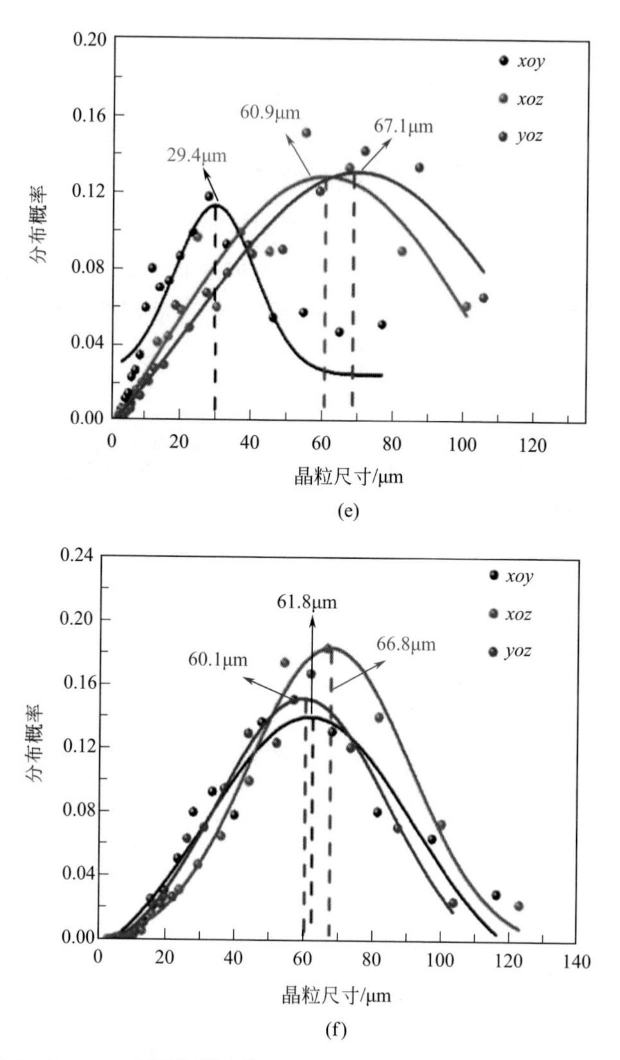

图2.1　SLM 316L不锈钢固溶热处理前后的三维EBSD中IPF和KAM结果

（a）（b）未处理；（c）（d）固溶处理；不同平面的晶粒尺寸分布：（e）未处理，（f）固溶处理

2.1.2　晶界特征

由于周期性的打印方式，激光选区熔化成形材料的晶界与传统材料不同。图2.2所示为典型激光选区熔化技术的打印策略和熔池的形态。打印完成之后，样品内部会留下熔池界面。此外，在熔池内部，由于靠近熔池边界的地方冷却速度较快，从而导致晶粒细化。这就造成了熔池边界附近晶粒细小而熔池内部晶粒粗大的双峰晶粒组织结构。而传统锻造316L不锈钢的晶粒尺寸较为均匀，

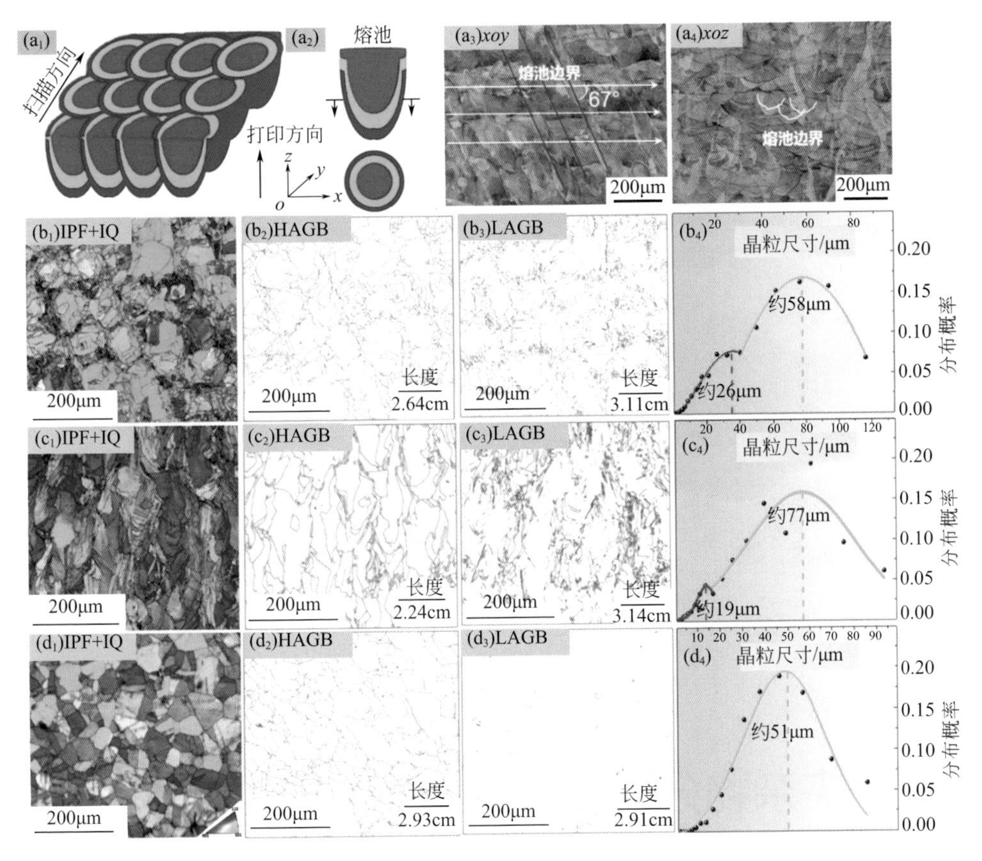

图2.2 SLM打印策略、熔池形态及EBSD结果

（a_1）激光选区熔化工艺；（a_2）典型熔池形态的打印策略；（a_3）*xoy*平面和（a_4）*xoz*平面的金相；
（b_1）～（b_4）SLM 316L不锈钢在*xoy*平面上的EBSD结果；（c_1）～（c_4）SLM 316L不锈钢在*xoz*平面上的EBSD结果；
（d_1）～（d_4）传统锻造316L不锈钢平的EBSD结果
（注：IPF为反极图，IQ为图形质量，HAGB为大角度晶界，LAGB为小角度晶界）

其晶界主要为大角度晶界。SLM 316L不锈钢的小角度晶界主要富集在熔池边界，且其密度要高于大角度晶界。

为了探究SLM 316L不锈钢中小角度晶界类型，采用电子通道衬度对比（electron channeling contrast imaging，ECCI）手段结合原位EBSD技术，如图2.3所示，ECCI能够清晰地看到胞状位错结构，而EBSD可区分晶界类型。图2.3（a）和（b_2）中蓝色框的内部为小角度晶界，通过ECCI放大该区域之后发现，小角度晶界为胞状组织边界，只不过胞壁两侧的取向差较大。但大角度晶界的ECCI结果显示并非为胞状组织边界。关于胞状组织的性能将在胞状结构章节具体描述，主要包括高的位错密度和元素的偏析偏聚。

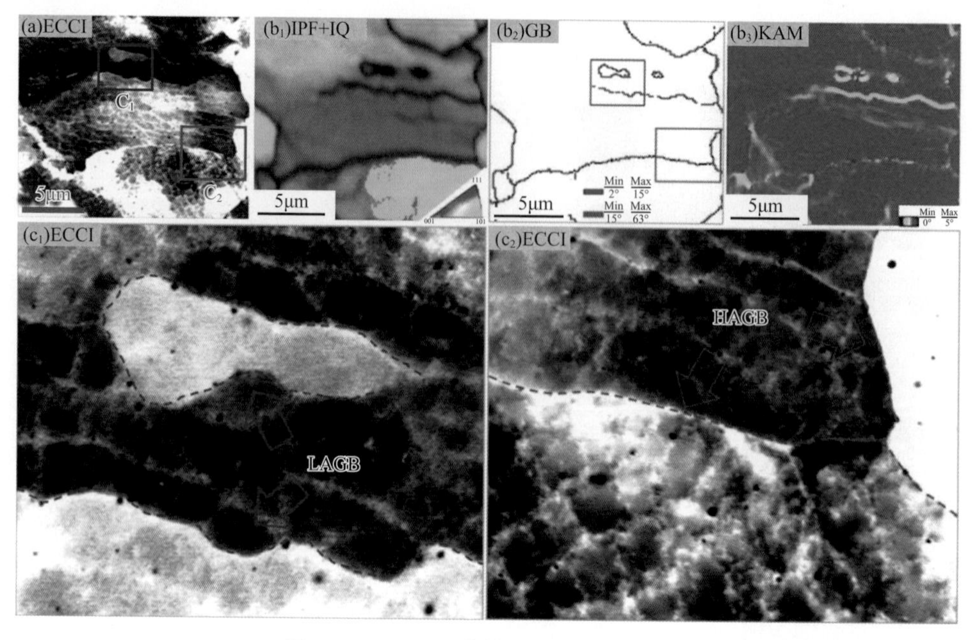

图2.3 SLM 316L不锈钢ECCI和EBSD结果

（a）胞状结构的ECCI结果；（b_1）～（b_3）EBSD结果；（c_1）小角度晶界放大区域的ECCI结果；（c_2）大角度晶界放大区域的ECCI结果

2.1.3 夹杂物分布

夹杂物对不锈钢点蚀性能的影响已经有了大量的研究，且钢中夹杂物种类繁多，其中MnS是不锈钢中一种很常见的夹杂物，通常会认为MnS的优先溶解会诱发点蚀形核。此外，已经有大量的研究证明了（Cr，Fe，Mn）O、（Cr，Fe）$_2$N等富Cr的夹杂物在含氯的溶液中对不锈钢的点蚀具有关键性的作用。图2.4显示了传统锻造316L不锈钢中夹杂物的形貌及能谱结果。通常这些夹杂物是通过元素在高温下扩散形成的，而对于激光熔覆成形而言，由于非常快的冷却速度，导致元素来不及扩散聚集，因此这类夹杂物很难存在于激光选区熔化成形的不锈钢中。取而代之的是一些亚微米级的氧化物颗粒，这类氧化物颗粒形成的原因为粉末表面的氧化层以及打印保护气中的氧在激光熔化过程中进入材料内部，与氧亲和性较高的元素结合形成氧化物颗粒。

SLM 316L不锈钢中氧化物较多且非常细小。图2.5采用ECCI技术观察SLM 316L中的氧化物颗粒分布，图中圆形的黑色区域表示夹杂物。氧化物颗粒最常见的直径约为80nm，最大直径达到约500nm，但比例很小。这些氧化物的密度

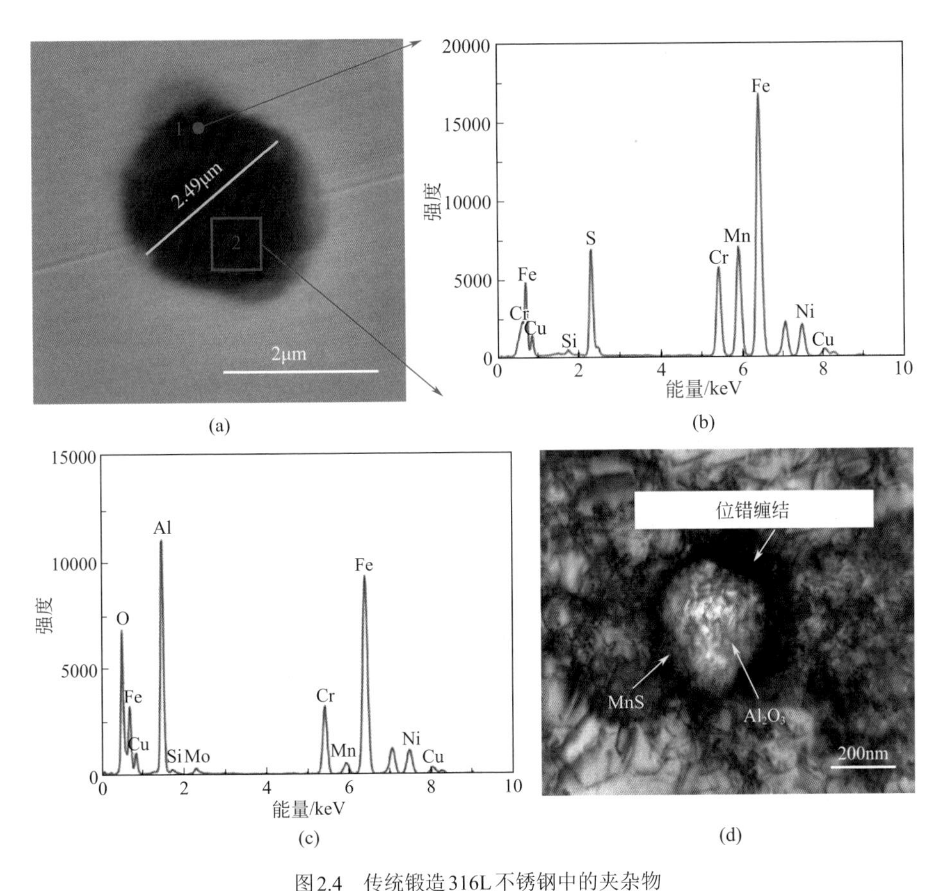

(a) (b)

(c) (d)

图2.4 传统锻造316L不锈钢中的夹杂物

（a）～（c）较大尺寸夹杂物的扫描电镜图像及对应的能谱结果；（d）小尺寸夹杂物的透射电镜结果

相对较高且分布均匀，达到（4.98±0.49）个/μm^2。值得注意的是，高分辨透射电镜结果显示球形夹杂物的晶型是无定形的，也就是非晶态，而相邻基体部位是晶态结构。

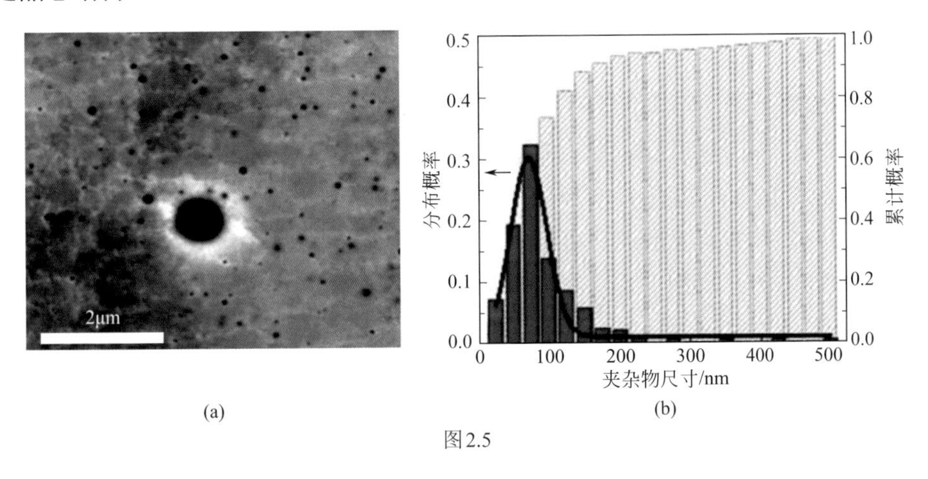

(a) (b)

图2.5

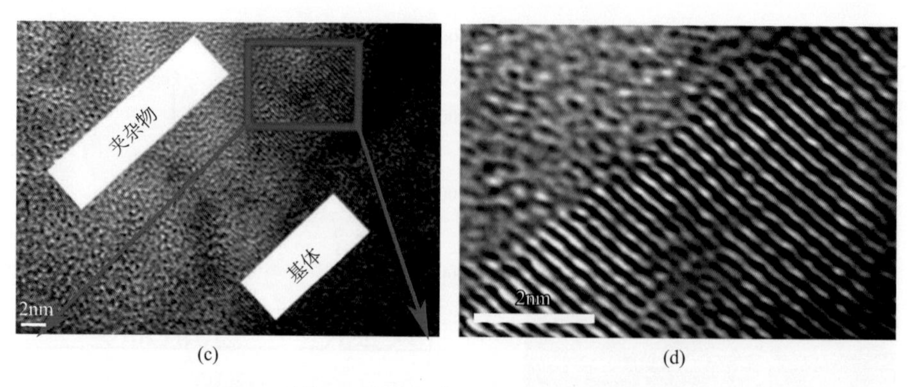

图2.5 采用ECCI技术观察SLM 316L中的氧化物颗粒

（a）激光选区熔化不锈钢中氧化物夹杂分布的ECCI结果；（b）夹杂物尺寸分布及累计百分比；（c）、（d）高分辨透射电镜显示夹杂物和基体界面形貌

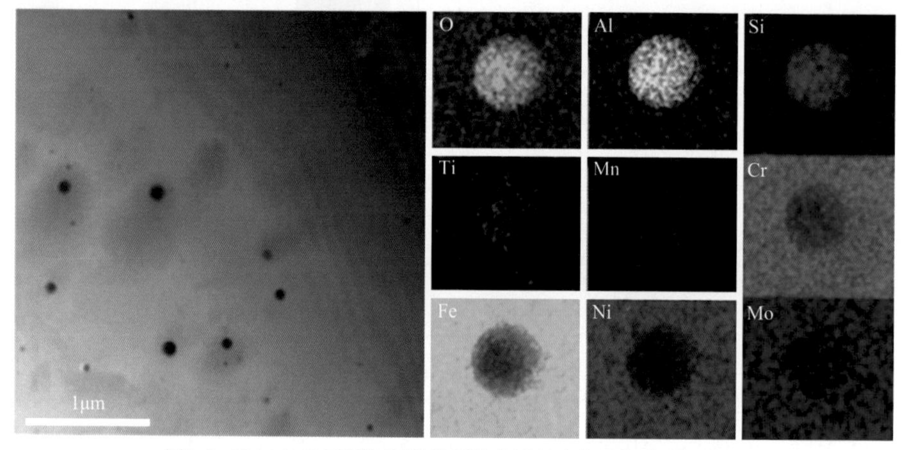

图2.6 SLM 316L不锈钢氧化物颗粒的透射电镜及能谱面扫结果

图2.6为SLM 316L不锈钢氧化物颗粒的透射电镜及能谱面扫结果，可以看到氧化物的化学成分主要有Si、Al、Mn、Ti，这些元素对氧都有比较高的亲和力。此外，也有学者认为这种氧化物的化学成分结构为$MnSiO_3$（Rhodonite晶石），他们通过热力学亚稳态相图计算得出如图2.7所示结果；而当经过1200℃固溶热处理后，通过平衡相图计算这种氧化物颗粒的晶型转变为$MnCr_2O_4$（Spinel晶石）。同时，由于元素扩散导致固溶处理后MnS夹杂物在SLM 316L不锈钢中形成。亚微米级的非晶氧化物颗粒对于腐蚀，尤其是点蚀的影响并不大，同时，由于MnS等夹杂物不存在于直接成形的SLM 316L不锈钢中，因此，SLM 316L不锈钢具有优良的耐点蚀性能。但固溶热处理之后，其耐点蚀能力下降。

图2.8为SLM 316L不锈钢在不同热处理工艺下MnS夹杂物数量的变化，可

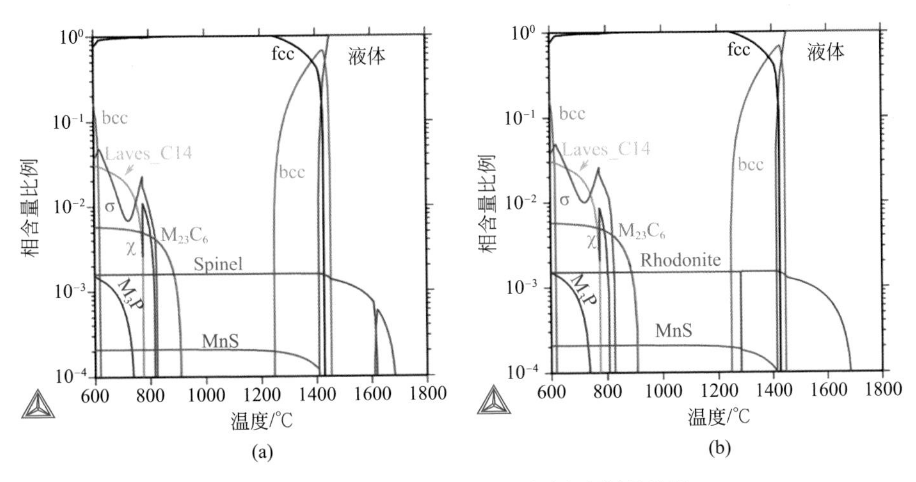

图2.7 （a）平衡相图和（b）亚稳态相图计算结果

316L不锈钢成分质量分数为Fe-16.3Cr-10.3Ni-2.09Mo-1.31Mn-0.49Si-0.026C-0.006S-0.026P-0.026O

以看到，在测试温度和时间范围内，MnS的含量随着二者的提高而增大。MnS的生成将会对不锈钢的耐蚀性造成极大的影响，这部分将在热处理对SLM 316L不锈钢耐蚀性能的影响章节介绍。

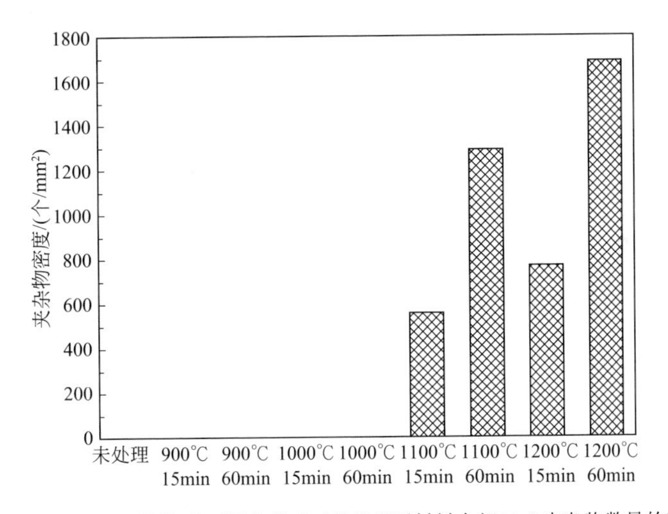

图2.8 SLM 316L不锈钢在不同热处理工艺处理后材料内部MnS夹杂物数量的变化

2.1.4 胞状结构

胞状结构也存在于焊接金属组织中，只不过其尺寸相对较大；在增材制造金属中由于温度梯度很大，故而形成的胞状结构尺寸很小，激光选区熔化成形的材料中胞状结构的大小一般为亚微米级。图2.9对比了传统锻造和SLM成形的316L不锈钢组织结构透射形貌及衍射斑结果，在传统锻造材料中可以看到孪晶界以及晶粒内部独立的位错露头。然而，在SLM 316L不锈钢中存在大量的亚微米级的胞状结构，在胞壁上有大量的位错缠结。高密度的位错是由于在逐层扫描打印过程中，材料内部产生较高的残余应力，从而诱发局部的应变而导致大量位错增殖，富集在胞壁上。

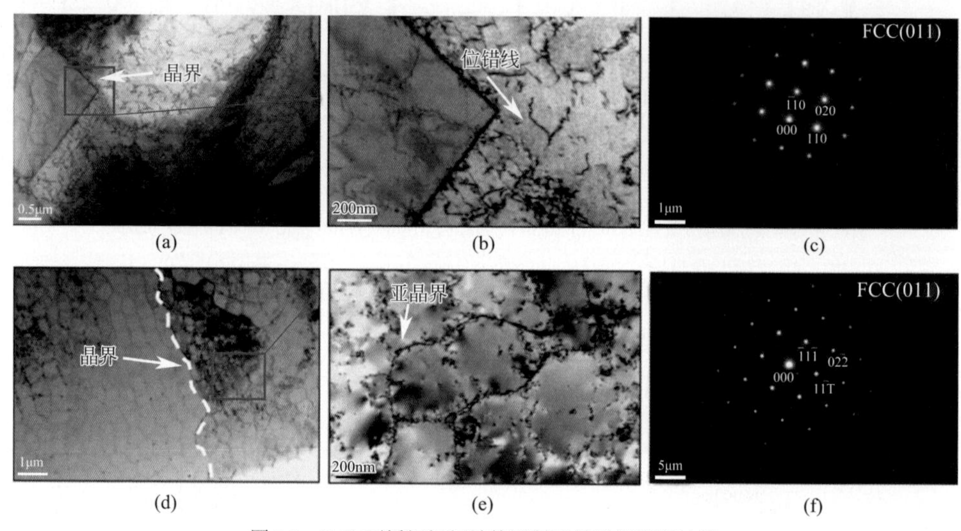

图2.9　316L不锈钢组织结构透射形貌及衍射斑结果

（a）～（c）传统锻造；（d）～（f）SLM 316L

图2.10显示了SLM 316L不锈钢胞状结构的透射电镜结果及能谱的面分布结果，在胞状结构的胞壁上存在着Cr和Mo元素的富集；同时有文献指出，在胞壁上Ni元素将发生贫化。根据能谱的定量分析结果显示，在胞壁上有1% ~ 2%（质量分数）的Cr和0.5% ~ 1.5%的Mo富集,而胞内有0.5% ~ 1%的Ni富集。

胞状结构的大小可以通过不同打印条件来控制，图2.11显示通过改变打印扫描速度从而改变胞状结构的大小。当扫描速度从283mm/s提高到7000mm/s（EOS280设备的最大扫描速度），胞状结构的大小从约1200nm减小到300nm左右。这是由于扫描速度越快，激光与粉末作用时间越短，熔池内部冷却速度越快，从而细化组织。此外，还可以在不锈钢粉末中添加纳米级形核剂，如纳米TiB_2颗粒，随着TiB_2颗粒含量的增加，胞状结构逐渐变小。这是由于高熔点的纳米TiB_2颗粒在凝固过程中充当形核剂的同时可以钉扎位错或晶界，从而细化组织。

影响不锈钢打印质量的参数有很多。原材料方面：不锈钢粉末的尺寸大小、

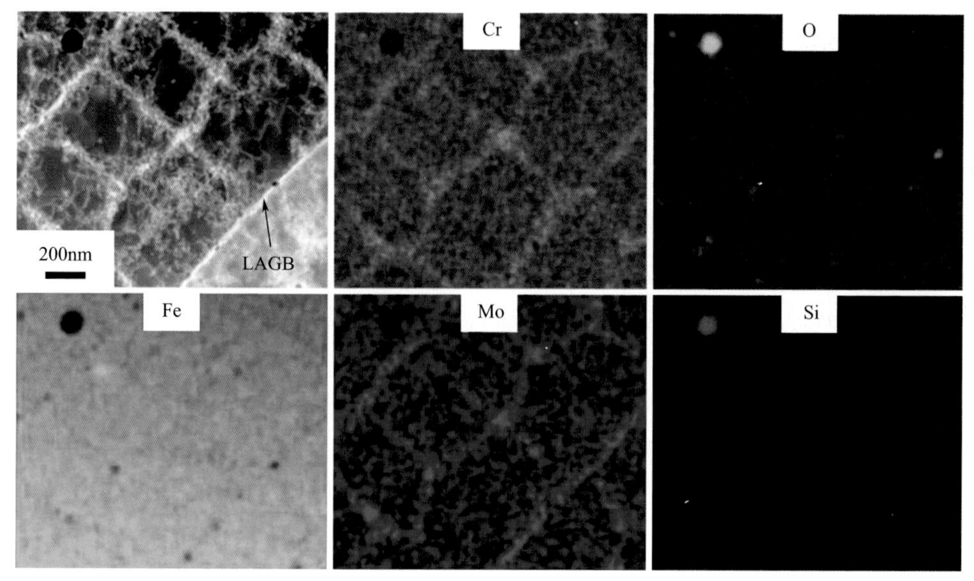

图2.10 SLM 316L不锈钢胞状结构的透射电镜结果及能谱的面分布结果

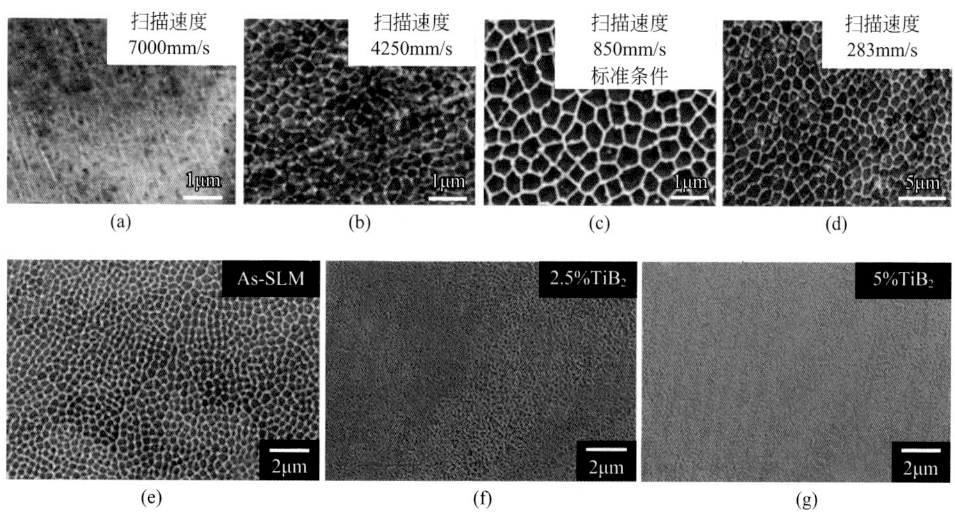

图2.11 SLM 316L不锈钢的胞状结构随扫描速度及纳米TiB_2颗粒含量的变化

（a）～（d）SLM 316L不锈钢的胞状结构随扫描速度的变化；

（e）～（g）SLM 316L不锈钢的胞状结构随纳米TiB_2颗粒含量的变化

形状、松装密度、流动性、化学成分等均有影响；打印设备方面：激光器的光斑尺寸、保护气氛的范围，激光能量的范围等；打印参数方面：激光功率、扫描速度、扫描路径、铺粉层厚、扫描间隔、基板温度等。目前，常见的不锈钢参数优化的工作集中在与单位体积粉末所吸收的能量相关的参数优化中，这里主要介绍激光功率和扫描速度的影响。

2.1.5 激光功率

不同的激光功率会导致单位体积粉末吸收不同的能量密度，从而影响不锈钢粉末所处的温度场，造成不同的组织结构。图2.12对比显示了传统锻造以及不同激光功率下成形的316L不锈钢的EBSD结果。其中，EBSD图中的黑色区域为未识别的孔隙缺陷区域。从图中可以看出，在实验的功率范围内（120 ~ 220W），打印件的孔隙数量随着激光功率提高而逐渐降低。195W和220W功率下成形的不锈钢基本上没有孔隙，说明在此打印条件下材料的致密度较高。此外，从晶粒尺寸的分布结果可以看出，打印不锈钢的晶粒尺寸随着功率的增大而变大，原因归因于：激光功率越大，激光对粉末的冲击作用越强，形成的熔池深度越大，从而导致内部温度梯度的降低，造成晶粒相对较大。图2.13的XRD结果可以看出，SLM 316L不锈钢组织和传统锻造材料一样，均为面心立方奥氏体结构，而不同的打印参数下晶粒取向有所差异，造成材料的织构程度不同。

图2.14为传统锻造以及不同激光功率下成形的SLM 316L不锈钢在模拟体液中的极化曲线结果，腐蚀电位以及钝化电流密度相差不大。腐蚀电位（vs.SCE）均在−0.3V左右，而点蚀电位却相差较大。随着打印功率的提高，SLM 316L不锈钢点蚀电位（vs. SCE）从0.25V提高到0.66V，而传统锻造不锈钢点蚀电位在

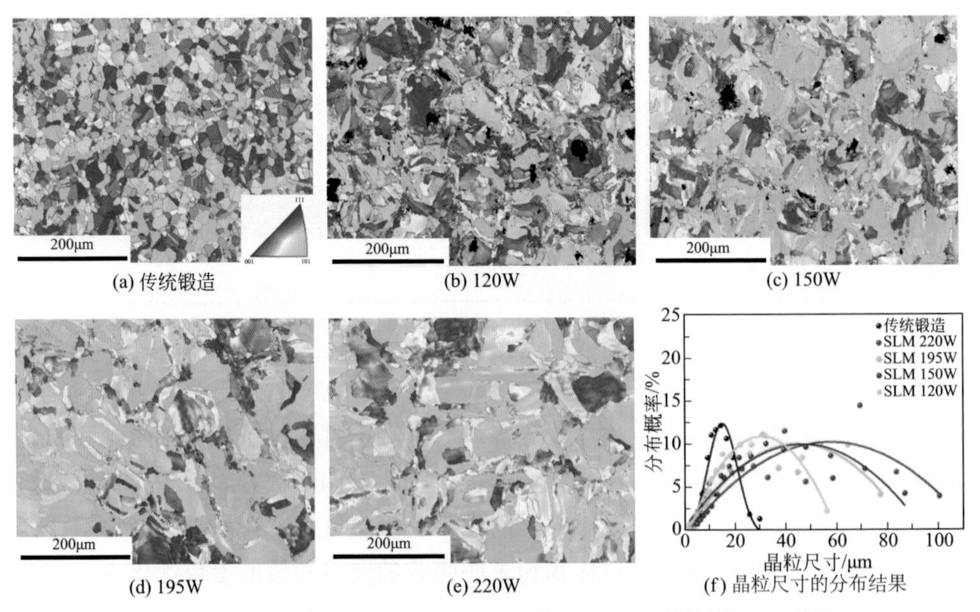

图2.12　传统锻造以及不同激光功率下成形的SLM 316L不锈钢的EBSD结果

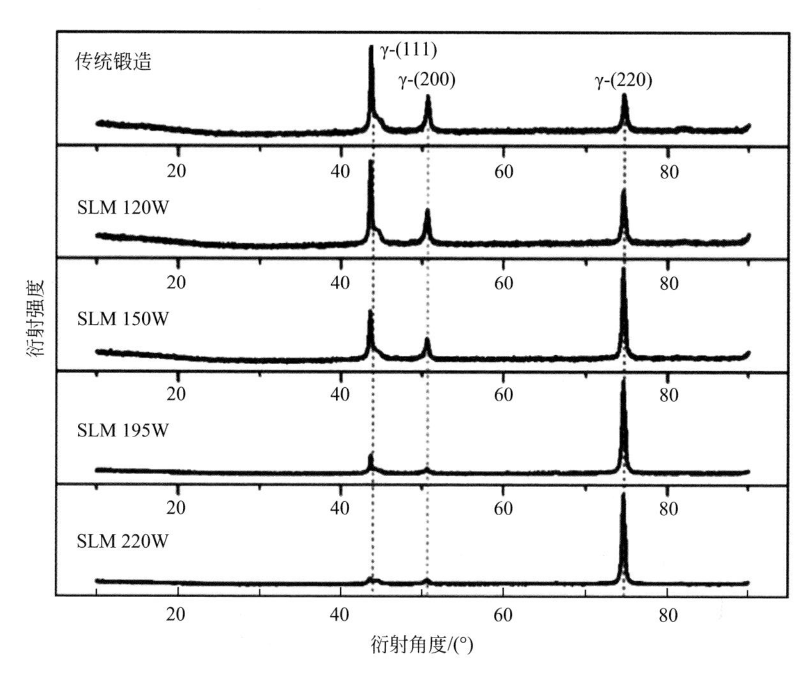

图2.13 传统锻造以及不同激光功率下成形的SLM 316L不锈钢的XRD结果

0.4V左右。低功率下成形的SLM 316L不锈钢点蚀电位的降低可归因于打印缺陷，如孔隙、裂纹等，提供更多的点蚀萌生位点；而较致密的SLM 316L不锈钢高于锻造材料的耐点蚀能力则归因于其材料内部不存在MnS和碳化物等夹杂物，具体形成原因将在夹杂物章节具体解释。

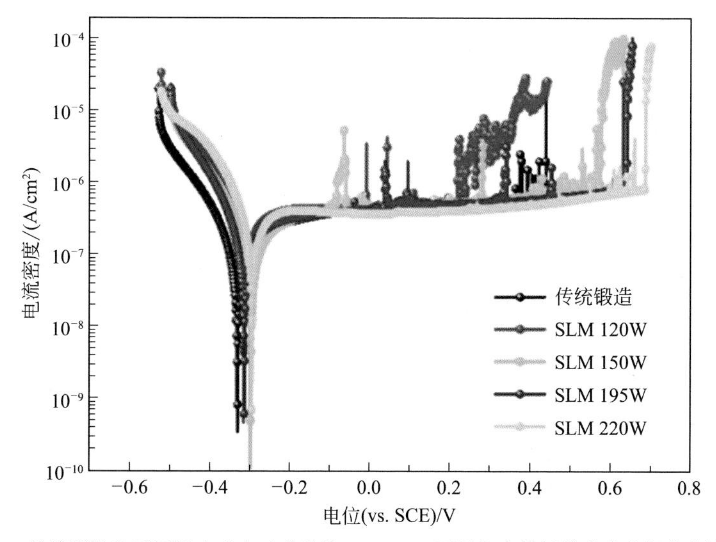

图2.14 传统锻造和不同激光功率下成形的SLM 316L不锈钢在模拟体液中的极化曲线结果

2.1.6 扫描速度

扫描速度是另一个常见、易调节的打印参数，如图2.15所示为SLM 316L不锈钢在不同扫描速度下成形的表面状态。扫描速度越慢，激光与粉末作用的时间更长，粉末熔化得更充分；反之，扫描速度越快，易造成粉末未完全熔化。因此，在此实验条件范围内（800 ~ 1400mm/s），随着扫描速度的增大，SLM 316L不锈钢内部的缺陷越多。图2.16 XRD的结果可以看出，在不同扫描速度下成形的SLM 316L不锈钢也均为面心立方奥氏体结构。

图2.17和图2.18显示传统锻造和不同扫描速度下成形的SLM316L不锈钢样品在3.5%（质量分数）NaCl溶液中的交流阻抗谱和动电位极化曲线的结果。从阻抗图中可以看到，随着扫描速度增大，材料的耐蚀性逐渐降低；在1400mm/s速度下成形的SLM 316L不锈钢耐蚀性低于传统材料，而在其它扫描速度下成形

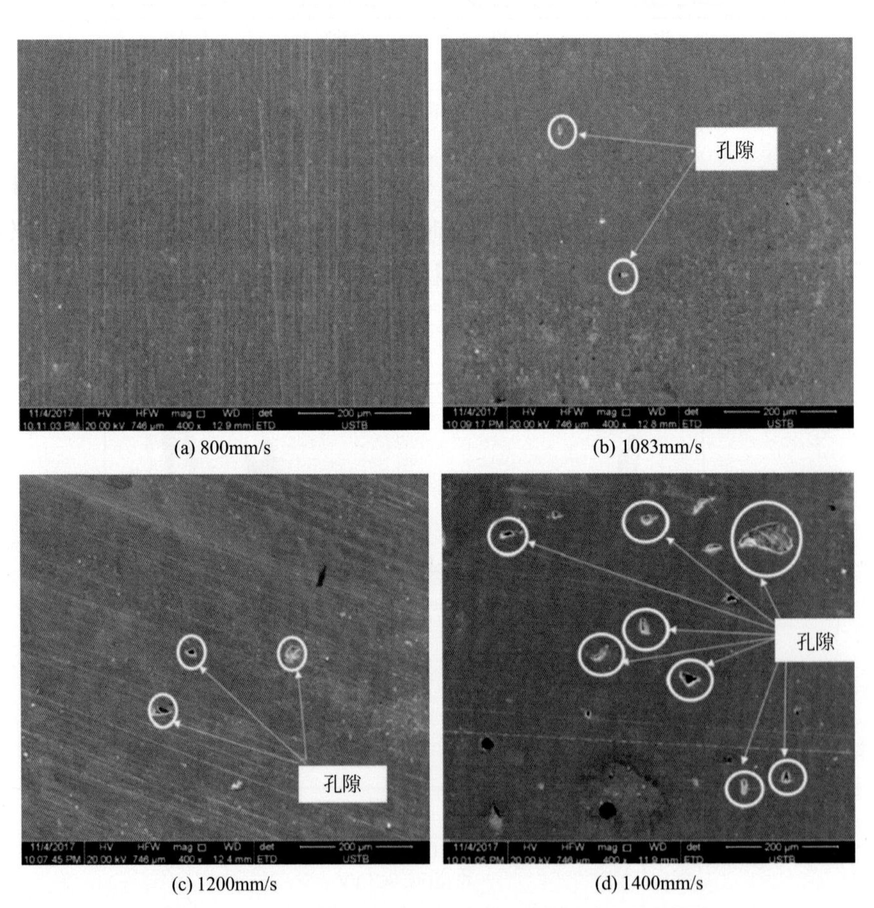

(a) 800mm/s　(b) 1083mm/s　(c) 1200mm/s　(d) 1400mm/s

图2.15　SLM 316L不锈钢在不同扫描速度下成形的表面形貌

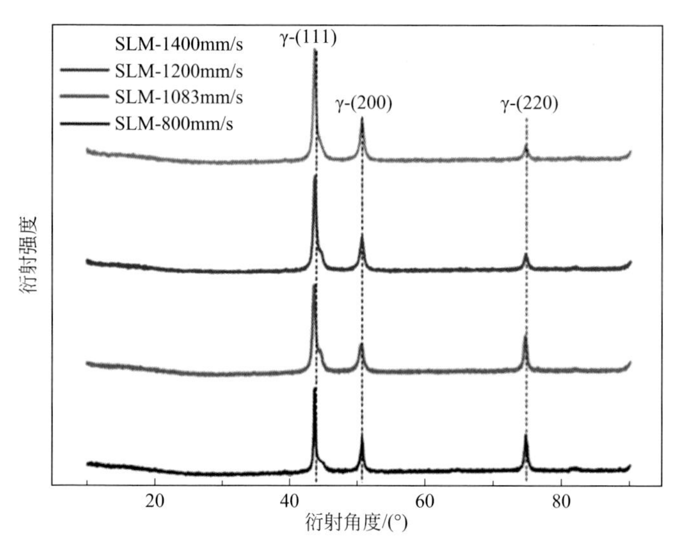

图2.16　不同扫描速度下成形的SLM 316L不锈钢样品的XRD结果

的SLM 316L不锈钢优于传统锻造材料，其原因是1400mm/s速度下成形的SLM 316L不锈钢内部缺陷太多，造成耐蚀性能下降。而极化曲线的结果显示，SLM 316L不锈钢的点蚀电位均高于传统锻造材料，说明打印孔隙的密度并不太高；点蚀电位的提高也与材料内部夹杂物种类不同有关。

图2.19显示了传统锻造和不同扫描速度下成形的SLM 316L不锈钢样品在3.5% NaCl溶液中0.2V（vs.SCE）恒电位9h的电流密度随时间的变化关系曲线。可以看到，传统锻造不锈钢的电流密度最低，且保持稳定，说明材料具有很好的耐久性；而SLM 316L不锈钢的电流密度随着扫描速度的增大而增大，且在1200mm/s和1400mm/s速度下成形的不锈钢随着恒电位极化时间其电流密度出现上下波动，说明材料的耐久性较差。

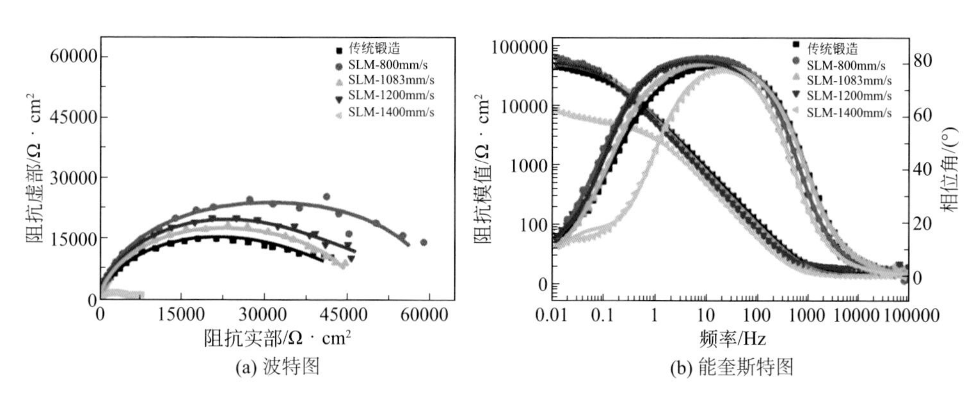

图2.17　传统锻造和不同扫描速度下成形的SLM 316L不锈钢样品在3.5% NaCl溶液中的交流阻抗谱结果

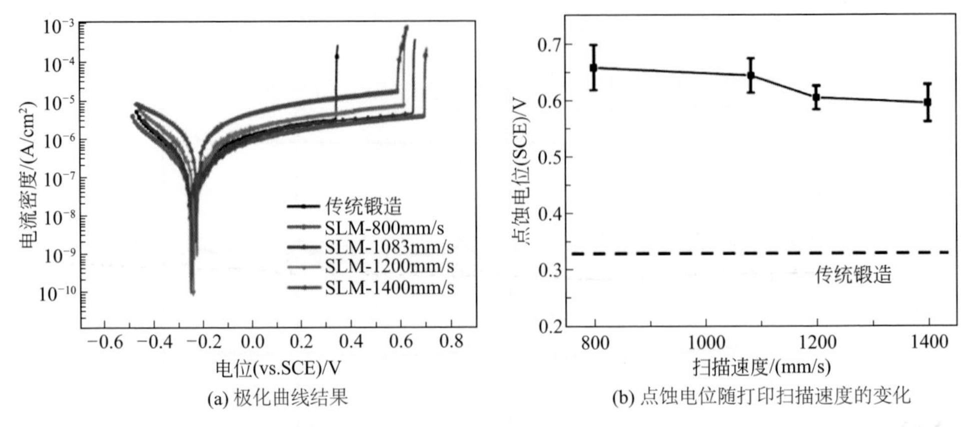

图2.18　传统锻造和不同扫描速度下成形的SLM 316L不锈钢样品在3.5% NaCl溶液中的动电位极化曲线结果

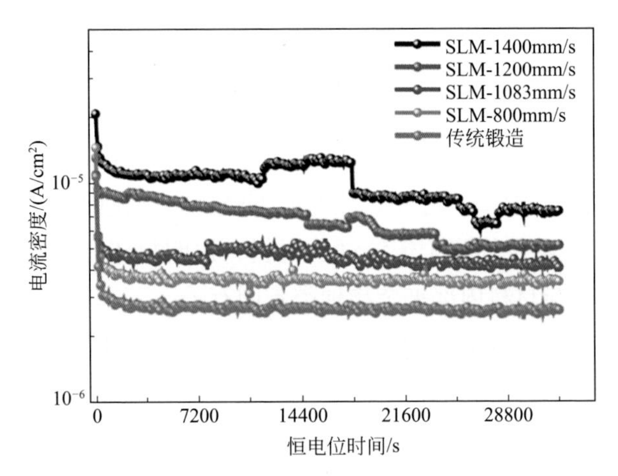

图2.19　不同扫描速度下成形的激光选区熔化316L不锈钢样品在3.5% NaCl溶液中0.2V（vs.SCE）恒电位9h结果

采用EOS280设备打印316L不锈钢，目前实现致密度99.95%以上的打印参数工艺如表2.1。

表2.1　SLM 316L不锈钢打印成形致密度高于99.95%的打印工艺参数

打印参数	数值
基板温度	80℃
激光功率	195W
扫描速度	1083mm/s
扫描间距	40μm
铺粉层厚	25μm
粉末尺寸	10 ～ 40μm

2.2 热处理对SLM 316L不锈钢组织结构和腐蚀行为的影响

2.2.1 热处理对SLM 316L不锈钢组织结构的影响

由于SLM不锈钢组织不均匀、存在较大界面应力，因此需要进行后续热处理。图2.20为SLM 316L不锈钢经不同热处理工艺后的组织晶粒图，主要进行了1050℃和1200℃保温不同时间的工艺。可以看到，在1050℃热处理中，其晶粒

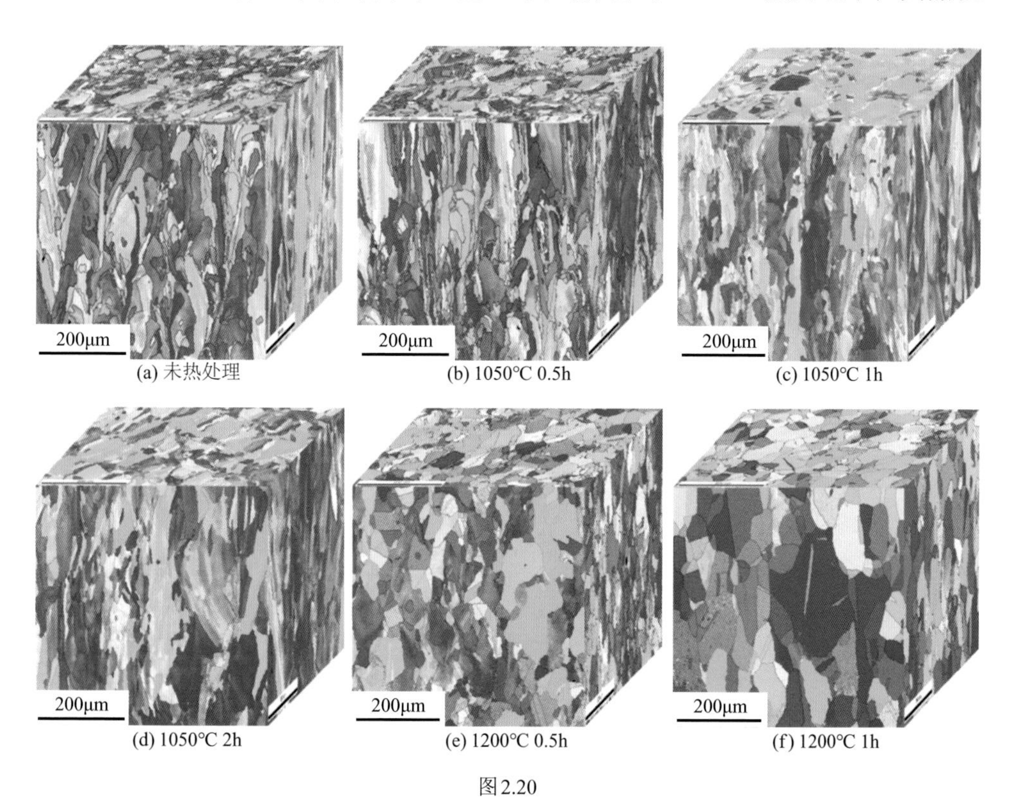

(a) 未热处理 (b) 1050℃ 0.5h (c) 1050℃ 1h
(d) 1050℃ 2h (e) 1200℃ 0.5h (f) 1200℃ 1h

图2.20

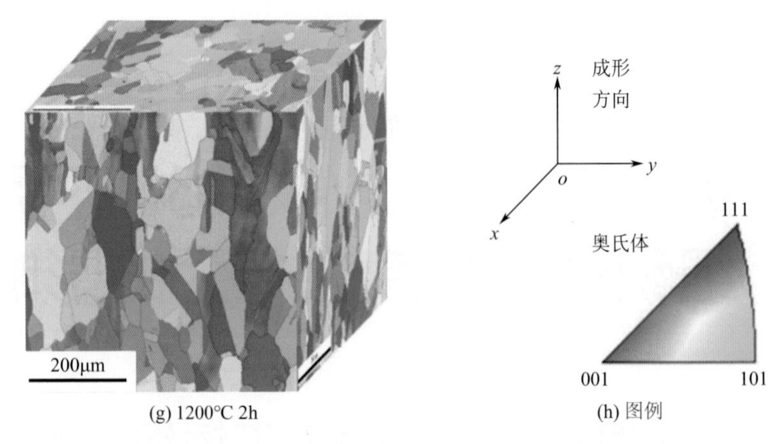

(g) 1200℃ 2h　(h) 图例

图2.20　SLM 316L不锈钢经不同热处理工艺后的组织晶粒图

组织变化很小，仍为不均匀的晶粒且保持着各向异性；而经过1200℃热处理后，316L不锈钢的晶粒变得均匀，大角度晶界增多，且各向异性随着热处理时间的延长逐渐消失。

图2.21为SLM 316L不锈钢经不同热处理工艺后组织的KAM结果，可以看到经过1050℃热处理后，材料晶粒内部的平均取向差减小并不明显；但是经过1200℃固溶处理后，这种取向差异明显减小，主要是由于晶粒内部位错密度的降低。

(a) 未热处理　(b) 1050℃ 0.5h　(c) 1050℃ 1h
(d) 1050℃ 2h　(e) 1200℃ 0.5h　(f) 1200℃ 1h;

(g) 1200°C 2h　　(h) 图例

图2.21　SLM 316L不锈钢经不同热处理工艺后的组织的KAM结果

图2.22显示SLM 316L不锈钢经不同热处理工艺后的不同面的晶界角度分布结果，热处理之前，材料内部主要以小角度晶界为主，热处理之后，小角度晶界密度逐渐减少，而大角度晶界逐渐增加。1050℃热处理温度下晶界角度变化没有1200℃明显。

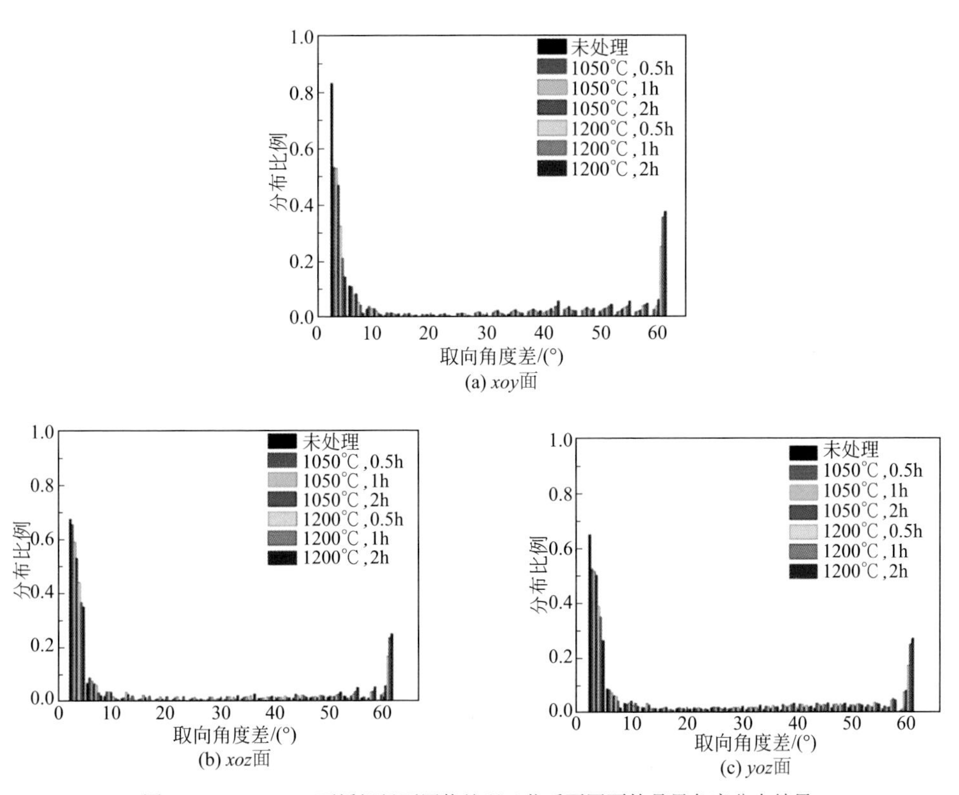

(a) *xoy*面

(b) *xoz*面

(c) *yoz*面

图2.22　SLM 316L不锈钢经不同热处理工艺后不同面的晶界角度分布结果

图2.23为SLM 316L不锈钢经不同热处理工艺后组织的透射电镜结果，可以看到，胞状结构的胞壁在高温下（923K, 30min）位错密度逐渐减小，位错重新排布。同时，胞状结构尺寸逐渐变大，经过6h的保温热处理，从298K时的500nm左右增加到873K的930nm。而在1273K保温6h后，胞状结构完全消失，只有晶界存在。

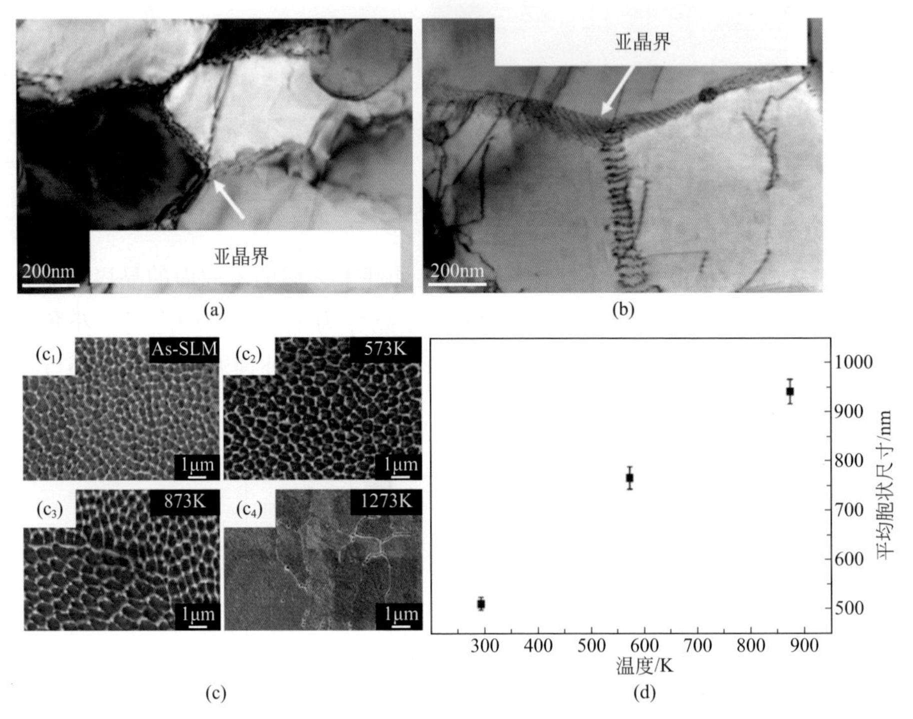

图2.23　SLM 316L不锈钢经不同热处理工艺后的组织的透射电镜结果及经不同热处理温度保温6h后胞状组织的扫描电镜结果

（a）923K 0.5h；（b）1223K 0.5h；（c_1）298K；（c_2）573K；（c_3）873K；（c_4）1273K；（d）胞状结构大小随热处理温度的变化关系

2.2.2　热处理对SLM 316L不锈钢腐蚀行为的影响

图2.24显示SLM 316L不锈钢经不同热处理工艺后在3.5% NaCl溶液中浸泡1h后的交流阻抗谱结果。可以看到，阻抗弧的半径随着热处理温度的提高及时间的延长而逐渐减小，说明材料的耐蚀性减弱。表2.2列出了交流阻抗谱等效电路图中各元器件的拟合结果，钝化膜的膜层电阻随着热处理温度的提高及时间的延长而逐渐减小；此外，钝化膜的厚度随着热处理温度的提高及时间的延长而逐渐减薄。

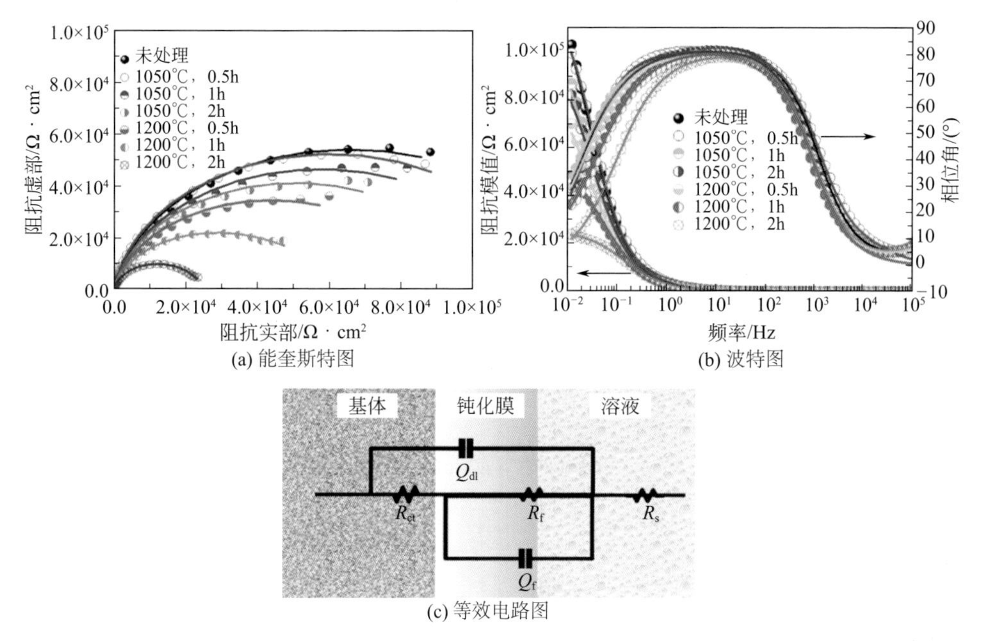

图2.24　SLM 316L不锈钢经不同热处理工艺后在3.5%NaCl溶液中的交流阻抗谱结果

表2.2　交流阻抗谱等效电路图的拟合结果

样品状态	R_s /Ω · cm²	C_{dl} /（μF/cm²）	n_1	10^3R_{ct} /Ω · cm²	C_f /（μF/cm²）	n_2	10^5R_f /Ω · cm²	L_{ss}/nm
As-received	6.32	12.1	0.82	9.71	31.7	0.92	1.23	0.44
1050℃，0.5h	5.51	10.9	0.79	8.95	32.2	0.92	1.21	0.43
1050℃，1h	6.57	12.6	0.79	9.23	42.1	0.92	1.05	0.33
1050℃，2h	6.62	10.8	0.86	8.96	39.4	0.91	0.92	0.35
1200℃，0.5h	6.54	11.4	0.92	7.68	44.8	0.90	0.76	0.31
1200℃，1h	7.15	9.7	0.91	8.26	46.3	0.84	0.50	0.30
1200℃，2h	6.86	12.4	0.76	7.30	53.0	0.91	0.21	0.26

图2.25为SLM 316L不锈钢经不同热处理工艺后在3.5% NaCl溶液中的极化曲线的结果，经过热处理之后，不锈钢的腐蚀电位有所降低，体现出耐蚀性有所变差；同时，不锈钢的点蚀电位明显降低，尤其1200℃热处理，主要是因为固溶处理后MnS等夹杂析出，造成点蚀较早萌生。此外，固溶处理后钝化膜的厚度减薄，在孔隙边缘的钝化膜的保护性能下降，导致亚稳态点蚀向稳态点蚀转变的过程加速，从而导致点蚀电位急剧下降。从图2.25（d）中可以看到，经

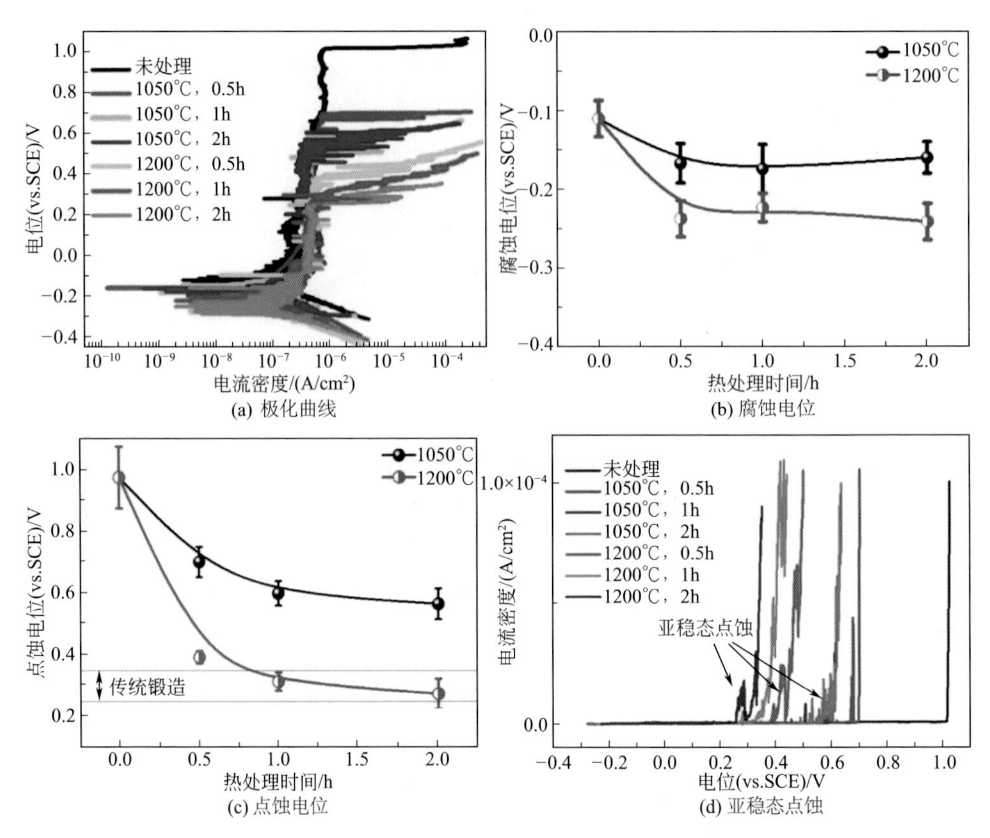

(a) 极化曲线　(b) 腐蚀电位　(c) 点蚀电位　(d) 亚稳态点蚀

图2.25　SLM 316L不锈钢经不同热处理工艺后在3.5% NaCl溶液中的结果

固溶热处理之后SLM 316L不锈钢的亚稳态点蚀峰的密度增大以及出现的电位降低，从而导致稳态点蚀在较低电位下发生。

图2.26为SLM 316L不锈钢经不同热处理工艺后在3.5% NaCl溶液中极化之后的点蚀形貌。可以看到未经热处理的不锈钢表面都是较浅的小坑，坑内能够

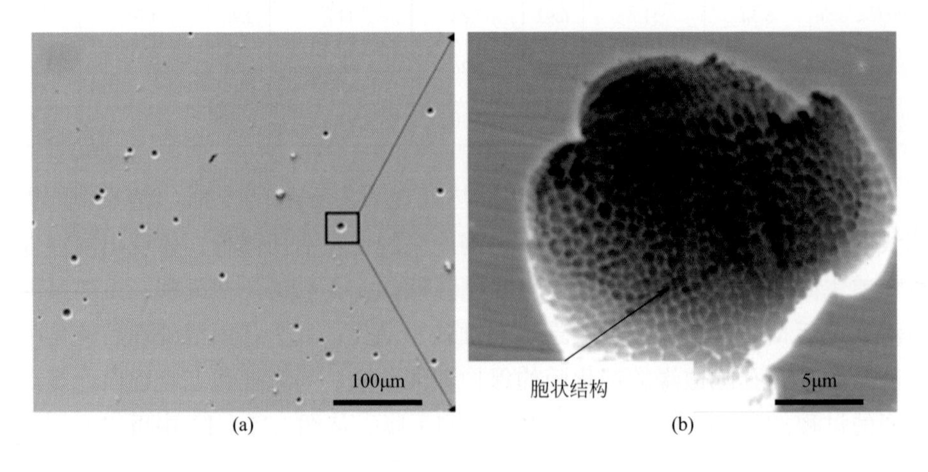

(a)　(b)

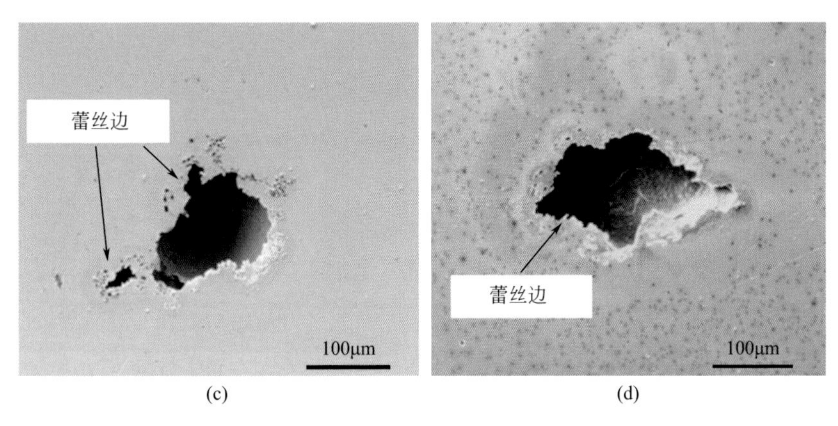

图2.26 SLM 316L不锈钢经不同热处理工艺后在3.5%NaCl溶液中极化之后的点蚀形貌
（a）、（b）未热处理；（c）1050℃ 2h；（d）1200℃ 2h

明显看到位错胞的结构。而经过热处理之后的点蚀坑与传统锻造点蚀坑相同，在坑的边缘均有蕾丝边，而且腐蚀坑的尺寸大且深，说明经过固溶热处理后，SLM 316L不锈钢的耐点蚀能力下降。

2.3 SLM 316L不锈钢钝化特性与腐蚀行为

2.3.1 孔隙缺陷处的腐蚀行为

孔隙主要由两种情况造成：第一种是气雾化成形颗粒内部包裹气体或者局部功率过高造成气孔；第二种是未熔颗粒嵌入基体造成的孔隙。一般来说，通过打印参数的优化在一定程度上能够降低打印件的孔隙率，但仍然不能完全消除。因此，研究孔隙对材料的腐蚀行为及耐久性尤为重要。

孔隙的两个重要特征是几何结构和大小。图2.27展示了在SLM 316L不锈钢中两种典型气孔形态：无覆盖的半球形和残余金属覆盖型。一般而言，表面无覆盖层的孔隙对于不锈钢腐蚀的影响并不大，只是会增大腐蚀作用的面积，并不能造成侵蚀性离子的塞积或者氧浓差；而表面有金属覆盖层的孔隙，当侵蚀性离子，如Cl^-等，进入孔隙后，会聚集在孔隙之内，造成局部的氯离子浓度升

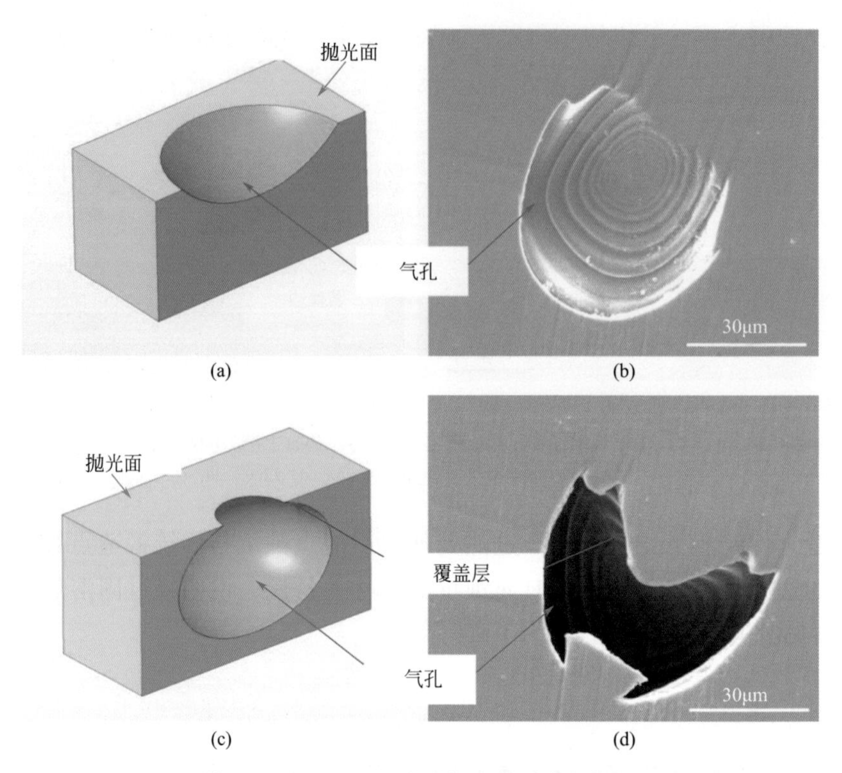

图2.27 SLM 316L SS中具有不同形态的气体孔

（a）、（b）无覆盖的半球形；（c）、（d）残余金属覆盖型

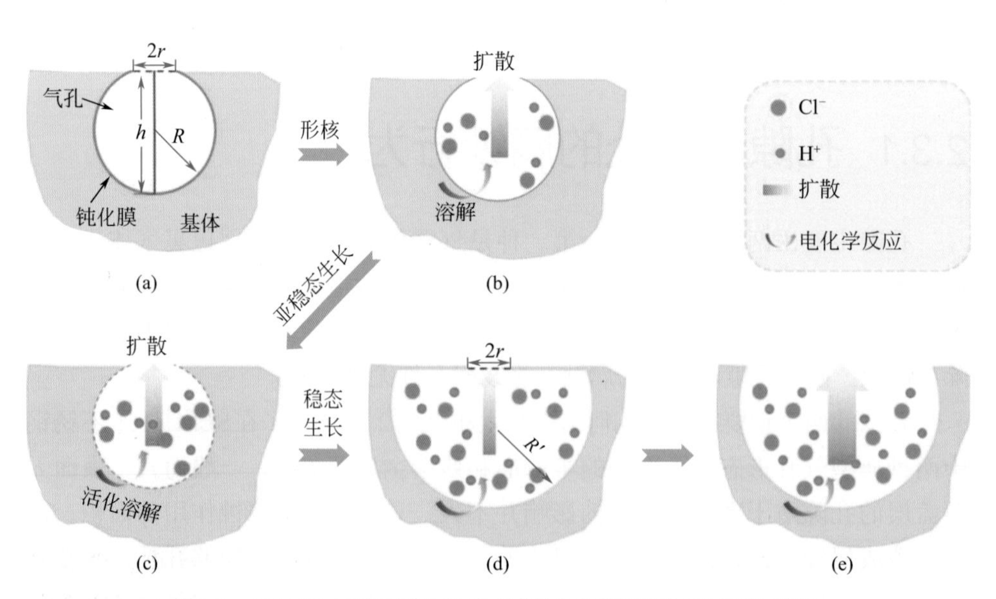

图2.28 SLM 316L不锈钢中气孔表面有残余金属覆盖的点蚀机理示意图

高，容易诱发点蚀且腐蚀产物不易扩散，会造成类似于闭塞电池效应。图2.28为SLM 316L不锈钢中气孔表面有残余金属覆盖的点蚀机理示意图，主要涉及侵蚀性离子及腐蚀产物扩散等。

另一个影响因素是孔隙尺寸。一般而言，孔隙越大对材料的耐蚀性损伤越大。图2.29对不同孔隙大小的区域进行微区电化学测试，结果显示孔隙小于10μm的区域在0.6mol/L氯化钠溶液中腐蚀电位较高且比较稳定，同时展示出较宽的钝化电位区间和较低的钝化电流密度；而孔隙大于50μm的区域，腐蚀电位上下波动剧烈，极不稳定；同时，极化曲线显示其点蚀电位较低，且钝化电流密度较高。这些结果说明，孔隙尺寸对材料的局部腐蚀性能影响巨大，因此，对于增材制造材料需要一方面优化工艺参数，降低材料的孔隙率；另一方面，需要进行系列后处理消除孔隙，例如，采用热等静压技术等。

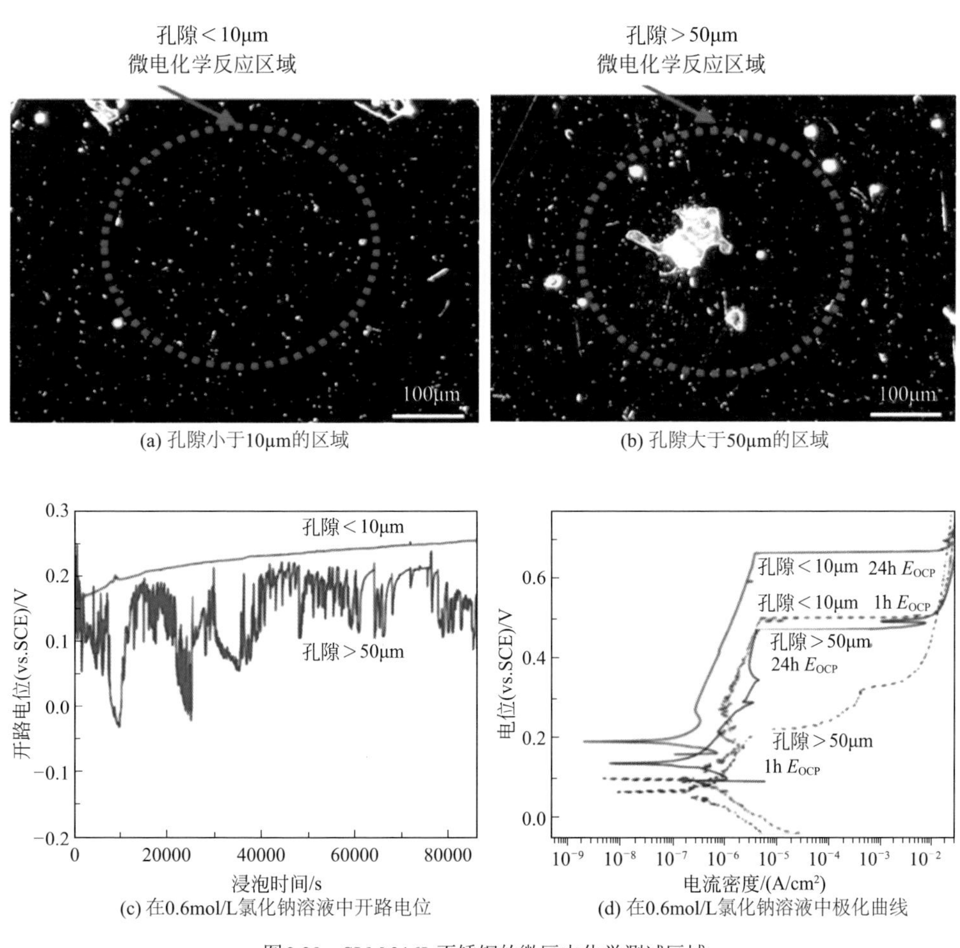

图2.29　SLM 316L不锈钢的微区电化学测试区域

2.3.2 钝化膜的组成结构与耐蚀性

钝化膜对于钝态金属的耐蚀性起着至关重要的作用，有研究表明在不锈钢表面存在一层不足10nm厚度的非晶结构的钝化膜，钝化膜中含有结合水，这使得处于钝化膜表层的Cr和Fe分别以$Cr(OH)_3$或CrOOH和$Fe(OH)_3$或FeOOH的形式存在。由于水和氢键组成的交联溶胶结构提高了膜的钝化能力。为了对比SLM 316L不锈钢和传统锻造以及固溶处理后不锈钢的钝化能力，在硼酸缓冲溶液（pH=9.0）中进行恒电位极化，钝化区间为−0.4 ~ 0.90V（vs.SCE），因此，选取−0.2V、0V和0.2V三个钝化电位进行极化。结果如图2.30所示，在三种条件下，SLM 316L不锈钢均显示出最小的钝化电流密度，说明钝化膜的耐蚀性能最优，同时对比了初期钝化电流密度衰减速率，发现SLM 316L不锈钢钝化电流密度衰减最快，说明完整钝化膜的形成速度较快。同时，固溶热处理后的SLM 316L显示出最差的耐蚀性，这可能与热处理后消除了材料内部的微结构，尤其是胞状结构有关。此外材料内部的缺陷，如孔隙，也恶化了钝化膜的耐蚀性。

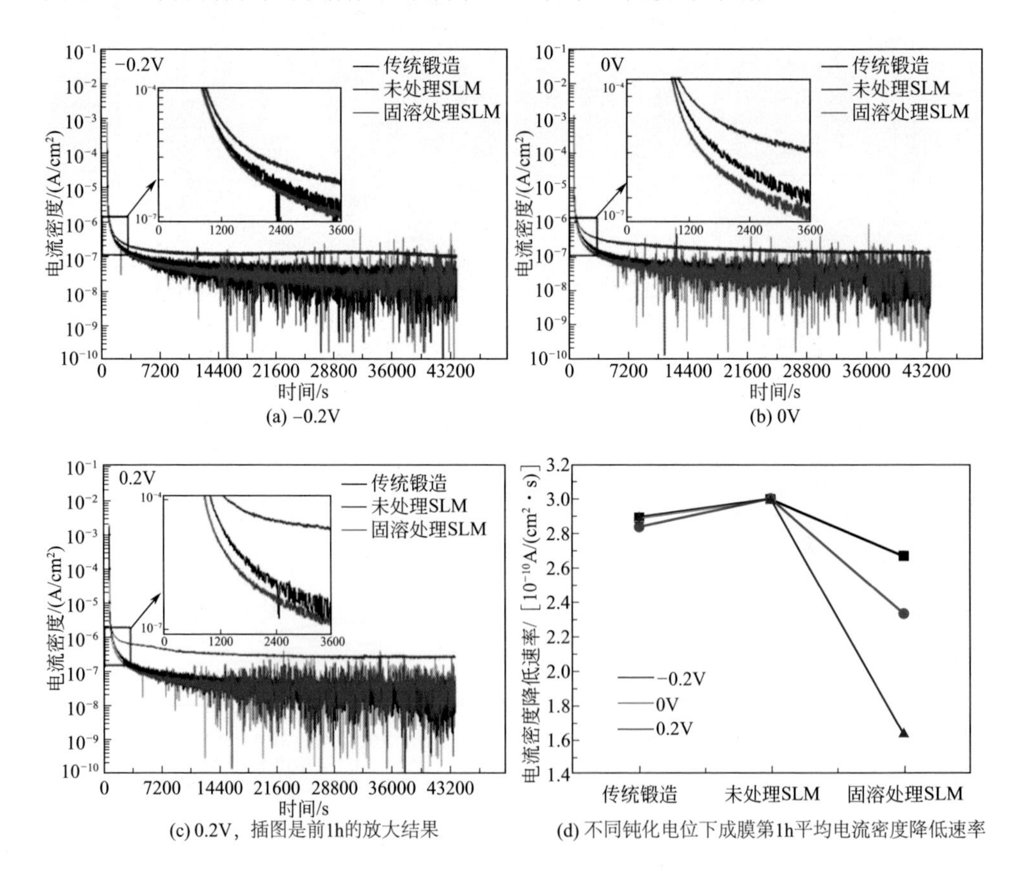

(a) −0.2V

(b) 0V

(c) 0.2V，插图是前1h的放大结果

(d) 不同钝化电位下成膜第1h平均电流密度降低速率

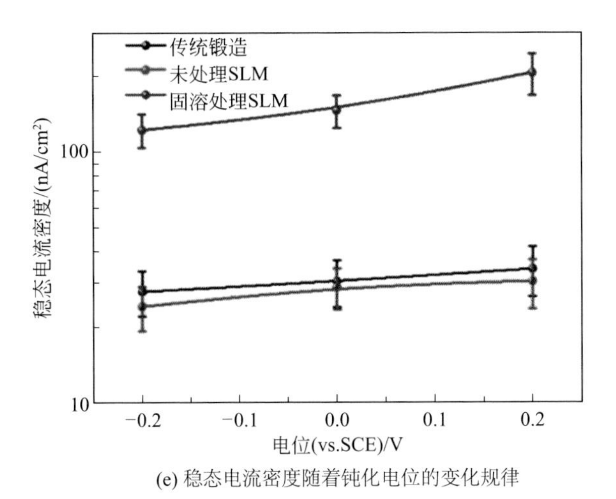

(e) 稳态电流密度随着钝化电位的变化规律

图2.30 不同不锈钢在硼酸缓冲溶液中不同钝化电位下的稳态电流密度结果

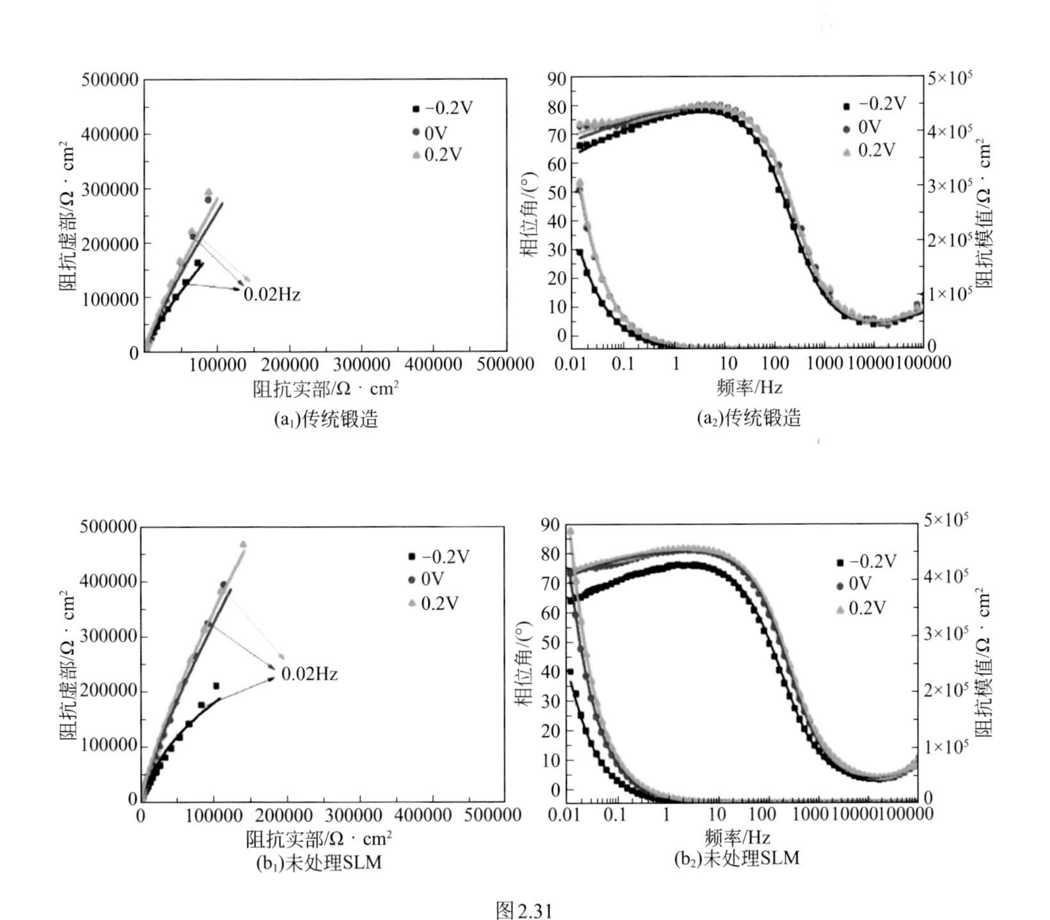

(a₁)传统锻造

(a₂)传统锻造

(b₁)未处理SLM

(b₂)未处理SLM

图2.31

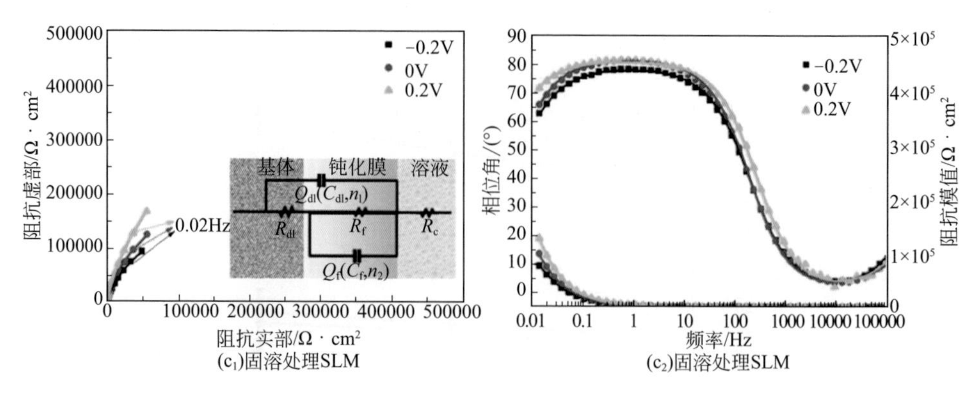

图2.31　不同不锈钢在硼酸缓冲溶液中不同钝化电位下成膜12h后的电化学交流阻抗谱的结果（能奎斯特和波特图）

通过交流阻抗谱测试如图2.31和表2.3，进一步对钝化膜的耐蚀性进行解析，三个样品钝化膜耐蚀性差异的主要原因在于膜层电阻的差异，SLM 316L不锈钢膜层电阻最高，此外，钝化膜的双电层电容最小，说明SLM 316L不锈钢表面的钝化膜最厚，这有可能是引起钝化膜耐蚀性差异的主要原因。

表2.3　电化学交流阻抗谱根据等效电路模型拟合的参数结果

材料（316L SS）	施加电压（vs.SCE）/mV	R_s /Ω · cm²	C_{dl} /（μF/cm²）	n_1	R_{ct} /10^4Ω · cm²	C_f /（μF/cm²）	n_2	R_f /10^5Ω · cm²	χ^2分布 /10^{-4}
传统锻造	−200	48.0	5.04	0.82	.3.71	37.4	0.91	1.4	6.1
	0	52.7	4.81	0.88	5.60	30.6	0.88	2.2	6.6
	200	51.3	6.29	0.76	4.74	28.8	0.93	3.5	7.8
未处理SLM	−200	49.4	3.18	0.88	3.63	25.2	0.89	2.4	6.5
	0	51.1	3.45	0.87	4.32	21.4	0.90	3.8	4.4
	200	47.4	4.37	0.89	4.83	18.3	0.84	5.9	3.9
固溶处理SLM	−200	37.6	7.05	0.92	2.43	45.9	0.92	1.0	4.4
	0	49.6	7.64	0.85	1.62	38.2	0.86	1.2	6.8
	200	48.5	6.87	0.81	3.75	34.6	0.9	1.5	7.3

图2.32采用俄歇电子溅射技术，分别对比了传统锻造和SLM 316L不锈钢钝化膜的成分组成及厚度差异。可以看到，在同样的成膜条件下，SLM 316L不锈钢钝化膜的厚度远大于传统锻造不锈钢，约为其1.5倍；而钝化膜的主要成分并

没有太大差异，主要为铬和铁的氧化物。说明钝化膜的成分对二者的耐蚀性能并无明显影响，而钝化膜的厚度可能是一个主要因素。但也有可能是钝化膜中缺陷的浓度不同，为了比较钝化膜中缺陷的浓度，实验采用莫特肖特基方法进行测试，缺陷的浓度如表2.4所示。在相同条件下成膜，三者钝化膜中缺陷载流子的密度相差不大，均在$10^{20}cm^{-3}$数量级。因此，钝化膜中缺陷含量对三者钝化膜的耐腐蚀性影响并不大。

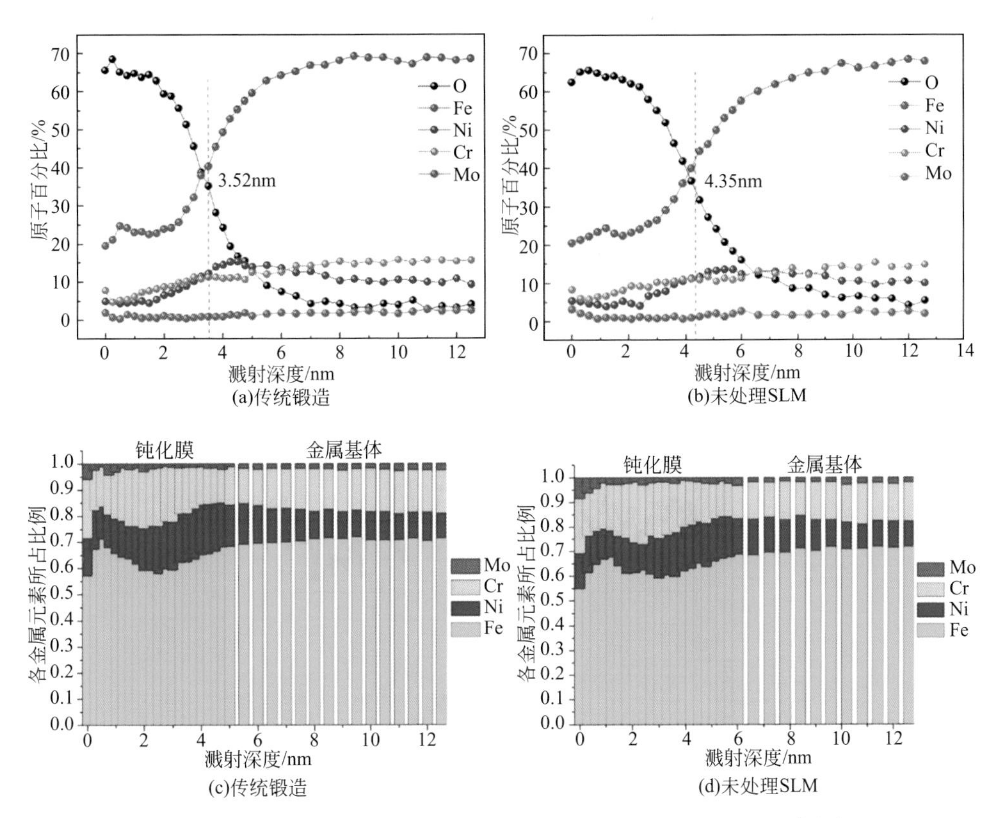

图2.32　在硼酸缓冲液0.2V（vs.SCE）下进行12h恒电位极化后，沿深度方向的元素分布和金属元素比值分布

根据氧的半高峰和SiO_2的溅射速率（3nm/min）估算氧化层厚度

表2.4　在硼酸缓冲液0.2V（vs.SCE）下进行12h恒电位极化后不锈钢钝化膜的施主密度结果

材料	传统锻造316L SS	未处理SLM 316L SS	固溶处理SLM 316LSS
N_D/cm^{-3}	约2.4×10^{20}	约1.7×10^{20}	约1.8×10^{20}

以上可以看出，引起钝化膜耐蚀性差异的主要原因为钝化膜的厚度的差异，SLM 316L不锈钢表面钝化膜较厚，且钝化膜形成速度较快，这其中的原因应归

因于其内部的胞状结构。由于胞壁上富集Cr和Mo元素，同时有大量位错缠结，可能造成局部的微电偶。图2.33为胞状结构的原子力扫描结果，可以看到在空气中，胞壁上伏打电位比胞内高出约5mV，说明存在局部微电偶。这种微电偶的存在会加速胞内膜层的生成；同时由于胞壁上缠结大量位错缺陷，这些位错缺陷也是钝化膜的优先形核位点。二者综合影响下造成钝化膜快速连续地形成，同时膜层的厚度较大，从而提高了材料的钝化能力。

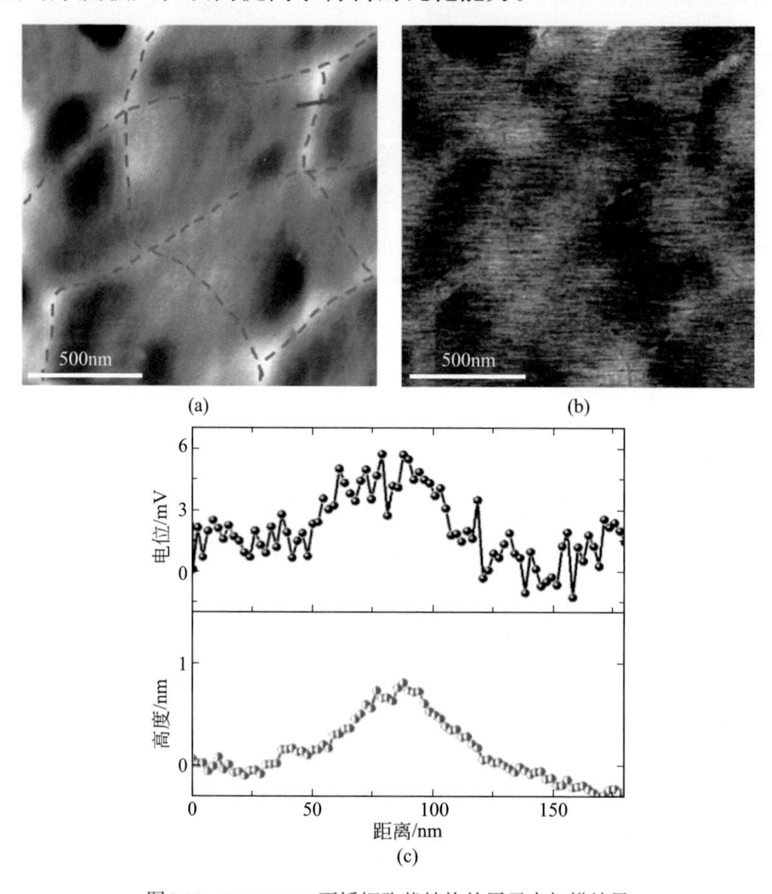

图2.33 SLM 316L不锈钢胞状结构的原子力扫描结果

（a）高度；（b）电位分布图，扫描面积1.6×1.6μm^2,高度为-1.2 ～ 1.5nm，电位范围为-9 ～ 9mV（白色代表电位高）；（c）沿胞壁（图中箭头位置）的高度和电位演化结果

2.3.3 点蚀萌生与扩展规律

点蚀是不锈钢腐蚀中较为严重的一种腐蚀类型，点蚀常在金属表面的伤痕、晶界、位错露头、金属内部的硫化物夹杂、晶界上的碳化物沉积等处优先形成，

大多数情况下，在金属表面出现蚀孔后，蚀孔要继续长大。图2.34对比了在不同氯化钠溶液中传统锻造和SLM 316L不锈钢的点蚀电位大小，可以看到，虽然二者点蚀电位均随着氯离子浓度提高而降低，但在相同氯离子浓度下，SLM 316L不锈钢的点蚀电位均比传统锻造不锈钢高约200mV，显示出SLM 316L不锈钢极强的耐点蚀能力。

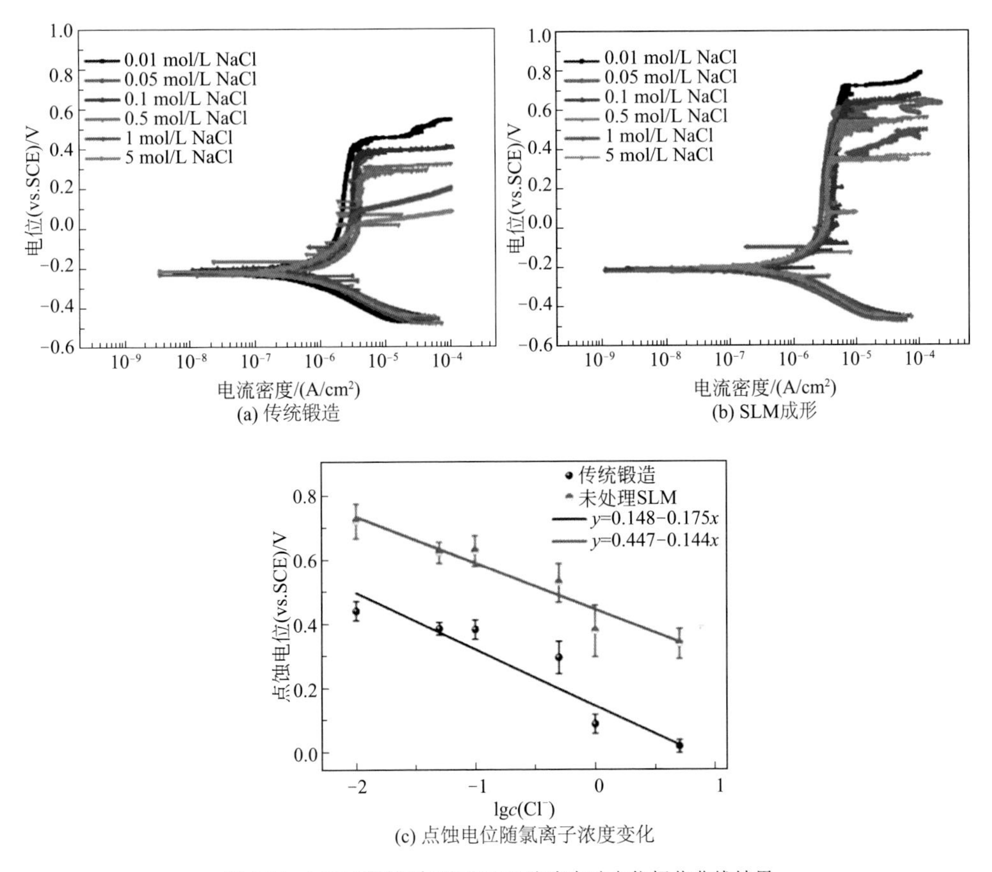

(a) 传统锻造

(b) SLM成形

(c) 点蚀电位随氯离子浓度变化

图2.34　316L不锈钢在不同NaCl溶液中动电位极化曲线结果

对于传统锻造不锈钢，点蚀主要在钢中的夹杂物处萌生，如MnS、(Ca, Mg, Al)氧化物或者复合夹杂。而对于SLM 316L不锈钢，因快速凝固过程并未形成这类夹杂物而是有部分弥散分布的纳米级的氧化物，这些亚微米级氧化物并未对不锈钢点蚀造成较大影响，如图2.35所示。

以上结果可得出，点蚀易在传统锻造不锈钢中萌生。图2.36对比了传统锻造和SLM 316不锈钢在三氯化铁溶液中浸泡不同时间后最大点蚀坑深度随时间的变化结果。可以看到，点蚀在SLM 316不锈钢中扩展较快。浸泡24h

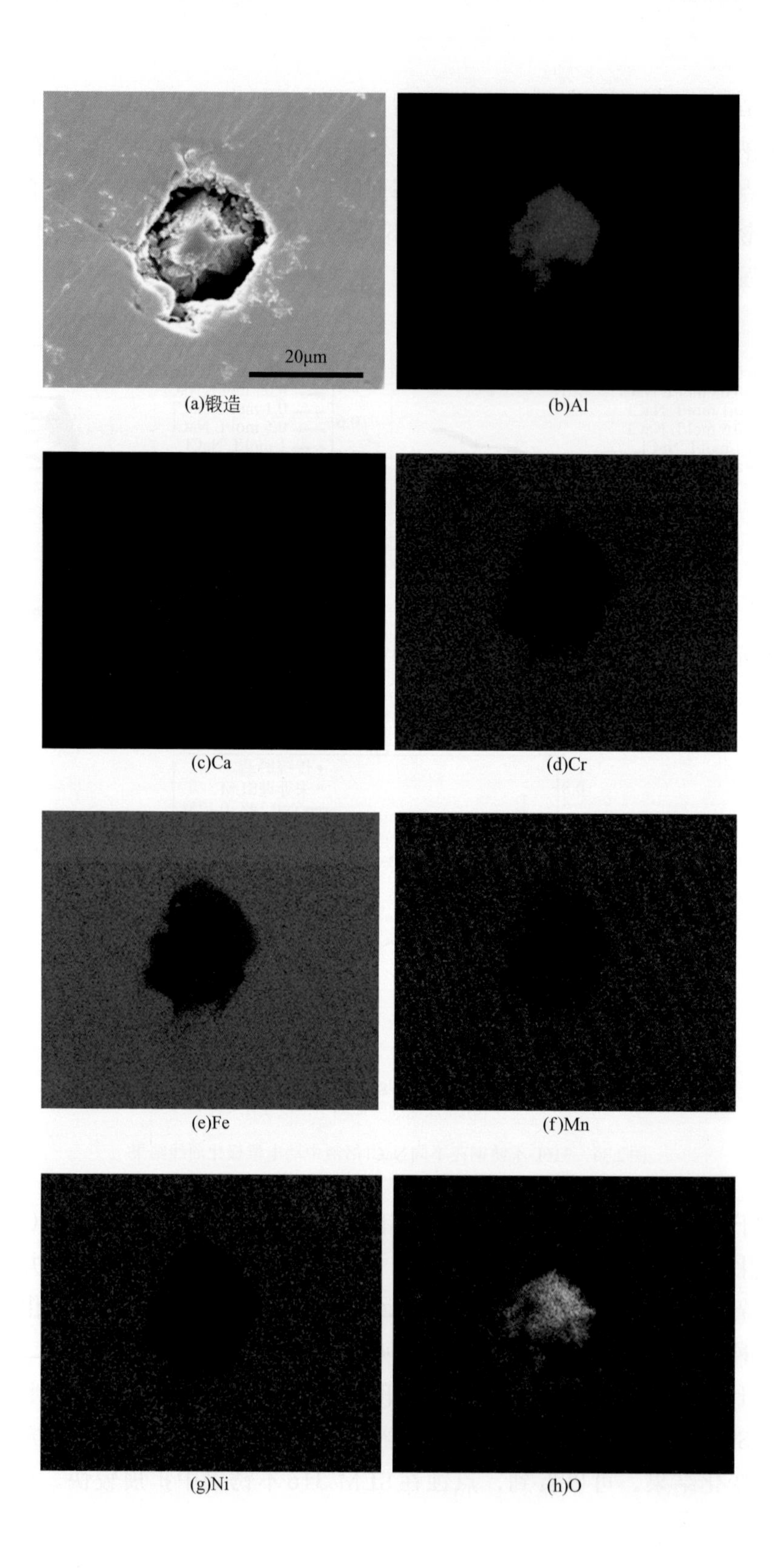

(a)锻造 (b)Al

(c)Ca (d)Cr

(e)Fe (f)Mn

(g)Ni (h)O

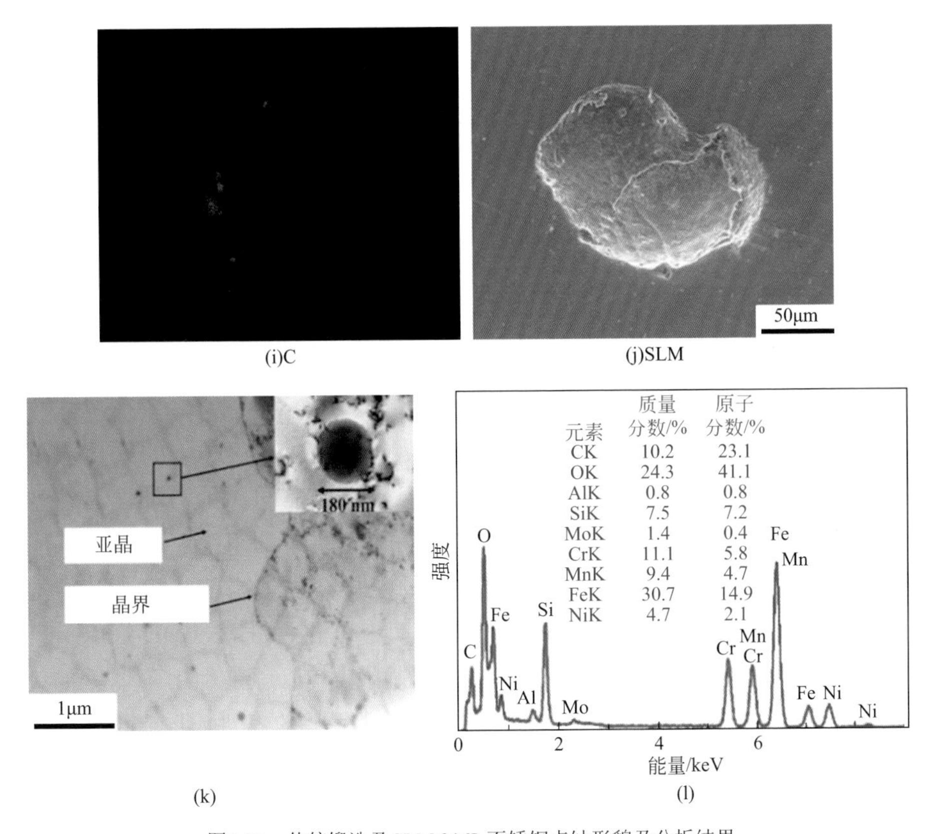

图2.35　传统锻造及SLM 316L不锈钢点蚀形貌及分析结果

（a）～（i）传统锻造316L不锈钢典型点蚀形貌及能谱结果；（j）～（l）SLM 316L不锈钢的点蚀形貌及析出相成分结果

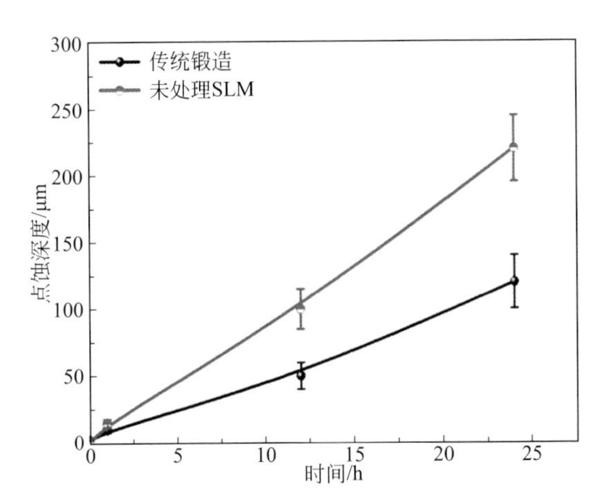

图2.36　在三氯化铁溶液中浸泡不同时间后最大点蚀坑深度随时间的变化结果

后，SLM 316L不锈钢中最大点蚀深度达到220μm左右，而传统锻造不锈钢最大点蚀深度在100μm，说明前者点蚀扩展速率较大。其原因应与增材制造材料内部有较大的残余应力有关，这种残余应力的存在可能会加速点蚀尖端基体的快速溶解，导致点蚀快速扩展。关于此部分的研究，还需进一步通过研究加以验证。

2.3.4 晶间腐蚀行为

晶间腐蚀也是奥氏体不锈钢面临的问题。在427 ~ 816℃的敏化温度范围内，奥氏体不锈钢在特定的腐蚀环境中容易产生晶间腐蚀，加速材料发生整体腐蚀。其本质原因是材料内部晶粒和晶界区的成分组织略有不同，主要表现为晶界附近贫铬，而这种电化学性质的差异要在适当的环境下才能显露出来。在特定溶液体系中，用双环电化学动电位再活化法（DL-EPR）能够快速、无损、定量检测不锈钢的晶间腐蚀敏感性,其原理是利用不锈钢的钝化再活化特性与钝化膜中的主体合金元素的含量及膜的特性,研究钢的敏化行为。常用的溶液介质为0.5mol/L H_2SO_4和0.01mol/L KSCN混合液体,扫描速度为1.667mV/s,溶液温度为30℃。图2.37对比了溶液中的传统锻造和SLM 316L不锈钢样品的双环电化学动电位再活化曲线，可以看到SLM 316L不锈钢显示较低的晶间腐蚀敏感性。其原因可能是在快速凝固过程中，铬元素在

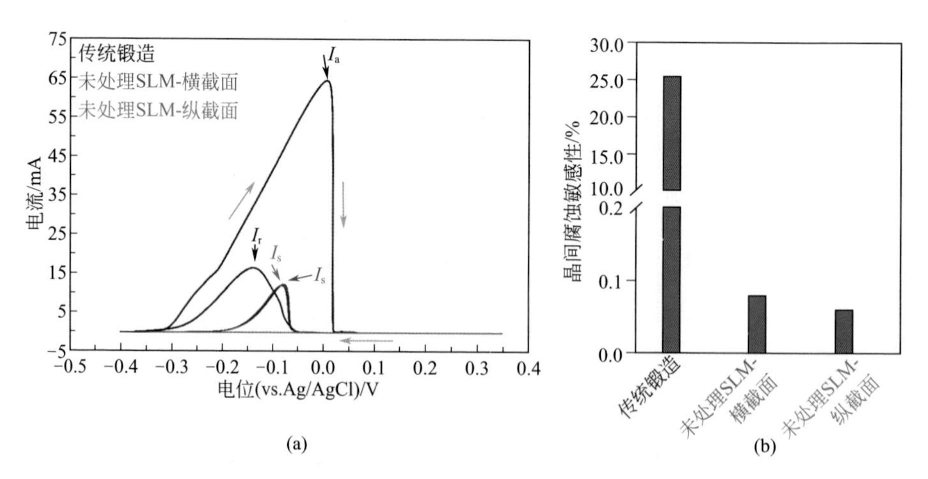

图2.37　溶液中的传统锻造和SLM 316L不锈钢样品的双环电化学动电位再活化曲线

（a）室温下在0.5mol/L H_2SO_4和0.01mol/L KSCN溶液中的传统锻造和SLM 316L不锈钢样品的双环电化学动电位再活化曲线；（b）曲线中正向和反向扫描的峰值电流密度测量的敏感度

晶界附近来不及扩散，未造成晶界附近铬的贫化，因此，SLM 316L不锈钢耐晶间腐蚀能力较强。

图2.38采用聚焦离子束对传统锻造和SLM 316L不锈钢晶间腐蚀试验后的晶界处进行切割，结果可见，在同样的测试环境下，传统锻造不锈钢的晶界被侵蚀深度范围在8 ~ 12μm，而SLM 316L不锈钢晶间腐蚀深度仅为1 ~ 2μm，后者显示出较强的晶间腐蚀阻力。

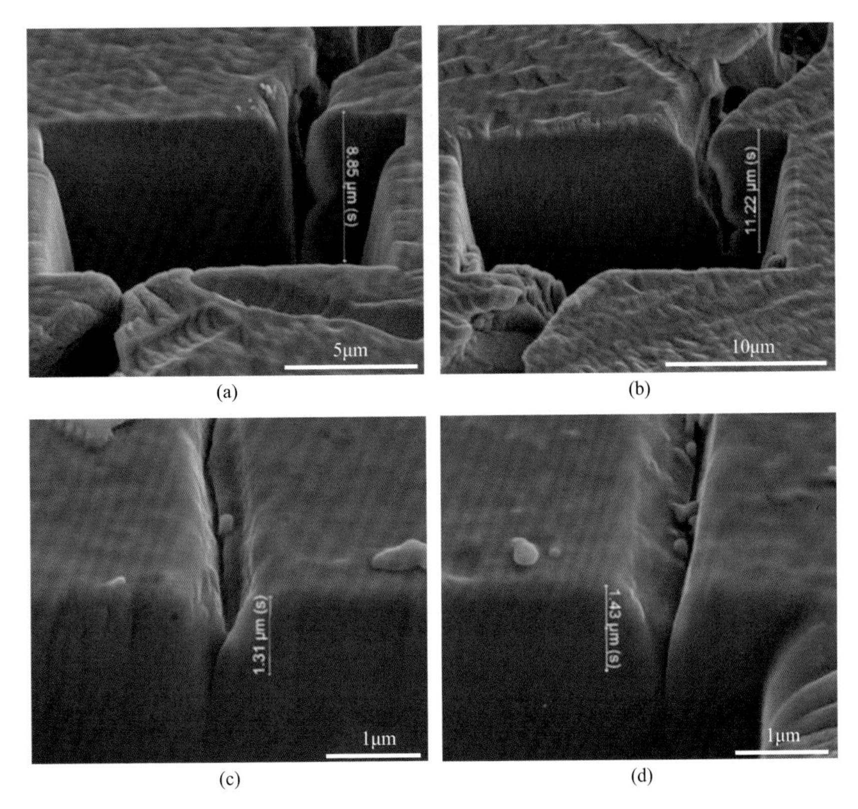

图2.38　晶间腐蚀测试后材料表面晶界处的侵蚀深度测量

（a）（b）传统锻造；（c）（d）SLM 316L不锈钢

对SLM 316L不锈钢进行敏化热处理，其晶界组织形态及析出相演化随着热处理时间的变化如图2.39，在敏化热处理2h，晶界处并无夹杂物析出，而部分位错重新排布；敏化热处理20h后，可以看到细小的析出相在晶界处生成，进一步通过衍射分析可看出是铬的碳化物在晶界处析出，由于铬在晶界扩散速度比在晶粒内部快很多，因此在晶界附近，尤其是析出物附近，会造成铬的贫化区，从而影响不锈钢的晶间腐蚀行为。

图2.40显示SLM 316L经过不同敏化热处理后的双环电化学动电位再活化

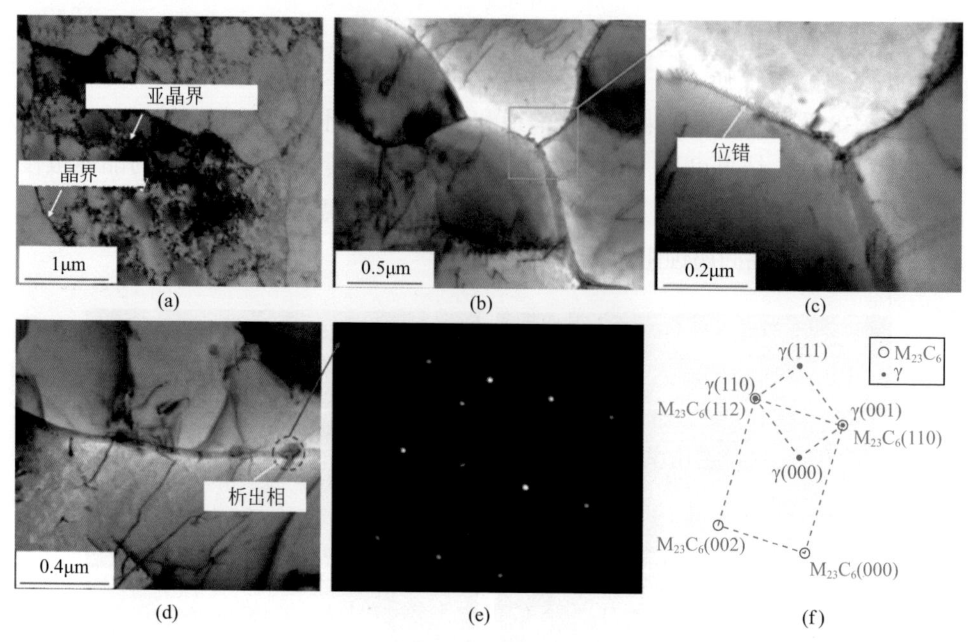

图2.39　SLM 316L经过不同敏化热处理后的透射电镜结果

（a）未处理；（b）、（c）敏化2h；（d）～（f）敏化20h

曲线结果，敏化2h后，材料晶间腐蚀敏感性与未处理前相同，说明此时晶界铬的贫化区并未生成；而当敏化时间超过6h时，晶间腐蚀敏感性逐渐提高；敏化20h，晶间腐蚀敏感性急剧提高达到1.3，这归因于敏化处理后晶界附近贫铬区的产生。防止奥氏体不锈钢发生晶间腐蚀的办法主要有两种，分别是改变不锈钢的化学成分与热处理工艺。化学成分的调控可通过对打印原始粉末进行掺杂等，最有力措施是减少不锈钢中的碳含量。通常认为不锈钢中碳含量要小于

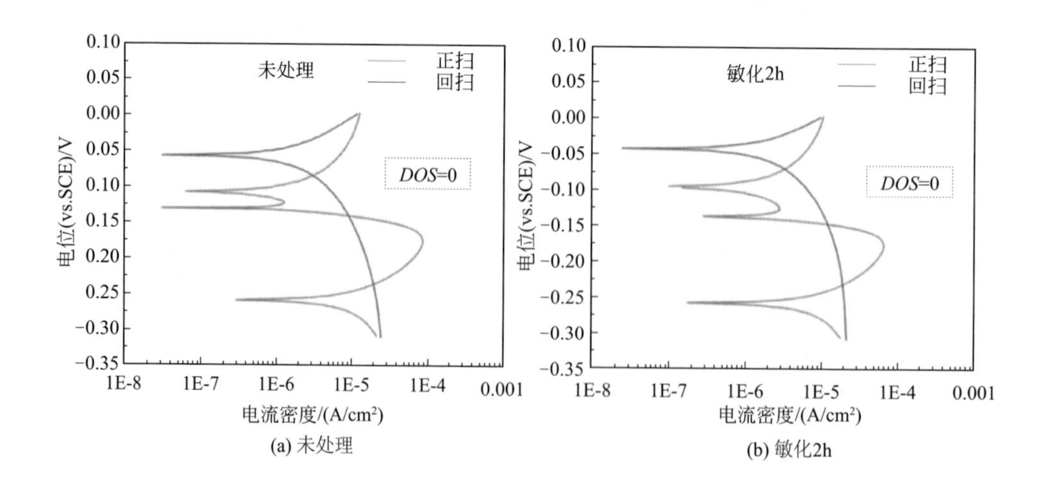

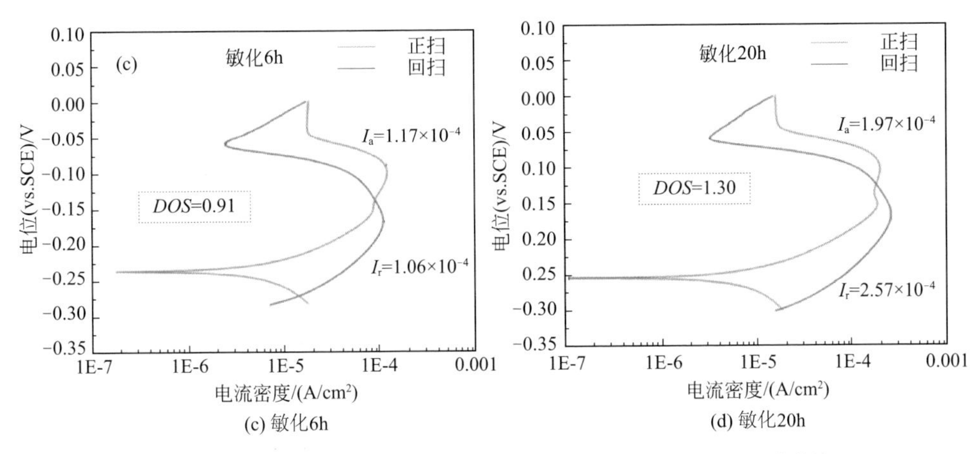

(c) 敏化6h　　(d) 敏化20h

图2.40　SLM 316L经过不同敏化热处理后的双环电化学动电位再活化曲线

0.03%，也就是超低碳不锈钢，基本能够完全避免晶间腐蚀的发生。此外，也可在不锈钢中添加铌和钛等碳亲和力很强的元素，形成稳定碳化物，这样也能避免产生晶间腐蚀。第二种是热处理工艺，包括对奥氏体不锈钢进行固溶淬火处理。固溶淬火处理可以使碳化物不析出或少许析出，也能有效避免发生晶间腐蚀。具体工艺为把奥氏体不锈钢加热到1050 ~ 1150℃，使$Cr_{23}C_6$化合物发生溶解，进而水淬，然后材料迅速通过敏化温度区，这样能使合金保持含铬的均一态，这个方法也是非常有效的。

2.3.5 应力腐蚀行为

一般情况下奥氏体不锈钢具有良好的耐腐蚀性，但在特殊的工况条件下，也会发生应力腐蚀现象，给工程带来极大的安全隐患。尤其是增材制造金属通常具有高于传统铸造材料的屈服强度以及高的屈强比，因此，其应力腐蚀敏感性可能较高。图2.41对比了传统锻造和SLM 316L不锈钢在氧化水化学和氢还原水化学环境中应力腐蚀开裂速率。可以看到，在氢还原水化学环境中裂纹扩展速率比较低且二者相差不大。但在氧化水化学环境中裂纹扩展速率较快，且SLM 316L不锈钢的裂纹扩展速率高于传统锻造材料，说明SLM 316L不锈钢具有较高的应力腐蚀敏感性。同时，裂纹扩展在SLM 316L不锈钢中也存在各向异性，裂纹沿着打印方向（一般为垂直于打印基板）的扩展速率要高于其他方向，这与晶粒的生长方向相关。

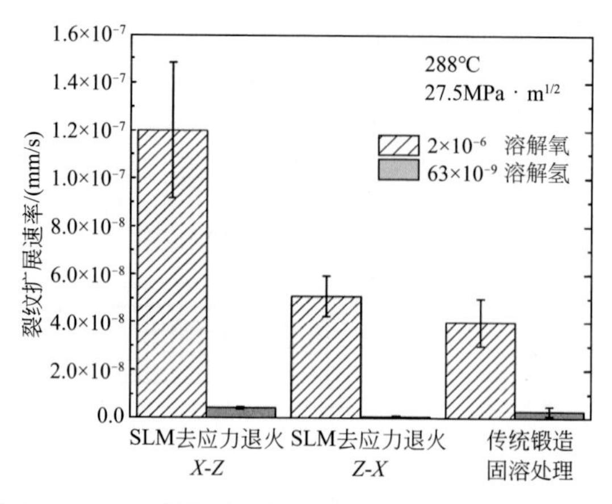

图2.41 传统锻造和SLM 316L不锈钢在氧化水化学和氢还原水化学中应力腐蚀开裂速率对比

2.3.6 氢损伤行为

氢对金属材料，尤其是高强材料影响很大，主要有两个主要因素导致氢触发脆化。首先，由于氢是宇宙中最轻的元素（即氢原子半径仅为Fe、Ti或Ni原子的1/3），因此即使在室温下，氢在金属中的吸收和扩散也是非常快的。其次，即使总的氢摄入量处于百万分之一（ppm）的水平，也会触发氢脆。同时，氢进入对材料的腐蚀行为也存在影响。图2.42为传统锻造和SLM 316L不锈钢在50mA/cm^{2}电流密度下充氢4h后的表面形貌。可以看到，长时间充氢之后传统锻造不锈钢表面出现微裂纹，而SLM 316L表面基本无变化，说明氢对锻造材料的损伤作用更明显。

进一步通过XRD测试如图2.43，在同样的充氢条件下，传统锻造的不锈钢表面检测到有微量马氏体生成，而SLM 316L表面并不存在。氢能够降低材料的

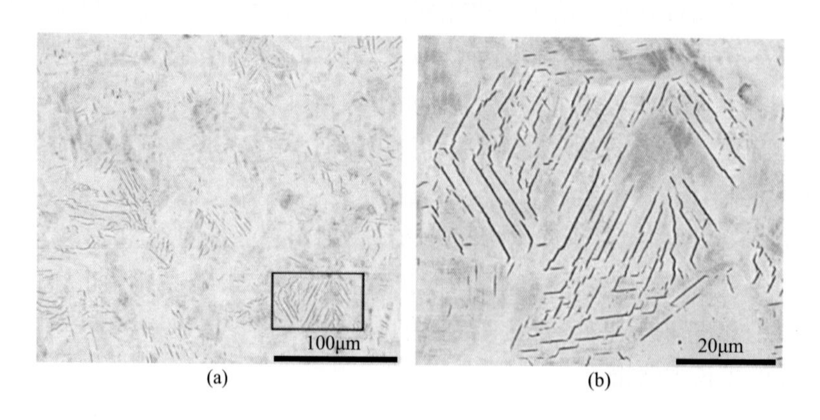

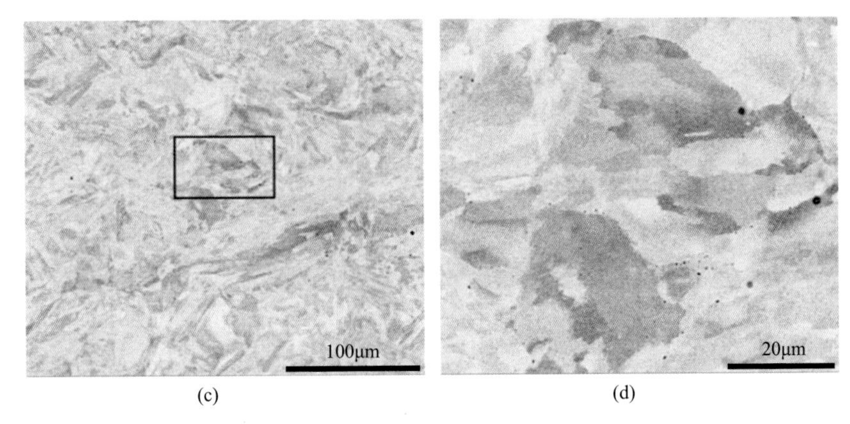

图2.42　传统锻造和SLM 316L不锈钢在50mA/cm^{2}电流密度下充氢4h后的表面形貌

样品充氢后放置5天，右侧为黑框的放大图

（a）、（b）传统锻造；（c）、（d）SLM 316L不锈钢

层错能，同时充氢过程也会引入表面的应力，当局部氢含量过高时，可能会生成马氏体。但二者化学成分相同，马氏体转变的起始温度应该相同，造成这种差异的原因可能是氢在材料内部不同分布结果。

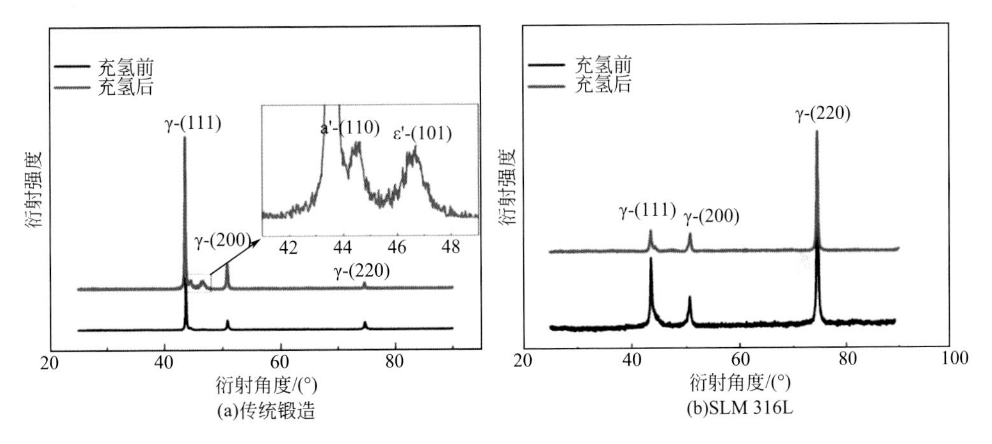

图2.43　电流密度50mA/cm^{2}充氢4h前后的XRD结果

图2.44为传统锻造和SLM 316L不锈钢充氢4h后表面的透射电镜结果和相应的电子衍射图样，可以看到，传统锻造不锈钢充氢后材料内部产生大量的纳米孪晶，同时，在孪晶界边缘能够看到细长的针状马氏体形貌；而SLM 316L不锈钢内部除了大量的胞状结构并无明显变化，说明氢的影响较弱。已有冷冻三维原子探针实验证实位错是氢的陷阱，对于SLM 316L不锈钢，材料内部存在大量均匀分布的胞状位错，同时位错胞壁上富集的铬和钼元素对氢的吸附作用也较强，因此，这种胞状结构使得氢在SLM 316L不锈钢内部更加均匀地分布，缓

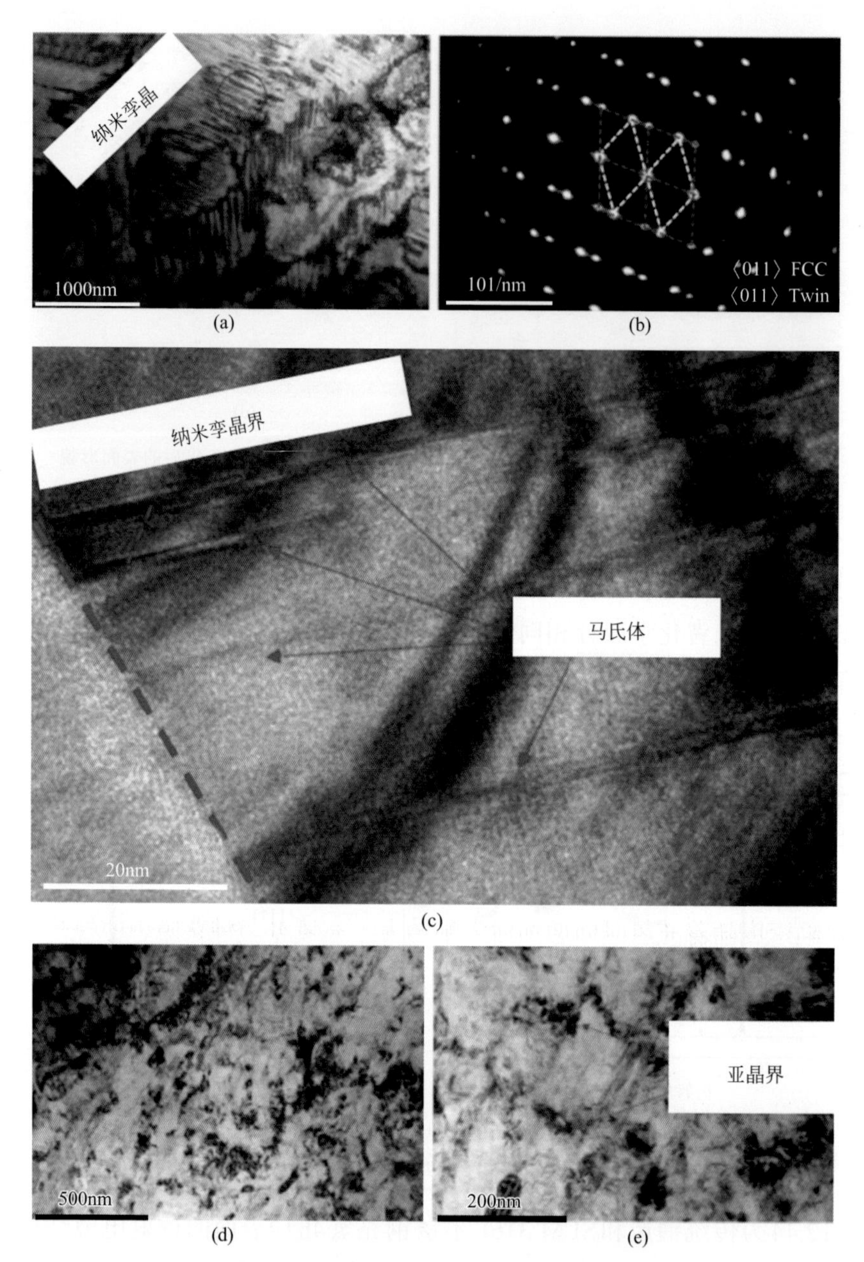

图2.44　传统锻造和SLM 316L不锈钢充氢4h后表面的透射电镜结果
（a）～（c）传统锻造316L充氢4h后表面的透射电镜结果和相应的电子衍射图样；
（d）、（e）SLM 316L充氢4h后表面的透射电镜结果

解由氢引起的应力集中，故而没有产生大量孪晶，甚至马氏体。

马氏体虽是无扩散型相变，但伴随马氏体相变会产生大量的位错缺陷及局部应力畸变；这种情况则会促进腐蚀。图2.45采用交流阻抗谱的测试方法拟合

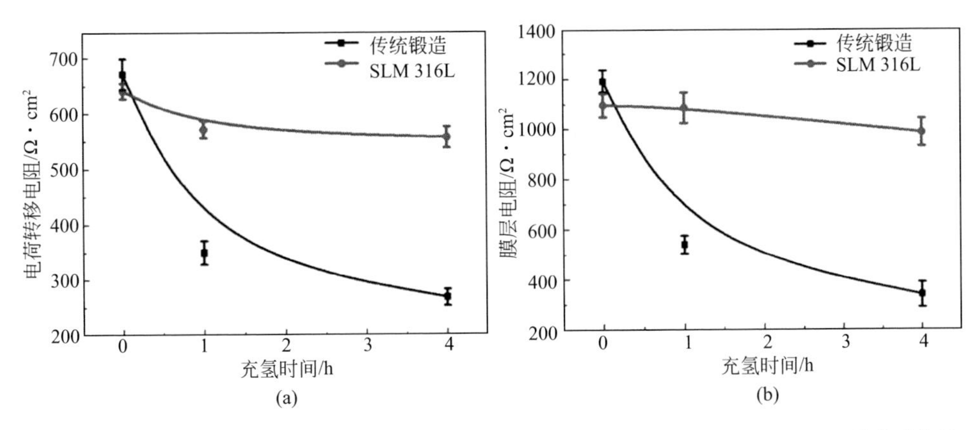

图2.45 0.5mol/L H_2SO_4溶液，70℃条件下，锻造和SLM 316L的（a）电荷转移电阻和（b）钝化膜电阻随充氢时间的变化

得出充氢不同时间，材料表面电荷转移电阻和钝化膜电阻的变化趋势。可以看到，传统锻造不锈钢表面电阻随着充氢时间的延长而急剧降低，说明耐蚀性下降明显；而SLM 316L不锈钢表面电阻随着充氢时间变化不明显，显示出较高的耐氢损伤性能。

此外，采用莫特肖特基测试对比了传统锻造和SLM 316L不锈钢表面钝化膜中缺陷密度随充氢时间的变化趋势（见表2.5）。可以看到未充氢时，二者缺陷密度相当，都在$10^{21}cm^{-3}$数量级。而随着充氢时间延长，SLM 316L不锈钢钝化膜中缺陷密度只有轻微增加，但仍保持在同一数量级；而传统锻造不锈钢钝化膜中缺陷密度随着充氢时间增加而大幅增大，充氢4h，钝化膜中的缺陷数量提高一个数量级，说明钝化膜的稳定性急剧下降。图2.46对比了传统锻造和SLM 316L不锈钢充氢不同时间后在0.5mol/L H_2SO_4溶液中的极化曲线的结果。我们可以看到，传统锻造不锈钢的钝化电流密度随充氢时间的延长而大幅增大，说明耐蚀性恶化严重；而SLM 316L不锈钢钝化电流密度只有轻微变化，也证实了氢对SLM 316L不锈钢的损伤并不严重。

表2.5 0.5mol/L H_2SO_4溶液，70℃条件下，传统锻造和SLM 316L不锈钢的钝化膜缺陷密度随充氢时间的变化

材料	0h	1h	4h
传统锻造316L/（个/cm^3）	约2.1×10^{21}	约6.9×10^{21}	约2.1×10^{22}
SLM 316L/（个/cm^3）	约1.9×10^{21}	约2.5×10^{21}	约3.0×10^{21}

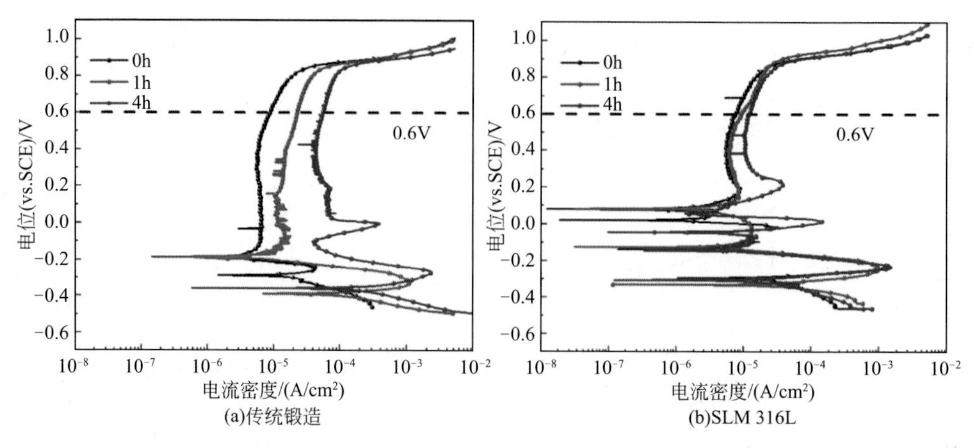

图2.46　不锈钢充氢不同时间后在0.5mol/L H_2SO_4溶液中的极化曲线的结果

图2.47为传统锻造和SLM 316L不锈钢充氢后经过动电位极化后的表面腐蚀形貌结果。可以看到，传统锻造不锈钢充氢后表面有很多条状腐蚀痕迹，这与

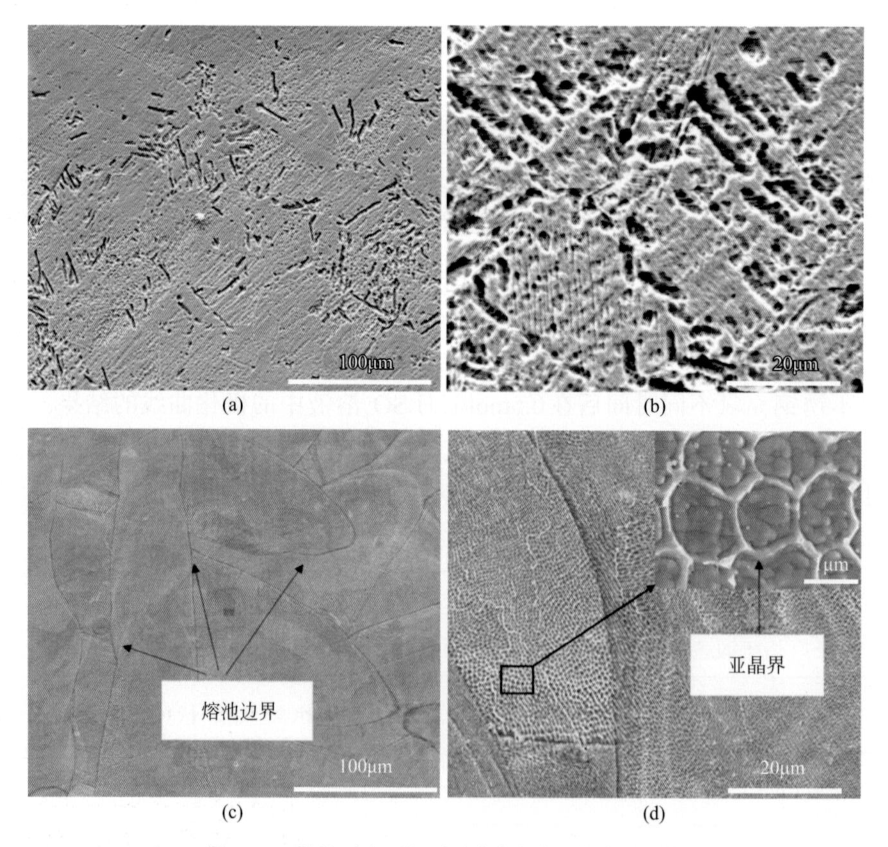

图2.47　不锈钢充氢后经过动电位极化后的表面形貌

（a）、（b）传统锻造；（c）、（d）SLM 316L不锈钢

充氢后材料表面产生微裂纹以及马氏体有关，二者的产生将作为腐蚀的萌生位点，进而恶化材料的耐蚀性；而SLM 316L不锈钢表面基本没有变化，仍能清晰看到胞状结构，也说明SLM 316L不锈钢具有较优异的耐氢损伤的性能。

2.3.7 燃料电池环境中的腐蚀行为

不锈钢因其优良的耐腐蚀和易加工性能，常被选作质子交换膜燃料电池（PEMFC）的双极板材料。然而，在燃料电池的工作条件下的腐蚀问题成为制约其应用的主要因素,同时表面的钝化膜，增加了电池内部的接触电阻。本小节通过对比研究传统锻造和SLM 316L不锈钢及其后处理在燃料电池环境下的服役行为，旨在评估增材制造不锈钢作为极板材料的可行性。

模拟PEMFC的溶液体系为0.5mol/L H_2SO_4，$50 \times 10^{-6}Cl^-$和$2 \times 10^{-6}F^-$，温度为70℃，服役环境相对比较苛刻。同时对SLM 316L不锈钢采用了两种热处理制度，650℃保温2h（HT1）和1050℃保温2h（HT2）。图2.48为传统锻造和SLM 316L不锈钢在PEMFC溶液中浸泡144h前后的极化曲线结果。可以看到，在严酷的溶液体系下，SLM 316L不锈钢的钝化电流密度高于传统锻造材料，同时电流随着电位变化波动剧烈，说明钝化膜的稳定性较差。经过热处理之后，耐蚀性能有所提高，其中，30min的固溶处理后样品显示了较低的腐蚀电流密度。

图2.49为在70℃的PEMFC溶液中浸泡144h后的传统锻造和SLM 316L不锈钢表面的腐蚀形貌，从图中可以看到，传统锻造和固溶处理的SLM 316L不锈钢表面腐蚀的程度较为轻微。未处理和去应力退火处理的SLM 316L不锈钢表面腐

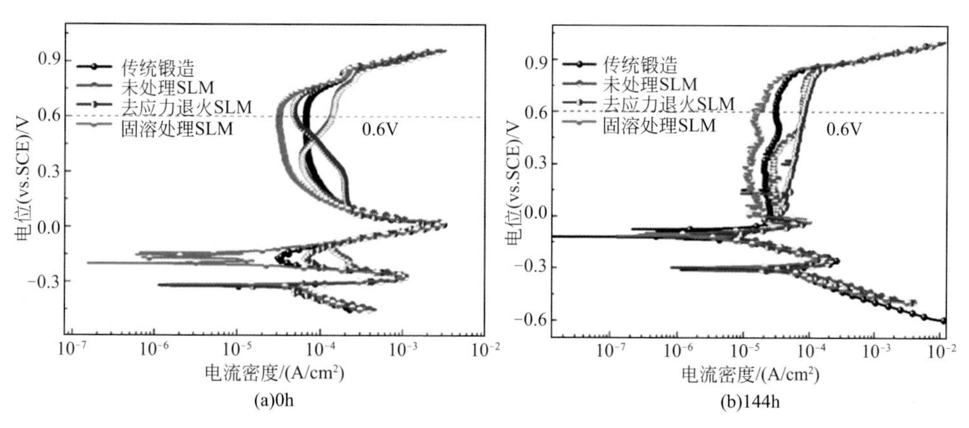

图2.48 传统锻造和SLM 316L不锈钢在PEMFC溶液中浸泡144h前和后的极化曲线结果
扫描速度为0.1667mV/s

蚀痕迹较为明显，且大部分腐蚀发生在打印缺陷位置，如孔隙、熔池线等。说明打印缺陷在严酷环境体系中更敏感，更易诱发加速腐蚀。

此外，阳极极板材料一般工作电位处在0.6V（vs.SCE）左右的钝化电位区间，因此，评估此条件下的服役行为更加有效。美国能源部（DOE）发布的2020年极板材料的钝化电流密度需要维持在1μA/cm^{2}以下。图2.50展示了传统锻造和SLM 316L不锈钢在0.6V（vs.SCE）工作电位下的钝化电流密度随着时

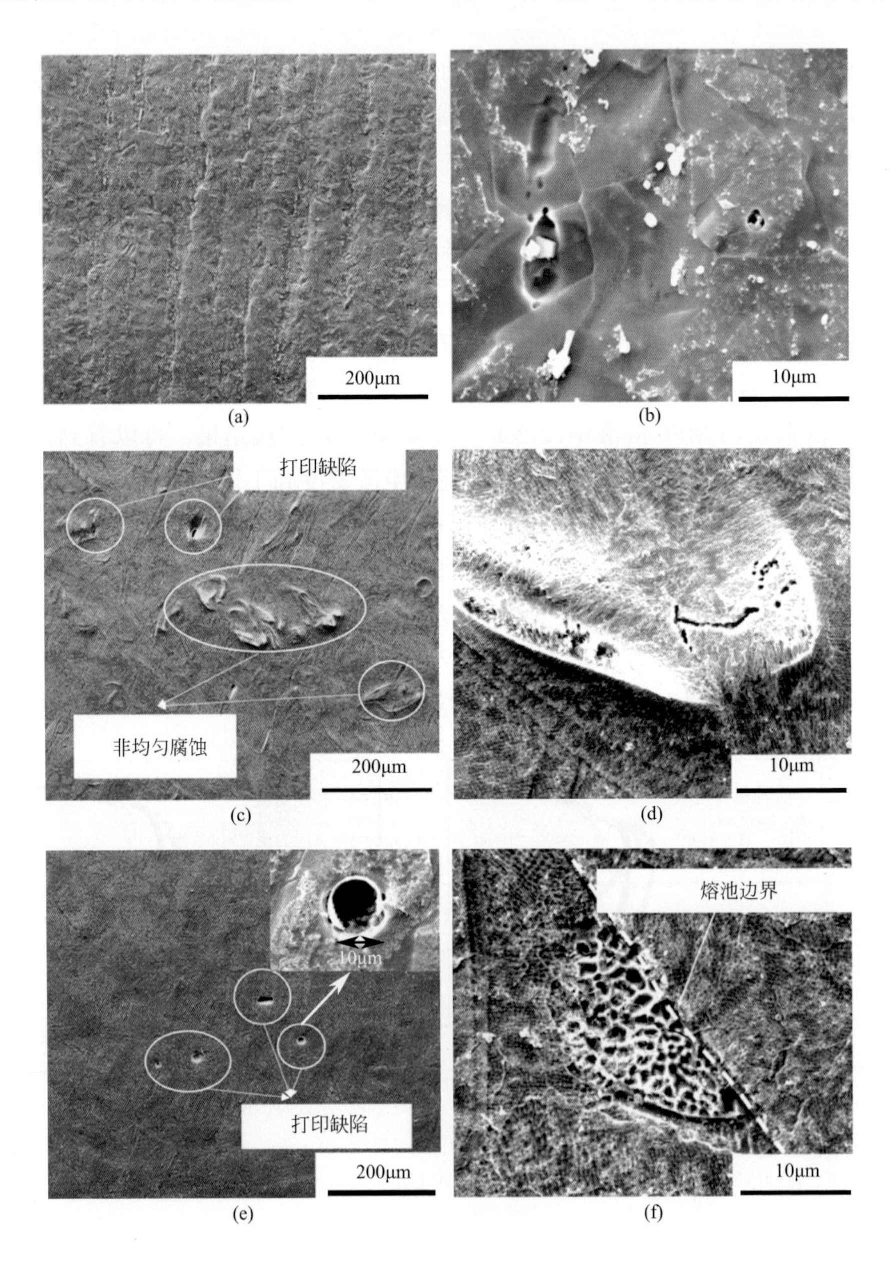

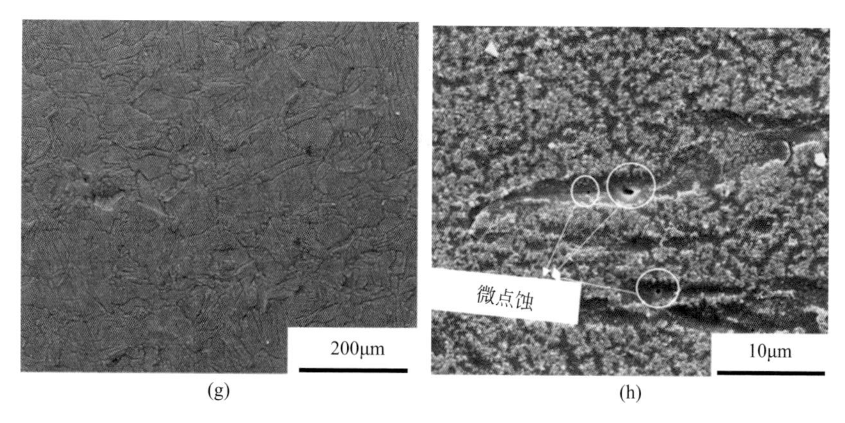

图2.49　在70℃的PEMFC溶液中浸泡144h后的316L不锈钢表面的腐蚀形貌

（a）、（b）传统锻造；（c）、（d）SLM成形；（e）、（f）HT1热处理；（g）、（h）HT2热处理

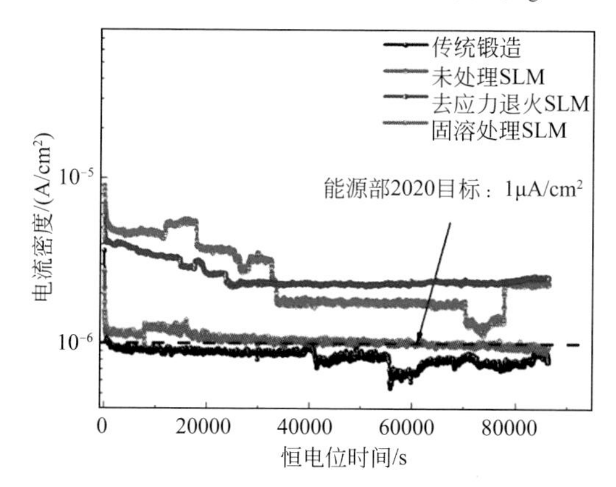

图2.50　在PEMFC溶液中恒电位（0.6V）极化24h电流密度随时间的变化

间的变化曲线。可以看到，未处理和去应力退火处理的SLM 316L不锈钢钝化电流密度高于1μA/cm^2，同时电流波动较大，不满足使用要求。而传统锻造和固溶处理的SLM 316L不锈钢钝化电流值较小，满足使用规定，但固溶处理的SLM 316L不锈钢的钝化电流密度仍高于传统锻造，说明在严酷的服役环境中，增材制造材料的耐久性能有待提高。

进一步对表面钝化膜的成分进行XPS测试分析，结果显示钝化膜中各组元种类相同，含量稍有差别。可以看到，SLM 316L不锈钢表面钝化膜中的钼元素的含量比传统锻造不锈钢稍高；而传统锻造不锈钢表面钝化膜中氧化铬的含量稍高于SLM 316L不锈钢。图2.51通过对氧的高分辨XPS拟合得出，传统锻造不锈钢表面钝化膜中氧化物和氢氧化物含量的比值稍高于SLM 316L不锈钢，但经过热处理之后，表面钝化膜的氧化物和氢氧化物含量的比值提高，可能对钝化膜的耐蚀性能的提高有促进作用。

表2.6 XPS中各化合物对应的结合能及百分含量

元素	化合物	结合能/eV	传统锻造316L/%	未处理SLM 316L /%	去应力退火SLM 316L/%	固溶处理SLM 316L/%
Fe	FeOOH	711.8	4.6	3.9	3.5	3.0
	Fe_3O_4	708.2	19.4	17.1	18.1	19.7
	Fe2p 3/2	707.0	15.4	19.0	20.7	22.1
Cr	Cr（OH）$_3$	577.3	22.1	18.1	12.5	7.9
	Cr_2O_3	576.3	27.8	24.5	27.0	32.6
	Cr2p 3/2	574.2	7.2	12.7	13.4	10.3
Mo	Mo^{6+}3d 5/2	231.7	1.1	1.3	1.3	1.2
	Mo^{6+}3d 3/2	235.2				
	Mo^{4+}3d 5/2	230.2	0.8	1.1	1.2	1.1
	Mo^{4+}3d 3/2	233.5				
	Mo3d 5/2	228.0	1.7	2.3	2.2	2.0
	Mo3d 3/2	231.1				

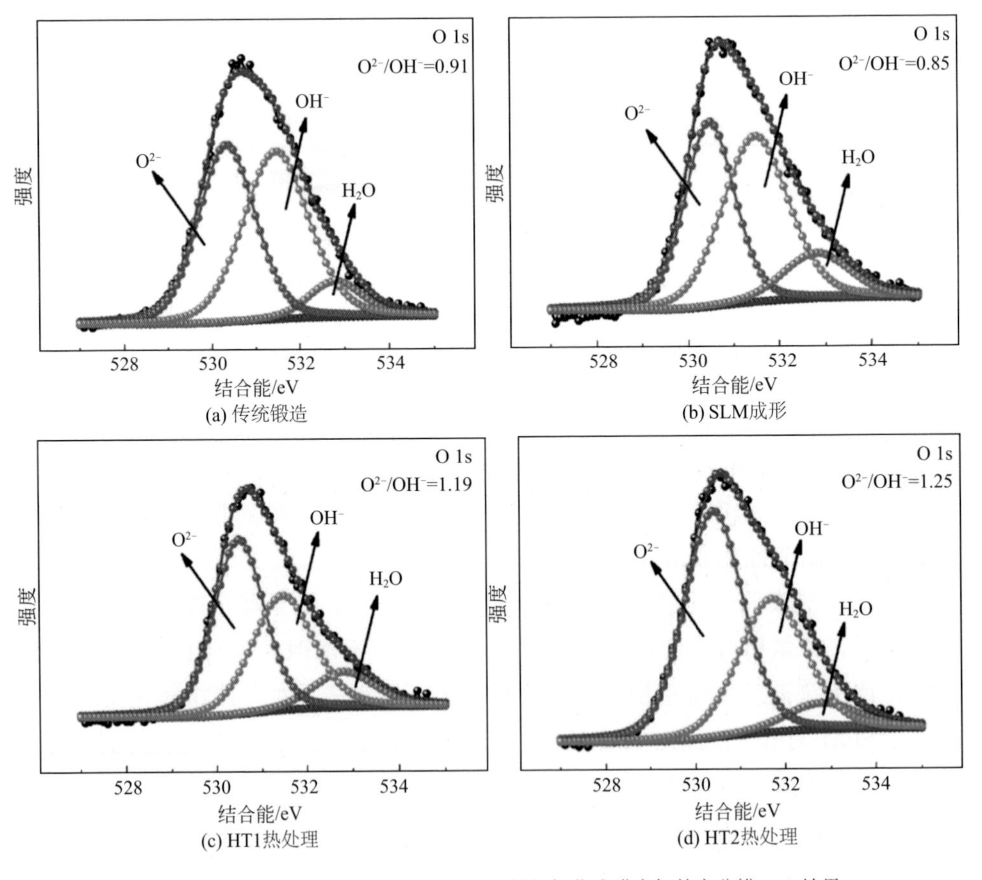

图2.51 在70℃的PEMFC溶液中316L不锈钢极化成膜中氧的高分辨XPS结果

2.3.8 模拟体液环境中的腐蚀行为

因为具有生物相容性，奥氏体不锈钢也被广泛用作生物医用金属材料。而能够实现复杂结构成形的增材制造技术更将促进这一应用。因此，评估增材制造成形奥氏体不锈钢在模拟体液中的腐蚀行为尤为重要。图2.52对比了传统锻造和SLM 316L不锈钢在模拟体液中极化曲线的结果，可以看到，二者腐蚀电位（vs.SCE）相差不大（−0.3V）。但SLM 316L不锈钢表现出较高的点蚀电位和较低的钝化电流密度，说明SLM 316L不锈钢在模拟体液中展示出良好的初期耐蚀性。

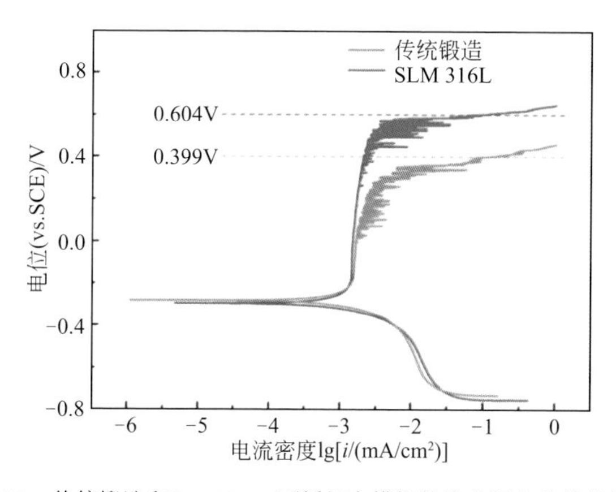

图2.52 传统锻造和SLM 316L不锈钢在模拟体液中极化曲线的结果

为了对比在模拟体液中材料的耐久性，采用原位无损监测交流阻抗谱方法。图2.53为传统锻造和SLM 316L不锈钢在模拟体液中浸泡不同时间的交流阻抗谱结果，可以看到在实验测试时间周期内，SLM 316L不锈钢阻抗谱的弧的半径大于传统锻造材料，说明SLM 316L不锈钢在96h内均保持优于传统锻造材料的耐蚀性。两种不锈钢在模拟体液中均呈现钝化状态，良好的耐蚀性则归因于这层致密的钝化膜。图2.54对比了传统锻造和SLM 316L不锈钢在模拟体液中形成钝化膜的高分辨XPS结果，其中发现，钝化膜的成分种类不变，相对含量有所变化。传统锻造不锈钢表面钝化膜中铁和铬氧化物和水合物比值低于SLM 316L不锈钢，显示出传统锻造材料钝化膜中铬的氧化物较多，但SLM 316L不锈钢钝化膜中钼的氧化物较多。铬和钼的氧化物均有利于提高钝化膜的稳定性，因此，从钝化膜成分中并不能判断二者耐蚀性的高低。

图2.55对比了SLM 316L和传统锻造不锈钢在模拟体液中成膜相同时间后表面钝化膜中元素含量随厚度的变化关系。可以看到，SLM 316L表面钝化膜厚

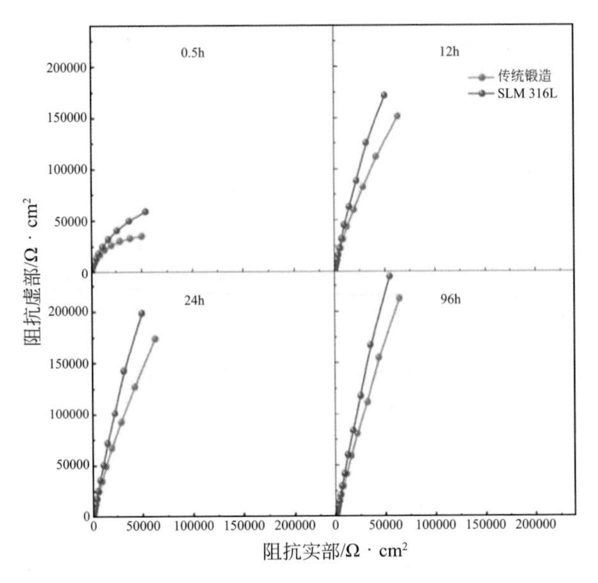

图2.53　传统锻造和SLM 316L不锈钢在模拟体液中浸泡不同时间的交流阻抗谱结果

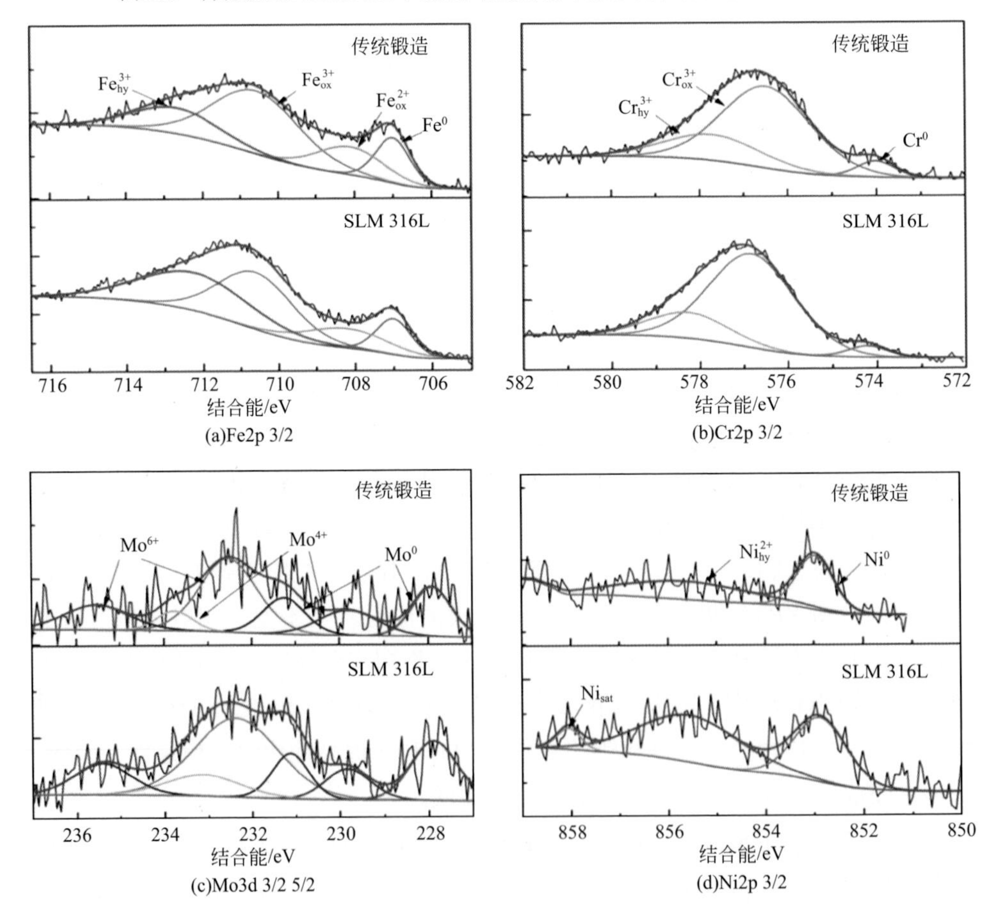

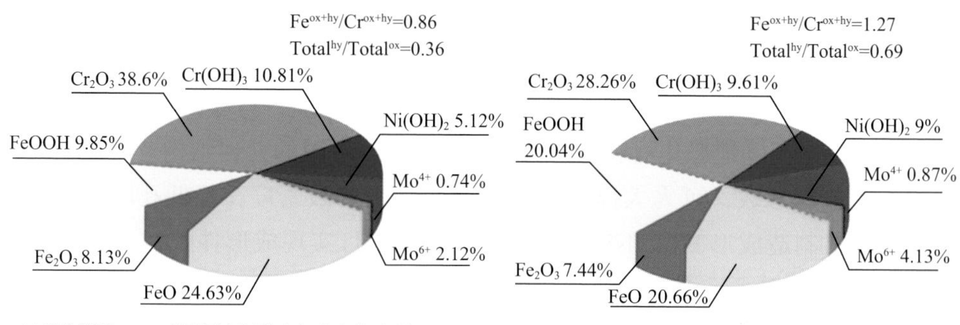

(e)传统锻造316L不锈钢钝化膜中各化合物含量百分比　　(f) SLM 316L不锈钢钝化膜中各化合物含量百分比

图2.54　传统锻造和SLM 316L不锈钢在模拟体液中形成钝化膜的高分辨XPS结果

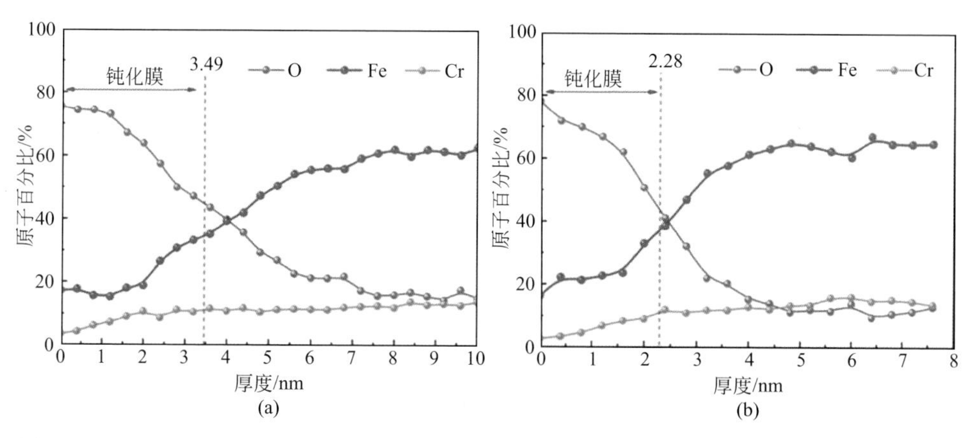

图2.55　SLM 316L（a）和传统锻造不锈钢（b）在模拟体液中形成钝化膜中元素含量随厚度的变化关系

度约为3.5nm，是传统锻造不锈钢钝化膜的1.54倍，因此，在模拟体液中，SLM 316L不锈钢良好的耐蚀性应归因于表面形成较厚的钝化膜。然而，医用材料，如种植体，使用周期较长，对于增材制造成形的不锈钢材料更长时间的耐久性评估或者加速腐蚀试验在未来仍然是非常有必要的。

2.4 工程应用分析与展望

激光选区熔化成形的316L不锈钢仍为全奥氏体组织，具备传统锻造材料较高的耐腐蚀性能、良好的力学性能以及生物相容性等优点。在快速熔融凝固过程中，材料内部元素来不及扩散形成MnS等夹杂，同时，在晶界处铬的贫化现象也不明显，因此，在没有打印缺陷的影响下，增材制造316L不锈钢具备比传统锻造材料更优异的耐点蚀和耐晶间腐蚀的性能。然而，打印缺陷（孔隙和裂纹）将会不同程度地恶化材料的耐久性，这主要与孔隙的几何结构及尺寸相关。通过优化打印参数，可大大提高316L不锈钢成形的致密度，降低孔隙的影响。目前，增材制造成形316L不锈钢工艺较为成熟，可实现成形件致密度在99.8%以上。

良好的成形性能也促使其应用在工程领域。如图2.56为燃料电池极板材料的设计图，采用激光选区熔化成形技术制备的复杂结构的316L不锈钢极板，结合计算机辅助设计使得多级、多尺度的结构能够快速、精准成形。这种近终成形技术极大地提高了双极板的制备效率、降低了原材料的使用量。同时，打印的极板材料展示出较高的电流密度和高的能量密度。然而，相比于传统锻造制备的316L不锈钢双极板，打印件表面的粉末黏结和打印缺陷等，会对其耐久性能产生不利影响，这方面的对比以及使用标准的制定还需进一步研究。

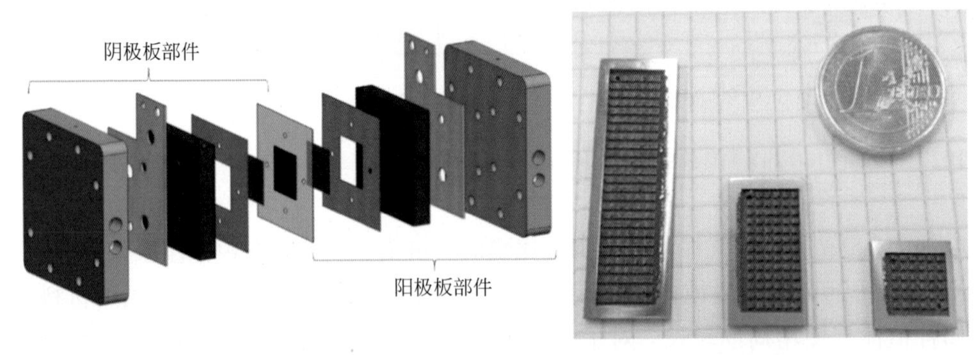

图2.56　燃料电池结构以及激光选区熔化成形的316L不锈钢极板形貌

此外，增材制造成形316L不锈钢也应用在生物医用领域，如激光选区成形316L不锈钢种植体、激光选区成形的不锈钢医疗器械等；医用不锈钢的缺点是其长期植入的稳定性差，加之其密度和弹性模量与人体硬组织相距较大，导致力学相容性差。因此，对于增材制造成形的不锈钢植入体，还需进行适当后续处理以达到表面性能以及力学性能的稳定性。随着技术的不断发展、增材制造的成本不断下降，加上不断完善、优化的后处理工艺，材料的稳定性将有所保证，增材制造成形的不锈钢应用会越来越广。

2.5 本章小结

激光选区熔化成形的316L不锈钢仍为全奥氏体组织，具备传统锻造材料较高的耐腐蚀性能、良好的力学性能以及生物相容性等优点。而由于快速熔融凝固，导致材料内部无法扩散形成MnS等夹杂，同时，在晶界处铬的贫化现象也不明显，因此，在没有打印缺陷的影响下，SLM 316L不锈钢具备比传统锻造材料更优异的耐点蚀和耐晶间腐蚀的性能。打印缺陷，主要为孔隙，将会不同程度地恶化材料的耐久性，这主要与孔隙的几何结构及尺寸相关。而通过打印参数的优化，可提高材料致密度，降低孔隙的影响。

快速凝固也导致SLM 316L不锈钢组织内部出现亚微米级胞状结构和较大的残余应力。胞状结构表现为胞壁上大量的位错缠结以及Mo和Cr元素的富集，可促进钝化膜快速连续地形成；同时，这种胞壁可以作为额外氢陷阱，使得材料内部氢的分布更加均匀，从而提高抗氢损伤性能。SLM 316L不锈钢内部高的残余应力会使得腐蚀扩展的加速进行，从而会降低材料的耐久性，同时，会促进裂纹的扩展，导致抗应力腐蚀能力下降。固溶热处理会导致材料的耐点蚀和晶间腐蚀能力下降，但在一定环境中，如燃料电池体系，可提高材料的服役的稳定性。因此，需要系统地研究热处理工艺，以获得理想的使用性能。

参考文献

[1] Kong D, Ni X, Dong C, et al. Bio-functional and anti-corrosive 3D printing 316L stainless steel fabricated by selective laser melting. Materials & Design, 2018, 152: 88-101.

[2] Kong D, Ni X, Dong C, et al. Heat treatment effect on the microstructure and corrosion behavior of 316L stainless steel fabricated by selective laser melting for proton exchange membrane fuel cells. Electrochimica Acta, 2018, 276: 293-303.

[3] Kong D, Dong C, Ni X, et al. Mechanical properties and corrosion behavior of selective laser melted 316L stainless steel after different heat treatment processes. Journal of Materials Science & Technology, 2019, 35 (7) : 1499-1507.

[4] Yan F, Xiong W, Faierson E, et al. Characterization of nano-scale oxides in austenitic stainless steel processed by powder bed fusion. Scripta Materialia, 2018, 155: 104-108.

[5] Liu L, Ding Q, Zhong Y, et al. Dislocation network in additive manufactured steel breaks strength - ductility trade-off. Materials Today, 2018, 21 (4) : 354-361.

[6] Salman O O, Gammer C, Eckert J, et al. Selective laser melting of 316L stainless steel: Influence of TiB2 addition on microstructure and mechanical properties. Materials Today Communications, 2019, 21: 100615.

[7] Laleh M, Hughes A E, Xu W, et al. On the unusual intergranular corrosion resistance of 316L stainless steel additively manufactured by selective laser melting. Corrosion Science, 2019, 161: 108189.

[8] Wang Y M, Voisin T, McKeown J T, et al. Additively manufactured hierarchical stainless steels with high strength and ductility. Nature materials, 2018, 17 (1) : 63-71.

[9] Lou X, Song M, Emigh P W, et al. On the stress corrosion crack growth behaviour in high temperature water of 316L stainless steel made by laser powder bed fusion additive manufacturing. Corrosion Science, 2017, 128: 140-153.

[10] Kong D, Ni X, Dong C, et al. Anisotropy in the microstructure and mechanical property for the bulk and porous 316L stainless steel fabricated via selective laser melting. Materials Letters, 2019, 235: 1-5.

[11] Ni X, Kong D, Wu W, et al. Corrosion behavior of 316L stainless steel fabricated by selective laser melting under different scanning speeds. Journal

of Materials Engineering and Performance, 2018, 27（7）: 3667-3677.

[12] Duan Z, Man C, Dong C, et al. Pitting behavior of SLM 316L stainless steel exposed to chloride environments with different aggressiveness: Pitting mechanism induced by gas pores. Corrosion Science, 2020: 108520.

[13] 李俊鑫. 激光近净成形316L不锈钢块体材料的工艺与性能研究.大连：大连理工大学，2016.

[14] Kong D, Dong C, Ni X, et al. Superior resistance to hydrogen damage for selective laser melted 316L stainless steel in a proton exchange membrane fuel cell environment. Corrosion Science, 2020, 166: 108425.

[15] Scotti G, Matilainen V, Kanninen P, et al. Laser additive manufacturing of stainless steel micro fuel cells. Journal of Power Sources, 2014, 272: 356-361.

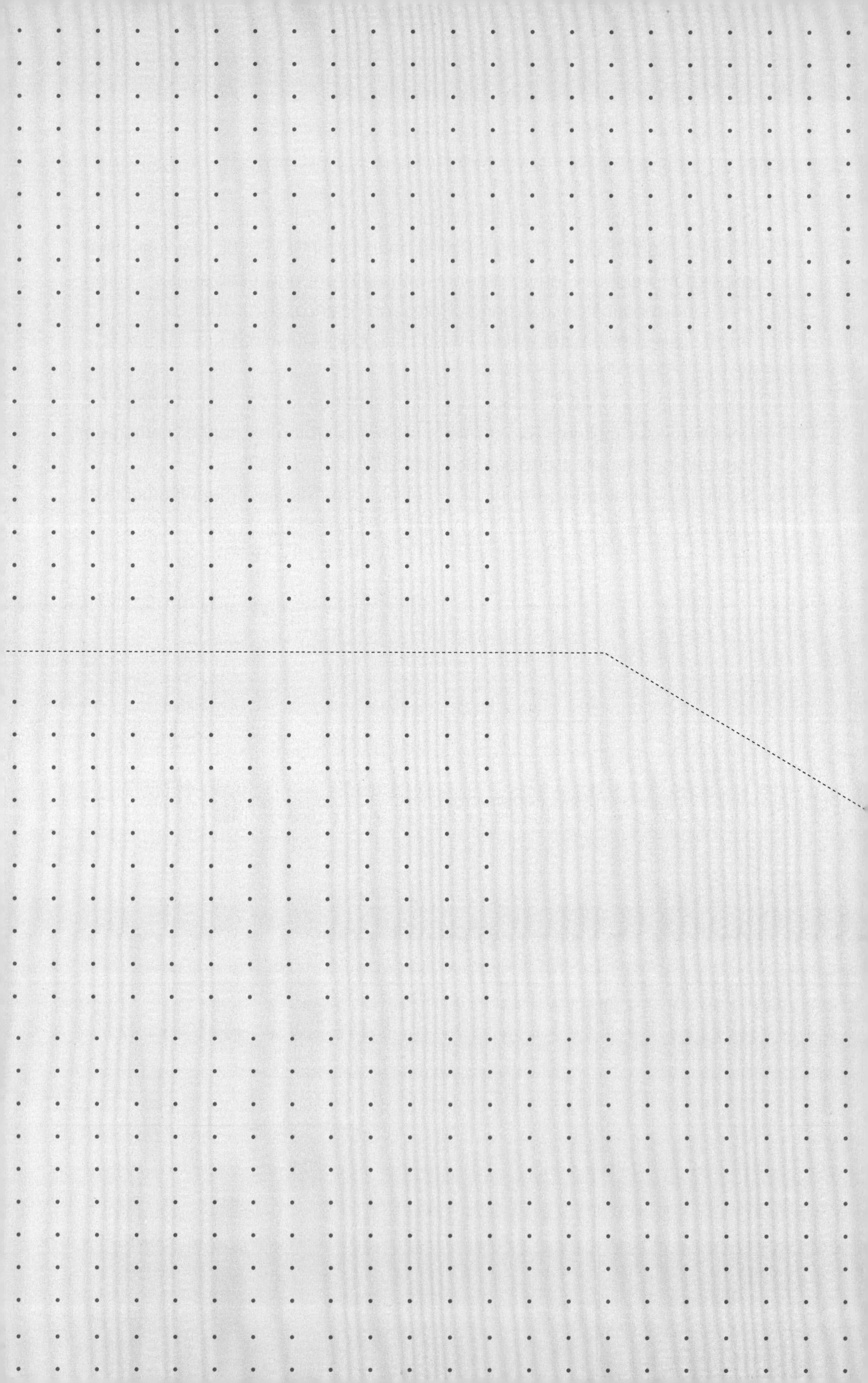

第3章

SLM成形15-5PH高强度不锈钢的腐蚀行为与机理

15-5PH高强度不锈钢是一种通过时效析出沉淀相而强化基体的马氏体沉淀硬化不锈钢，其显微组织主要包含板条马氏体和纳米级富铜析出相，特征是在具备马氏体时效钢好的强韧性的基础上同时具备优异的耐腐蚀性能，主要广泛应用于航空航天、海洋工程、模具材料等领域。

随着先进制造领域的快速发展，高强度不锈钢结构件越来越复杂，传统方法很难生产出高精度的小型复杂结构件，所以借助增材制造技术生产航空航天用高强度不锈钢结构件已经受到广泛关注。研究表明增材制造成形高强度不锈钢力学性能能够达到传统制造高强钢理想强度。同时，随着高强钢服役环境的持续恶化，兼具较好的力学性能及耐蚀性能将成为高强钢服役的重要指标。相较于传统制造结构件，增材制造成形高强钢结构件中的制造缺陷及熔池线界面导致合金元素在局部偏聚，从而导致基体中存在较多相界面及相分布，介质作用下异质相与基体间形成的腐蚀微电池易造成点蚀等局部损伤，所以需要针对增材制造成形高强度不锈钢腐蚀行为及腐蚀机理展开研究。

本章主要通过显微组织分析、腐蚀行为测试研究打印参数及热处理工艺对SLM 15-5PH高强度不锈钢组织结构及腐蚀行为的影响，优化最佳打印参数、热处理制度及工艺参数，阐明增材制造成形过程中新型组织结构与腐蚀行为的相关性，为增材制造成形高强度不锈钢制造工艺控制及耐久性研究提供数据支撑。

3.1 打印参数对SLM 15-5PH不锈钢组织结构及耐蚀性的影响

增材制造成形过程中打印参数（激光功率、扫描速度等）决定打印过程能量的输入，会显著影响打印粉末的熔融和熔池界面，对增材制造成形高强度不锈钢显微组织、致密度及耐蚀性具有重要影响，所以需要针对15-5PH高强度不锈钢打印工艺参数进行优化研究，探讨不同打印参数对显微组织及耐蚀性的影响，以期打印高致密度的SLM 15-5PH高强度不锈钢结构件。

3.1.1 组织结构及力学性能

采用不同工艺参数打印15-5PH高强度不锈钢，通过单位体积能量输入（激光能量密度［见式（3.1）］）对打印参数进行研究：

$$E=\frac{p}{vdh} \tag{3.1}$$

式中，E为激光能量密度；p为激光功率；v为打印扫描速度；d为激光扫描间距；h为铺粉层厚。计算结果见表3.1。

表3.1 SLM 15-5PH高强度不锈钢打印工艺参数

试样编号	激光功率/W	扫描速度/（mm/s）	层厚/μm	层宽/μm	激光能量密度/（J/mm^3）
5	230	886	20	100	130
7	170	886			96
8	150	886			85
10	230	1250			92
14	230	1400			82

采用激光共聚焦对试样表面形貌进行观察并对制造缺陷进行测量，微观形貌如图3.1所示，由此可知，当激光功率为230W，扫描速度为886mm/s时，试样致密度较高，显微组织并未观察到明显的制造缺陷。随着激光功率由230W降低至150W，扫描速度由886mm/s提高至1400mm/s时，激光能量密度不断降低，试样表面缺陷逐渐增多。缺陷尺寸深度和宽度约为粉末尺寸的整倍数，由

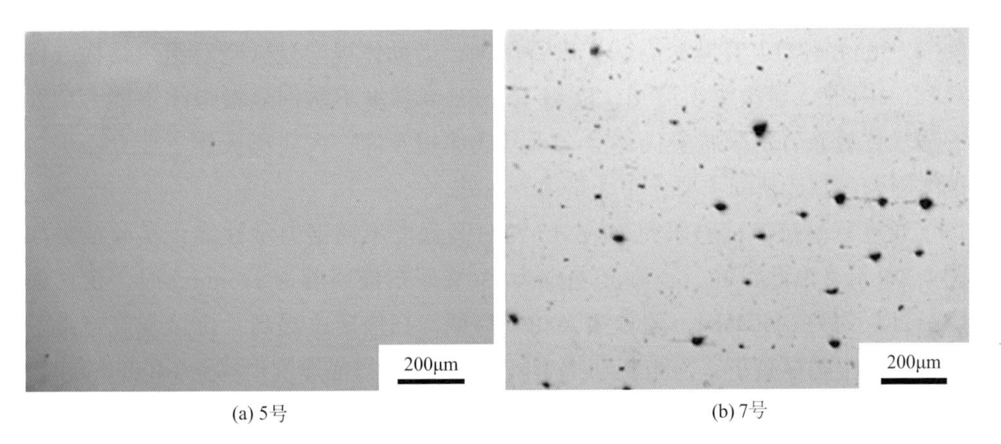

(a) 5号　　(b) 7号

图3.1

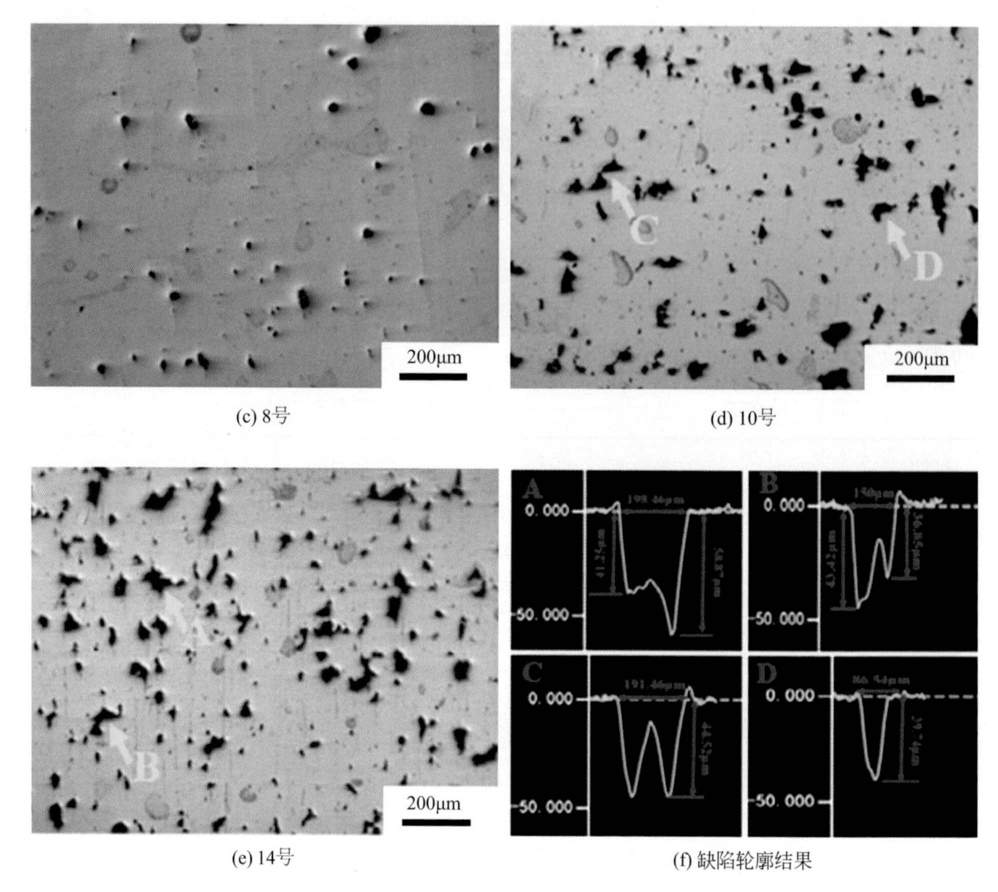

(c) 8号　(d) 10号

(e) 14号　(f) 缺陷轮廓结果

图3.1　不同工艺参数SLM 15-5PH高强度不锈钢微观形貌

此可知这主要是由于激光能量密度较低，粉末未发生完全熔融，最终导致不同熔池界面结合力较差，制造缺陷较多。通过三氯化铁侵蚀液（50mL HCl+5g $FeCl_3$+50mL H_2O）对抛光后试样进行侵蚀，借助体视学显微镜对组织结构进行观察，由图3.2显微组织可知，SLM 15-5PH高强度不锈钢显微组织主要为精细的马氏体板条，薄膜状奥氏体分布于马氏体板条间，大块奥氏体主要分布于熔池线附近。制造缺陷主要分布于熔池界面处。

通过室温拉伸试验研究SLM 15-5PH高强度不锈钢力学性能，实验结果如图3.3所示，由此可知，当激光功率为230W，扫描速度为886mm/s时，抗拉强度最高，约为1440MPa，随着激光功率降低，扫描速度提高，抗拉强度略微下降，伸长率明显减小。当激光功率下降至150W，扫描速度提高至1400mm/s时，断后伸长率约为3.3%。因此，激光能量密度降低会显著提高增材制造成形高强度不锈钢制造缺陷，最终引起试样的快速失效。

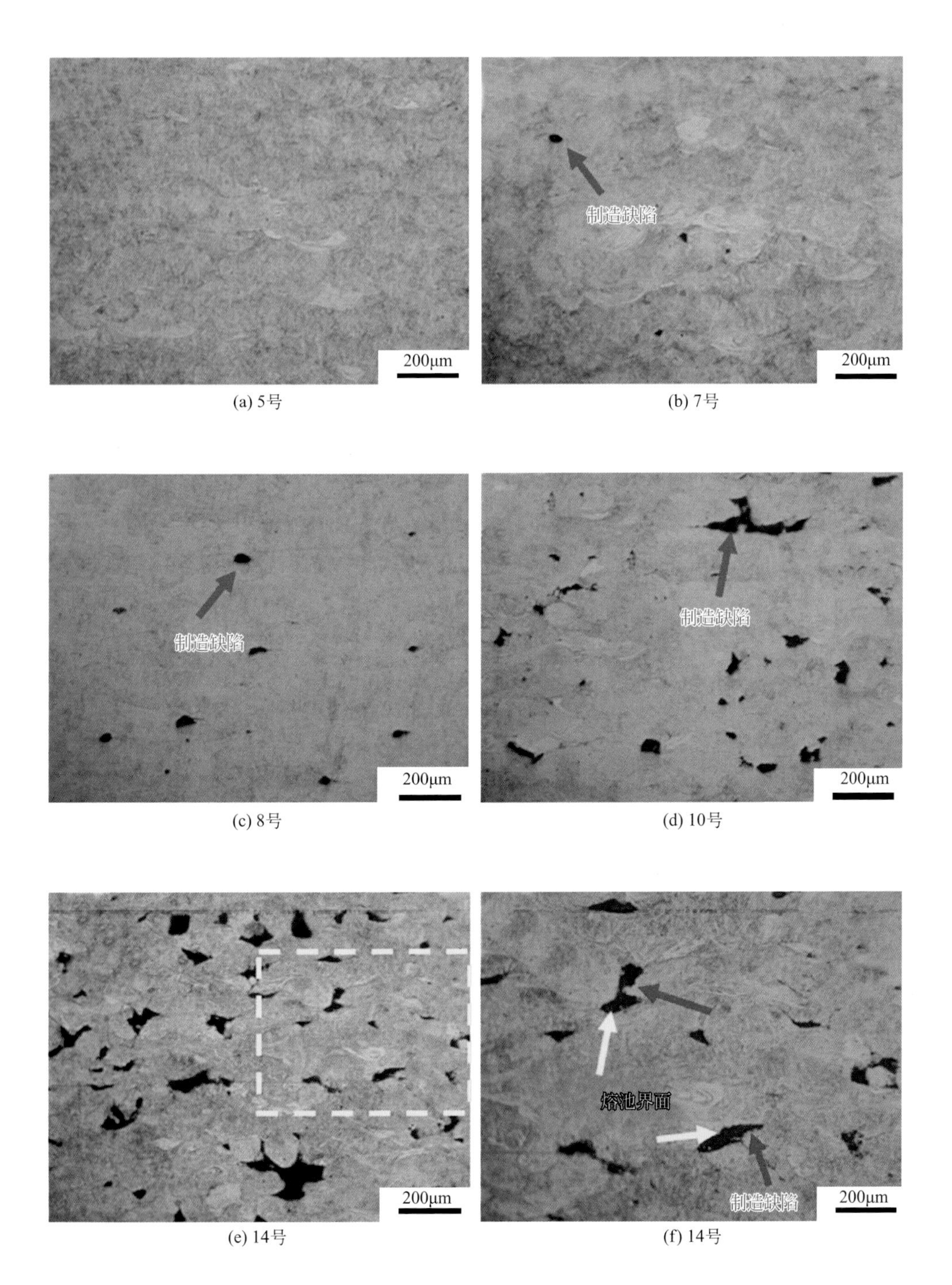

图3.2 不同打印参数3D打印15-5PH高强度不锈钢显微组织

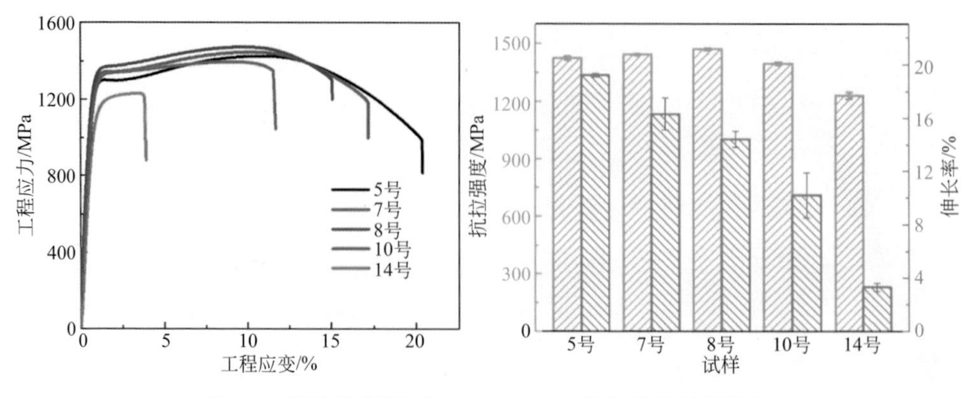

图3.3　不同打印参数打印SLM 15-5PH高强度不锈钢力学性能

通过扫描电镜和EBSD对断口附近裂纹进行观察（图3.4），由此可知，裂纹主要起源于制造缺陷应力集中处，在拉伸过程中，制造缺陷附近发生明显的塑性变形。由EBSD结果可知，裂纹沿熔池界面的扩展，熔池底部的奥氏体会阻碍裂纹扩展，因此，随着制造缺陷的增多，裂纹会快速扩展，最终导致失效断裂。

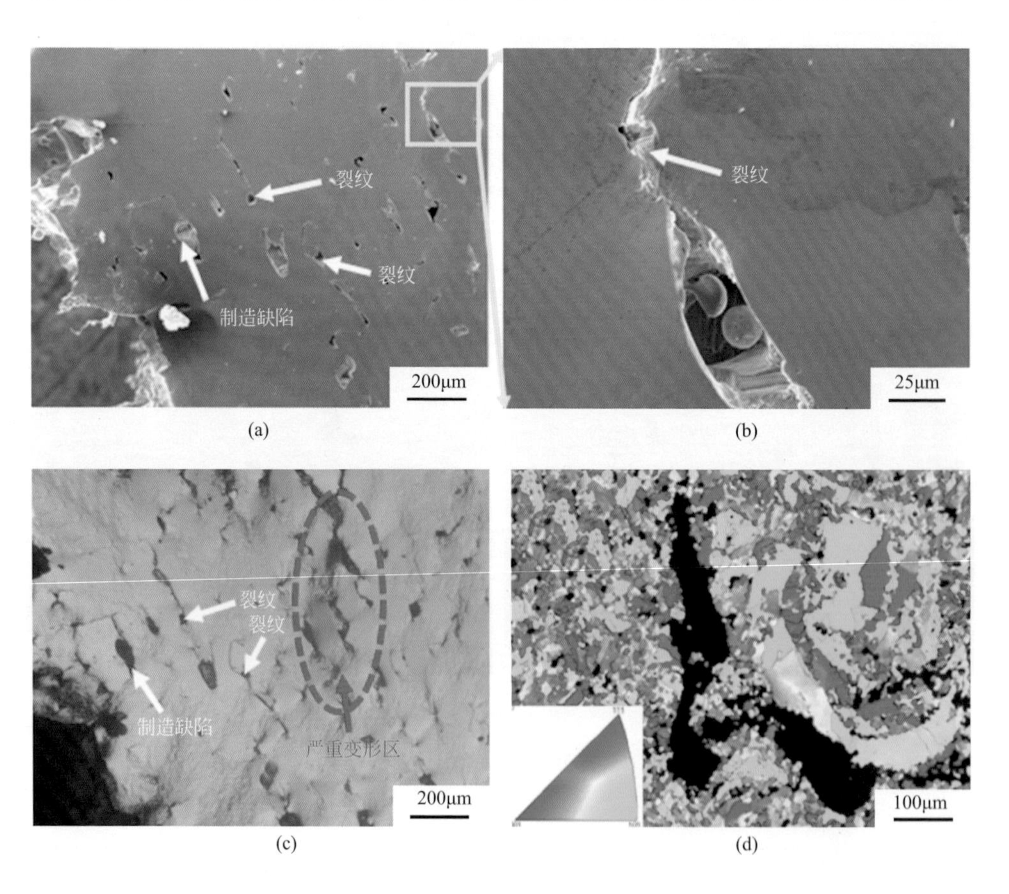

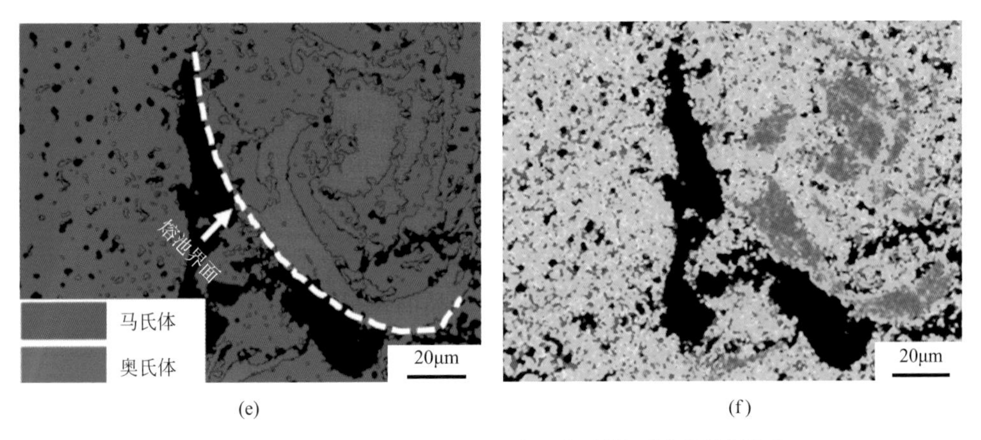

图3.4　打印缺陷对SLM 15-5PH高强度不锈钢裂纹扩展的影响

3.1.2　腐蚀行为及机理

图3.5为不同打印工艺参数15-5PH高强度不锈钢试样在质量分数1%NaCl溶液中的动电位极化曲线，由此可知，不同打印工艺参数试样极化曲线钝化行为具有较大差异。当激光功率为230W，扫描速度为886mm/s时，极化曲线具有明显的钝化区间，最大点蚀电位（vs.SCE）约为195mV。随着激光功率降低，扫描速度的提高，点蚀电位逐渐降低，钝化行为越不明显。当激光能量降低为150W，扫描速度提高至1400mm/s时，极化曲线没有明显钝化区间，试样表面钝化膜不易自动生成，耐蚀性较差。因此，打印参数对SLM 15-5PH高强度不锈钢表面钝化膜完整性具有重要影响。

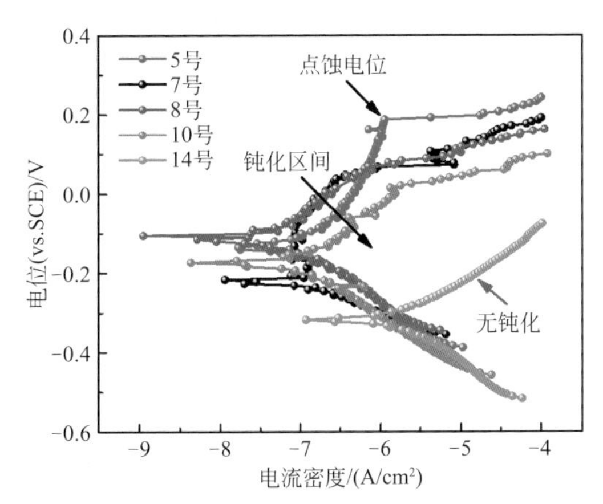

图3.5　不同打印工艺参数SLM 15-5PH高强度不锈钢在1% NaCl溶液中的动电位极化曲线

图3.6为不同打印工艺参数成形SLM 15-5PH高强度不锈钢在1%NaCl溶液中的电化学阻抗谱，由此可知，随着激光功率降低，扫描速度的提高，打印过程激光能量密度降低，打印后高强度不锈钢制造缺陷显著提高，电化学阻抗值越小，耐蚀性越差。图3.7为电化学阻抗谱的等效电路拟合图谱，拟合结果见表3.2。其中，R_e为溶液电阻，R_f为钝化膜电阻，Q_f为钝化膜电容，R_{ct}为电荷转移电阻，Q_{dl}为电荷转移电容，其中R_f可以反映钝化膜稳定性。由此可知，当激光功率为230W，扫描速度为886mm/s时，样品的R_f最大（约$2.002\times10^5\Omega\cdot cm^2$）。当激光功率降低且扫描速度提高时，钝化膜稳定性降低。

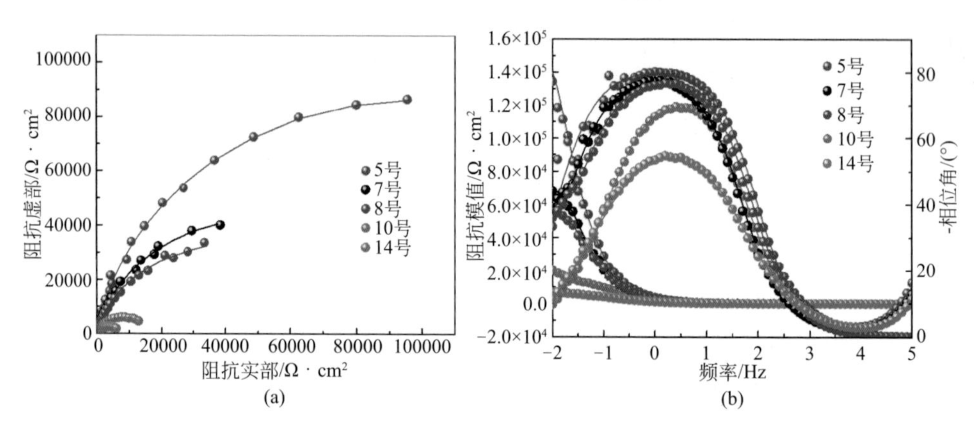

图3.6　不同打印工艺参数成形SLM 15-5PH高强度不锈钢在1% NaCl溶液中的电化学阻抗谱

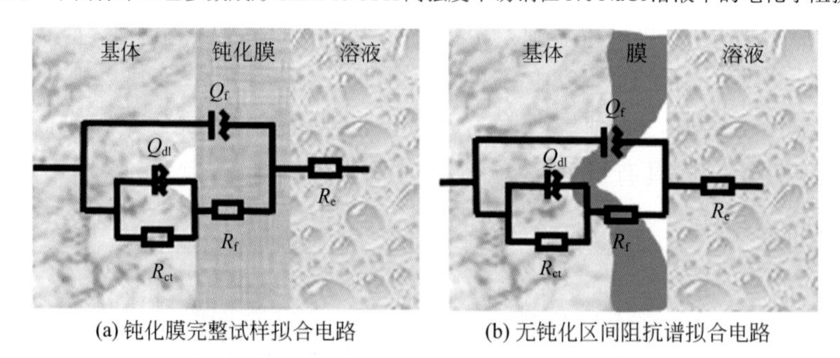

(a) 钝化膜完整试样拟合电路　　(b) 无钝化区间阻抗谱拟合电路

图3.7　电化学阻抗谱拟合电路

表3.2　不同打印工艺参数成形SLM 15-5PH高强度不锈钢电化学阻抗谱拟合结果

试样编号	5	7	8	10	14
$R_e/\Omega\cdot cm^2$	26.53	63.20	82.77	62.11	24.36
$Q_{dl}/[10^{-5}S^n/(\Omega\cdot cm^2)]$	8.165	9.462	6.126	6.644	8.374
n_1	0.8269	0.8481	0.8503	0.8848	0.9575

续表

$R_{ct}/\Omega\cdot cm^2$	59.61	143.7	68.26	71.79	66.27
$Q_f/[10^{-5}S^n/(\Omega\cdot cm^2)]$	5.172	2.402	6.899	5.508	23.98
n_2	0.9071	0.9951	0.8873	0.9975	0.8012
$R_f/10^4\Omega\cdot cm^2$	20.02	14.71	9.754	3.615	0.781

为了研究不同打印工艺参数成形SLM 15-5PH高强度不锈钢钝化膜长期服役行为，将试样浸泡在0.05mol/L NaCl溶液中84000s检测开路电位。实验结果如图3.8所示，由此可知，当激光功率为230W，扫描速度为886mm/s时，开路电位最高，约为−0.1V，随着激光功率降低，扫描速度的提高，开路电位逐渐降低。当激光功率为150W，扫描速度为1400mm/s时，开路电位最低，约为−0.35V，随着浸泡时间延长，开路电位越低，此时钝化膜不能自发形成于试样表面，浸泡过程中试样表面不断腐蚀。

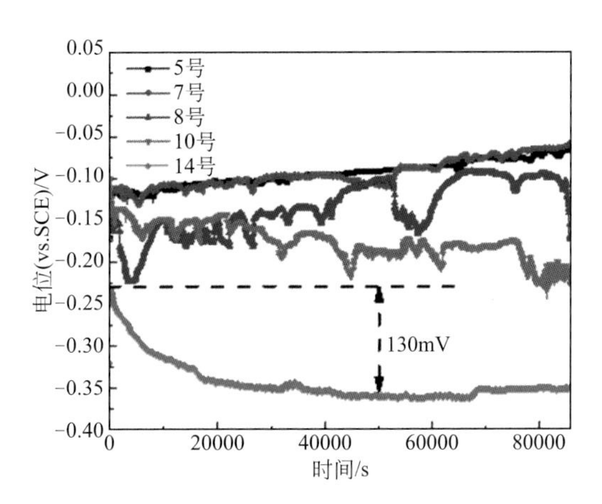

图3.8　不同打印工艺参数15-5PH高强钢在0.05mol/L NaCl溶液中浸泡84000s时开路电位

借助激光共聚焦显微镜对浸泡后试样表面进行微观形貌观察，实验结果如图3.9所示，当激光功率为230W，扫描速度为886mm/s时，试样表面无明显制造缺陷，耐蚀性较好，未发现点蚀。随着激光功率降低，扫描速度提高，制造缺陷越多，耐蚀性逐渐变差，试样表面较多点蚀坑及腐蚀产物覆盖。点蚀主要发生于制造缺陷附近，腐蚀产物逐渐覆盖于制造缺陷处。综上所述，打印工艺参数对显微组织致密度具有重要影响，制造缺陷会显著降低增材制造成形高强度不锈钢耐蚀性及钝化膜稳定性。

综上所述，随着激光功率由230W降低至150W，扫描速度由886mm/s提高至1400mm/s，激光能量密度降低，制造缺陷逐渐增多，主要分布于熔池界面附

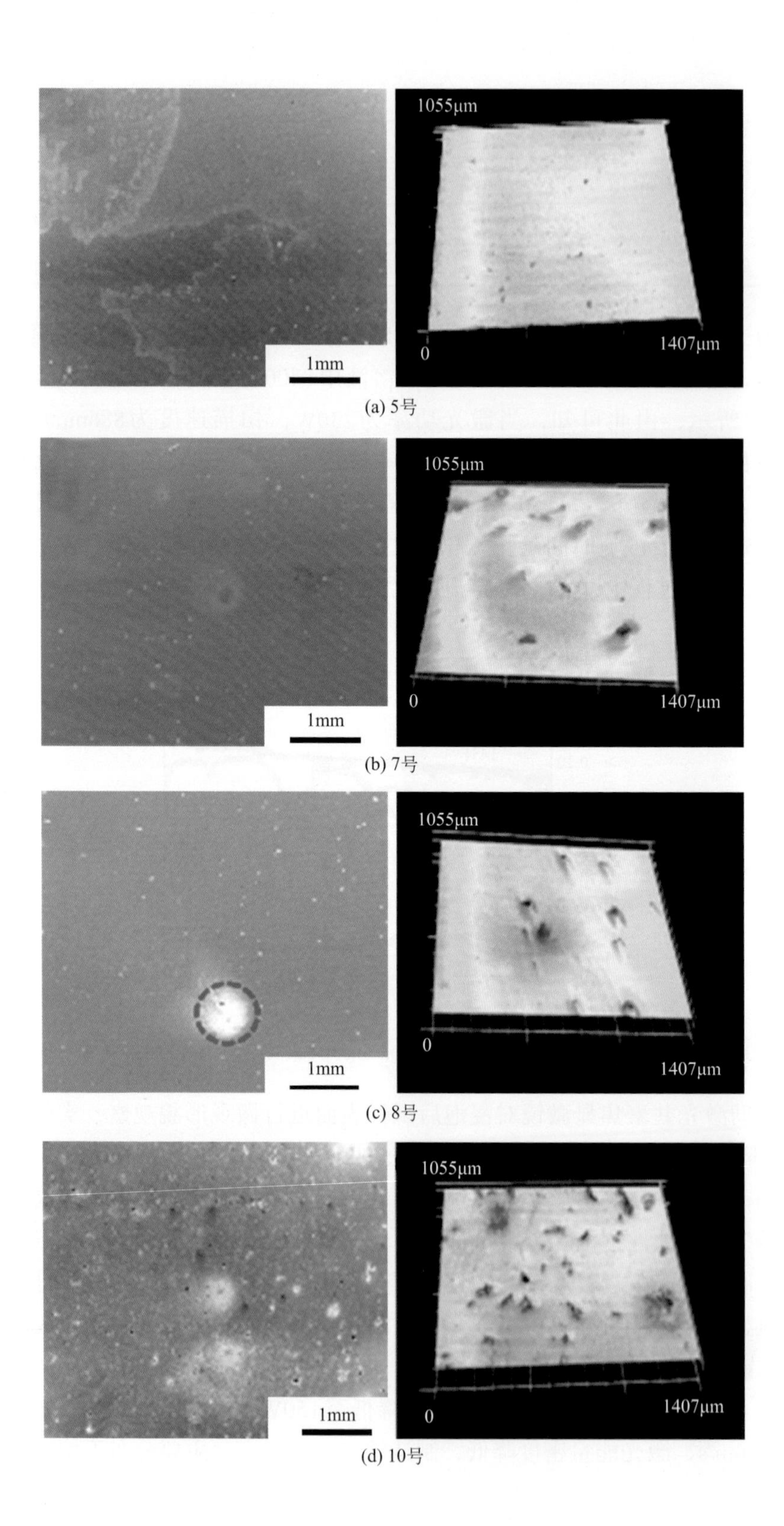

(a) 5号
(b) 7号
(c) 8号
(d) 10号

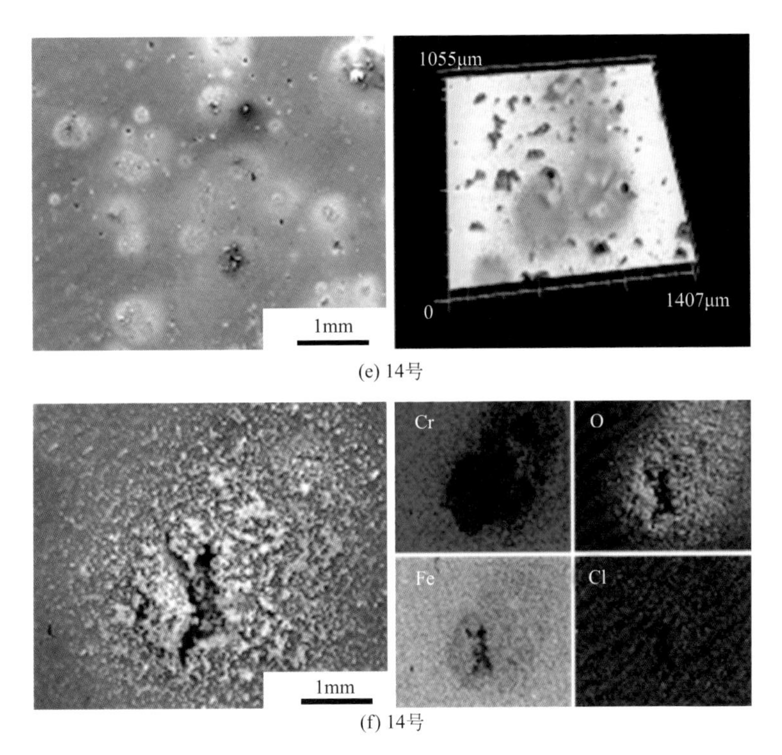

(e) 14号

(f) 14号

图3.9　不同打印工艺参数打印SLM 15-5PH高强度不锈钢浸泡后微观形貌

近，伸长率逐渐变差，塑性下降；点蚀电位逐渐降低，电化学阻抗值减小，耐蚀性变差，点蚀主要起源于制造缺陷附近，制造缺陷对力学及耐蚀性影响示意图如图3.10所示。因此，需要针对高强度不锈钢打印工艺参数进行优化研究，从而打印高致密度和高耐蚀性高强度不锈钢结构件。

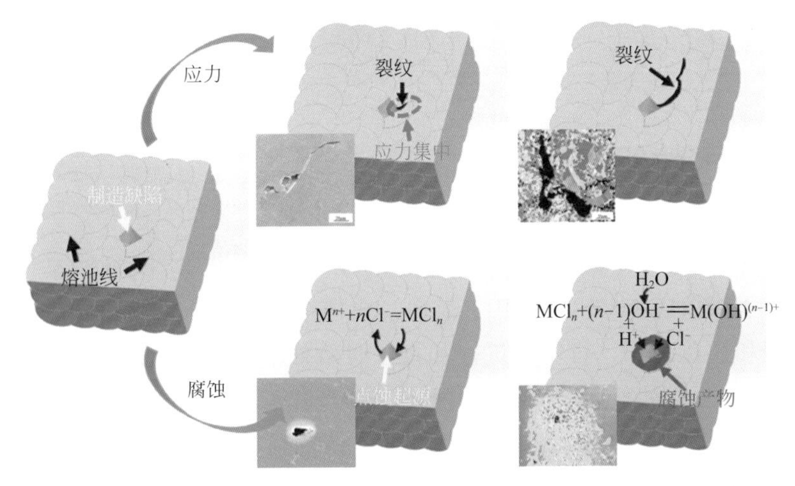

图3.10　打印缺陷对SLM 15-5PH高强度不锈钢力学性能及点蚀影响示意图

3.2 热处理制度对SLM 15-5PH高强度不锈钢性能的影响

为了达到高强度不锈钢理想的强度，需要针对打印后15-5PH高强度不锈钢进行后热处理，传统热处理工艺为高温1050℃固溶处理后进行500℃时效处理，从而减少加工过程中的残余应力并促进碳化物纳米粒子析出。然后增材制造成形过程中由于较快的冷却速度、微米级熔池结构等特点，显微组织主要为精细的马氏体板条及高含量的奥氏体，所以需要针对后热处理工艺进行优化研究，探究不同热处理制度对显微组织及耐蚀性的影响。为制备高耐蚀性高强度不锈钢提供指导。

本节针对打印后（As-built）试样主要设置三种热处理工艺。

① 固溶处理（ST） 1050℃固溶0.5h后水淬。

② 固溶+时效处理（ST+AT） 1050℃固溶0.5h后水淬+500℃时效1 ～ 10h空冷。

③ 时效处理（AT） 打印后直接500℃时效1 ～ 10h空冷。

通过X射线衍射（XRD），显微组织观察及电化学测试对组织结构及耐蚀性进行研究。

3.2.1 显微组织演变

通过XRD对试样表面相含量进行测试，实验结果如图3.11所示，由此可知，SLM 15-5PH钢主要由（110）晶面马氏体组成，由于制造过程的多道次循环热处理和快速冷却，打印后试样和直接时效处理试样具有更多奥氏体（111）和（200）峰。当固溶处理+时效处理后，XRD并未观察到明显的奥氏体峰值。

不同热处理制度SLM 15-5PH高强度不锈钢显微组织如图3.12所示，传统15-5PH高强度不锈钢显微组织主要由板条马氏体组成，马氏体板条中析出碳化

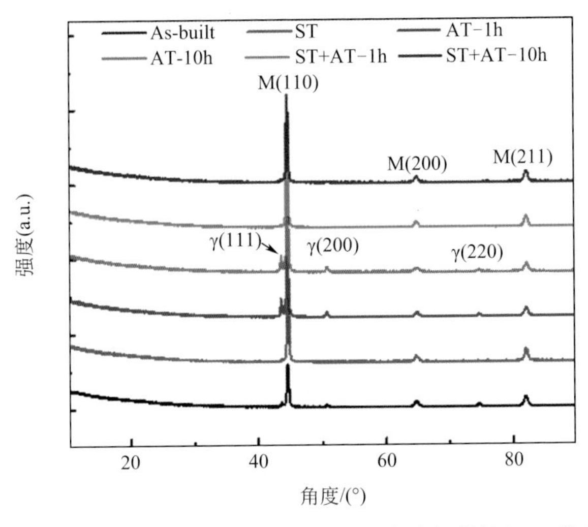

图3.11　不同热处理制度后3D打印15-5PH高强度不锈钢XRD结果

物颗粒，尺寸约为几百纳米。当增材制造成形高强度不锈钢经过固溶+时效处理后，显微组织马氏体板条尺寸较小，板条间并未观察到大尺寸（1μm左右）析出相。打印后15-5PH高强度不锈钢经过直接时效处理后，显微组织中分布沿熔池线底部的大块奥氏体组织，马氏体板条垂直于熔池线分布，薄膜奥氏体分布于马氏体板条间。

图3.13显示了不同热处理后SLM 15-5PH高强度不锈钢电子背散射衍射（EBSD）图像，蓝色区域代表马氏体，红色区域代表奥氏体。固溶/固溶+时效

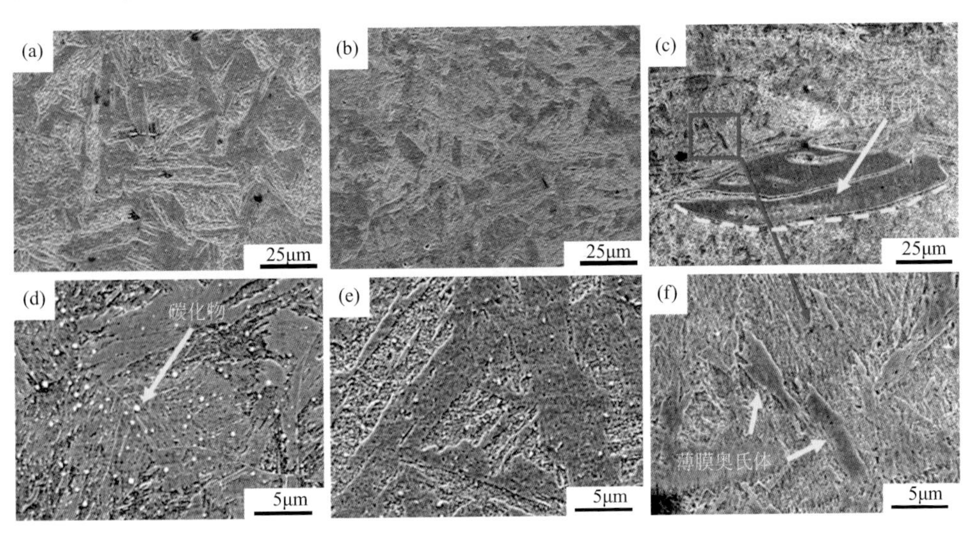

图3.12　不同热处理制度下传统和SLM 15-5PH高强度不锈钢显微组织
（a）、（d）传统15-5PH高强度不锈钢；（b）、（e）固溶+时效处理后SLM15-5PH钢；（c）、（f）直接时效处理后SLM15-5PH钢

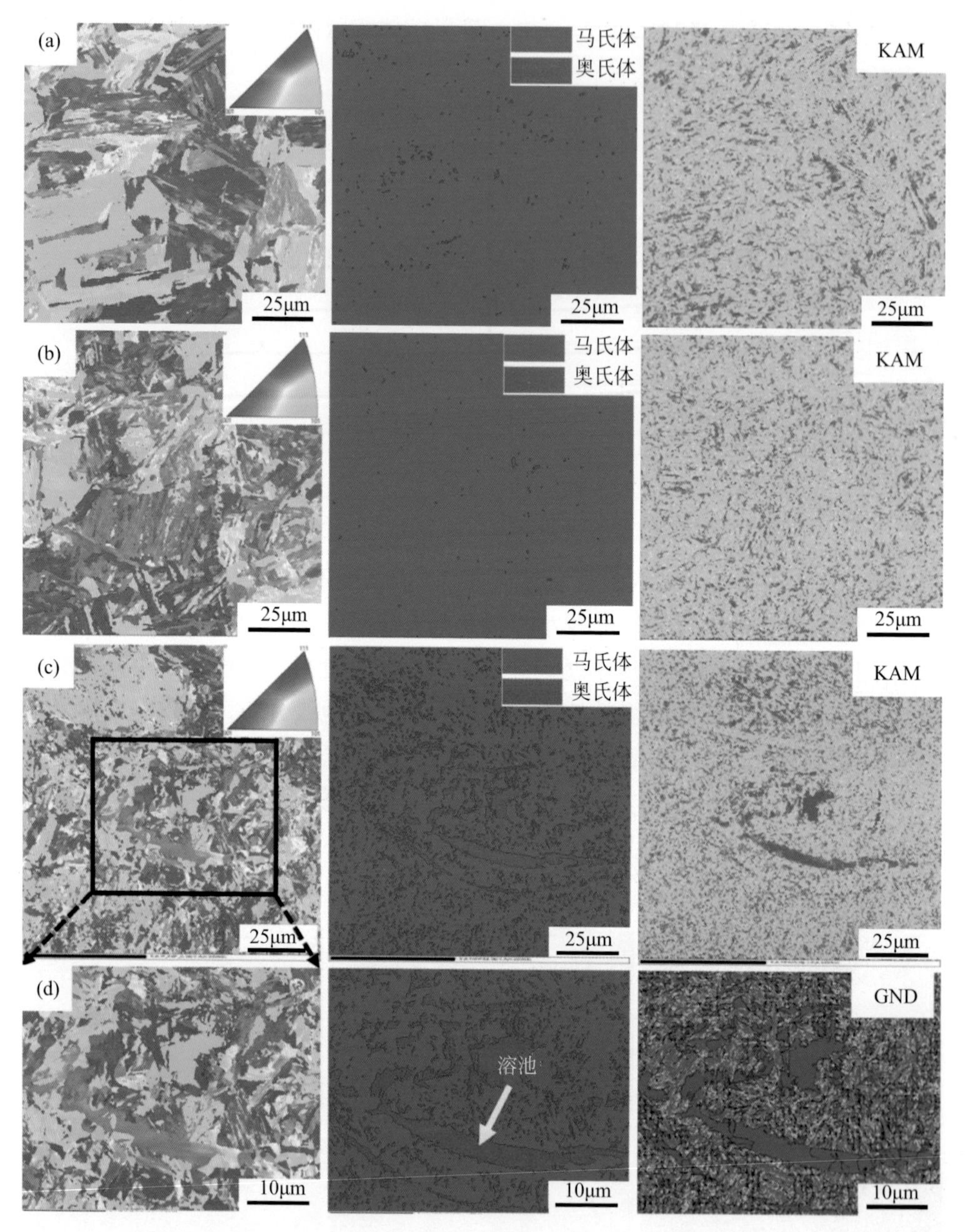

图3.13 不同热处理后SLM 15-5PH高强度不锈钢EBSD图像

（a）固溶处理；（b）固溶+时效处理；（c）、（d）时效处理

处理后试样奥氏体含量极少，约为0.4%，马氏体板条尺寸约为50μm。当直接时效处理后，马氏体板条尺寸较为细小，约为30μm，奥氏体含量较高，18%细小奥氏体分布于马氏体板条间，大块奥氏体分布于熔池线附近。高含量奥氏体会

对力学及耐蚀性能具有重要影响。高含量奥氏体主要是由于：①激光熔化金属粉末形成熔池在快速冷却的过程中，由于界面匹配较差，Ni、C等奥氏体稳定元素就会在界面处富集，产生偏析。所以奥氏体稳定元素会在熔池边缘富集，这些奥氏体形成元素对奥氏体起到稳定作用，使得奥氏体在熔池线边缘形核长大。②熔池冷却速度很快可以达到10^6K/s，这会导致有很大的内应力产生。随着相变的发生，内应力主要为压应力，较大的内压应力对于奥氏体切变形成马氏体起到了阻碍的作用，因此残余奥氏体含量相对较多。③后续的激光产生的热量会对前面已经凝固的金属起到后续循环热处理的作用，从而使基体中的马氏体逆变成奥氏体。综上所述，SLM成形的15-5PH高强钢具有较高的奥氏体含量。

为了研究不同热处理后纳米级析出相的尺寸及种类，通过透射电镜对不同热处理后15-5PH高强度不锈钢进行显微组织观察（图3.14）。当时效处理1 ~ 10h后，马氏体板条间析出1 ~ 3nm富铜析出相。当固溶+时效处理后，马氏体板条间析出纳米级富铜析出相依然存在，同时析出50nm左右NbC-（Mn,

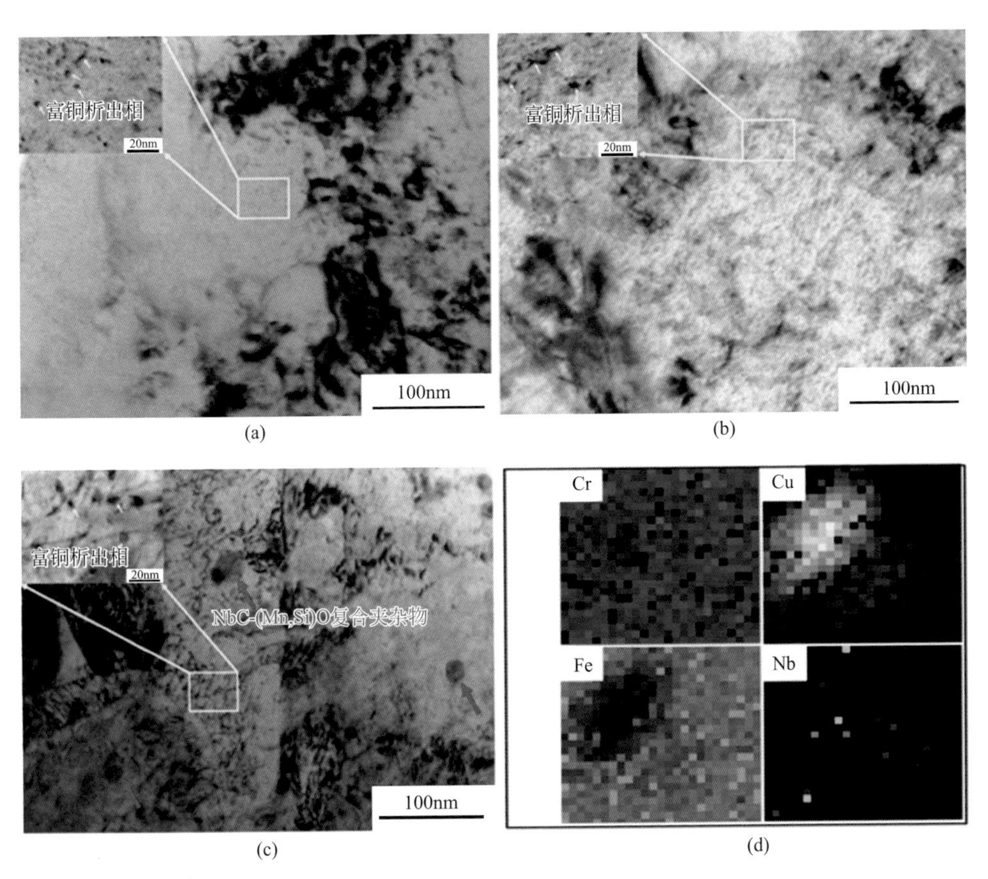

图3.14

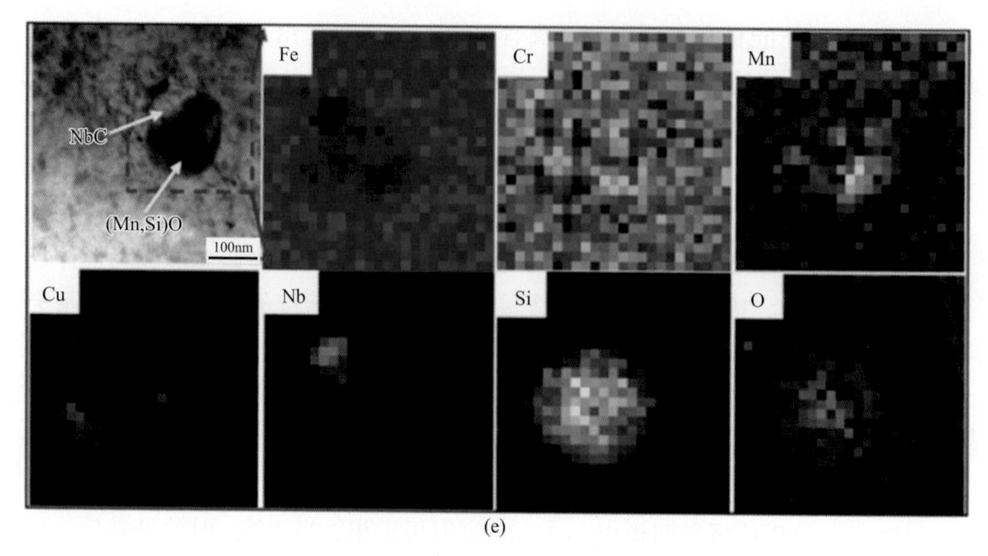

(e)

图3.14　不同热处理后SLM 15-5PH高强度不锈钢透射电子图像

（a）时效处理1h；（b）时效处理10h；（c）～（e）固溶+时效处理10h

Si）O双相纳米粒子。大尺寸碳化物/氧化物析出会对腐蚀性能造成不利影响。

综上所述，增材制造成形高强度不锈钢显微组织主要由细小的马氏体板条和高含量奥氏体组成，直接时效处理后，约18%细小奥氏体分布于马氏体板条间，7%大块奥氏体分布于熔池线附近，马氏体板条中析出1～3nm富铜析出相；当固溶+时效处理后，高含量奥氏体逐渐消失，马氏体板条间同时析出50nm左右NbC-（Mn, Si）O双相析出物。

3.2.2 腐蚀行为及机理

热处理工艺对显微组织具有重要影响，所以需要针对不同热处理后高强度不锈钢耐蚀性能进行研究。不同热处理后15-5PH高强钢在质量分数1% NaCl溶液中的极化曲线如图3.15所示，不同热处理后试样极化曲线均具有明显的钝化区间。当固溶处理后，点蚀电位最高，约为265mV（vs.SCE），钝化膜稳定性最高；时效处理1～10h后，点蚀电位均高于固溶+时效处理，耐蚀性相对较好，这主要得益于高含量的奥氏体的有益影响。

通过暂态极化测试研究钝化膜耐蚀性及修复性能，实验结果如图3.16所示，当电位较正（250mV）时，电流密度增加，主要为钝化膜局部溶解过程，当电位较低（0mV）时，电流相对较小，主要为钝化膜逐渐增长修复。由图3.16（b）可知，

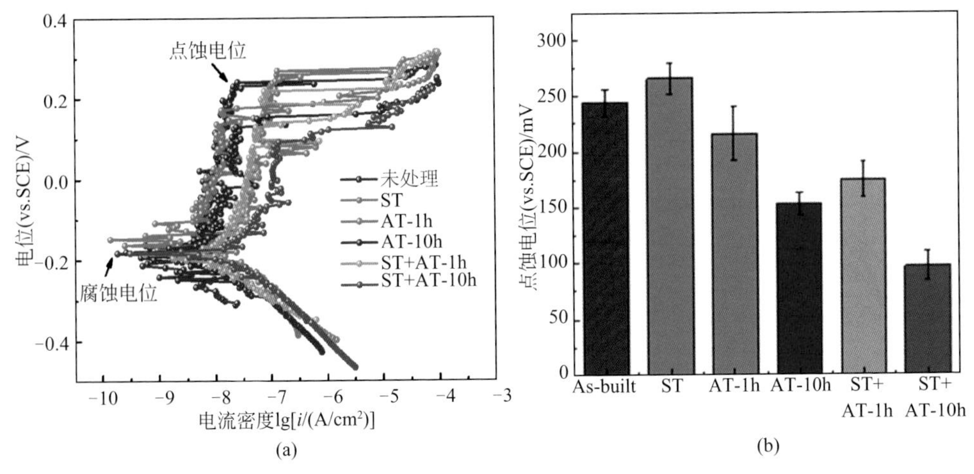

图3.15　不同热处理制度SLM 15-5PH高强度不锈钢在1%NaCl溶液中的极化曲线（a）及点蚀电位（b）

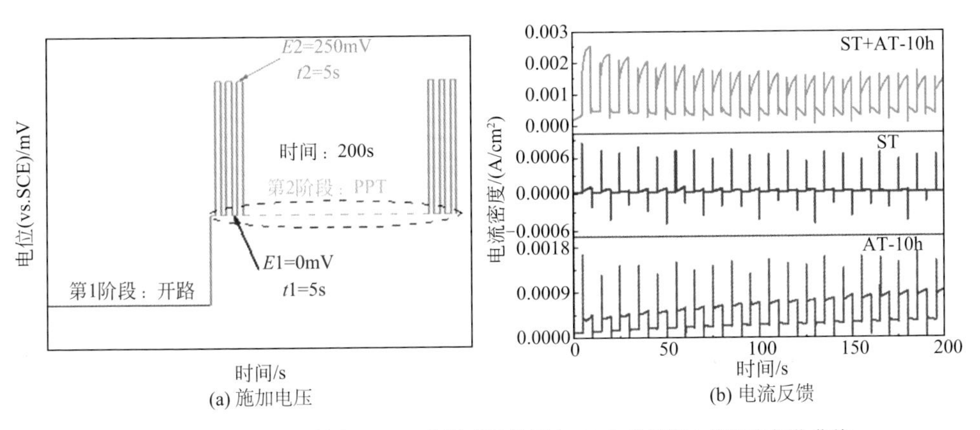

图3.16　不同热处理制度15-5PH高强度不锈钢在1%NaCl溶液中的暂态极化曲线

固溶处理后，低电位电流相对较小，约为8.5×10^{-5}A/cm^2，钝化膜耐蚀性及修复性相对较好；当时效处理10h后，暂态极化电流相对较大，约为5.5×10^{-4}A/cm^2；当固溶处理后，250mV极化时，电流密度较大，约为1.5×10^{3}A/cm^2，钝化膜被破坏，点蚀逐渐发生，耐蚀性相对较差。

图3.17为不同热处理后SLM 15-5PH高强度不锈钢电化学阻抗谱，由此可知，固溶处理后阻抗值最大，时效处理后电化学阻抗值小于固溶+时效处理。借助图3.18对电化学阻抗谱进行等效电路拟合，拟合结果见表3.3，其中R_s为溶液电阻，R_1为钝化膜电阻，CPE$_1$为钝化膜电化学响应，R_2为电荷转移电阻，CPE$_2$为电荷转移电化学响应，其中R_1可以反映钝化膜稳定性。由此可知，固溶处理后，钝化膜电阻最大，约为$1.611\times10^{5}\Omega\cdot$cm^2；时效处理后钝化膜电阻高于固溶+时效处理后，耐蚀性相对较好。

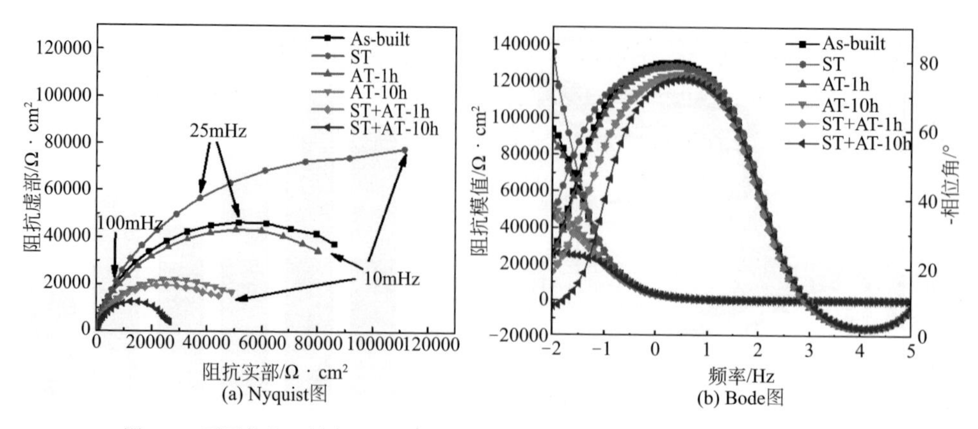

图3.17 不同热处理制度15-5PH高强度不锈钢在1% NaCl溶液中的电化学阻抗谱

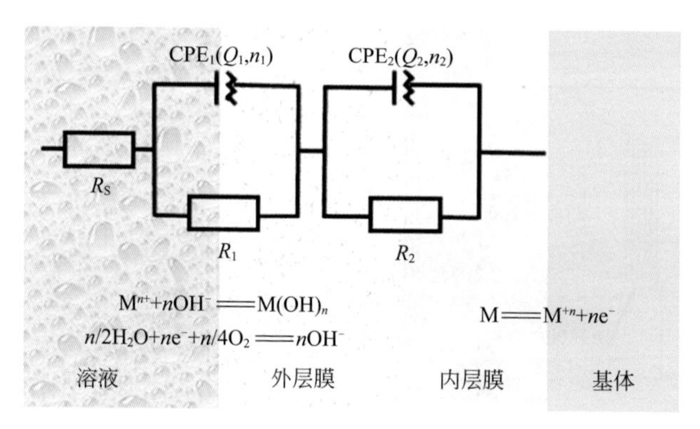

图3.18 不同热处理制度SLM 15-5PH高强度不锈钢在1% NaCl溶液中的电化学阻抗谱拟合电路

表3.3 不同热处理制度SLM 15-5PH高强度不锈钢在1% NaCl溶液中的电化学阻抗谱拟合数据

热处理工艺	沉积态	固溶	时效-1h	时效-10h	固溶+时效-1h	固溶+时效-10h
R_s/Ω · cm^2	49.81	81.69	24.9	20.88	13.93	57.99
Q_1/[10^{-5}S^n/(Ω · cm^2)]	5.332	2.874	6.821	1.482	4.428	3.509
n_1	0.8805	0.9054	0.9148	0.8874	0.8541	0.9154
R_1/10^5Ω · cm^2	1.084	1.611	0.513	0.471	0.453	0.051
Q_2/[10^{-5}S^n/(Ω · cm^2)]	4.193	5.108	5.301	5.486	2.243	1.192
n_2	0.9021	0.8965	0.8745	0.8856	0.8961	0.9258
R_2/10^5Ω · cm^2	1.731	1.803	1.006	0.583	1.086	0.524

通过XPS对不同热处理后SLM 15-5PH钢表面钝化膜成分进行测试，实验结果可知，高强度不锈钢钝化膜主要由铁的氧化物/氢氧化物和铬的氧化物/氢氧化物组成，固溶处理后FeOOH含量较高，铁羟基氧化物有利于提高不锈钢耐蚀性，且钝化膜铬含量较高，Fe/Cr相对较小；时效处理后钝化膜Cr_2O_3含量高于固溶+时效处理，且固溶+时效处理后铬含量最少（图3.19、表3.4）。因此，钝化膜中铬含量较高有利于提高耐蚀性。

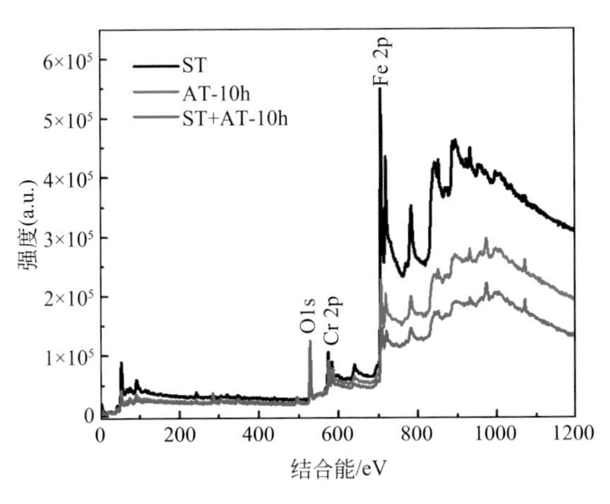

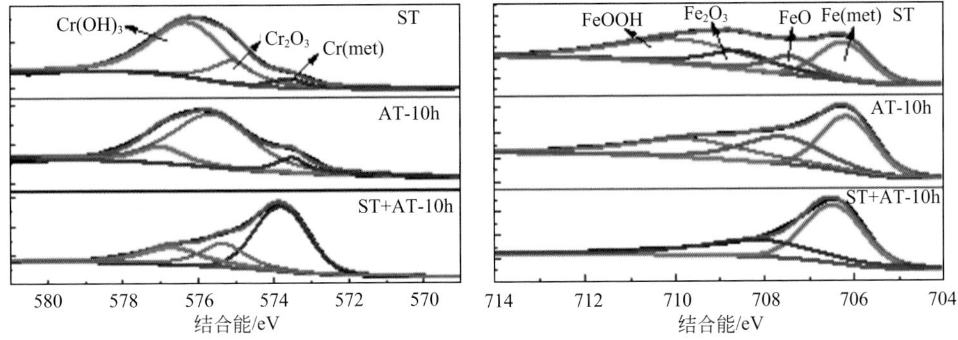

图3.19　不同热处理制度下SLM 15-5PH高强度不锈钢表面钝化膜的XPS结果

表3.4　不同热处理制度下SLM 15-5PH高强度不锈钢表面钝化膜XPS拟合数据

元素	成分	结合能 /eV	固溶	时效-10h	固溶+时效-10h
Fe	Fe_2O_3	708.6	19.41%		43.49%
	FeOOH	709.83	44.16%	34.83%	
	FeO	707.4	13.81%	30.67%	
	Fe	706.2	22.62%	34.5%	56.51%

续表

元素	成分	结合能 /eV	固溶	时效-10h	固溶+时效-10h
Cr	Cr	573.51	6.29%	9.65%	54.29%
	Cr_2O_3	575.6	20.85%	74.42%	22.88%
	Cr（OH）$_3$	577.01	72.86%	15.93%	22.83%
Fe/Cr			3.03	3.29	6.38

以上研究表明，时效处理后，显微组织包含高含量奥氏体，耐蚀性相对较好。借助能谱分析（EDS）和扫描开尔文探针显微镜（SKPFM）对局部微区电化学行为进行研究，实验结果如图3.20所示。由此可知，分布于熔池附近的奥氏体相区富镍，该区域表面电位高于马氏体约15mV，较高的表面电位有利于提高试样表面耐蚀性。这主要得益于奥氏体减弱碳化物贫铬趋势和奥氏体高稳定性。

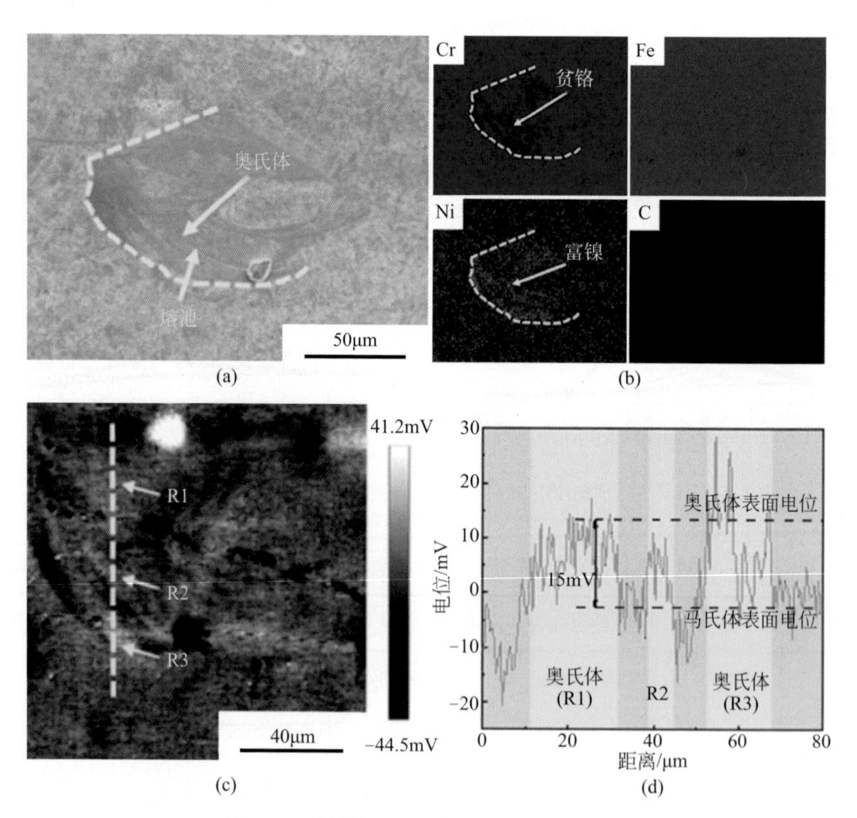

图3.20　时效处理10h后SLM 15-5PH不锈钢

（a）、（b）显微组织；（c）、（d）SKPFM电位图和线扫结果不同热处理后SLM 15-5PH不锈钢显微组织、力学性能及耐蚀性能的相关性见图3.21。综上所述，时效处理后，极化曲线点蚀电位较高，暂态极化电流密度较小，电化学阻抗值较大，耐蚀性相对较好，钝化膜成分包含较多铬含量。较好的耐蚀性主要来源于高含量的奥氏体，奥氏体表面电位高于马氏体基体15mV，因此，时效处理后奥氏体的存在会提高增材制造成形高强度不锈钢耐蚀性和钝化膜稳定性。

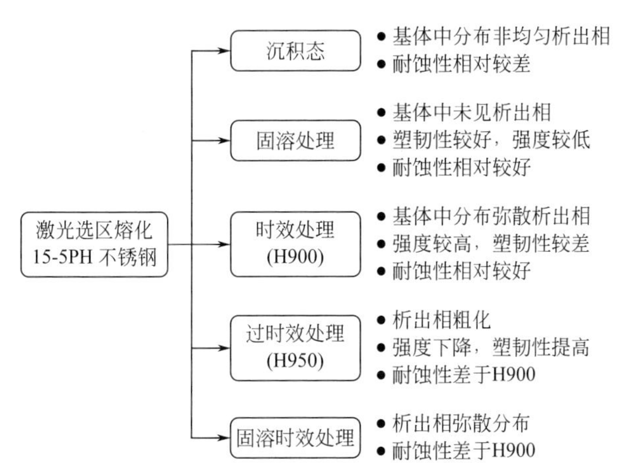

图3.21 不同热处理后SLM 15-5PH不锈钢显微组织、力学性能及耐蚀性能的相关性

3.3 SLM 15-5PH高强度不锈钢显微组织对腐蚀行为的影响

以上研究表明，需要针对SLM 15-5PH高强度不锈钢进行时效处理，然而，SLM 15-5PH高强度不锈钢显微组织存在亚稳相，所以需要针对时效处理工艺（温度）进行探究。同时传统沉淀硬化高强度不锈钢常通过深冷处理来提高组织稳定性及力学性能。所以需要针对时效处理及深冷处理对SLM 15-5PH马氏体不锈钢组织结构及其耐蚀性的影响进行研究。

采用热处理加热炉对试样进行时效处理，利用液氮对试样进行深冷处理。分为两组不同的热处理方式：时效处理组和时效+深冷+时效处理组。

① 时效处理　3个试样依次在450℃(时效450)、500℃(时效550)、550℃(时效550)温度下时效3h，然后空冷到室温。

② 深冷处理　3个试样依次在450℃、500℃、550℃下时效3h，然后空冷到室温，之后放入液氮中保温3h做深冷处理，最后依次在450℃(深冷450)、500℃(深冷500)、550℃(深冷550)下时效3h并空冷至室温。

3.3.1 显微组织演变

图3.22是不同时效处理及深冷处理后的SLM 15-5PH高强度不锈钢的显微组织。随着时效温度的升高，熔池线界面元素逐渐扩散，导致熔池线界面逐渐消失，且高温时效过程中会有马氏体重新逆变成奥氏体，这些重新形核结晶的奥氏体是不具有熔池状的，主要分布于马氏体板条间。因此随着时效温度的升高，奥氏体的熔池线形状逐渐变得不明显。随着时效温度的上升马氏体板条形状没有太大的变化，板条尺寸并未发生明显变化。同一时效温度下经过深冷处理后，SLM 15-5PH钢中奥氏体含量变少，并且奥氏体彻底失去熔池线的形状。马氏体板条碎化，并且马氏体板条的板条形状更加突出，少量局部马氏体呈现针状。

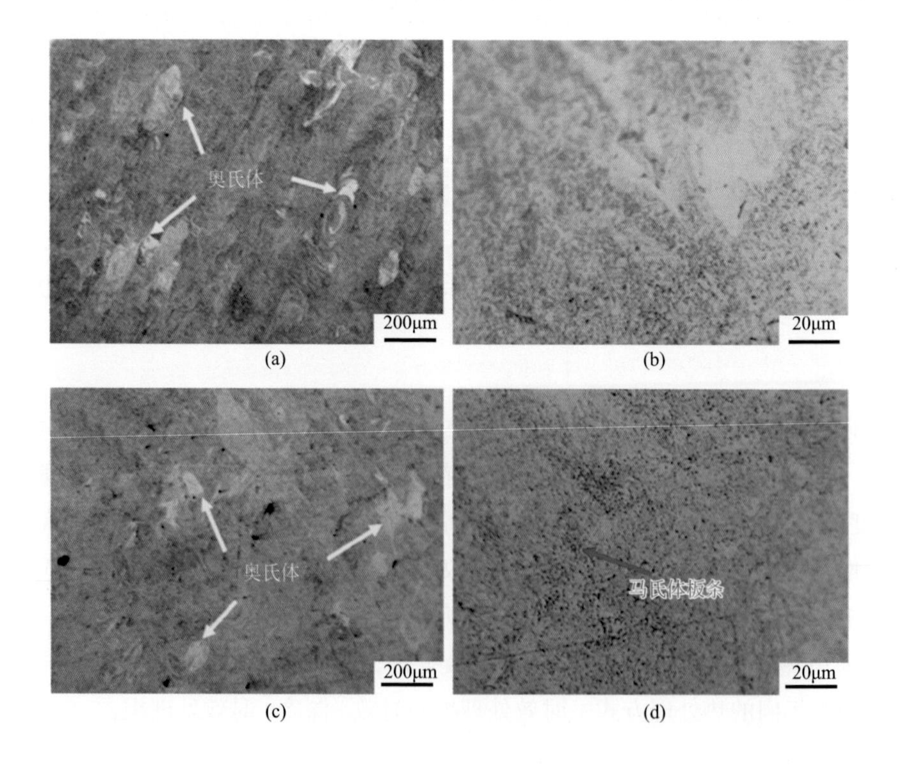

(a)　(b)

(c)　(d)

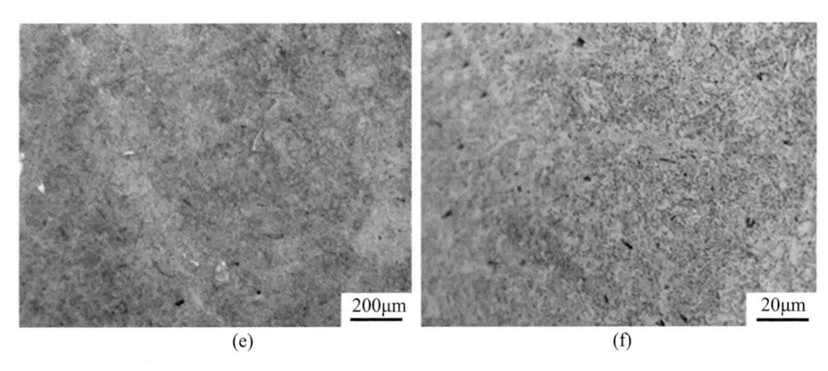

图3.22　不同时效及深冷处理后SLM 15-5PH高强度不锈钢的显微组织
（a）、（b）时效450；（c）、（d）时效550；（e）、（f）深冷450

图3.23为不同时效处理及深冷处理后SLM 15-5PH高强度不锈钢的EBSD结果，蓝色区域是马氏体相，红色区域是奥氏体相。可以看出时效450和时效550样品中还有大块奥氏体存在，奥氏体的含量基本上没有太大变化，约为25% ~ 27%。但是经过深冷处理后奥氏体含量明显减少，深冷450的样品的奥氏体含量降到19.2%。并且大块的奥氏体消失，奥氏体分布更加均匀。根据奥氏体晶粒尺寸的统计表3.5可以看出，深冷后的奥氏体晶粒尺寸大小有所下降。时效450的奥氏体晶粒平均*d*值为1.48μm，而深冷450的奥氏体晶粒平均*d*值为1.39μm。深冷450样品奥氏体晶粒尺寸的跨度较小。所以说深冷处理可以减少SLM 15-5PH钢中的奥氏体含量，并且使大块奥氏体消失及奥氏体晶粒细化，分布更加均匀。

随着温度的降低，马氏体稳定性高于奥氏体。深冷处理可以提供马氏体相变的驱动力，从而使钢中的奥氏体转变更彻底。因此奥氏体在深冷处理后含量

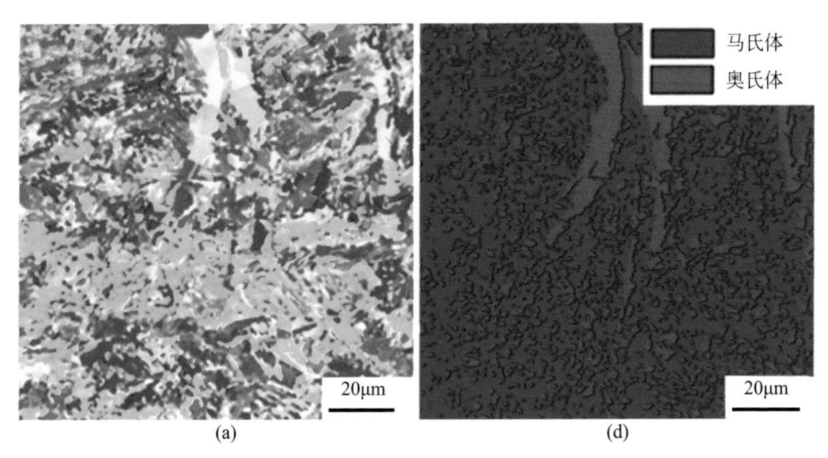

图3.23

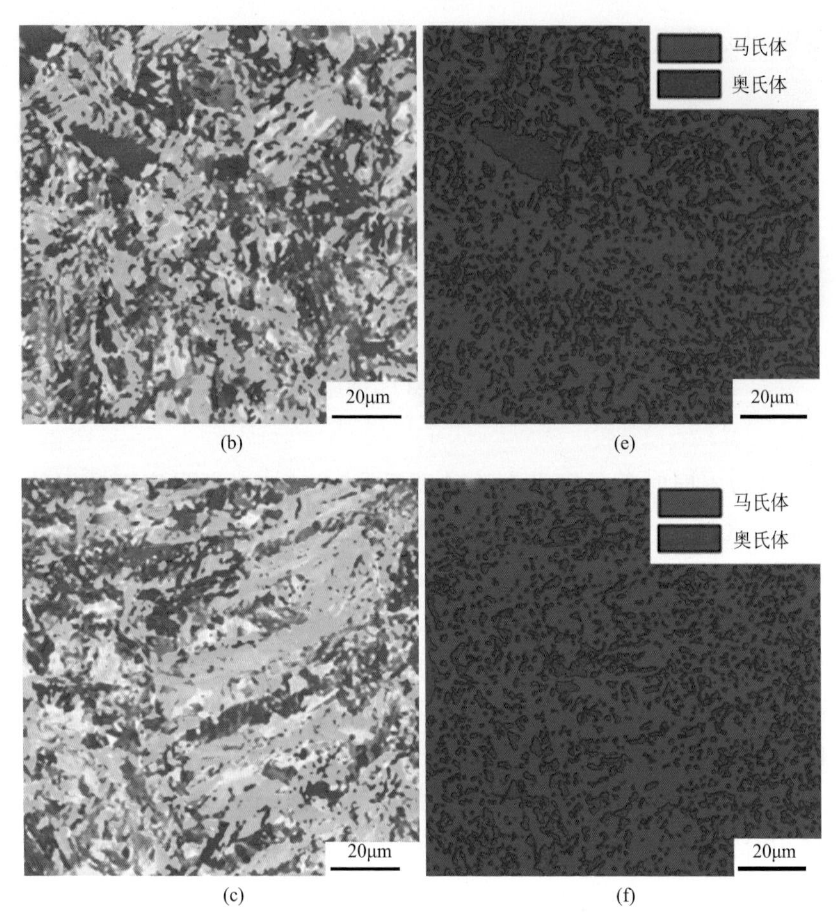

图3.23　不同时效处理和深冷处理后SLM 15-5PH高强度不锈钢的EBSD图像

（a）、（b）时效450；（c）、（d）时效550；（e）、（f）深冷450

减少。而这些经过深冷处理后继续残留在基体中的奥氏体会作为逆变奥氏体形核的核心，长大形成逆变奥氏体。但是这些核心比熔池线状的大块奥氏体会分布更加均匀，体积也更小。所以深冷处理后的奥氏体分布更加均匀，奥氏体晶粒尺寸更小。

表3.5　时效450和深冷450试样的奥氏体晶粒平均尺寸

试样	时效450	深冷450
平均尺寸/μm	1.48	1.39
尺寸范围/μm	0.9 ～ 26.05	0.9 ～ 9.25

图3.24是不同时效处理及深冷处理后SLM 15-5PH不锈钢的透射电镜（TEM）图像。可以看出明显的马氏体板条，在马氏体板条间存在奥氏体相。并

且根据选区电子衍射标定，可以看到奥氏体和马氏体的相界面有K-S关系。深冷450比时效450马氏体板条形状更加明显，马氏体板条尺寸较小。从较大倍数的马氏体基体组织中可以看到有弥散分布的第二相纳米析出相。深冷450的马氏体基体中的第二相粒子尺寸减小，约1 ~ 3nm，而时效450的第二相粒子大约是

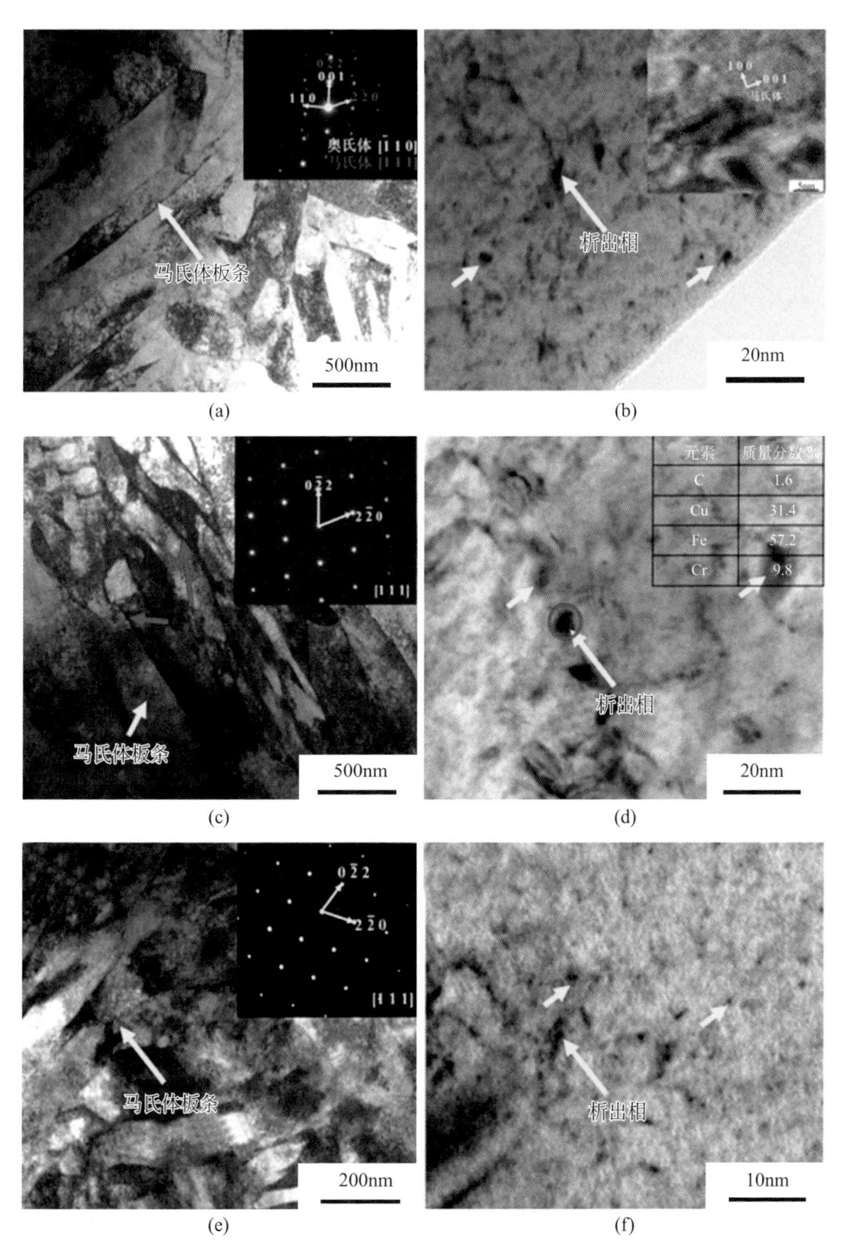

图3.24　不同时效处理和深冷处理后SLM 15-5PH高强度不锈钢的透射电镜图像

（a）、（b）时效450；（c），（d）时效550；（e）、（f）深冷450

5 ~ 10nm。由此可知经过深冷处理，SLM 15-5PH马氏体不锈钢的马氏体板条碎化，析出相尺寸会更加细小。图3.24显示时效450和时效550后SLM 15-5PH不锈钢的TEM图像。对比来看马氏体板条基本上变化不大，随着时效温度提高至550℃，基体中的第二相粒子为了减少总的界面能，颗粒有长大的趋势。所以随着时效温度的提高，析出相尺寸逐渐增大为10 ~ 15nm。

3.3.2 钝化特性及点蚀行为

图3.25为不同时效处理及深冷处理后3D打印的15-5PH高强度不锈钢的动电位极化曲线。可以看到时效450、深冷450、深冷500有明显的钝化区间，而时效500、时效550、深冷550的钝化区间相对不明显。随着时效温度的升高，材料的点蚀电位下降，维钝电流密度上升。450℃时效的点蚀电位（vs.SCE）是0.129V，时效温度上升到500℃时，点蚀电位下降到0.012V。同时，深冷处理后，材料的点蚀电位有显著的提高，深冷450的点蚀电位达到0.203V。

综上所述，深冷处理可以提高SLM 15-5PH钢的耐点蚀性能，提高点蚀电位，降低点蚀敏感性。这是由于深冷处理后，一方面析出相的尺寸变小，分布更加弥散，这样也使基体组织的电位分布更加均匀，阳极和阴极更加随机的分布在金属基体上，因而提高了耐点蚀的能力。另一方面大块的奥氏体消失，奥氏体细化并且分布于马氏体板条间，分布更加均匀，使金属基体上的电位分布

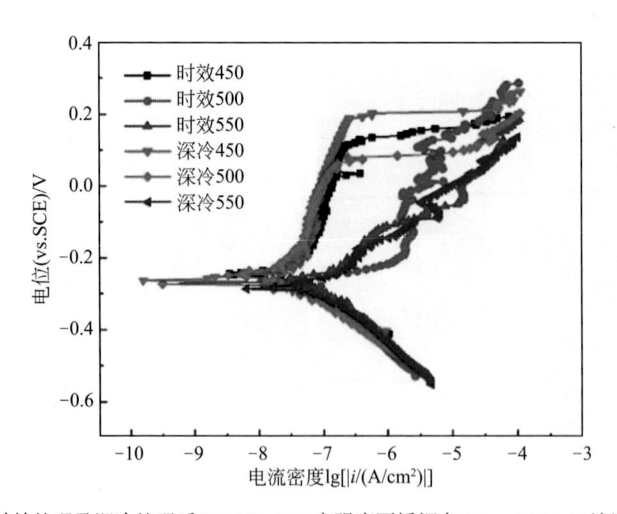

图3.25 不同时效处理及深冷处理后SLM 15-5PH高强度不锈钢在0.2mol/L NaCl溶液中的极化曲线

更加均匀化，提高了耐点蚀的能力。然而时效温度的升高会对3D打印的15-5PH不锈钢的耐点蚀能力产生相反的影响。使点蚀电位下降，钝化现象变得不明显。这是由于：(1) 时效温度越高，富Cu相粒子会显著长大。由于第二相粒子的电位和基体不相同，所以形成相对不均匀的腐蚀原电池，增加了点蚀的敏感性。(2) 随着时效温度的升高，$M_{23}C_6$会从基体中析出，析出的$M_{23}C_6$中会有Cr，Fe，Ni的富集，从而使与之附近的马氏体中的Cr含量降低，形成贫Cr区，从而诱发点蚀。最终导致材料的耐蚀性下降。

图3.26是不同热处理后SLM 15-5PH高强度不锈钢计划测试后的表面点蚀坑形貌。可以看到深冷450样品相比时效450表面点蚀坑要小，时效550样品的点蚀坑比时效450样品的点蚀坑要大。根据点蚀坑数目的统计，深冷450的表面点蚀坑数目最少，平均深度最小，平均点蚀坑体积最小。深冷处理后点蚀数目减少，平均深度减少，点蚀坑体积减小。随着时效温度升高，点蚀坑数目增加，点蚀坑平均体积增大，但是点蚀坑的深度基本上保持不变。从点蚀坑的统计可

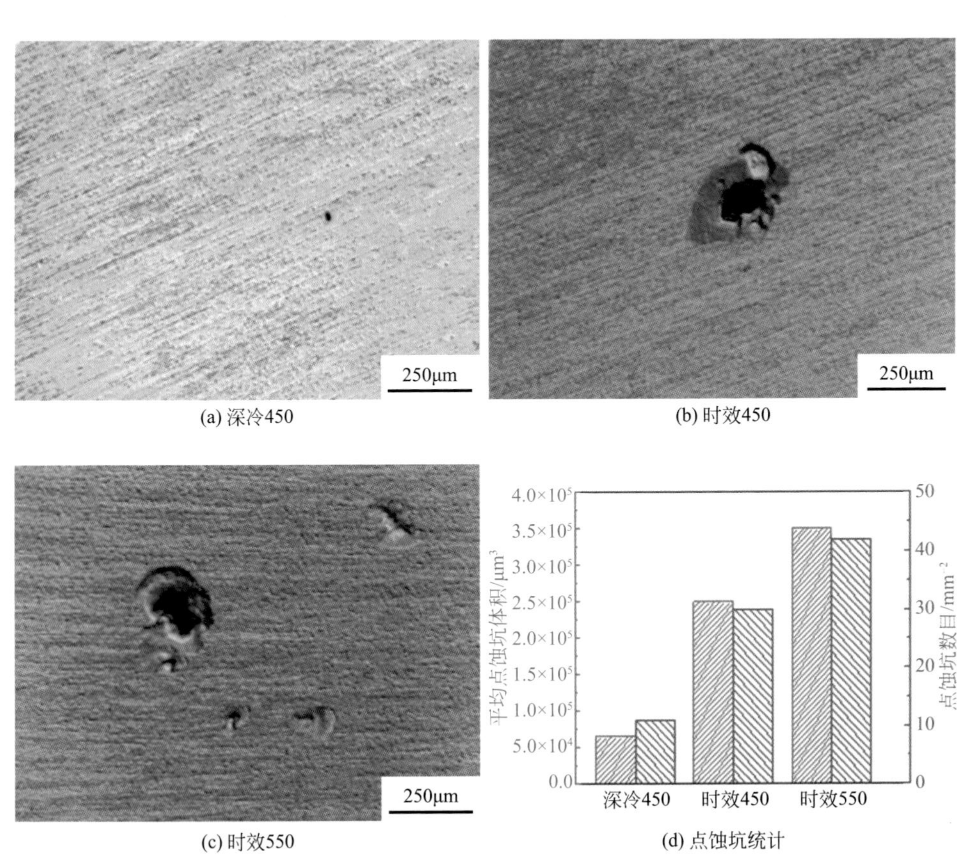

(a) 深冷450　(b) 时效450

(c) 时效550　(d) 点蚀坑统计

图3.26　不同热处理SLM 15-5PH高强度不锈钢极化测试后的点蚀坑形貌

知深冷处理可以提高SLM 15-5PH不锈钢的耐点蚀能力。

图3.27为不同热处理后SLM 15-5PH马氏体不锈钢的电化学阻抗谱，由此可知深冷处理后，材料的阻抗值增大。随着时效温度的提高，材料的阻抗值下降。

使用图3.28中所示的等效电路拟合该实验中的电化学阻抗数据，其中CPE（Q，n）是常相位角元件。CPE的阻抗（Z_{CPE}）和电容（C_{CPE}）可以用式（3.2）和式（3.3）计算：

$$Z_{CPE}=\frac{1}{Q(\omega \cdot i)^{-n}} \tag{3.2}$$

$$C_{CPE}=\sqrt[n]{\frac{Q}{R^{n-1}}} \tag{3.3}$$

式中，Q和n分别是导纳值和CPE的拟合指数；ω是角频率；i是虚数（$i^2=-1$）。等效电路中，R_e是溶液电阻；CPE_1与双电层电化学响应有关，R_1是电荷穿过双电层的转移电阻；CPE_2反映的是金属氧化膜的电化学响应，R_2是钝化膜中缺陷的离子迁移电阻。R_2可用于评估不锈钢在腐蚀性介质中的钝化膜稳定性。R_2值越大钝化膜越稳定。将电化学阻抗谱分析的所有拟合数据列于表3.6中。可以看到同一时效温度深冷处理后，试样的钝化膜的电阻有所上升，深冷450的钝化膜电阻最大，达到$3.842\times10^5\Omega\cdot cm^2$。而随着时效温度的提高，钝化膜的电阻不断下降，时效550的钝化膜电阻最小，降至$2.976\times10^4\Omega\cdot cm^2$。因此，深冷处理可以提高SLM 15-5PH不锈钢的耐蚀性，而随着时效温度提高SLM 15-5PH不锈钢的耐蚀性下降。这与之前的极化曲线结果规律相吻合。

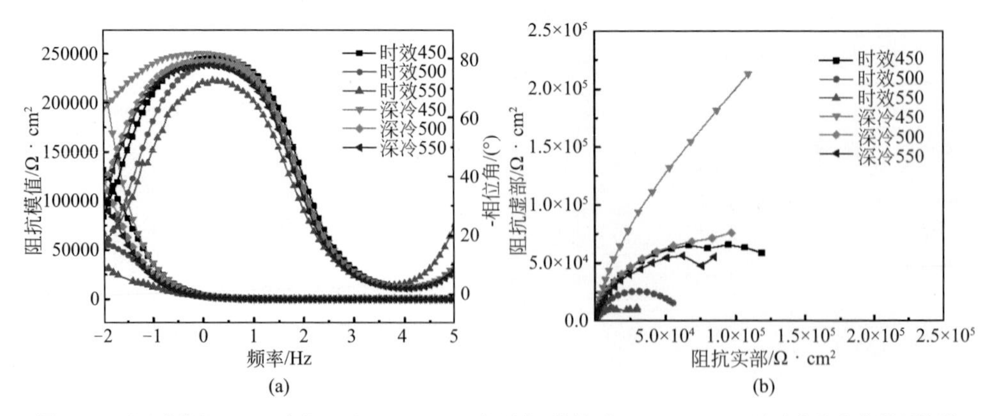

图3.27　不同时效处理及深冷处理后SLM 15-5PH高强度不锈钢在0.2mol/L NaCl溶液中的电化学阻抗谱

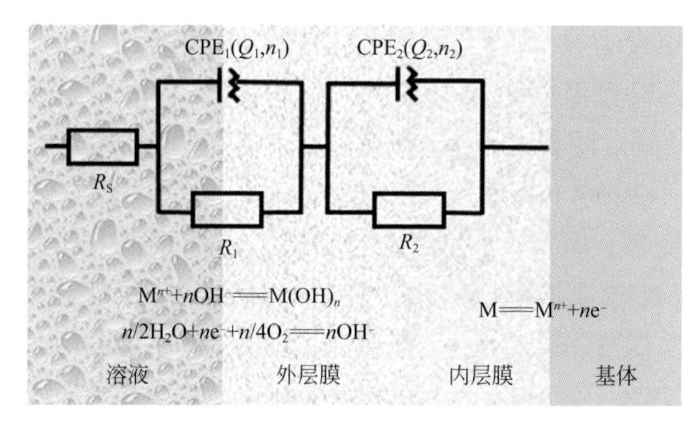

图3.28　不同时效处理及深冷处理后SLM 15-5PH高强度不锈钢在0.2mol/L NaCl溶液中的电化学阻抗谱拟合电路

表3.6　不同时效处理及深冷处理后SLM 15-5PH高强度不锈钢在0.2mol/L NaCl溶液中的电化学阻抗谱拟合电路数据

热处理	R_e/Ω·cm²	Q_1/[S^n/(Ω·cm²)]	R_1/Ω·cm²	Q_2/[S^n/(Ω·cm²)]	R_2/Ω·cm²
时效450	67.96	4.018×10^{-5}	23470	9.053×10^{-4}	1.477×10^{5}
时效500	54.44	4.891×10^{-6}	67.47	5.622×10^{-5}	6.049×10^{4}
时效550	0.01	4.587×10^{-8}	58.07	9.139×10^{-5}	2.976×10^{4}
深冷450	71.92	4.172×10^{-5}	4.877×10^{5}	6.613×10^{-5}	3.842×10^{5}
深冷500	3.044×10^{-7}	3.125×10^{-7}	5921	5.818×10^{-5}	1.600×10^{5}
深冷550	0.2005	1.463×10^{-5}	66.08	6.414×10^{-5}	1.269×10^{5}

根据XPS分析结果可知，钝化膜中铁元素的存在形式是Fe_{hy}^{3+}、Fe_{ox}^{3+}、Fe_{ox}^{2+}，结合能分别为（712.2±0.1）eV、（710.8±0.2）eV、（709.8±0.3）eV，钝化膜中并未检测到Fe单质存在。铬元素的存在形式是Cr_2O_3、Cr（OH）$_3$、CrO_3，结合能分别为（577.1±0.1）eV、（577.9±0.1）eV、（578.8±0.2）eV，膜中没有Cr单质的存在。在电位-pH图上CrO_3本来不应该出现在钝化膜当中，但是本次$Cr_{2p3/2}$的XPS图谱结果相对向高结合能位置偏移较多。在其他文献中也看到了CrO_3信号的存在。有国外学者认为CrO_3和Cr_2O_3有相同的自由能，因此与Cr_2O_3结合形成$XCr_2O_3\cdot YCrO_3$层来阻挡Cl^-的进入。并且利用更高的极化电位成膜，膜中的CrO_3会更多。在达到过钝化电位的时候CrO_3含量最高。这就说明，随着钝化膜的稳定性下降，其中的CrO_3会更多。钝化膜中的Ni元素含量很少，这主要是由于Ni元素的氧化能力比Cr和Fe小很

多。钝化膜中也没有Nb元素。一般来说钝化膜中的Cr /Fe比越大，钝化膜的稳定性越好。时效温度为450℃的Cr/Fe为0.325，时效温度升高至550℃，Cr/Fe下降至0.286。随着时效温度的提高，钝化膜里的相对Cr含量降低，耐蚀性逐渐变差。深冷450的钝化膜中的CrO_3最少（37.02%）。随着耐蚀性下降，CrO_3含量变多。时效550的耐蚀性最差，其钝化膜中CrO_3含量最多。从图3.29的$Fe_{2p3/2}$ XPS能谱可以看出，随着耐蚀性下降，铁元素以氢氧化物存在的含量越多。深冷450的Fe_{hy}^{3+}含量为20.83%而时效550的钝化膜中Fe_{hy}^{3+}含量增加到46.79%（表3.7）。氢氧化物在钝化膜中更多存在会导致钝化膜稳定性降低，从而导致耐蚀性下降。

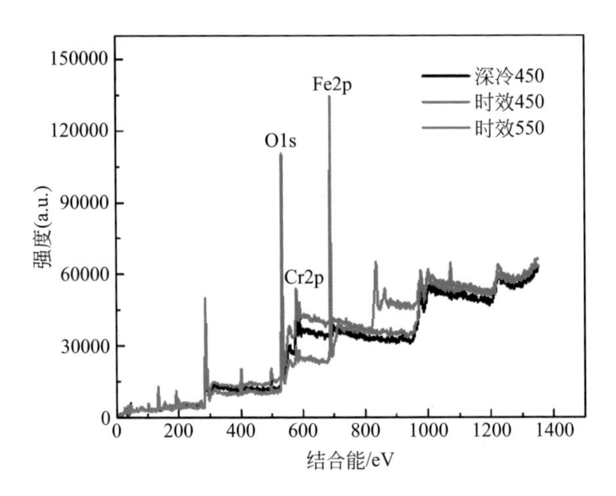

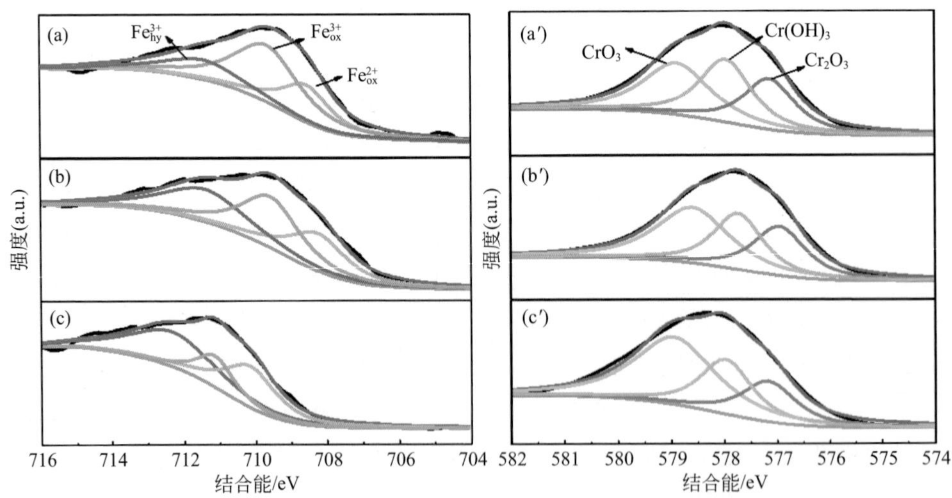

图3.29　不同时效处理及深冷处理后3D打印15-5PH高强度不锈钢表面钝化膜XPS能谱

（a）（a′）深冷450；（b）（b′）时效450；（c）（c′）时效550

表3.7 不同时效处理及深冷处理后3D打印15-5PH高强度不锈钢表面钝化膜XPS拟合结果

元素	成分	结合能/eV	深冷-450	时效-450	时效-550
Fe	Fe_{ox}^{2+}	709.8±0.3	25.81%	27.49%	34.31%
	Fe_{ox}^{3+}	710.8±0.2	53.37%	38.54%	18.90%
	Fe_{hy}^{3+}	712.2±0.1	20.83%	33.97%	46.79%
Cr	Cr_2O_3	577.1±0.1	28.05%	27.59%	21.28%
	Cr（OH）$_3$	577.9±0.1	34.93%	29.54%	27.01%
	CrO_3	578.8±0.2	37.02%	42.86%	51.71%

为了研究3D打印15-5PH高强度不锈钢环境适应性，在不同氯离子浓度溶液中进行极化曲线测试，实验结果如图3.30所示。随着氯离子浓度提高，点蚀电位不断下降，Cl^-浓度为0.01mol/L时点蚀电位最高（约0.396V），随着Cl^-浓度提高为0.08mol/L时，点蚀电位降低为−0.049V。钝化区间也变得越来越窄。维钝电流密度也越来越大。同时可以看到，在Cl^-浓度小于0.8mol/L时，极化曲线中钝化区间很明显。当Cl^-浓度超过0.8mol/L以后，极化曲线几乎没有明显的钝化区间。因此，随着溶液中Cl^-浓度的增加，试样深冷450的点蚀电位不断下降，钝化越来越不明显，钝化区间变窄。深冷450的SLM 15-5PH钢来说1.0mol/L是一个钝化区间能稳定存在的最大氯化钠浓度。

由图3.30可以看出，随着Cl^-浓度上升，深冷450的点蚀电位不断下降。不管是吸附理论和钝化膜破坏理论，Cl^-浓度的增加会提高不锈钢的点蚀敏感性。根据PDM模型。点蚀电位和Cl^-浓度的对数值呈线性关系，可以利用其斜率值计算阻挡层/溶液界面的极化率α，用最小二乘法来进行数据拟合可以算出：

$$E_p = -0.253\lg(c_{Cl^-}) - 0.0881 \quad (3.4)$$

对比式（3.4）可以算出：$\alpha = 0.225$。

综上所述，深冷处理后试样点蚀电位提高，钝化膜电阻增大，点蚀坑数量减少，平均深度变小。由此可知，深冷处理可以显著提高试样耐点蚀性能。随着时效温度的增加，SLM 15-5PH不锈钢的点蚀击穿电位下降，材料的耐点蚀性能越来越差。当时效温度达到550℃的时候，在动电位极化曲线上并未观察到明显的钝化区间。钝化膜电阻随着时效温度的提高不断下降。点蚀坑的数目增

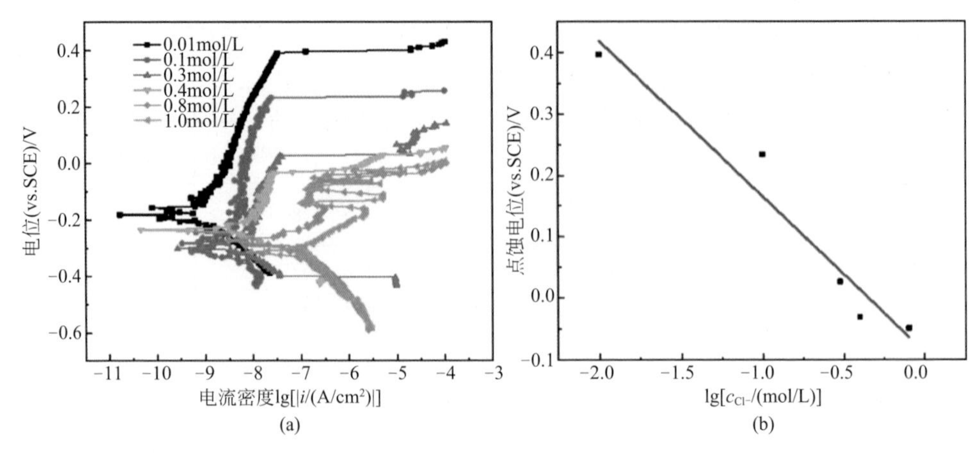

图3.30 深冷450℃后SLM 15-5PH高强度不锈钢在不同Cl^-腐蚀介质中的动电位极化曲线和点蚀电位回归曲线

多，平均体积增大。随着环境中Cl^-浓度的增加，深冷450的点蚀电位越来越低。在Cl^-浓度小于0.8mol/L时能看到明显的钝化区间。钝化区间随Cl^-增加而变小。当Cl^-浓度增加到了1mol/L时，深冷450的钝化区间基本消失。SLM 15-5PH马氏体不锈钢的钝化膜主要包含Fe_{hy}^{3+}、Fe_{ox}^{3+}、Fe_{ox}^{2+}和Cr_2O_3、$Cr(OH)_3$、CrO_3。随着时效温度的提高，钝化膜中的Cr/Fe比下降。随着钝化膜稳定性下降，钝化膜中CrO_3含量增加，铁的氢氧化物的含量增加。

3.4 工程应用分析与展望

研究表明，增材制造成形的高强度不锈钢打印后强度明显高于传统15-5PH钢固溶后抗拉强度，这主要得益于打印过程循环热处理后基体中存在的微纳米析出相与精细组织的强化作用。为了获得高强度不锈钢理想的抗拉强度，需要针对打印后高强度不锈钢进行后热处理，峰值时效条件下室温拉伸实验抗拉强度及断后伸长率可与传统15-5PH钢相媲美。

由于激光选区熔化成形的高强度钢具有优异的力学性能，目前已应用于高强钢随形冷却模具。传统工艺加工的冷却注塑模具由于水道距型腔表面距离不同，导致冷却不均匀，最终引起制件翘曲变形、刮伤等问题。镶嵌结构或者分型制造技术可以开发螺旋形冷却回路，但是成本较高，周期较长，精度较低，难以满足小批量快速制备零部件，因此技术受限。同时，模具分型制造方法以冷却水道中轴线所在平面为模具的分型面，在模具型腔的内表面和型芯的外表面直接加工出冷却水道。突破了传统机械加工无法加工曲线孔的瓶颈，但是冷却液在冷却水道中流动时容易在分型面处发生渗漏现象，会缩短模具的服役性能和寿命。增材制造技术具有不受工件几何特征限制的优势，能成形复杂几何形状的模具；同时具有小批量定制化、制作周期短等成本和时间优势。如图3.31所示，对激光选区熔化成形的具有螺旋回路水道的随形冷却模具和传统方法制备的直线型冷却模具进行对比分析。与传统冷却模具相比，随形冷却模具内部水路随形分布，水路到模具表面的距离一致，有利于模具的均匀冷却。随形冷却模具往往具有更低和更均匀的表面温度，能够提高注塑件冷却效率，避免冷却过程出现局部过热，降低注塑件收缩率。

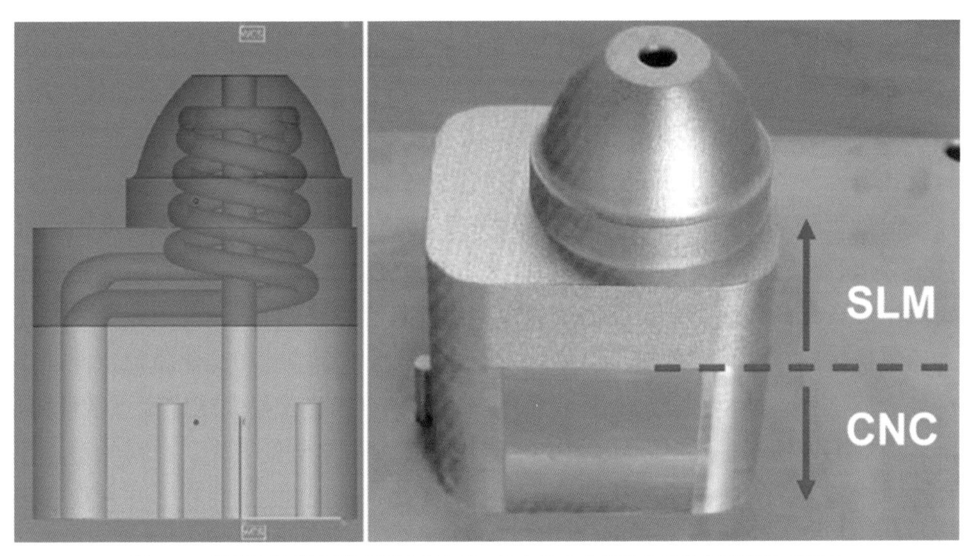

图3.31　增材制造高强度不锈钢的应用：复合技术成形的马氏体钢随形冷却模具

然而，高强度不锈钢长期服役过程中，疲劳性能常作为评价耐久性的主要指标。研究表明，激光选区熔化高强度不锈钢由于缺陷及第二相分布差异，不同打印方向及热处理过程会对其疲劳强度存在影响。然而，激光选区熔化高强度不锈钢疲劳强度均低于传统高强度不锈钢。因此，激光选区熔化高强度不锈钢室温拉伸性能基本满足传统制造高强度不锈钢，然而其疲劳性能相对较差。需要针对激光选区熔化高强度不锈钢制造工艺进行优化，进一步减少其制造缺陷，最终提高高强度不锈钢耐久性。

随着增材制造技术的不断发展，今后快速成形马氏体高强度钢将逐渐深入原子能和航空航天等尖端领域。基于激光增材制造特有的逐层、周期性热输入过程，开发激光增材制造专用马氏体高强度钢粉末，以实现成形过程中的原位时效强化，大幅缩短后续热处理周期甚至省略热处理环节，是未来新材料研发和功能化增材制造的研究方向。

3.5 本章小结

本章主要研究增材制造高强度不锈钢显微组织及腐蚀行为，为其制造工艺、腐蚀机理及工程应用研究提供指导：随着激光功率由230W降低至150W，扫描速度由886mm/s提高至1400mm/s，激光能量密度降低，制造缺陷逐渐增多，主要分布于熔池界面附近，点蚀电位逐渐降低，电化学阻抗值减小，耐蚀性变差，点蚀主要起源于制造缺陷附近，因此，需要针对高强度不锈钢打印工艺参数进行优化研究，从而打印高致密度和高耐蚀性高强度不锈钢结构件。

时效处理后，极化曲线点蚀电位较高，暂态极化电流密度较小，电化学阻抗值较大，耐蚀性相对较好，钝化膜成分包含较多铬含量。较好的耐蚀性主要来源于高含量的奥氏体，奥氏体表面电位高于马氏体基体15mV，因此，时效处理后奥氏体的存在会提高SLM 15-5PH高强度不锈钢耐蚀性和钝化膜稳定性。深冷处理后试样点蚀电位提高，钝化膜电阻增大，可以显著提高试样耐点蚀性能。随着时效温度的增加，SLM 15-5PH不锈钢的点蚀击穿电位下降，材料的耐点蚀性能越来越差。当时效温度达到550℃的时候，在动电位极化曲线上并未观察到明显的钝化区间。SLM 15-5PH马氏体不锈钢的钝化膜主要包含Fe^{3+}_{hy}、Fe^{3+}_{ox}、Fe^{2+}_{ox}和Cr_2O_3、$Cr(OH)_3$、CrO_3。

参考文献

[1] Wang L, Dong C, Kong D, et al. Effect of Manufacturing Parameters on the Mechanical and Corrosion Behavior of Selective Laser - Melted 15 - 5PH Stainless Steel. steel research international, 2020, 91 (2) : 1900447.

[2] Suryawanshi J, Baskaran T, Prakash O, et al. On the corrosion resistance of some selective laser melted alloys. Materialia, 2018, 3: 153-161.

[3] Shahriari A, Khaksar L, Nasiri A, et al. Microstructure and corrosion behavior of a novel additively manufactured maraging stainless steel. Electrochimica Acta, 2020, 339: 135925.

[4] Wang L, Dong C, Man C, et al. Enhancing the corrosion resistance of selective laser melted 15-5PH martensite stainless steel via heat treatment. Corrosion Science, 2020, 166: 108427.

[5] Sarkar S, Mukherjee S, Kumar C S, et al. Effects of heat treatment on microstructure, mechanical and corrosion properties of 15-5 PH stainless steel parts built by selective laser melting process. Journal of Manufacturing Processes, 2020, 50: 279-294.

[6] 戴世民，徐志明，胡志恒，等. SLM成形17-4PH不锈钢尺寸相对密度、精度和表面粗糙度研究. 光学与光电技术，2019, 17 (02) :13-19.

[7] 谭超林. 选区激光熔化成型马氏体时效钢及其复合、梯度材料研究.广州：华南理工大学，2019.

[8] 冉先喆，程昊，王华明，等. 激光熔化沉积AerMet100耐蚀超高强度钢的耐蚀性[J].材料热处理学报，2012, 33 (12) :126-131.

[9] 王志会，王华明，刘栋. 激光增材制造AF1410超高强度钢组织与力学性能研究.中国激光，2016, 43 (04) :59-65.

[10] 刘正武，程序，李佳，等. 激光增材制造05Cr15Ni5Cu4Nb沉淀硬化不锈钢的热处理工艺. 中国激光，2017, 44 (06) :155-162.

[11] 谭超林，周克崧，马文有，等. 激光增材制造成型马氏体时效钢研究进展. 金属学报，(2020) (56) :36-52.

第4章

SLM成形CoCrMo合金的腐蚀行为与机理

Co基合金具有比其他金属类生物医用材料更高的硬度、良好的耐腐蚀和耐磨损性能，尤其在牙科、髋关节、膝关节等移植手术中得到了广泛应用。目前，髋关节移植体中20%采用了Co基合金，膝关节、踝关节移植体几乎100%采用了Co基合金。据预测，美国2030年髋关节置换手术所需的移植体数量将达到57.2万例。美国材料与试验协会（ASTM）针对铸造和锻造CoCrMo合金的化学成分制定了相应的ASTM F75、ASTM F1537等相关标准。CoCrMo合金硬度高、加工硬化效应明显，以往主要采用铸造、锻造等传统工艺进行制备，但加工工具磨损问题突出，不利于制造尺寸要求精度高的复杂形状。随着近年来增材制造技术的发展，SLM制备的CoCrMo合金得到了越来越多的应用，更适合制作复杂形状的结构。然而，增材制造CoCrMo合金的微观组织与传统铸造、锻造CoCrMo合金的微观组织存在明显差异，在体液环境下的耐腐蚀、耐磨损能力也存在差异，值得系统深入研究。

4.1 SLM CoCrMo合金的成形工艺与组织结构特征

4.1.1 SLM CoCrMo合金成形工艺

SLM CoCrMo合金内部往往存在一些典型制造缺陷，如尺寸1 ~ 10μm的单独或连续孔隙、晶界上小于10μm的裂纹和熔合线上大于10μm的裂纹等。为了提高SLM CoCrMo合金的致密度，需要针对其工艺参数进行优化。单位体积能量输入密度是增材制造工艺的关键参数。高的能量输入密度有利于形成更加密实的结构，但输入能量过高也可能造成粉末蒸发、气化和溅射，影响最终形貌，而单纯通过降低扫描速率来提高输入能量密度还会导致生产率的降低。输入能量密度会受到激光功率、扫描速度、扫描间距、铺粉层厚等多个工艺参数的影响。图4.1为不同扫描速度下成形的SLM CoCrMo相对密度的变化，扫描速度分别为200mm/s、300mm/s、400mm/s、700mm/s、900mm/s、1200mm/s、1400mm/s，激光功率为95W，扫描间隔为110μm，铺粉层厚为25μm。当扫描速度小于

700mm/s时，相对密度为96.2% ~ 97.9%。随着激光扫描速度提高至700mm/s时，样品相对密度约为99.4%。随着激光扫描速度的进一步提高，相对密度逐渐减小。当采用最高的1500mm/s激光扫描速度时，材料的相对密度显著降低至85.9%。从图4.2的光学显微照片可以看出，较低的相对密度主要是由较大孔隙引入造成的。900mm/s成形速度以下的样品显示出近球形的缺陷，而1200mm/s成形速度以上的样品显示出较大的缺陷且形状不规则。

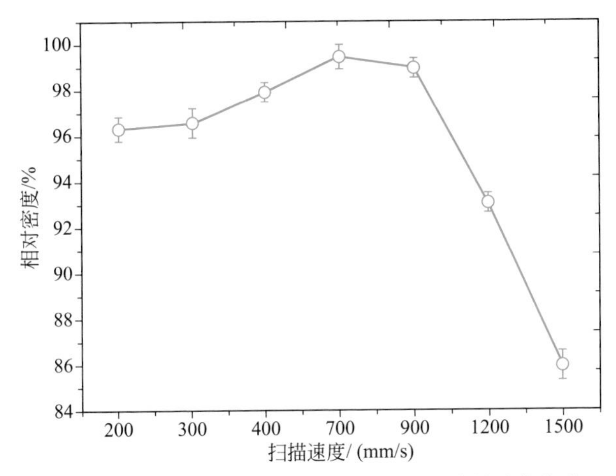

图4.1　SLM CoCrMo合金相对密度与扫描速度的对应关系

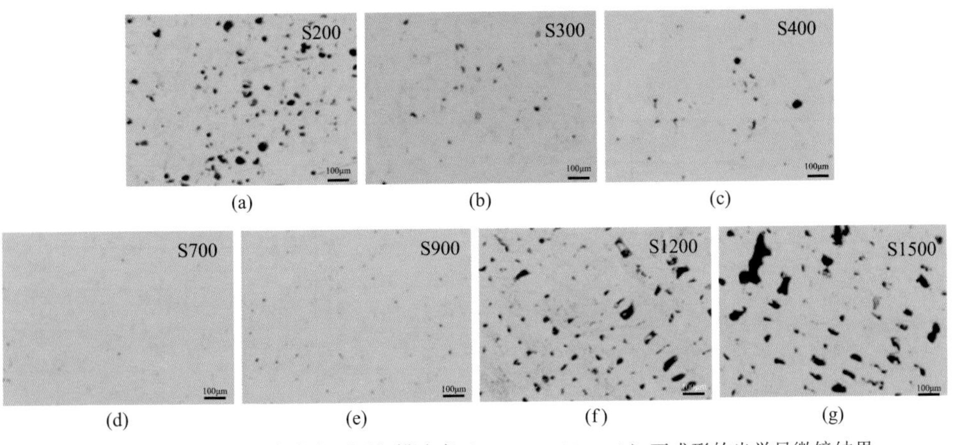

图4.2　SLM CoCrMo合金在不同扫描速度（200 ～ 1500mm/s）下成形的光学显微镜结果

激光功率会影响焊道几何尺寸和未熔合缺陷的数量，随着激光功率的升高，未熔合缺陷的数量降低。当激光功率从180W升高到220W后，最大尺寸未熔合的面积从1370μm^{2}降低到400μm^2。激光功率超过300W后，未熔合数量基本不变，目前选用的激光功率大都小于300W。扫描间距会影响不同焊道之间的叠加情况，小的扫描间距有利于不同焊道的叠加，可以降低构件的表面粗糙度。SLM CoCrMo合金致密度随输入能量密度的变化如图4.3所示，输入能量密度大于100J/mm^{3}时，SLM CoCrMo合金的相对密度可以达到99%。

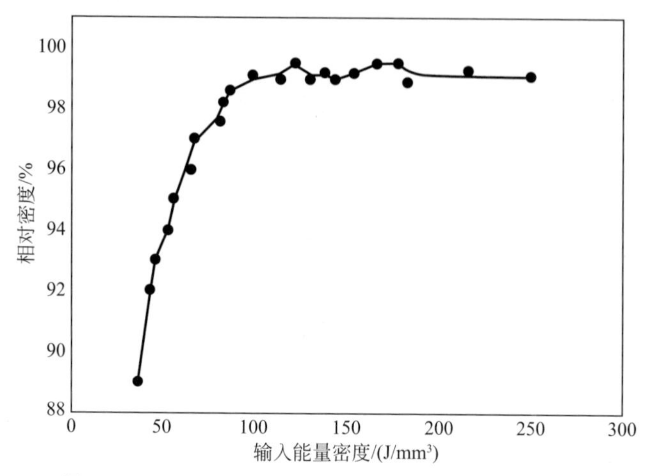

图4.3　SLM CoCrMo合金密度随输入能量密度的变化曲线

目前常用的铺粉层厚为40μm和20μm，20μm层厚条件下打印产品的性能往往更加优异。SLM制造工艺发展日趋成熟，已经形成了致密度大于99%、可商业化应用的产品。铺粉层厚分别为40μm和20μm的两种典型SLM工艺参数如表4.1所示。

表4.1　SLM CoCrMo合金的典型工艺参数

合金类型	CoCrMo	
基板温度/℃	80	80
激光功率/W	290	195
扫描速度/（mm/s）	950	800
扫描间距/μm	110	100
铺粉层厚/μm	40	20
粉末尺寸/μm	15～53	15～53

4.1.2　SLM CoCrMo合金组织结构

CoCrMo合金包含Co、Cr、Mo等主要合金元素以及Ni、C、W等微量元素，不同元素在合金中的作用如表4.2所示。Cr、Mo、Ni主要用于提高耐蚀性能，同时起到固溶强化和析出相强化作用；W的固溶强化和碳化物强化有利于提高合金强度，但可能降低耐腐蚀、耐疲劳性能；C含量（质量分数）一般控制在0.35%以下，当C含量低于0.05%时为低碳CoCrMo合金，C含量高于0.2%的常称为高碳CoCrMo合金，C常与其他合金元素形成碳化物，可以有效提高合金强度和耐磨损能力。

表4.2　不同合金元素对CoCrMo合金组织及性能的作用

元素	对微观组织的影响	对力学性能的影响	对耐蚀性的影响
Cr	形成$Cr_{23}C_6$、M_7C_3	析出物强化	提高耐腐蚀性能
Mo	细化晶粒，形成Co_3Mo、M_6C	固溶强化，析出物强化	提高耐腐蚀性能
Ni	主要以固溶形式存在	固溶强化	提高耐腐蚀性能
C	形成$Cr_{23}C_6$、M_7C_3、M_6C	析出物强化	降低耐腐蚀性能
W	减少缩孔、气孔和晶界偏析	固溶强化	降低耐腐蚀性能

SLM和铸造CoCrMo合金的微观组织如图4.4所示，SLM CoCrMo合金显微组织为柱状晶和密集位错构成的胞状亚晶粒结构，并含有气孔、熔池线、未熔化的粉末颗粒等缺陷，不同面的熔池线表现出不同的形貌特点，相组成主要包括γ相的Co基体和$M_{23}C_6$碳化物，晶粒内部含有尺寸约1μm的胞状亚晶粒，胞状亚晶粒的晶界存在Mo元素富集。在逐层打印过程中，不同高度方向上的相含量也往往存在差别，打印过程的快速冷却会阻碍γ相向ε相的转变。同时，后打印层制备过程会对已打印部件存在明显的时效处理，也会促进γ相向ε相的转变。底层和内部微观组织中ε相含量更高，柱状晶相等轴晶的转化程度更高，表层微观组织中γ相的含量更高，晶粒的择优取向也更加明显。

(a) 铸造CoCrMo合金的柱状晶

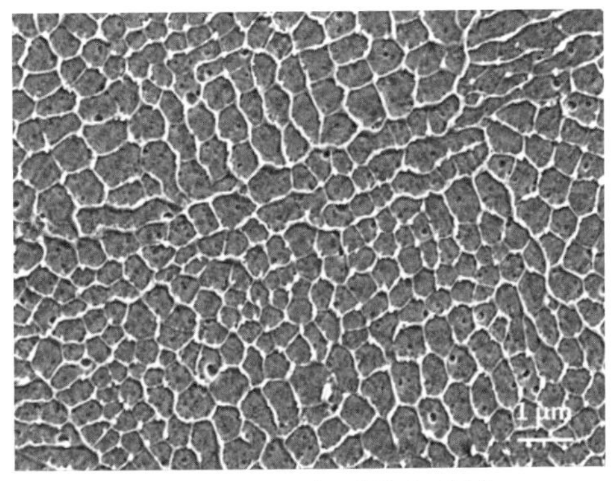

(b) SLM CoCrMo合金的胞状亚晶粒

图4.4　铸造和SLM CoCrMo合金的微观形貌

SLM CoCrMo合金在场发射扫描电镜下的微观组织如图4.5所示。在图4.5（a）中，γ-Co相基体具有典型的柱状晶生长形貌，不同晶粒内部的柱状晶生长方向有差异。在图4.5（b）中，可以观察到几十至几百纳米弥散分布的颗粒状第二相。在图4.5（c）中，EDS面扫描和线扫描结果显示，第二相并未表现出与基体明显的化学成分差异。有文献指出Cr元素也可以通过原子置换的方式进入Laves析出相的点阵，从而减少元素局部富集。

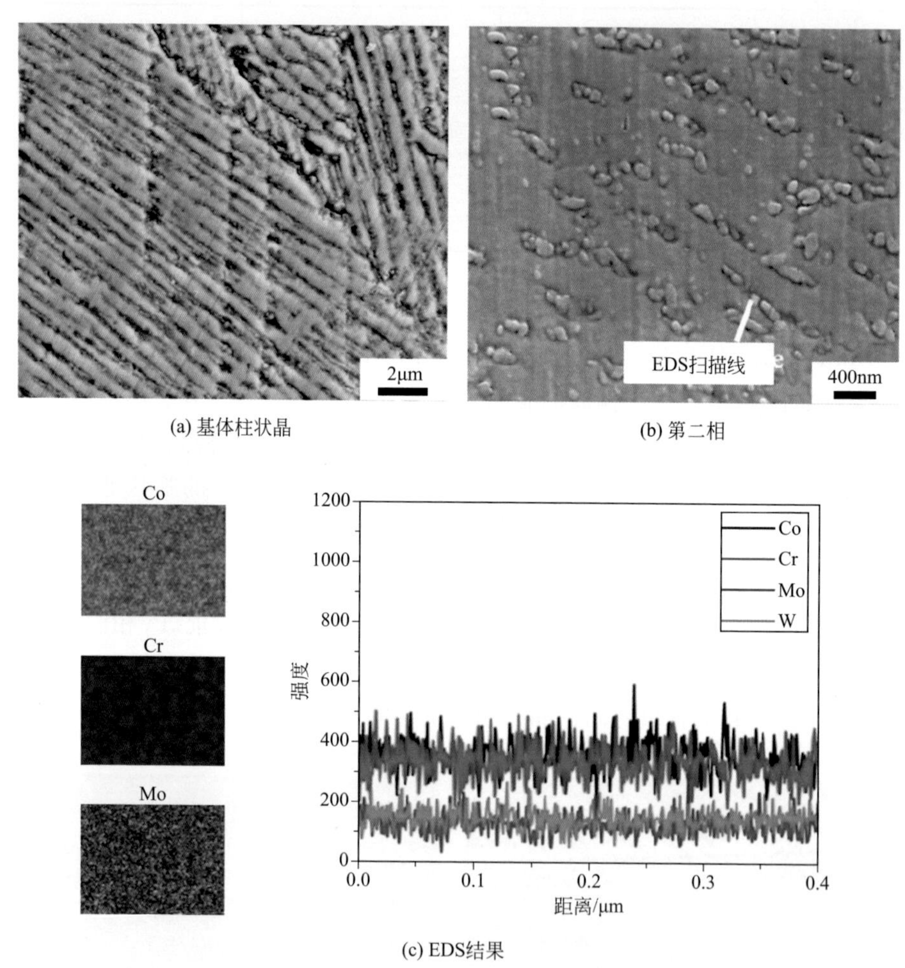

图4.5　CoCrMo合金扫描电镜测试结果

SLM CoCrMo合金在透射电镜下的微观组织如图4.6所示。在图4.6（a）和（b）中，可以观察到平行于焊道扫描方向的第二相和位错缠绕形成类似胞状结构的亚晶粒组织等特征。第二相尺寸约为200nm，根据图4.6（c）中的选取电子衍射标定结果，可以确定为Co_3Mo_2Si金属间化合物，即Laves相。

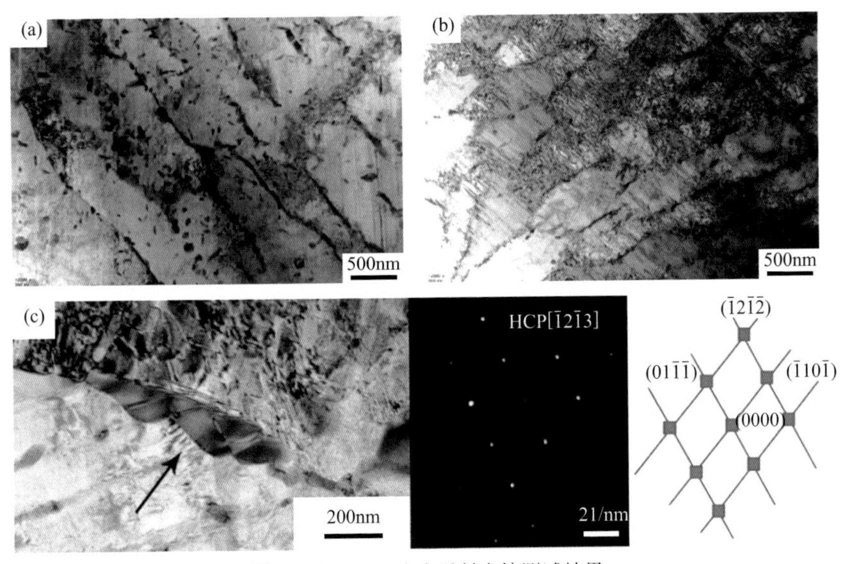

图4.6 CoCrMo合金透射电镜测试结果
(a)，(b）基体；(c）第二相形貌和电子衍射结果

采用Thermo-Calc软件计算的不同化学成分Co基合金的计算相图如图4.7所示，从热力学角度解释增材制造过程中γ-Co相基体和Laves相的形成。在图4.7(a)和图4.7（b）的相图中，CoCrMo合金在室温的基体稳定相是ε-Co相，但是SLM打印过程中的快速冷却导致相变过程受到抑制，最终形成的基体主要为亚稳状态的γ-Co相。Cr、Mo元素往往会与Co形成金属间化合物σ相，σ相晶系复杂、性能偏脆，对CoCrMo合金性能具有有害作用。随着Si元素的添加，σ相的形成受到抑制（如图中红色箭头所示），当Si元素含量为1%时，温度降低到约1100K以下后，平衡状态下的析出相全部为Co_3Mo_2Si金属间化合物。图4.7（c）可知CoCrW合金

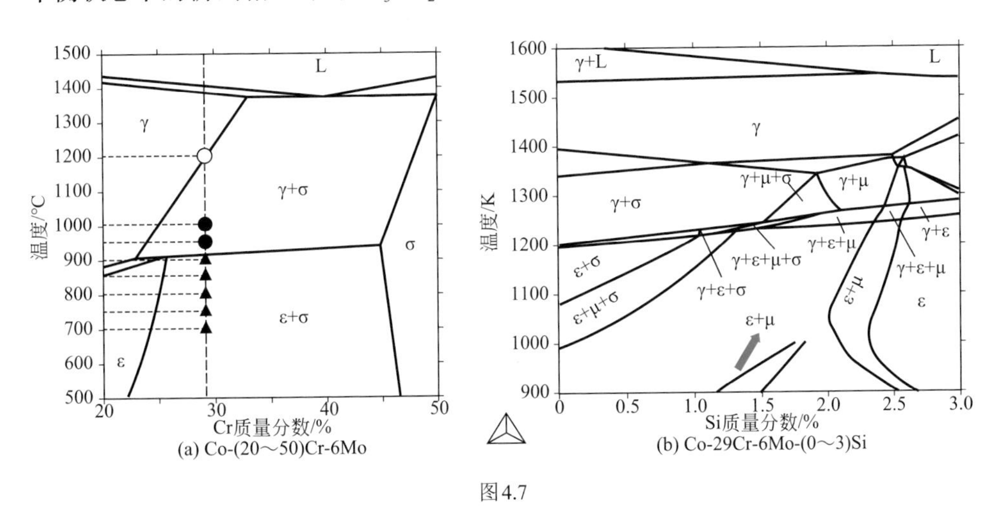

图4.7

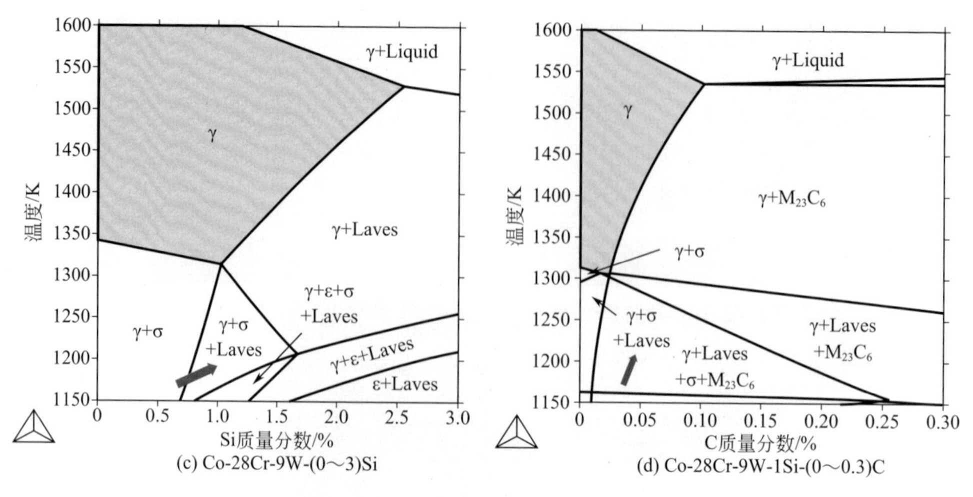

图4.7　不同化学成分Co基合金的平衡相图

中添加Si元素后也有类似的现象，Si元素含量为1%时，温度降低到约1150K以下后，平衡状态下的析出相全部为Laves相。在图4.7（d）中，同时添加1%的Si和微量的C元素后，σ相的稳定区间进一步缩小，对Laves相形成的促进更明显，但也会同时促进$M_{23}C_6$碳化物析出，二者存在一定的竞争机制。

4.2 SLM CoCrMo合金在含氯溶液中的腐蚀行为

4.2.1 在氯化钠溶液中的腐蚀行为

锻造合金和SLM CoCrMo合金的原子力电镜（AFM）测试结果如图4.8所示，纳米压痕和维氏硬度测试结果如图4.9所示，Volta电位和纳米压痕测试结果与其他文献的对比如表4.3所示。图4.8（a）可知锻造合金中第二相比基体高约45nm，主要是由于样品制备过程中，基体更容易被侵蚀，碳化物析出相残留在基体表面，同时可以看到碳化物与基体的界面上形成一圈明显的腐蚀产物，附着在碳化物周围，主要是由于碳化物的Volta电位比基体高约40mV[如图4.8（b）所示]，碳化物作为阴极，促进基体的电偶腐蚀。图4.8（c）和图4.8（d）可知纳米尺寸弥散析出第二相的形貌明显，形貌高于基体，Volta电位比基体偏正约14mV，其弥散分布特征更加有利于形成均匀的微电偶效应。

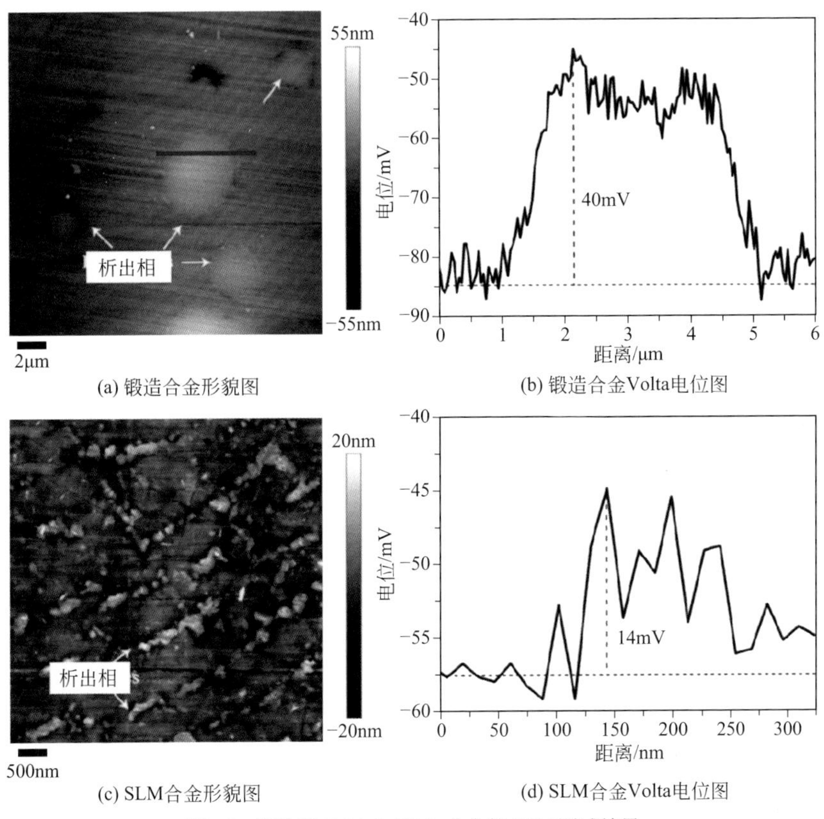

图4.8　锻造和SLM CoCrMo合金的AFM测试结果

采用纳米压痕加载卸载曲线计算得到了基体和第二相的纳米硬度和杨氏模量，见图4.9（a）所示。锻造合金和SLM合金γ-Co相基体的纳米硬度分别为

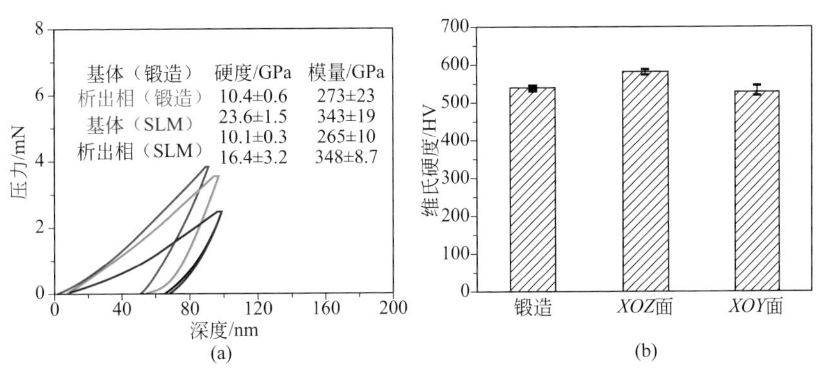

图4.9　锻造合金和SLM合金的纳米压痕（a）和维氏硬度测试结果（b）

10.4GPa和10.1GPa，相差不大。碳化物的纳米硬度为23.6GPa，能够对基体起到明显强化作用。Laves相的纳米硬度为16.4GPa，约为基体的1.6倍，弥散分布时起到强化硬化效果。图4.9（b）可知锻造合金和SLM合金不同面的显微硬度没有表现出较大区别，SLM合金*XOZ*面的硬度甚至略高于锻造合金。由此可知，SLM合金的碳含量相对较低，然而其弥散析出Laves相的强化作用更加明显。

表4.3　AFM和纳米压痕测试结果与其他文献数据的对比

合金类型	基体相	析出相	析出相与基体 Volta电位/mV	基体 纳米硬度/GPa	析出相 纳米硬度/GPa
铸造CoCrMo	γ-Co	35μm碳化物	125	—	—
锻造CoCrMo	γ-Co	1μm碳化物	35	—	—
锻造CoCrMo	γ-Co	<1μm碳化物	—	9.4	30.7
铸造CoCrMo	Laves相枝晶	γ-Co	—	21.8（Laves相）	13.8（γ-Co）
锻造CoCrMo	γ-Co	1～3μm碳化物	40	10.4	23.6
SLM CoCrMo	γ-Co	<1μm Laves相	14	10.1	16.4

锻造和SLM CoCrMo合金在0.9% NaCl溶液中的极化曲线如图4.10所示。在图4.10（a）中，三种试样均表现出明显的钝化行为，但锻造合金的维钝电流密度比SLM CoCrMo合金更大，耐蚀性更差。SLM CoCrMo合金*XOZ*面的维钝电流略低于*XOY*面。锻造合金的极化曲线可见，当电位为0.2V和0.6V时，电流存在明显的增加，0.2V位置的电流增加与Mo（Ⅳ）向Mo（Ⅵ）的转变有关，0.6V位置的电流增加与Cr（Ⅲ）向Cr（Ⅵ）的转变和O_2的析出有关。但SLM合金的极化曲线中未观察到0.2V位置的电流密度增大现象。在过钝化区间范围内，三种试样的极化曲线几乎重合。以SLM合金*XOZ*面为例进行进一步分析。在图4.10（b）中，腐蚀电位约为−0.34V，−0.34 ~ 0V为活化状态和钝化状态的转化区间，0 ~ 0.6V为钝化区间，正于0.6V为过钝化区间。开路电位随浸泡时间的

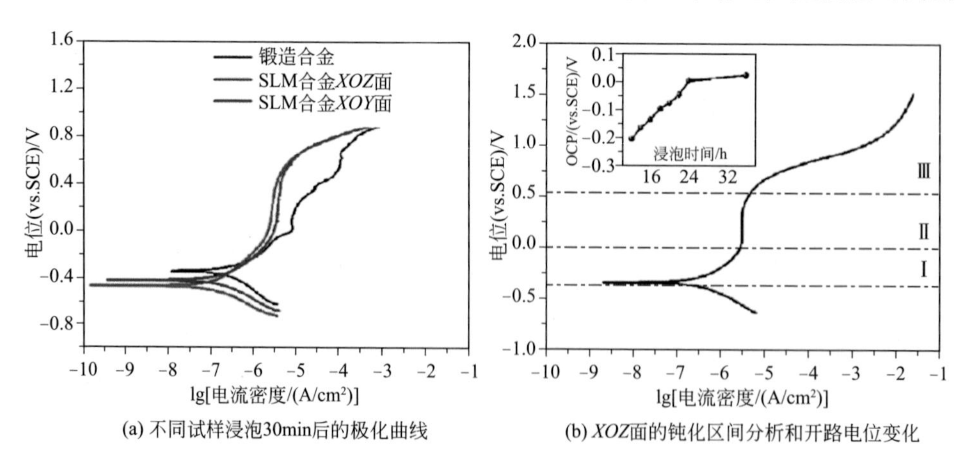

(a) 不同试样浸泡30min后的极化曲线　　(b) *XOZ*面的钝化区间分析和开路电位变化

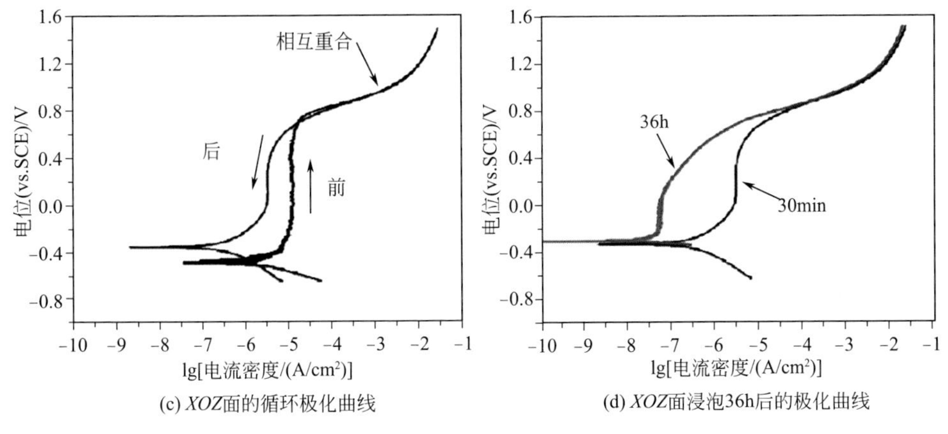

(c) *XOZ*面的循环极化曲线

(d) *XOZ*面浸泡36h后的极化曲线

图4.10 锻造和SLM CoCrMo合金在0.9% NaCl溶液中的极化曲线

延长逐渐变正，浸泡24h和36h后，稳定在0V左右，说明浸泡过程中试样表面发生自钝化。过钝化区间的电流增大与试样腐蚀和析氧反应有关，在图4.10（c）中，循环极化测试的电位回扫过程中，回扫曲线与正向扫描曲线基本重合，由此可知该合金点蚀敏感性较低。在图4.10（d）中，浸泡36h后的维钝电流密度相对于浸泡30min后更低，说明钝化膜随浸泡时间延长发生了增长。

锻造和SLM CoCrMo合金在0.9% NaCl溶液中浸泡不同时间后的交流阻抗谱如图4.11所示。随着浸泡时间的增加，阻抗不断增加，而且SLM合金Bode图中$|Z|$值曲线在低频阶段趋向于平行于横坐标轴，说明耐蚀性较好。极化电阻（$R_{total}=R_{out}+R_{in}$）常用于表征材料的整体耐蚀性。三种试样在0.9% NaCl溶液中的极化电阻随浸泡时间的变化如图4.12所示，极化电阻均随浸泡时间线性增加，而且SLM CoCrMo合金的增长斜率明显大于锻造合金，*XOZ*面的增长斜率大于*XOY*面。因此，SLM CoCrMo合金耐蚀性优于锻造合金，且*XOZ*面相对较好。

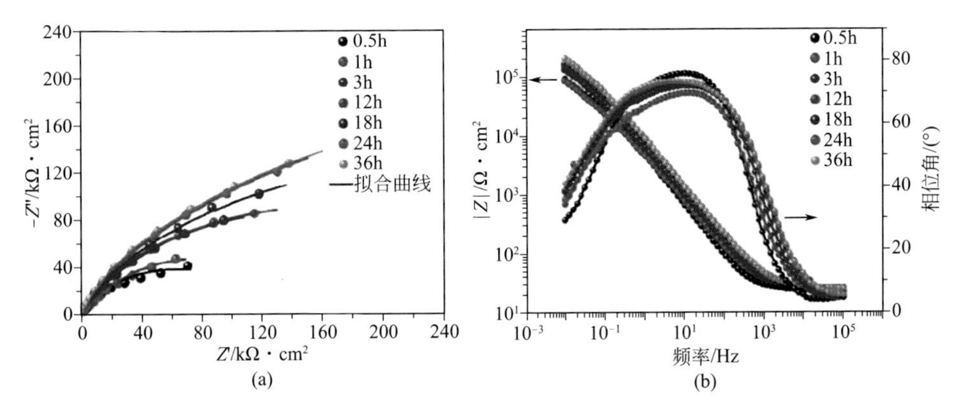

(a)

(b)

图4.11

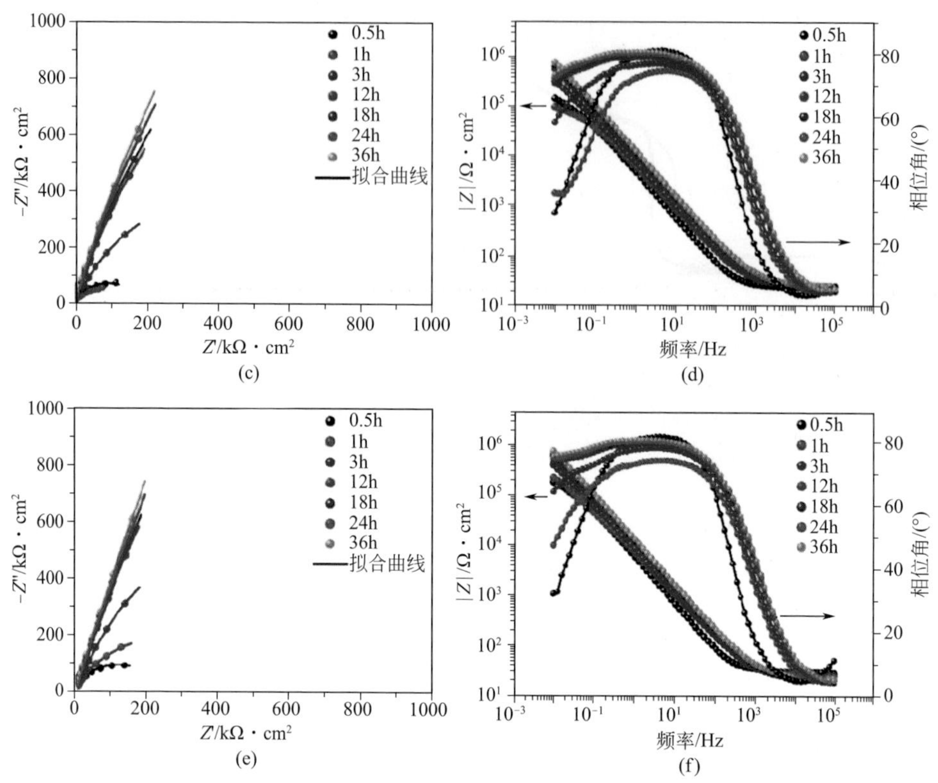

图4.11　锻造和SLM CoCrMo合金在0.9% NaCl溶液中浸泡不同时间后的交流阻抗

（a），（b）锻造合金；（c），（d）SLM合金*XOY*面；（e），（f）SLM合金*XOZ*面

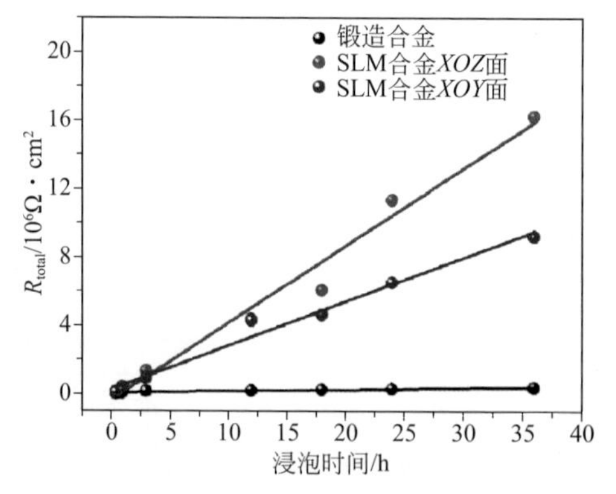

图4.12　锻造和SLM CoCrMo合金在0.9% NaCl溶液中极化电阻随浸泡时间的变化

根据拟合得到钝化膜恒相位元件的Y_0和n值，钝化膜的容抗C_f可以按照式（4-1）计算：

$$C_f = (Y_0 \omega_m^{n-1}) / \sin(n\pi/2) \tag{4-1}$$

式中，ω_m表示图4.11中相位角具有最大值时所对应的频率。

根据计算得到容抗 C_f，钝化膜厚度 L_{ss} 可以根据双电层原理，按照式（4-2）计算：

$$L_{ss} = \varepsilon\varepsilon_0 A / C_f \quad (4-2)$$

式中，ε 表示钝化膜的电离常数，钝化膜成分主要为 Cr_2O_3 时，取15.6；ε_0 表示真空介电常数，取 8.854×10^{-14}F/cm；A 表示电极表面积，取1cm^2。

计算得到不同浸泡时间后的钝化膜厚度及拟合结果如图4.13所示。SLM CoCrMo合金*XOZ*面的钝化膜厚度及其随浸泡时间的增长速率都大于锻造合金。SLM CoCrMo合金*XOY*面的钝化膜厚度在浸泡初期小于锻造合金，但增长速率大于锻造合金，在浸泡超过3h后，钝化膜厚度大于锻造合金的钝化膜厚度。SLM CoCrMo合金优异的耐蚀性可能归功于较厚的钝化膜。

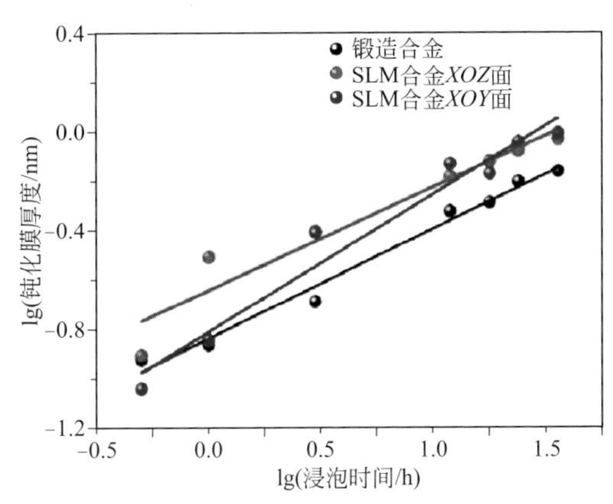

图4.13　锻造合金和SLM合金在0.9% NaCl溶液中钝化膜厚度随浸泡时间变化

锻造和SLM CoCrMo合金在0.9% NaCl溶液中浸泡不同时间后的M-S曲线、计算得到钝化膜中n型半导体施主密度随浸泡时间的变化如图4.14所示，计算得到p型半导体受主密度随浸泡时间的变化如图4.15所示。

在图4.14（a）～（c）中，三种试样的M-S曲线在−0.6 ～ 0V电位区间内的斜率均为正值，对应n型半导体，与钝化膜中Co的氧化物有关，在0 ～ 0.6V电位区间内的斜率均为负值，对应p型半导体，与钝化膜中Cr的氧化物有关。考虑到三种试样在浸泡12 ～ 36h后的开路电位在−0.2 ～ 0V范围内，首先对其对应的n型半导体进行了分析。根据MS理论，n型半导体的电容可以按照式（4-3）计算：

$$\frac{1}{C^2} = \frac{2}{\varepsilon\varepsilon_0 e N_D}\left(E - E_{FB} - \frac{kT}{e}\right) \quad (4-3)$$

式中，ε 取12.9；ε_0 取 8.854×10^{-14}F/cm；e 表示电子电量，取 1.602×10^{-19}C；

N_D表示n型半导体的施主密度；k表示Boltzmann常数；T表示热力学温度；E_{FB}表示平带电位。

N_D值可以通过C^{-2}随电位变化图的直线拟合斜率确定，不同浸泡时间的N_D值计算结果如图4.14（d）所示。随着浸泡时间的增加，钝化膜变得更加致密，N_D值不断降低，而且SLM CoCrMo合金的N_D值始终低于锻造合金的N_D值。浸泡时间达到36h后，锻造和SLM CoCrMo合金的N_D值基本相同。对0 ~ 0.6V电位区间对应p型半导体的按照式（4-4），分析结果如图4.15所示：

$$\frac{1}{C^2}=\frac{-2}{\varepsilon\varepsilon_0 eN_A}(E-E_{FB}-\frac{kT}{q}) \tag{4-4}$$

式中，ε取15.6；N_A表示p型半导体的受主密度；ε_0、e、k、T、E_{FB}等参数的含义与式（4-3）相同。

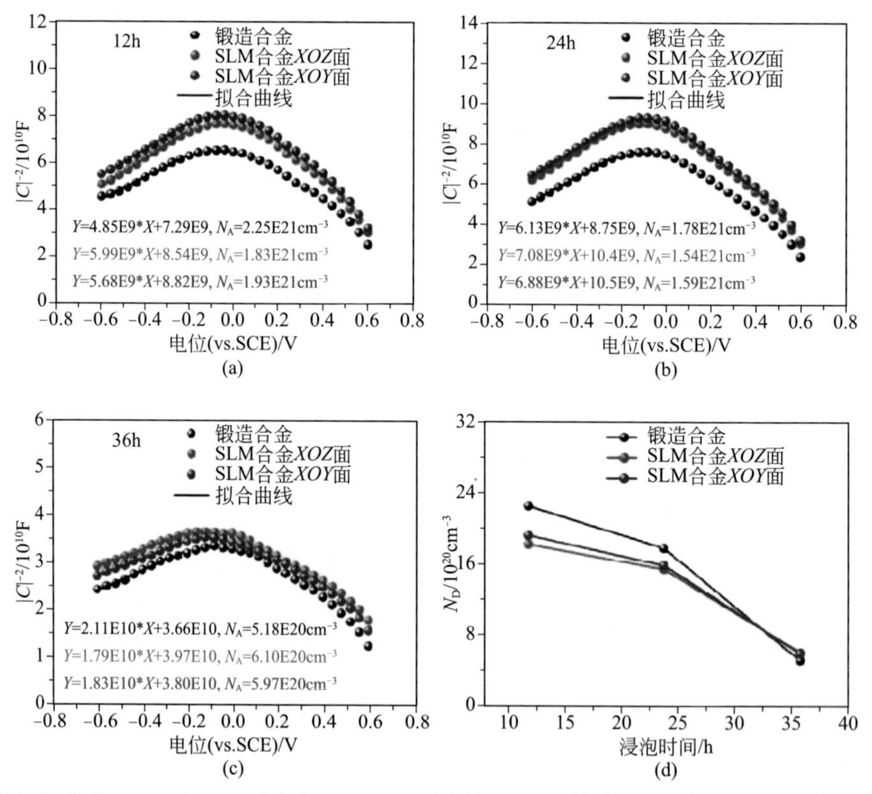

图4.14　锻造和SLM CoCrMo合金在0.9% NaCl溶液中浸泡不同时间的M-S曲线（n型半导体拟合）

锻造和SLM CoCrMo合金*XOZ*面在0.9% NaCl溶液中形成钝化膜的XPS测试结果，如图4.16所示。两种合金表面的钝化膜主要以Co、Cr和Mo元素的氧化物、氢氧化物为主，SLM CoCrMo合金表面的钝化膜中，Cr_2O_3和

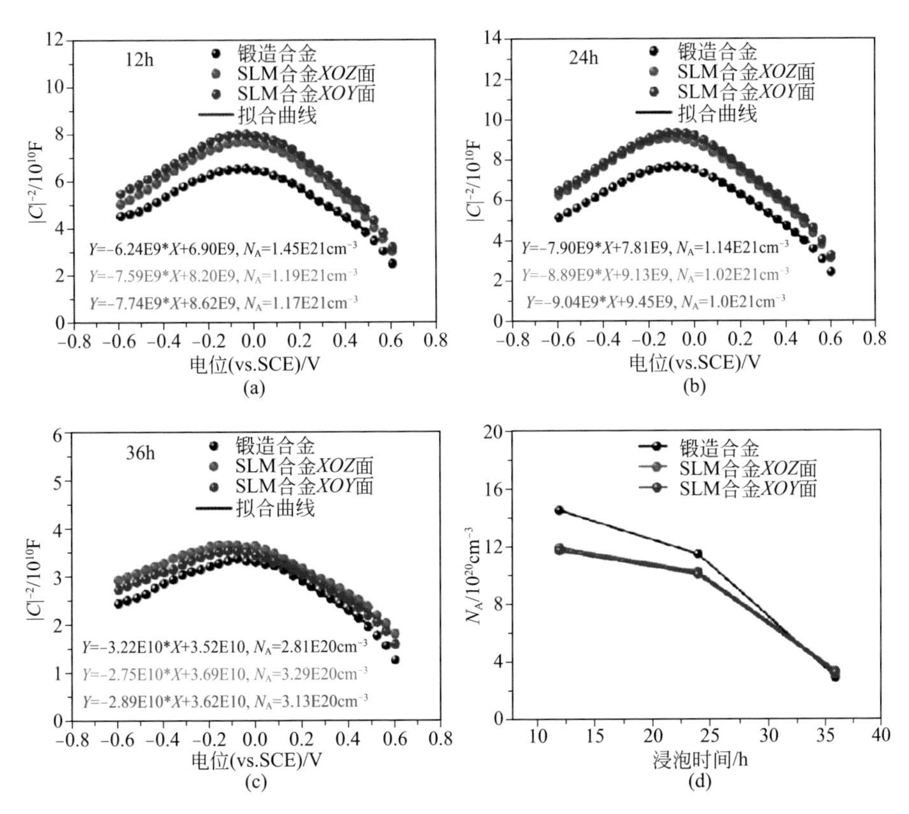

图4.15　锻造和SLM CoCrMo合金在0.9% NaCl溶液中浸泡不同时间的M-S曲线（p型半导体拟合）

$Cr(OH)_3$的占比（30%、23%）高于锻造合金（19%、20%），CoO和Co_2O_3的占比（9%、15%）低于锻造合金（22%、24%），较高的Cr_2O_3有利于提高钝化膜耐蚀性，从而对基体具有更好的保护作用，XPS测试结果与电化学测试结果相吻合。

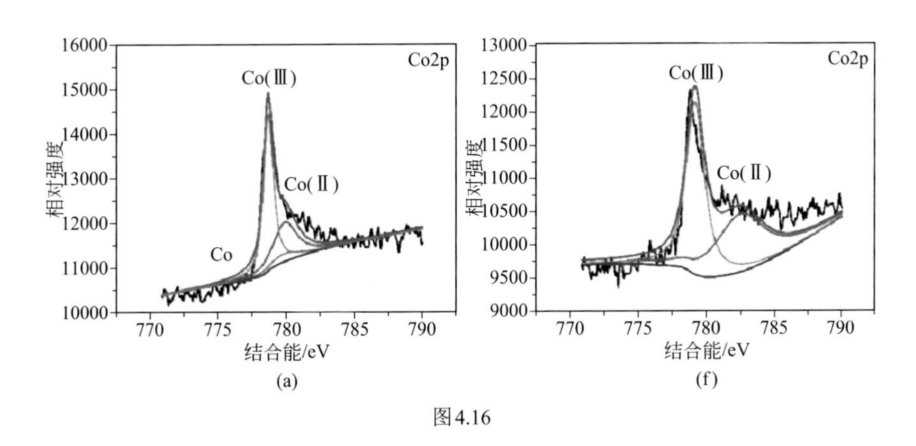

图4.16

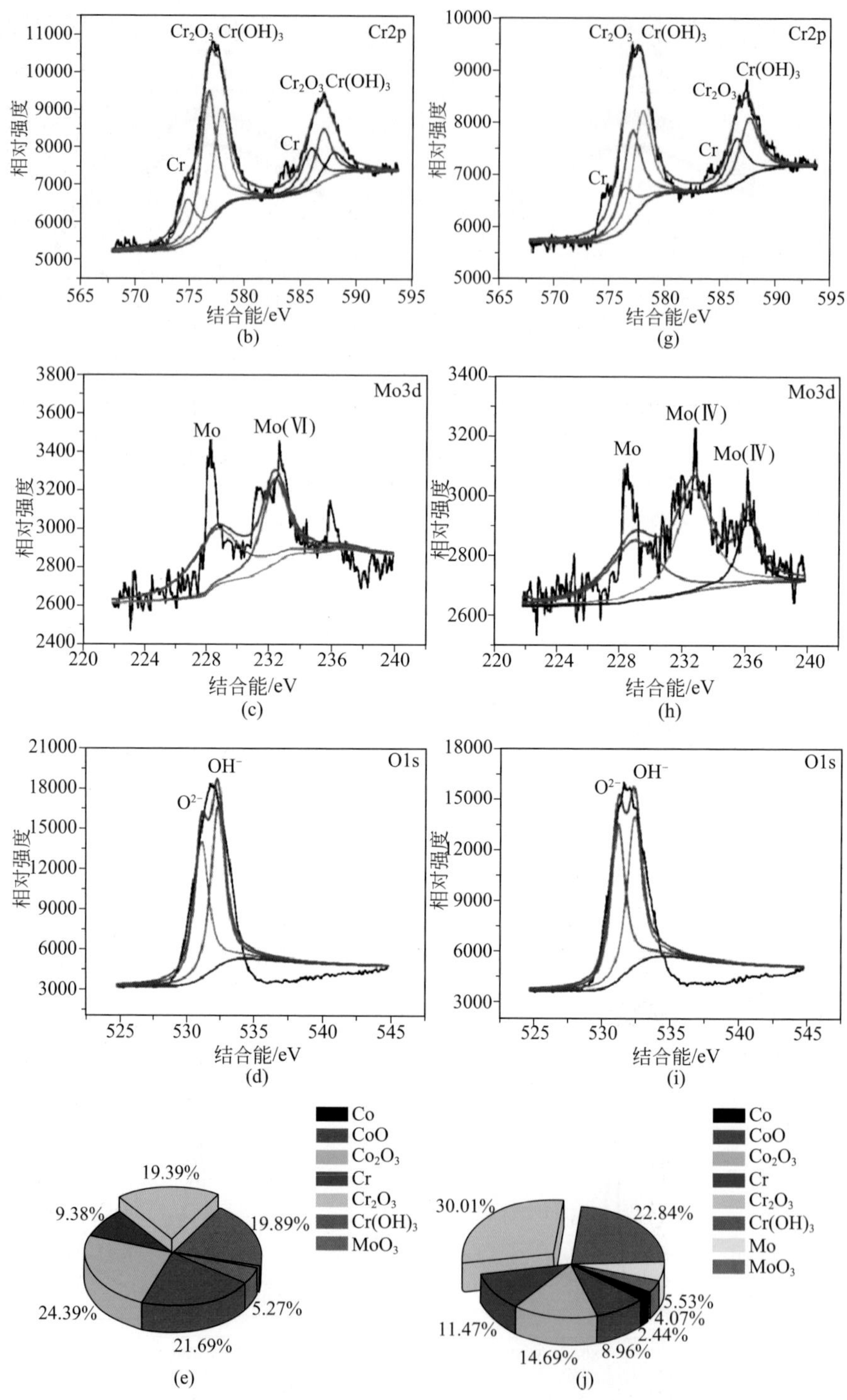

图4.16　锻造［(a)～(e)］和SLM CoCrMo合金［(f)～(j)］
在0.9% NaCl溶液中恒电位极化形成钝化膜的化学成分

SLM CoCrMo合金表面钝化膜中Cr的氧化物含量增加、耐蚀性提高。耐蚀性的提高与纳米析出相有关，析出相对腐蚀过程的影响往往具有两面性。当析出相含量较少、尺寸较大时，可以作为阴极，促进基体腐蚀的发生。当析出相含量较高时，还可能提高合金整体的耐蚀性。一般地，大尺寸的碳化物往往造成元素的局部富集，其与基体的电位差越大，产生的电偶腐蚀也更明显。锻造合金XRD图谱中的碳化物衍射峰明显，导致更少的Cr、Mo元素可以固溶到基体中，用于形成钝化膜。第二相与基体之间的电位差有利于形成电偶腐蚀微电池，所形成的钝化膜可能存在较大的不连续区域。SLM制造逐层加热的过程中，后一层的熔化过程对前一层产生时效作用，促进了纳米级Laves相的析出。小角度晶界也有利于促进Laves相的析出。弥散分布在基体上的Laves相，并未表现出与基体明显的化学成分差异，Volta电位差约14mV，微电偶效应促进连续钝化膜的形成。

4.2.2 在模拟发炎环境中的腐蚀行为

SLM CoCrMo合金*XOY*面和*XOZ*面在含有不同H_2O_2浓度的0.9% NaCl溶液中的开路电位和极化曲线如图4.17所示。在-1.2V电位条件下的阴极除膜结束后，试样表面自发形成钝化膜，导致开路电位随浸泡时间的延长而变正。

图4.17（a）可知，当H_2O_2浓度小于6mmol/L时，开路电位随H_2O_2浓度的变化较为明显。当H_2O_2浓度介于15 ~ 30mmol/L之间时，开路电位变化较小，基本保持在约0.4V。图4.17（b）和图4.17（c）的极化曲线中，腐蚀电位变化也表现出与开路电位类似的现象。根据混合电位理论，随着H_2O_2浓度的增加，阴极反应主要以H_2O_2的还原为主，导致腐蚀电位的变正。当H_2O_2浓度小于6mmol/L时，*XOY*面和*XOZ*面都表现出了典型的钝化特征，主要是由于合金中含有较高的Cr元素造成的。而且*XOY*面的维钝电流大于*XOZ*面，说明其耐蚀性相对较低，但这种差异随着H_2O_2浓度的升高逐渐变小。当H_2O_2浓度达到15mmol/L和30mmol/L时，钝化特征变得不明显，电流密度随着电位的变正而增加，不存在明显的钝化区间。

图4.17（b）可知，当H_2O_2浓度低于15mmol/L时，*XOY*面在-0.4 ~ 0.8V的电位区间内的维钝电流随着H_2O_2浓度的升高而变小。在图4.17（c）中，当H_2O_2浓度为1.5mmol/L、3mmol/L、6mmol/L时，*XOZ*面在-0.4 ~ 0.8V电位区间的维钝电流变化不大，且都明显小于不含H_2O_2的溶液。当电位正于0.8V时，不同面

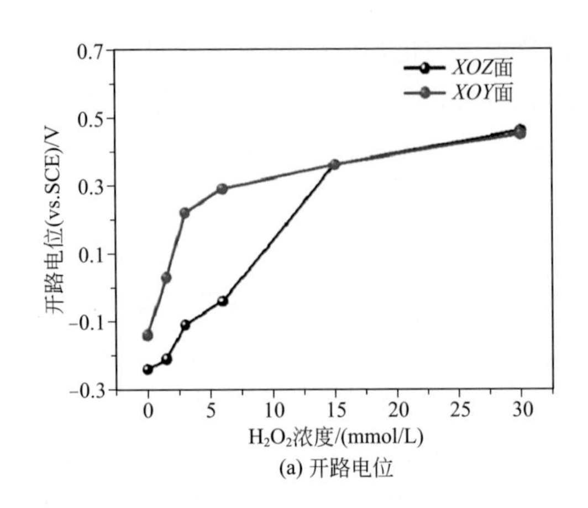

(a) 开路电位

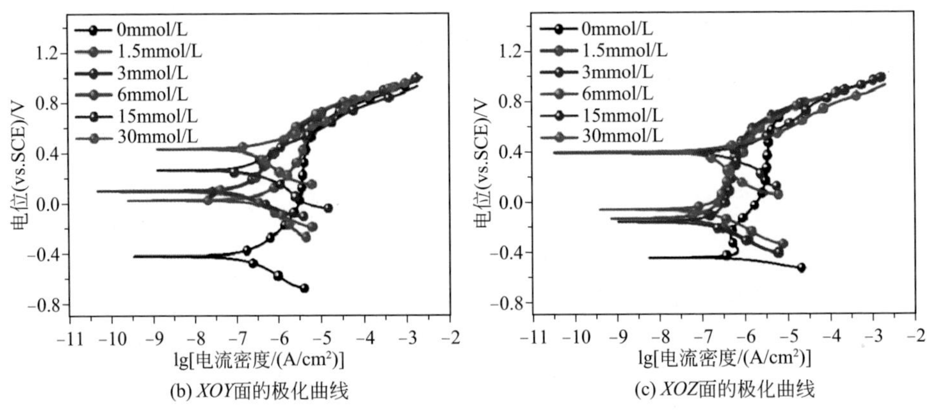

(b) *XOY*面的极化曲线　(c) *XOZ*面的极化曲线

图4.17　SLM CoCrMo合金不同面在含有不同H_2O_2浓度溶液中的开路电位和极化曲线

在不同溶液中的过钝化曲线基本重合。考虑到开路电位随着H_2O_2浓度增加最正偏移到0.4V左右，为了验证这种阳极极化效应可能对钝化膜形成过程产生的影响，在后续的实验过程中，选择开路电位和0.2V、0.4V分别进行交流阻抗测试，选择0.2V作为成膜电位，恒电位极化形成钝化膜后进行AFM和XPS测试。*XOY*面和*XOZ*面在含有不同H_2O_2浓度的0.9% NaCl溶液中的交流阻抗如图4.18所示。在图4.18中，随着H_2O_2浓度从0mmol/L增加到6mmol/L，*XOY*面和*XOZ*面的阻抗都表现出先增大后减小的趋势，而且都大于不含H_2O_2溶液中的测试结果，说明一定浓度的H_2O_2有利于促进试样表面钝化膜的形成和耐蚀性的提高。但随着H_2O_2浓度进一步增加到15mmol/L、30mmol/L，阻抗值较不含H_2O_2的溶液有所降低，*XOZ*面的阻抗值降低较为明显。

为了进一步研究H_2O_2浓度对耐蚀性的影响，测试了0.2V、0.4V电位极化条件下，*XOY*面在0.9% NaCl溶液中的交流阻抗，结果如图4.19所示。一方面，随

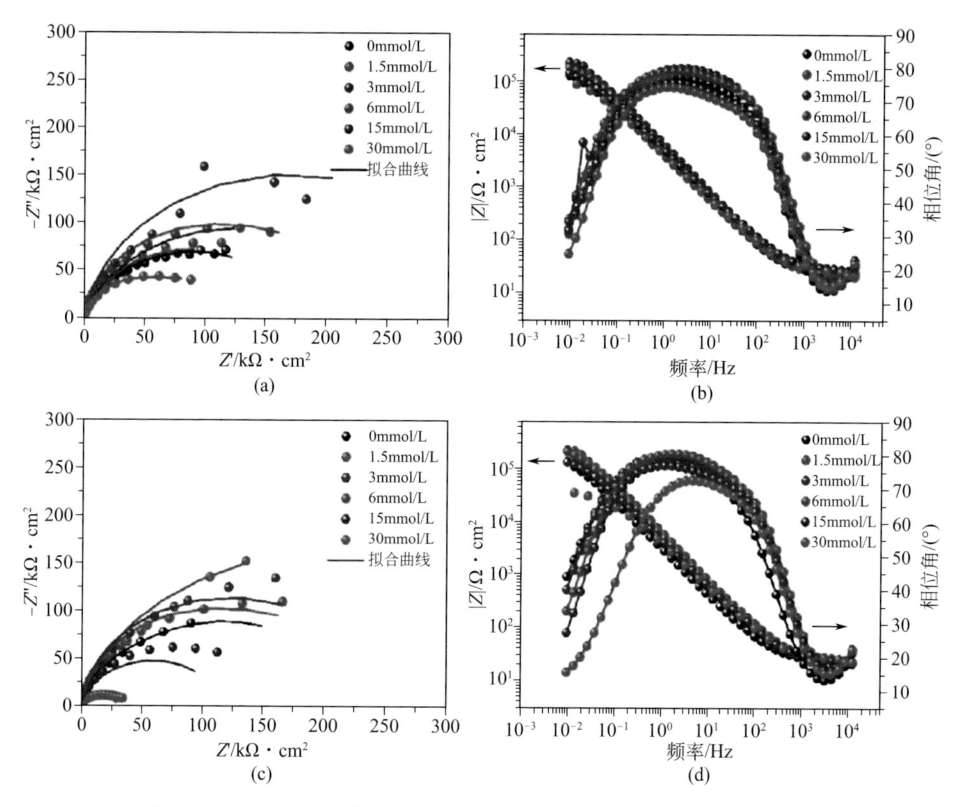

图4.18　SLM CoCrMo合金不同面在含有不同H_2O_2浓度溶液中的交流阻抗
（a），（b）*XOY*面；（c），（d）*XOZ*面

着极化电位变正，在0.2V、0.4V电位条件下测试的交流阻抗值比开路电位下的测试值更大，说明一定程度的阳极极化有利于促进钝化膜的形成。另一方面，

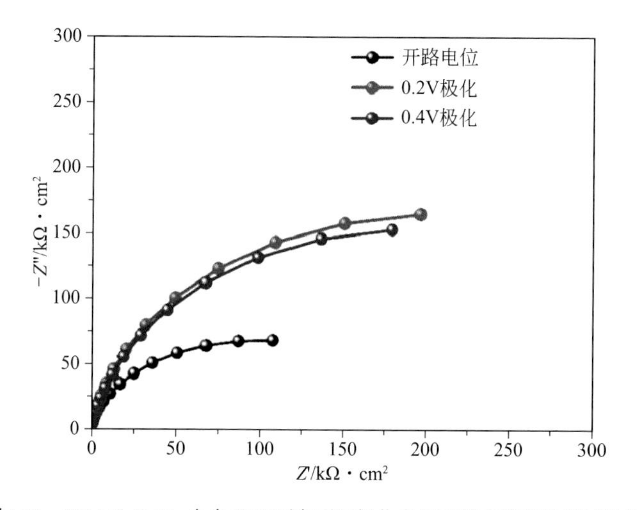

图4.19　SLM CoCrMo合金*XOY*面在不同极化电位下的交流阻抗测试结果

SLM CoCrMo合金*XOY*面在含有6mmol/L H_2O_2的0.9% NaCl溶液中的开路电位介于0.2 ~ 0.4V之间，但图4.18中6mmol/L H_2O_2条件下测试的交流阻抗值低于图4.19中阳极极化条件下的测试结果，说明除了电位的影响外，还存在其他因素可能影响钝化膜的交流阻抗。

SLM CoCrMo合金*XOY*面在0.9% NaCl溶液和0.9% NaCl+30mmol/L H_2O_2溶液中的循环伏安曲线如图4.20所示。在图4.20中，共有两个阳极峰（A1、A2），根据Co的Pourbaix图，Co在负于−0.5V的电位下可以稳定存在。对于典型的CoCr合金，Cr氧化形成Cr（Ⅲ）的平衡电位负于−1.0V，A1主要对应Cr氧化为Cr（Ⅲ）的过程，有报道指出$CoCr_2O_4$在低于平衡电位的条件下也能生成，A1中也可能含有部分Co氧化为Co（Ⅱ）的过程。A2主要对应Co（Ⅱ）向Co_3O_4、Co_2O_3的转变和Cr（Ⅲ）向Cr（Ⅵ）的转变。当电位正于0.8V时，电流密度的增加与Cr（Ⅵ）的形成有关。可以看出，在含有30mmol/L H_2O_2的溶液中，A1阳极峰消失，A2阳极峰对应的电流密度增加，说明有更多的Co被氧化。

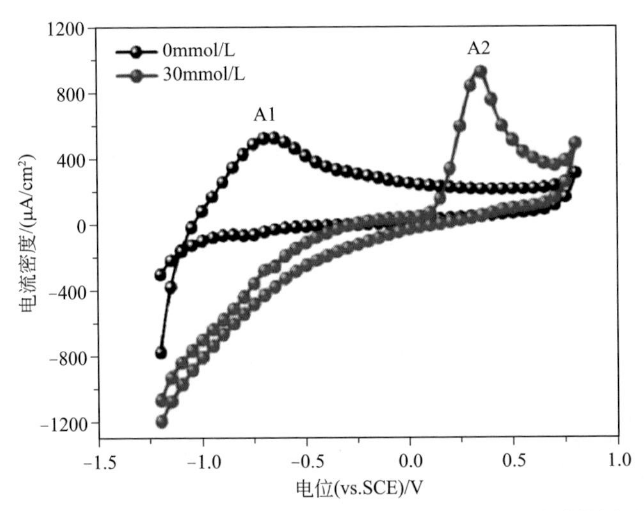

图4.20　SLM CoCrMo合金*XOY*面在含有0mmol/L和30mmol/L H_2O_2溶液的循环伏安曲线

SLM CoCrMo合金在不含和含有30mmol/L H_2O_2溶液中完成极化曲线测试后的腐蚀形貌，如图4.21、图4.22所示。腐蚀形貌中的熔池边界较为明显，在含有30mmol/L H_2O_2的溶液中极化后可以观察到点蚀，且*XOY*面的点蚀较多。

SLM CoCrMo合金*XOY*面在0.9% NaCl和0.9% NaCl+30mmol/L H_2O_2溶液中恒电位极化形成钝化膜的AFM测试结果如图4.23所示，XPS测试结果如图4.24所示。在图4.23中，试样表面覆盖有纳米尺寸的氧化物颗粒，且没有点蚀发生。在0.9% NaCl溶液中，试样表面的抛光痕迹变得不明显，钝化膜的分

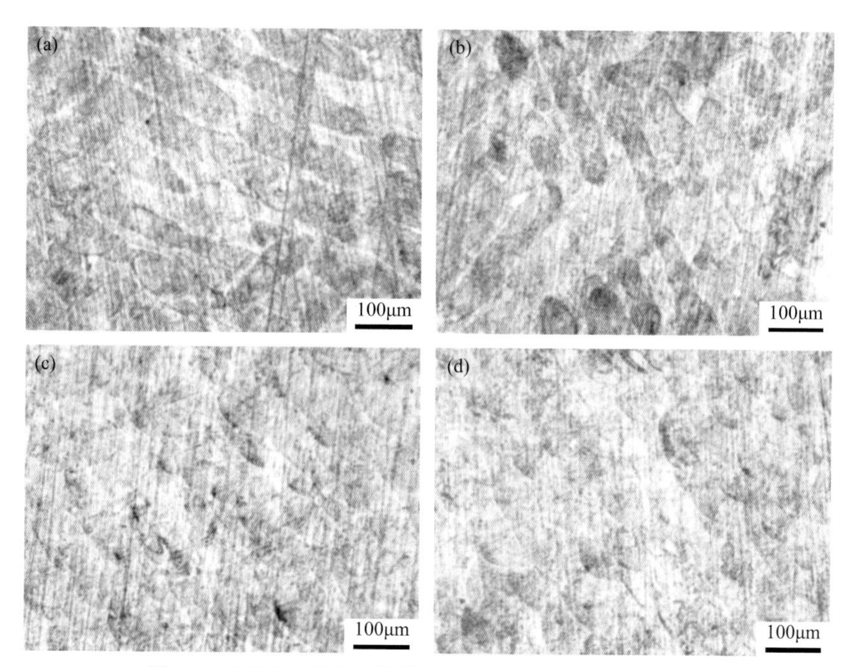

图4.21　在激光共聚焦显微镜下SLM CoCrMo合金的腐蚀形貌

（a）*XOY*面，0mmol/L；（b）*XOY*面，30mmol/L；（c）*XOZ*面，0mmol/L；（d）*XOZ*面，30mmol/L

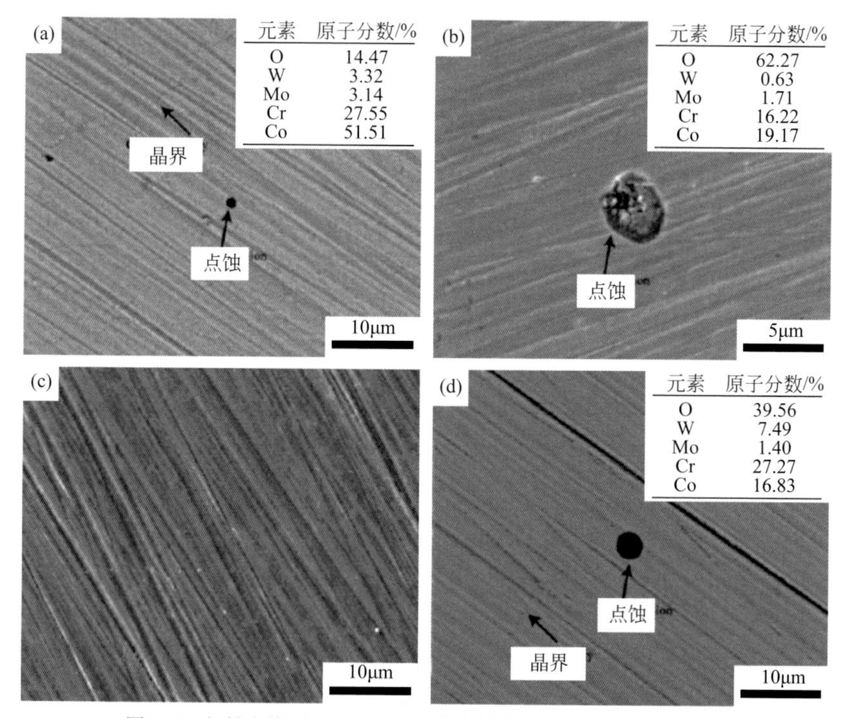

图4.22　扫描电镜下SLM CoCrMo合金的腐蚀形貌和能谱测试结果

（a）*XOY*面，0mmol/L；（b）*XOY*面，30mmol/L；（c）*XOZ*面，0mmol/L；（d）*XOZ*面，30mmol/L

布较为均匀，表面粗糙度R_a为0.85nm。在0.9% NaCl+30mmol/L H_2O_2溶液中，试样表面被颗粒状的氧化物覆盖，表面粗糙度R_a为2.19nm，对基体的覆盖程度相对较差。

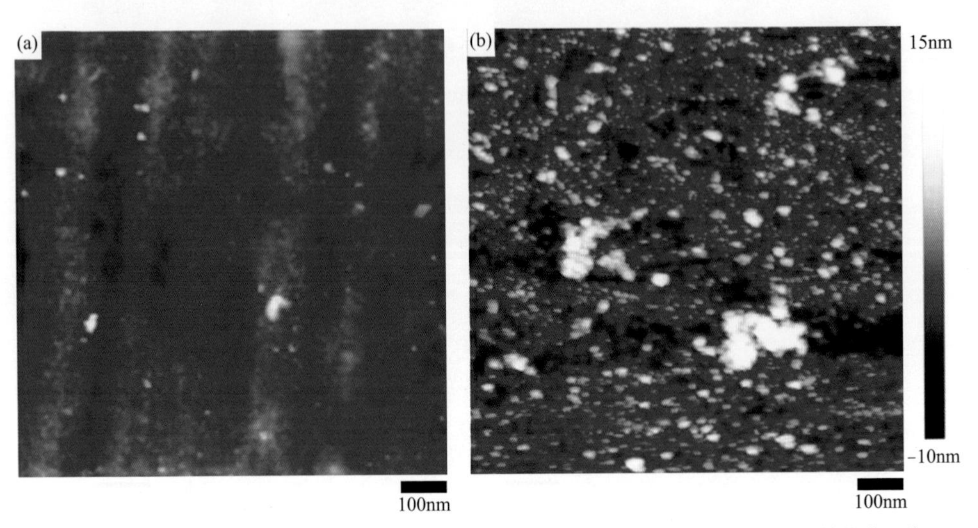

图4.23 SLM CoCrMo合金*XOY*面在不含（a）和含有30 mmol/L H_2O_2溶液中（b）的钝化膜形貌

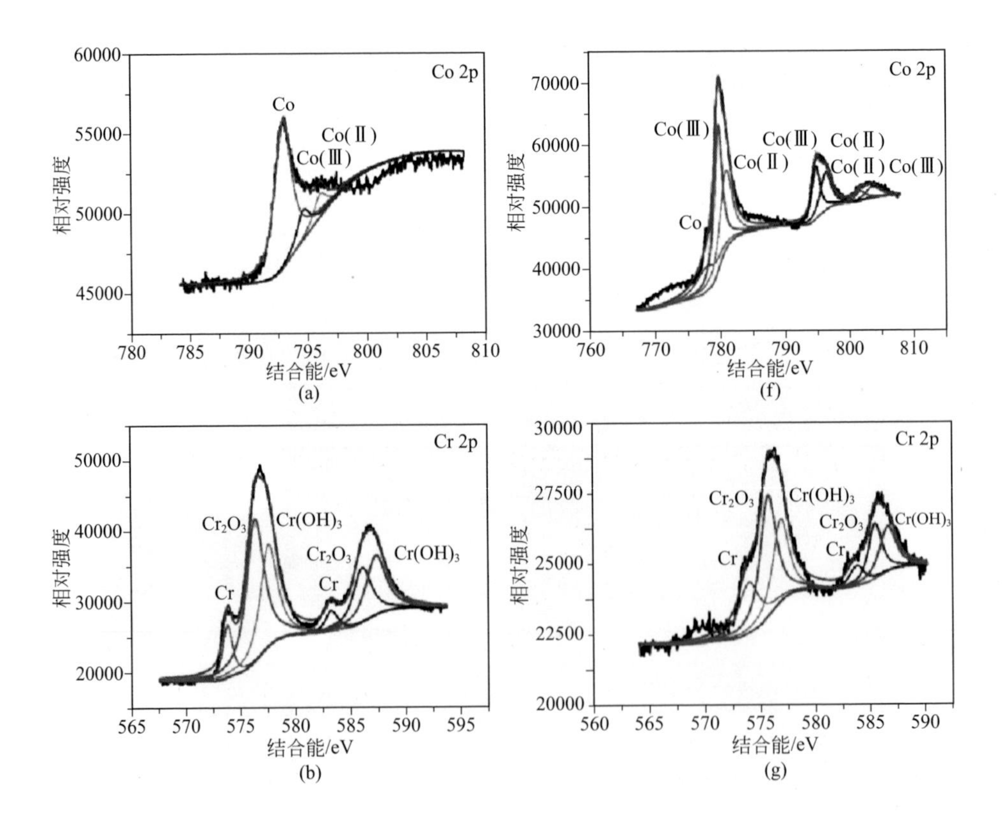

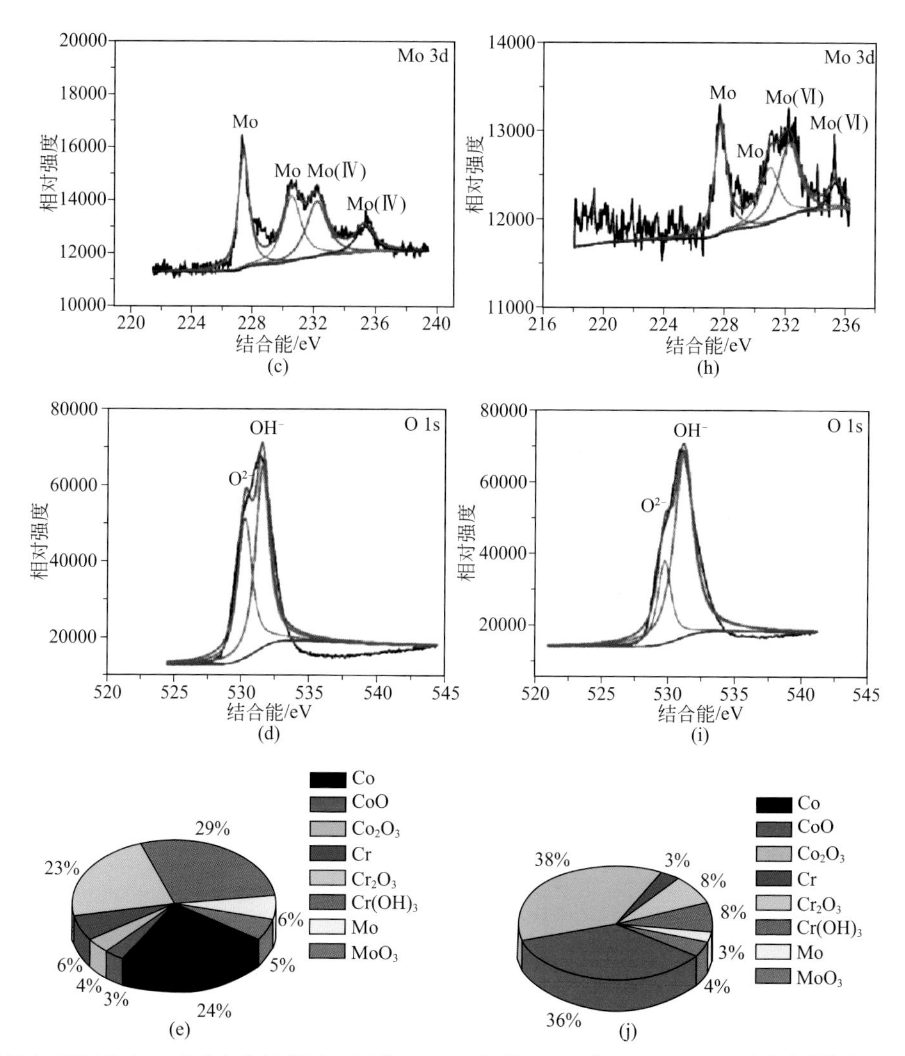

图4.24　SLM CoCrMo合金在含有［(a)～(e)］0mmol/L和［(f)～(j)］30mmol/L H_2O_2溶液中的钝化膜成分

在图4.24中，XPS曲线采用Shirley方法进行背景校准，并采用XPS-Peak软件，结合文献中关于Co2p、Cr2p、Mo3d、O1s衍射峰数据的报道进行分峰拟合。两种溶液中XPS曲线的分峰结果基本相同，在0.9% NaCl溶液中，钝化膜主要含有Cr的氧化物，但在0.9% NaCl+30mmol/L H_2O_2溶液中，Co（Ⅲ）和Co（Ⅱ）的占比增加，Cr（Ⅲ）和Mo的占比降低，OH^-峰的强度相对O^{2-}峰的较高，说明在含有30mmol/L H_2O_2溶液中，合金表面形成钝化膜的保护性更差。在含有H_2O_2的溶液中，SLM CoCrMo合金表面可能发生与O_2、H_2O_2、Co和Cr有关的电极反应的平衡电位如图4.25所示。为了方便对比，将不含H_2O_2和含有30mmol/L H_2O_2溶液中测得的腐蚀电位也绘制在图4.25中。在图4.25中，在不含有H_2O_2的

0.9% NaCl溶液中，O_2的还原是主要的阴极反应，开路电位比Cr/Cr_2O_3的氧化还原电位（−0.84V）更正，但比Co/CoO的氧化还原电位（−0.14V）更负，Cr_2O_3将是钝化膜的主要化学成分。在含有H_2O_2的溶液中，H_2O_2是相比O_2更强的氧化剂，标准还原电位更正，H_2O_2分解形成H_2O和O_2时，还会产生OH^-和HO_2^-等高活性的中间物质。溶液中添加H_2O_2后，阴极反应将主要以H_2O_2和高活性中间物质的还原反应为主，使得合金的开路电位变正。在含有30mmol/L H_2O_2的溶液中，开路电位比Co/CoO的氧化还原电位更正，甚至接近O_2的标准还原电位，从而会在钝化膜中形成更多Co的氧化物和氢氧化物。

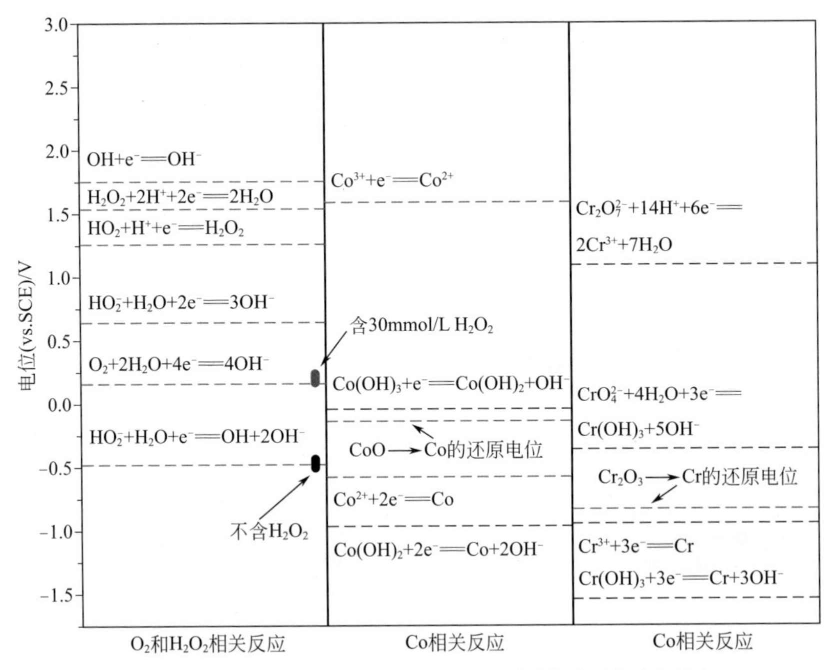

图4.25 CoCrMo合金表面可能发生电极反应的标准平衡电位分布

图4.26为不同溶液中的理想极化曲线Evans图，可以用于解释H_2O_2浓度对电化学反应动力学的影响。黑色实线表示SLM CoCrMo合金在不含H_2O_2溶液中的理想阴极极化曲线和阳极极化曲线。蓝色虚线表示SLM CoCrMo合金在含有低浓度H_2O_2溶液中的理想阴极极化曲线和阳极极化曲线。红色虚线表示SLM CoCrMo合金在含有高浓度H_2O_2溶液中的理想阴极极化曲线和阳极极化曲线。交点A、B、C分别对应不同溶液中的混合腐蚀电位。一方面，当H_2O_2浓度低于临界值（本章的研究中为6mmol/L）时，随着H_2O_2浓度的增加，阴极反应主要以H_2O_2的还原为主，腐蚀电位变正，有利于钝化膜的形成，维钝电流降低。另一方面，当H_2O_2浓

度超过临界值、增加到30mmol/L后，大量的H_2O_2会改变钝化膜的形貌和化学成分。而且在含有30mmol/L H_2O_2的溶液中，理想极化曲线的交点从*A*点转移到*C*点，已经很靠近理想阳极极化曲线的过钝化区间，导致图4.26中实际测得的极化曲线中没有明显的钝化区间，阳极区电流密度随电位变正而增加。

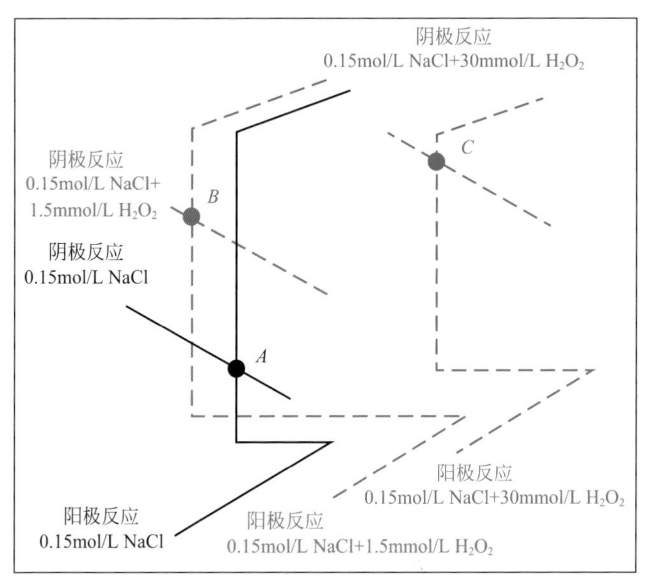

图4.26　SLM CoCrMo合金在含有不同H_2O_2浓度溶液中的理想极化曲线Evans图

计算的SLM CoCrMo合金在含有不同H_2O_2浓度溶液中的极化电阻及其各向异性如图4.27所示。在图4.27（a）中，*XOZ*面和*XOY*面分别在含有1.5mmol/L、3mmol/L H_2O_2的溶液中，极化电阻达到最大值。在图4.27（b）中，H_2O_2浓度在3 ~ 6mmol/L时，各向异性明显降低，与H_2O_2对钝化膜形成的促进作用有关。

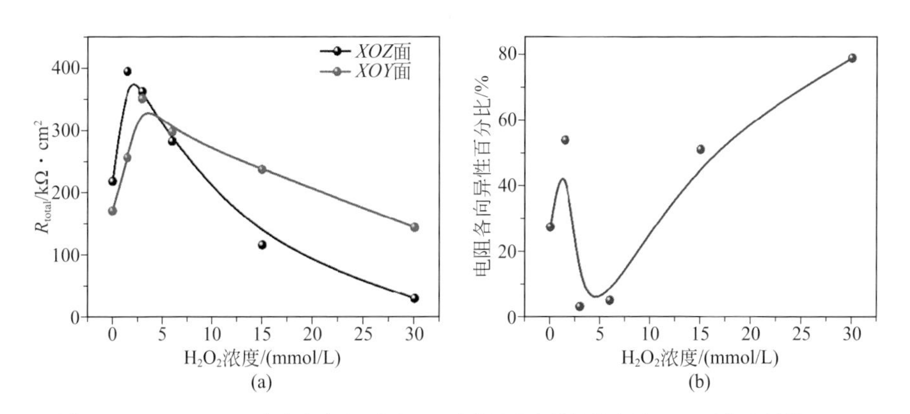

图4.27　SLM CoCrMo合金在含有不同H_2O_2浓度溶液中的极化电阻（a）及各向异性（b）

H_2O_2浓度达到30mmol/L时，各向异性接近80%。因此，当H_2O_2浓度超过6mmol/L后，不仅对钝化膜的形成产生不利影响、加速CoCrMo合金的腐蚀，还会使不同面的电化学行为各向异性增加，需要在后续的实际应用过程中予以重视。

4.3 SLM CoCrMo合金在磨损条件下的腐蚀行为

SLM CoCrMo合金在磨损开始前和磨损过程中的开路电位、极化曲线如图4.28所示。在图4.28(a)中，磨损开始后，开路电位从−0.4V负向偏移到−0.7V，这主要归因于磨损过程中钝化膜受到破坏，新鲜表面直接与溶液接触的过程，磨损停止后，开路电位又从−0.7V正向偏移到−0.4V，此时合金表面重新形成钝化膜。在图4.28（b）中，摩擦系数随时间的增加略有增加，并趋于稳定在0.5左右。在图4.28（c）中，磨损开始后，极化曲线向右下方移动，磨损过程中的电流密度（10^{-4} A/cm^2）明显高于磨损开始前的维钝电流密度（3.2×10^{-6} A/cm^2），腐蚀电位也负向偏移到−0.7V，与磨损过程造成的钝化膜破损有关。为了研究SLM CoCrMo合金在不同极化条件下的磨损腐蚀行为，选择3个极化电位（−1.2V、0.2V、0.6V）作为磨损过程中的恒电位极化电位，在磨损过程中同时记录电流密度随时间的变化，以进一步验证不同条件下腐蚀导致金属损失和磨损导致金属损失的占比。在图4.28（d）中，摩擦系数随极化电位的变化表现出类似极化曲线的形状，在阴极极化条件下，摩擦系数较高，−0.8V电位下的摩擦

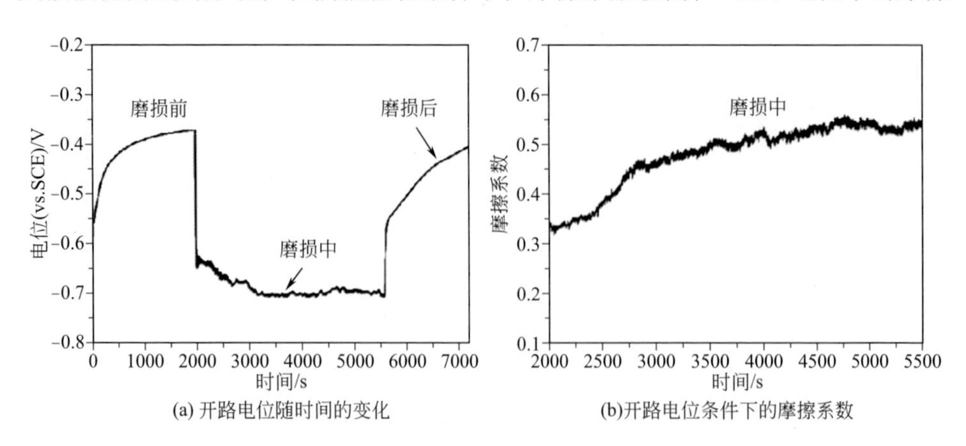

(a) 开路电位随时间的变化　　(b)开路电位条件下的摩擦系数

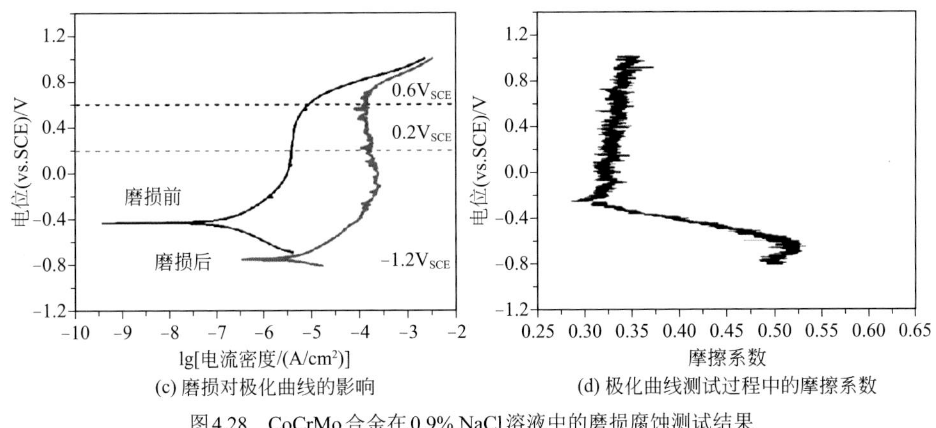

(c) 磨损对极化曲线的影响

(d) 极化曲线测试过程中的摩擦系数

图4.28　CoCrMo合金在0.9% NaCl溶液中的磨损腐蚀测试结果

系数约为0.5；随着电位正移，摩擦系数逐渐降低，在−0.23V电位下达到最小值，在阳极极化区间变化不大，在0.3 ~ 0.35的范围内略有增加。

为了详细分析CoCrMo合金再钝化过程中电荷、电量转移的典型特征，首先以SLM CoCrMo合金在0.9% NaCl溶液中，电位从−1.2V转变为0.4V为例进行测试，采用0.1ms每次的采样频率记录的电位、电流、电量随时间变化的典型曲线如图4.29所示。

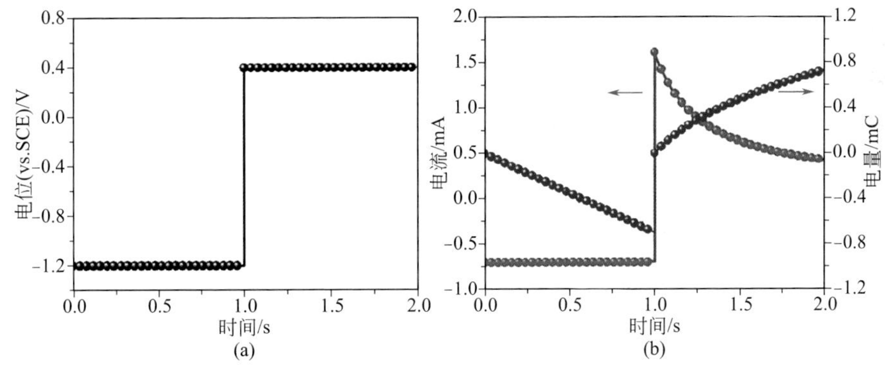

图4.29　恒电位阶跃过程中电位（a）和电流、电量变化（b）的典型测试结果

电化学电容器的电容往往同时包含界面双电层电容和法拉第赝电容两个分量，界面双电层电容由电极侧、溶液侧电荷数量相等、极性相反的两个电荷层组成，法拉第赝电容对应合金表面发生的氧化还原反应，如：钝化膜的形成与增长等。在图4.29（b）中，电位发生转变后，在小于0.1ms的时间内，电流从−0.7mA突变为1.6mA，电量从−0.7mC突变为0mC，主要对应双电层两侧静电荷的释放过程。随着0.4V电位条件下充电时间的延长，电流不断减小，充电

量不断增加，合金表面建立起新的双电层电容，并在阳极极化条件下不断形成钝化膜。进一步采用不同的阴极极化和阳极极化电位组合，研究了恒电位阶跃过程中的电流和电量变化情况，结果如图4.30和图4.31所示。阴极极化采用磨损实验过程中常用的−1.2V、−0.8V两种电位，有文献指出−1.2V电位下的阴极极化可以有效去除合金表面的钝化膜，也有文献指出−0.8V电位比Co/Co^{2+}氧化还原对的平衡电极电位更负，也不会由于析氢反应对磨损过程造成影响。在图4.30的双对数坐标系中，随着极化时间的延长，极化电流降低，在小于0.1s的范围内出现一个类似平台的区域，然后随着时间的延长出现线性降低的趋势，说明阴极、阳极循环极化能够一定程度上模拟机械作用导致的去钝化和再钝化过程。平台区域主要与溶液电阻有关，线性降低区域主要与基于高场模型的钝化膜增长有关。选用−1.2V的阴极极化电位时，阶跃到阳极极化电位后的电流比−0.8V条件下的测试结果更高，并在0.2V电位条件下达到一个峰值，而选用−0.8V的阴极极化电位时，阳极极化电流随着电位的变正而一直增加。

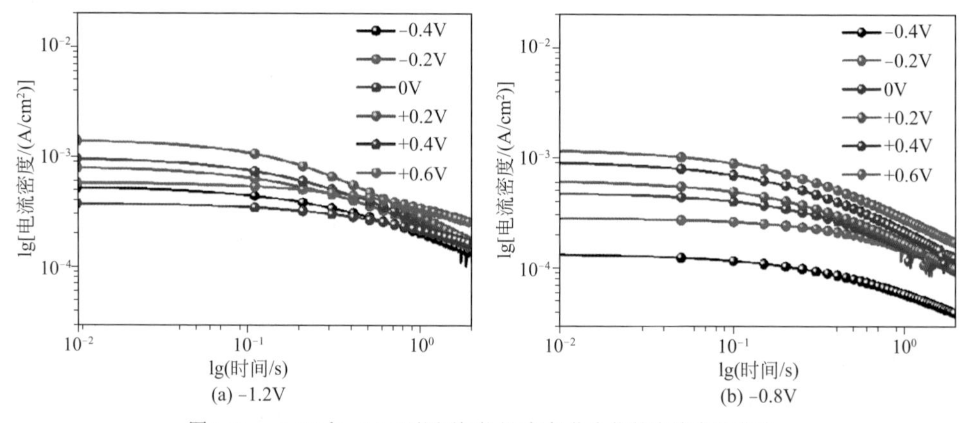

图4.30　−1.2V和−0.8V跃迁到不同阳极极化电位的电流变化曲线

图4.31中的电量变化与图4.30中的电流变化表现出类似的规律，选用−1.2V的阴极极化电位时，充电量比−0.8V条件下的测试结果更大，说明对表面钝化膜的还原更加彻底，在后续的磨损实验过程中也选用−1.2V作为阴极极化区间的电位。

根据S. Mischler等人提出的钝化金属的磨损腐蚀机理，钝化、去钝化循环往复过程中的充电量Q_p可用于衡量化学作用导致的金属损失程度。根据图4.31中的测试结果，同一位置在一个磨损周期内发生两次钝化膜磨损，选用0.5s时的充电量测试结果（Q_p）进行对比。不同测试条件下的Q_p值如图4.32所示，可以看出，0.2V条件下的Q_p值比0.6V条件下更高。

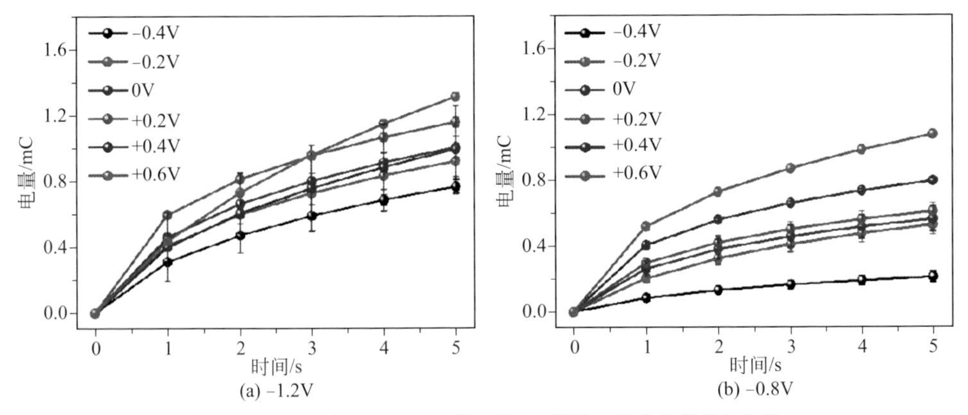

图4.31 -1.2V和-0.8V跃迁到不同阳极极化电位的电量变化曲线

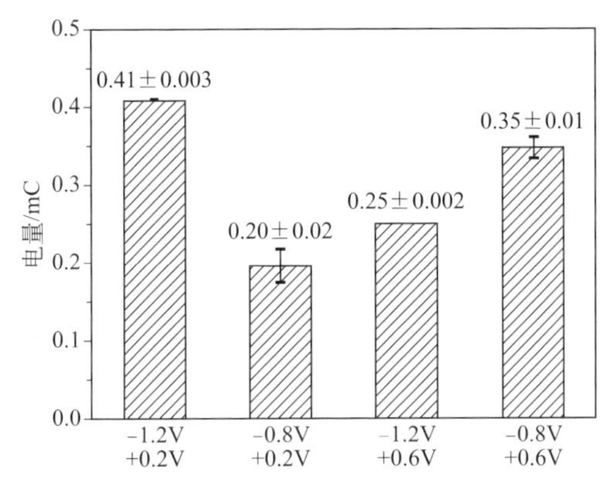

图4.32 阴极极化电位跃迁到阳极极化电位后0.5s内的充电量

按照S. Mischler等人提出的模型，腐蚀导致的金属损失与轴向应力的0.5次方成正比。为了验证这一关系，在-0.2V电位条件下，测试了不同轴向压力下磨损时的电流变化，测试结果如图4.33（a）所示，拟合结果如图4.33（b）所示。

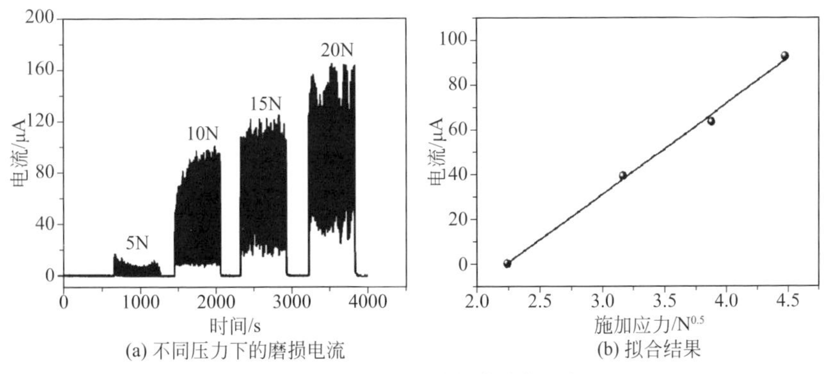

图4.33 轴向压力对磨损电流的影响

SLM CoCrMo合金在不同轴向压力（5N、10N）和不同极化电位（−1.2V、0.2V、0.6V）条件下的磨损电流变化如图4.34（a）和图4.34（b）所示，磨痕面尺寸如图4.34（c）和图4.34（d）所示，腐蚀导致金属损失V_{chem}和磨损导致金属损失V_{mech}的占比如图4.34（e）和图4.34（f）所示。在图4.34（a）和图4.34（b）中，磨损开始后，阴极极化电流和阳极极化电流都明显增加，与磨损造成的金属表面活化有关，且10N条件下的电流比5N条件下的电流更大，主要是由于磨损接触面积增加造成的。

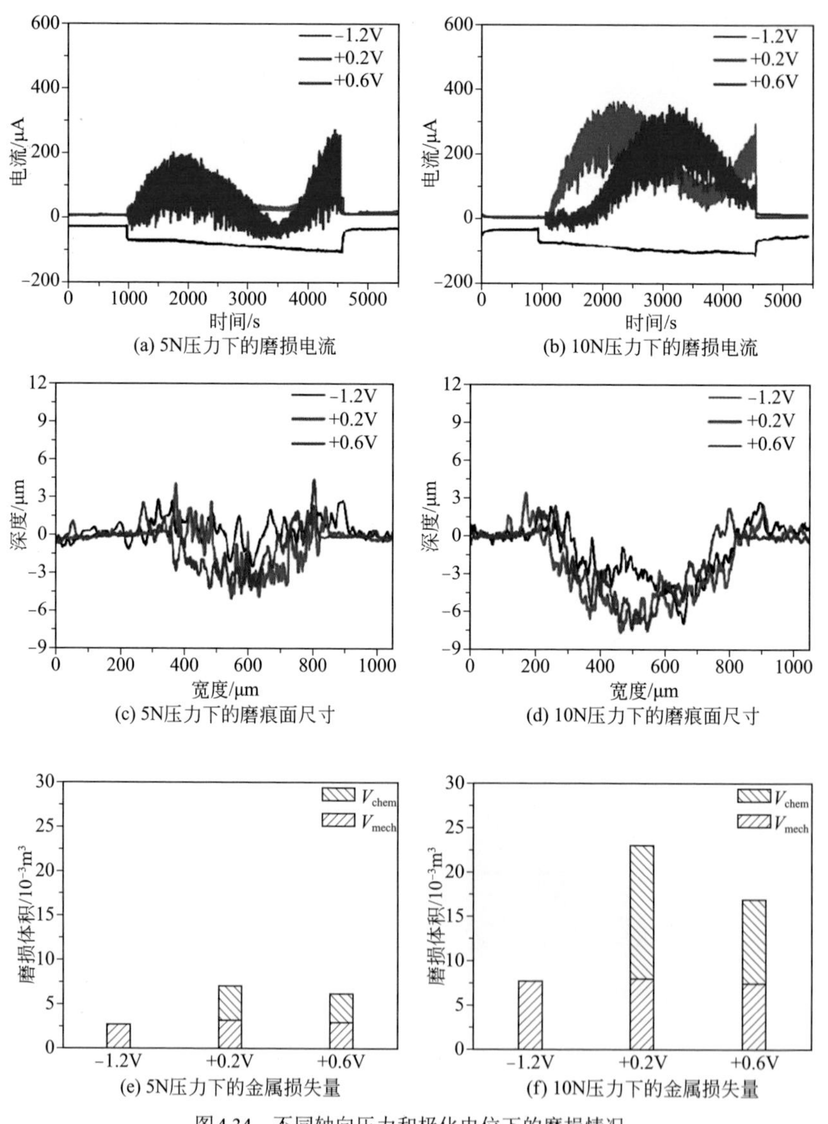

(a) 5N压力下的磨损电流
(b) 10N压力下的磨损电流
(c) 5N压力下的磨痕面尺寸
(d) 10N压力下的磨痕面尺寸
(e) 5N压力下的金属损失量
(f) 10N压力下的金属损失量

图4.34　不同轴向压力和极化电位下的磨损情况

从图4.34（e）和图4.34（f）可以看出，阳极极化电位条件下的金属损失明显高于阴极极化条件下的金属损失，主要是由于V_{chem}的差异造成的。10N压力下的V_{chem}高于5N压力下的测试结果。相同压力作用下，阳极极化条件下的V_{chem}值略高于阴极极化条件下的测试结果。不同轴向压力不同电位条件下，磨损形貌及摩擦系数如图4.35～图4.38。不同条件下的磨损形貌均以与磨头移动方向平行的划痕为主，磨损过程中发生明显的塑性变形。在−1.2V电位下，磨痕宽度较小，局部位置出现较深的犁沟，磨痕表面覆盖有较多的磨屑聚集，周期性磨损过程中形成紧密的覆盖层。在0.2V、0.6V电位下，磨痕宽度增加，磨痕表面覆盖磨屑量逐渐减少。图4.36可知阴极极化条件下的摩擦系数（约0.5）比阳极极化条件下的摩擦系数（约0.3）更高，可能与磨痕表面聚集的磨屑有关。图4.38中EDS测试结果

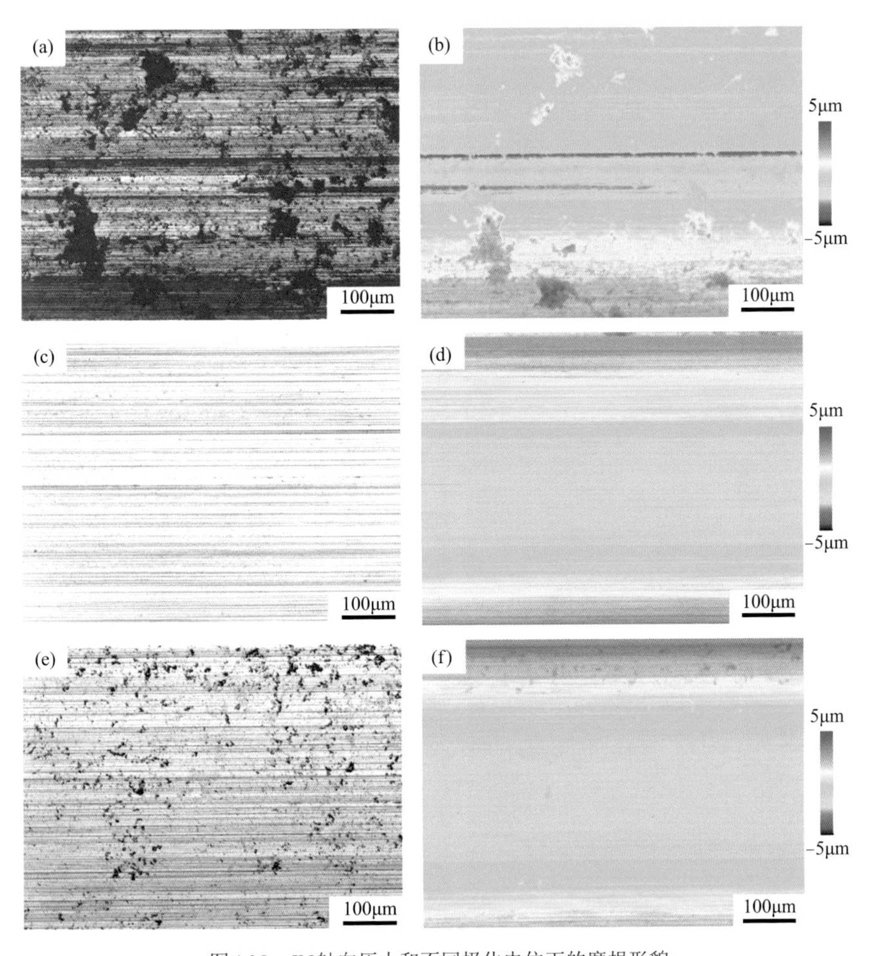

图4.35　5N轴向压力和不同极化电位下的磨损形貌

（a）−1.2V，形貌图；（b）−1.2V，高度图；（c）0.2V，形貌图；（d）0.2V，高度图；（e）0.6V，形貌图；（f）0.6V，高度图

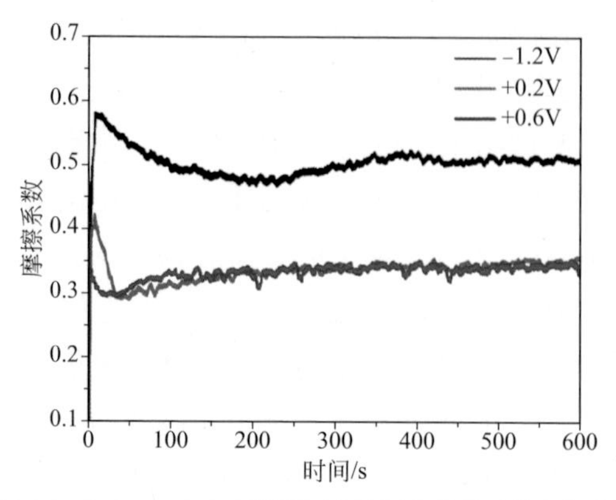

图4.36　CoCrMo合金在不同恒电位极化条件下的摩擦系数

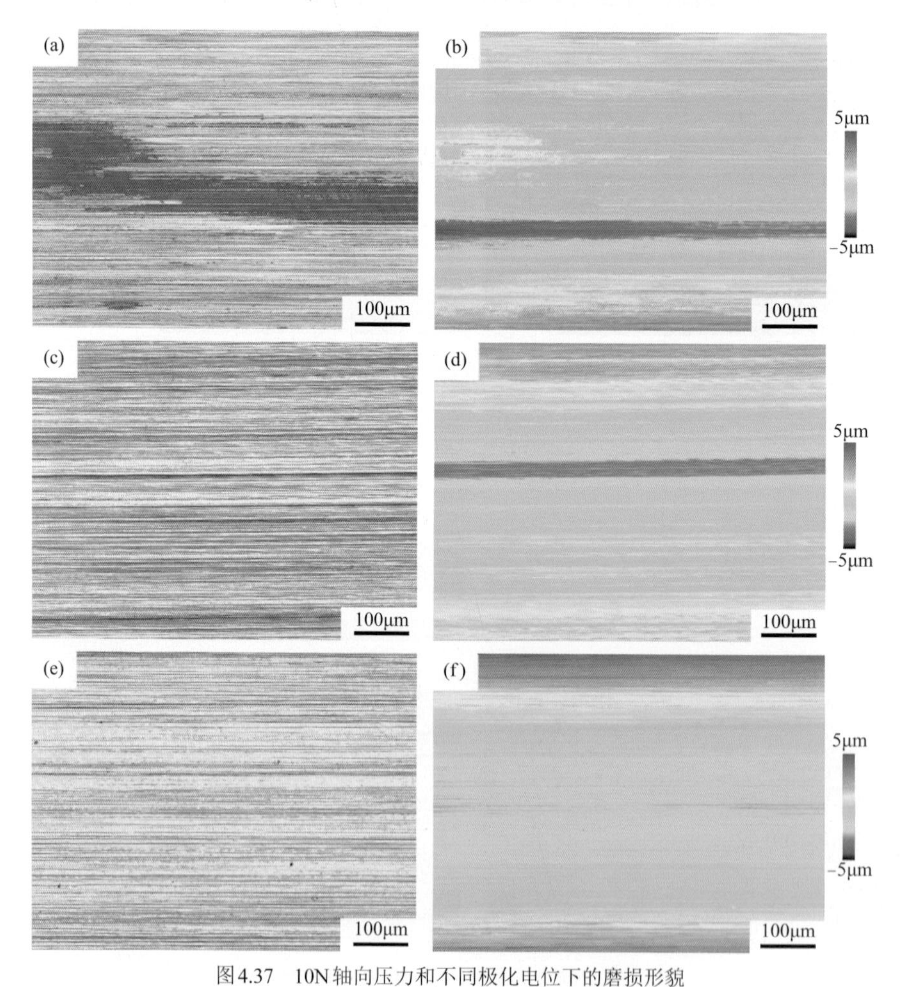

图4.37　10N轴向压力和不同极化电位下的磨损形貌

（a）-1.2V，形貌图；（b）-1.2V，高度图；（c）0.2V，形貌图；（d）0.2V，高度图；（e）0.6V，形貌图；（f）0.6V，高度图

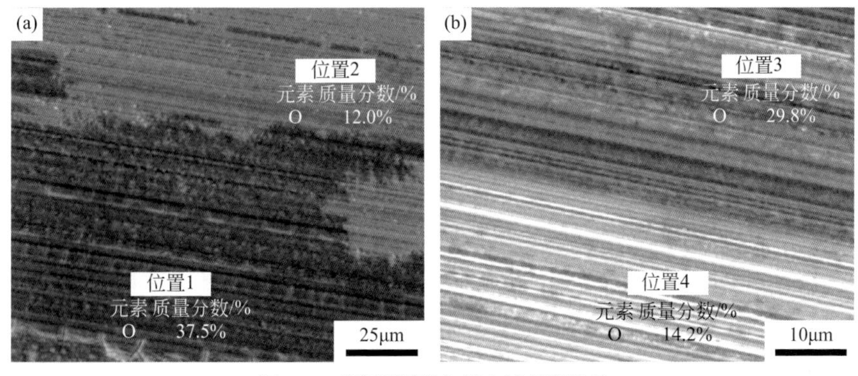

图4.38 磨损形貌的扫描电镜观察结果

（a）5N，−1.2V；（b）10N，−1.2V

显示磨屑聚集位置的氧含量高于其它位置，说明磨屑活性较高，更容易发生氧化。

SLM CoCrMo合金的耐磨损能力还会受到极化电位的影响，不同极化电位下的金属损失差异主要取决于腐蚀造成的金属损失量差异，相关影响机制如图4.39所示。在阴极极化电位下，合金表面聚集的磨屑受到阴极保护的作用未发生溶解，金属损失主要以机械磨损为主，但阴极极化停止后，磨屑则会快速发生氧化。但在阳极极化电位下，机械磨损和腐蚀过程发生如图4.39（b）所示的复杂交互作用，导致金属损失量增加，主要包括以下情况：

① 磨损过程中，磨痕表面处于钝化-去钝化-再钝化的循环过程，不能完全被钝化膜覆盖；此外，磨损过程中产生磨屑的活性高，若吸附在磨痕表面，也会在阳极极化的作用下丢失电子、发生腐蚀。

② 机械磨损还会造成合金表面的塑性变形，磨痕边缘发生明显的隆起，局部应力集中导致隆起断裂后会形成磨屑。在阳极极化条件下，合金表面形成的

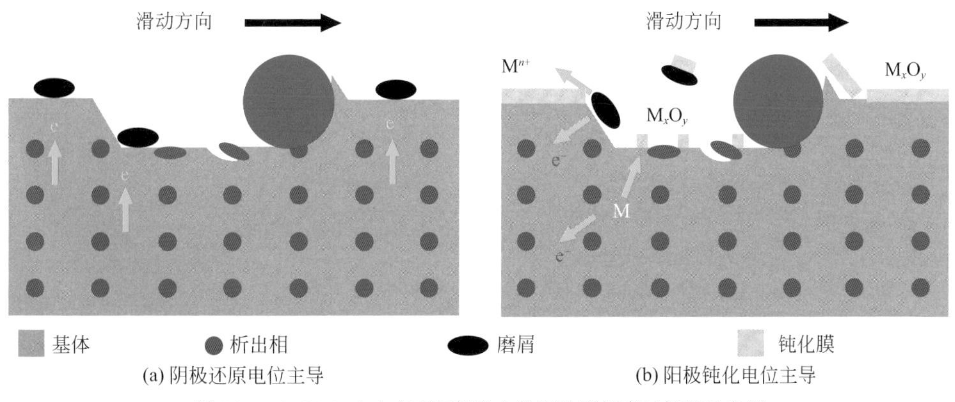

图4.39 CoCrMo合金在不同极化电位下的磨损腐蚀机理示意图

钝化膜与基体的硬度存在差异，会阻碍位错在表层的湮没，使得磨痕边缘的隆起更容易发生断裂，钝化膜也可能在磨损过程中破坏，二者都会导致机械磨损量的增加。

4.4 热处理对SLM CoCrMo合金组织结构及腐蚀行为的影响

4.4.1 不同热处理制度下SLM CoCrMo合金的组织演变

增材制造合金是否需要热处理一直受到关注和讨论，为了选择合适的热处理制度，首先采用差示扫描量热法（DSC）确定合金的相转变温度。直径3mm的试样用砂纸打磨至2000号后，采用NETZSCH-STA449F5同步热分析仪进行DSC测试。按照10℃/min的速率，从室温升高至1200℃。测试得到的DSC曲线如图4.40所示，500℃位置的吸热峰对应FCC结构的γ-Co相基体上开始析出HCP结构的ε-Co相，860℃位置的放热峰对应ε-Co相的溶解。

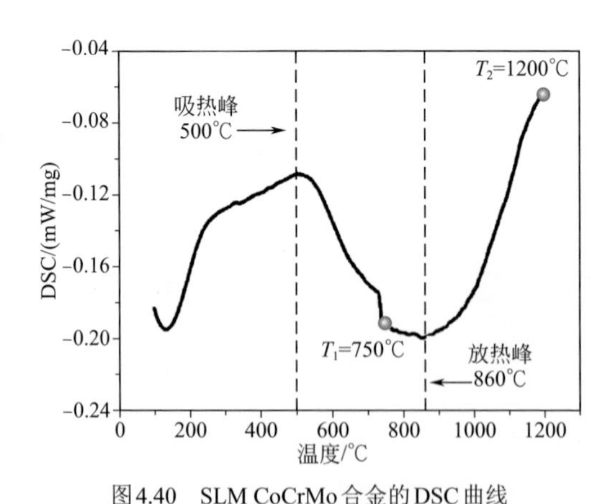

图4.40 SLM CoCrMo合金的DSC曲线

根据DSC测试结果，确定了如图4.41所示的固溶处理+时效处理两种热处理制度。固溶处理样品简称ST试样，Laves相固溶到基体中，ST试样中含有较少的ε-Co相和Laves相。时效处理过样品简称AT试样，ε-Co相含量会随着时效时间的延长而增加，AT试样中应含有较多的ε-Co相和Laves相。

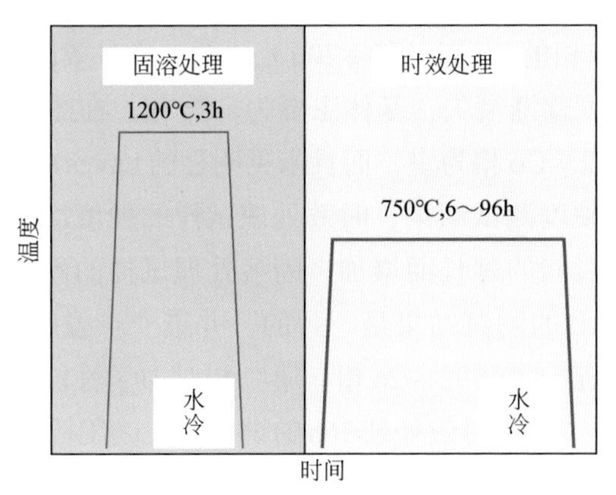

图4.41　选用的热处理制度

SLM CoCrMo合金热处理前后的XRD和维氏硬度测试结果如图4.42所示。图4.42（a）可知，热处理前，γ-Co相的衍射峰强度较强，ε-Co相的衍射峰强度

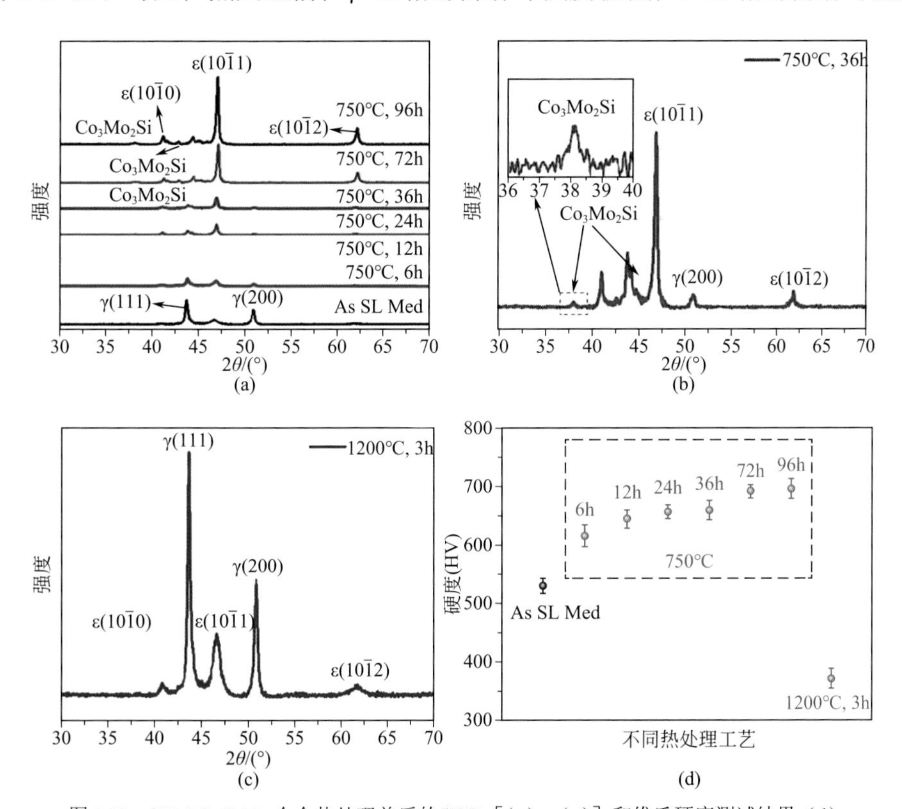

图4.42　SLM CoCrMo合金热处理前后的XRD［(a)～(c)］和维氏硬度测试结果（d）

较弱，基体主要为γ-Co相；随着时效处理时间的延长，ε（$10\bar{1}1$）晶面的衍射峰强度逐渐增加，较多hcp结构的ε-Co相逐渐析出。而且在图4.42（b）中，当时效处理时间达到36h后，Laves相的衍射峰变得明显。38.3° 和44.5° 位置的衍射峰分别对应Laves相的（110）和（200）晶面。当时效时间达到72h、96h后，γ-Co相的衍射峰强度逐渐消失，基体主要为ε-Co相。在图4.42（c）中，经过固溶处理后，基体仍以γ-Co相为主，而且未见明显的Laves相衍射峰。图4.42（d）为不同试样的显微硬度测试结果，时效处理试样的硬度高于未经过热处理的试样，而且随着时效时间的延长而增加，固溶处理试样的硬度则低于未经过热处理的试样。这和XRD的测试结果是一致的，并进一步说明了ε-Co相和Laves相的硬化作用。为了进一步研究ε-Co相、第二相对力学性能和耐蚀性的影响，未经过热处理的试样、750℃时效处理36h的试样、1200℃固溶处理3h的试样，被选择用于后续的力学性能和电化学行为测试。

SLM CoCrMo合金经过不同热处理后的微观组织形貌如图4.43所示。图4.43（a）可知，时效处理后的试样显微组织较为复杂，打印后的熔池边界逐渐模糊，高倍下可见较多片层状的ε-Co相。图4.43（c）可知，基体上可见弥散分布的亮白色析出相，由于其尺寸较小，EDS面扫结果中未发现其与基体存在明显的化学

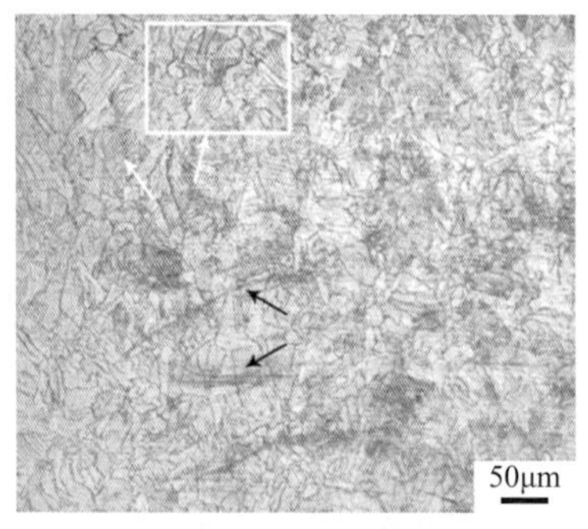

(a) 750℃时效处理36h后的微观组织

(b) (a)中白框区域放大后的微观组织

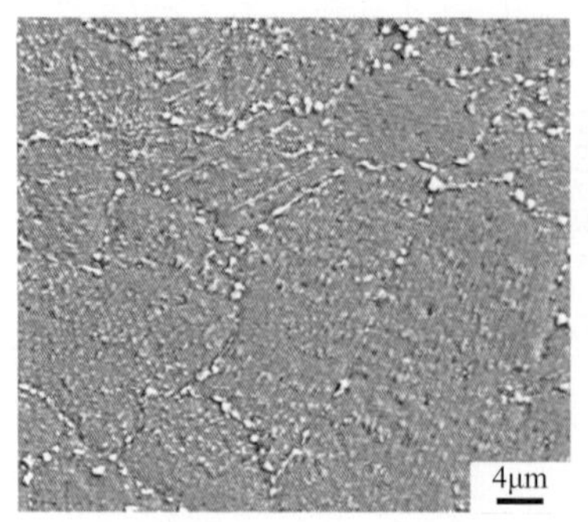

(c) 750℃时效处理36h后析出相的SEM形貌

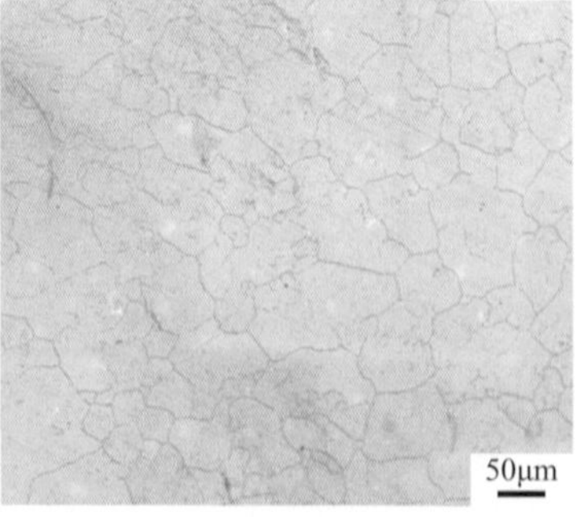

(d) 1200℃固溶处理3h后的微观组织

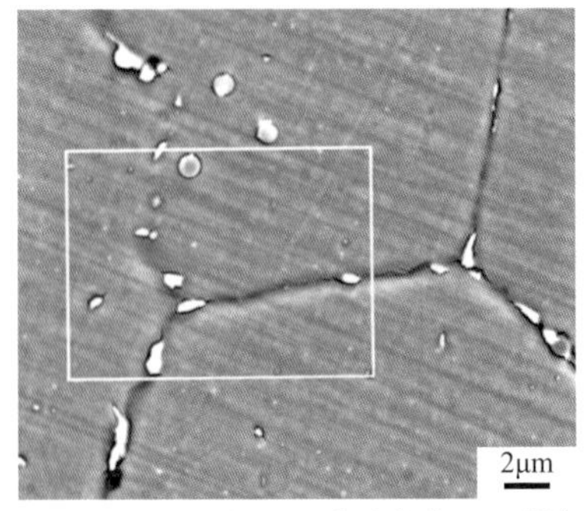

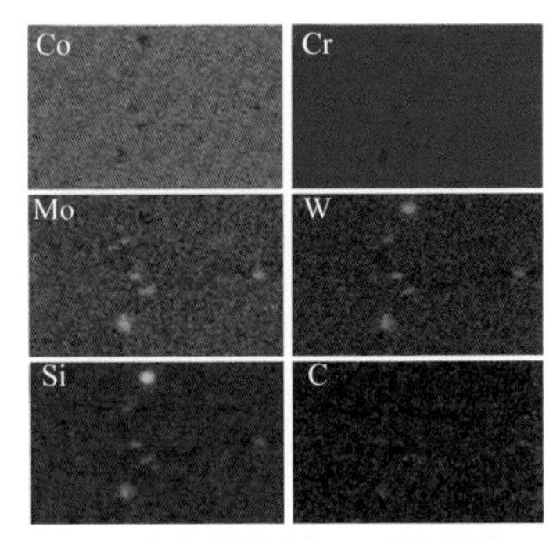

(e) 1200℃固溶处理3h后析出相的SEM形貌　　(f) (e)中白框区域的EDS面扫结果

图4.43　SLM CoCrMo合金热处理后的微观组织

成分差异。图4.43（d）可知，固溶处理后的试样的熔池边界消失，基体主要为等轴晶粒的γ-Co相。在图4.43（e）中，晶界及晶内均发现明显的第二相析出。且图4.43（f）中的EDS面扫结果显示，与基体相比，第二相含有更多的Mo、W、Si元素，含有更少的Co、Cr元素，由此可知析出相为Laves相。

SLM CoCrMo合金在热处理后的EBSD测试结果如图4.44所示。在750℃时效处理36h后，晶粒形状仍不规则，γ-Co相晶粒的错配角度仍以小于15°为主，说明750℃时效过程中未发生再结晶过程，相分布图中可见时效处理后试样含有约32%的ε-Co相，新形成ε-Co相的晶粒尺寸较小，并优先在原始γ-Co相的晶界上形核，向晶粒内部长大。KAM图显示经过时效处理的试样在晶界和熔池边界附近仍存在较高程度的应力集中，这与ε-Co相析出导致的局部应力集中有关。图4.44（d）～(f）表明经过1200℃固溶处理后试样内应力明显降低，基体主要为γ-Co相且晶界较平直，平均晶粒尺寸增加，大于15°的大角度晶界增加，晶粒内部的回火孪晶更加明显。

(b)
FCC
HCP
50μm

图4.44

图4.44　CoCrMo合金热处理后的EBSD测试结果

（a）～(c) 750°C时效处理36h；（d）～（f）1200°C固溶处理3h

SLM CoCrMo合金在经过不同热处理后的透射电镜形貌和选区电子衍射结果如图4.45所示。在图4.45（a）~（c）中，750℃时效处理36h后，可以观察到片层状的ε-Co相，且选区电子衍射结果显示ε-Co相与γ-Co相基体呈S-N取向关系。在图4.45（d）~（f）中，时效处理试样的基体上有大量第二相析出，根

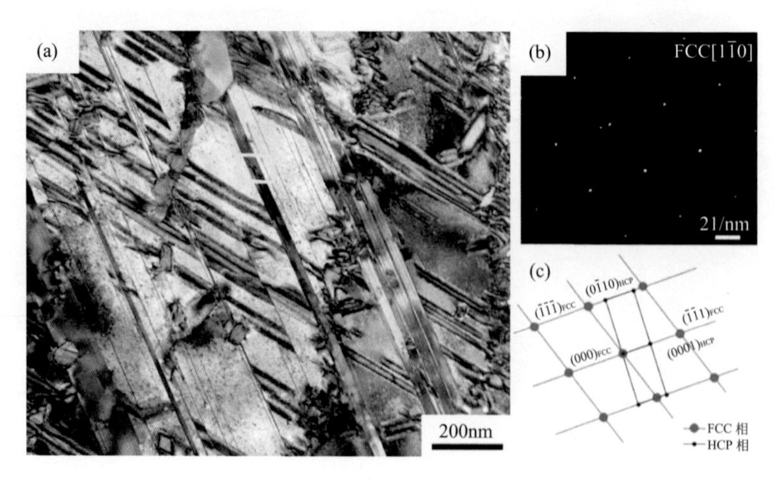

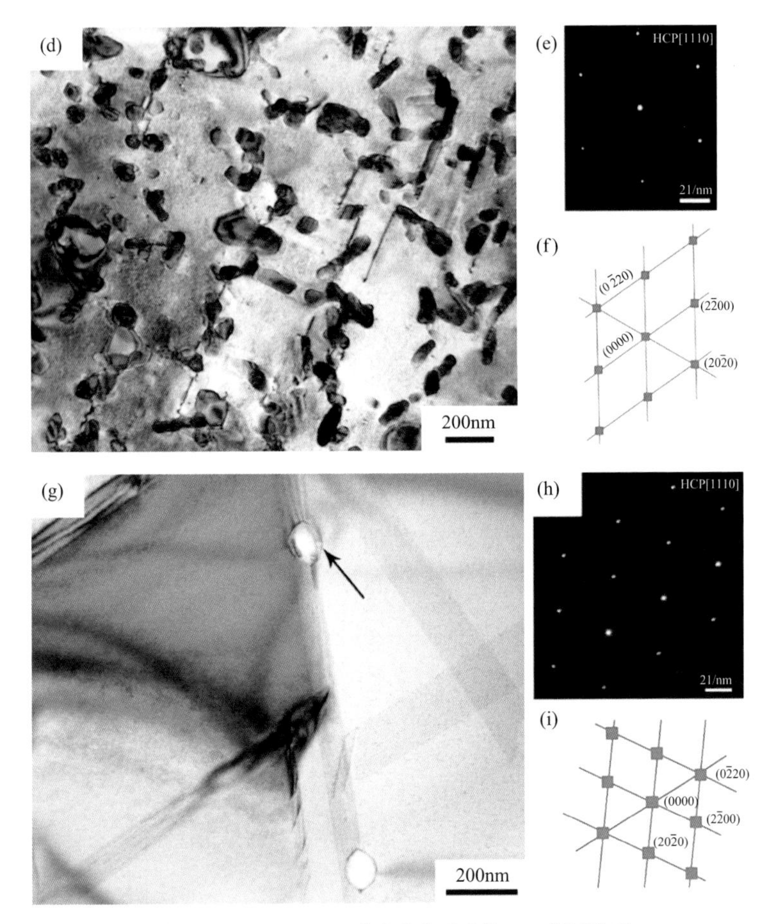

图4.45　SLM CoCrMo合金热处理后的TEM测试结果

(a)～(f)750℃时效处理后的基体和第二相，其中，(b)，(c)为基体中ε相与γ相取向关系的选区电子衍射和标定结果，(e)，(f)为第二相的选区电子衍射和标定情况；(g)～(i)1200℃固溶处理后的第二相

据选区电子衍射标定结果，可判断为Co_3Mo_2Si的Laves相。图4.45（g）～（i）可知，1200℃固溶处理3h后，也可观察到Laves相，但其数量相对时效处理试样减少，呈离散分布特征。综合XRD测试结果和图4.45中的选区电子衍射结果，确定本章中SLM CoCrMo合金热处理后形成的第二相仍为Laves相，热处理前后未发生析出相类型的变化。

综上所述，SLM CoCrMo合金热处理后的微观组织演变规律可总结为以下内容：从热力学的角度看，γ-Co相在室温下属于亚稳相，500℃和860℃为相转变过程中的两个临界温度；750℃等温时效过程中，γ-Co相基体上析出片层状的ε-Co相，1200℃的固溶处理过程中，1200℃温度下γ-Co相作为基体，并在水冷过程中保持到室温，但固溶处理试样的晶粒尺寸明显长大，并以大角度晶界为主；SLM制造过程中固溶在基体中的元素具有较高的活性，在热处理过程中会以第二相的形式析出，在时效处理和固溶处理试样中都观察到了Laves相的析出，但分布特征仍有差异，时效处理试样中的Laves相主要为纳米尺寸，弥散、均匀分布在基体上，但固溶处理试样中的Laves相则呈离散分布特征。

4.4.2 不同热处理制度下SLM CoCrMo合金的腐蚀行为

SLM CoCrMo合金热处理前后在0.9% NaCl溶液中的极化曲线如图4.46所示，交流阻抗结果如图4.47所示。SLM CoCrMo合金热处理前后，在0.9% NaCl溶液中恒电位极化后的腐蚀形貌如图4.48所示。在图4.46中，三种试样均存在

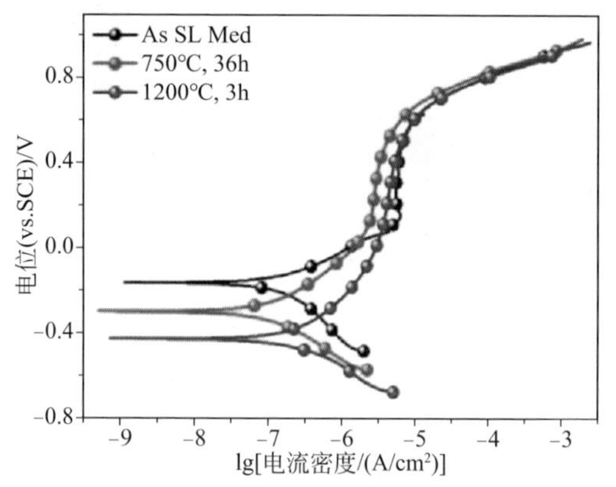

图4.46 SLM CoCrMo合金热处理前后在0.9% NaCl溶液中的极化曲线

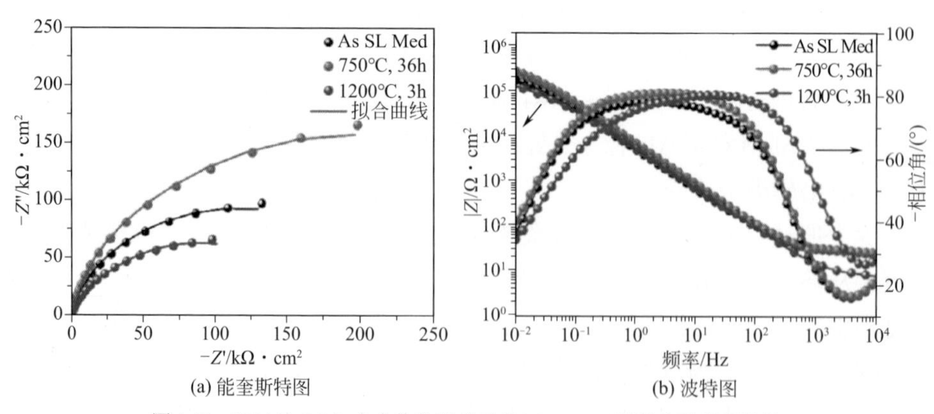

图4.47 SLM CoCrMo合金热处理前后在0.9% NaCl溶液中的交流阻抗

典型的钝化特征，而且过钝化区间的曲线几乎重合，但时效处理试样在钝化区间的维钝电流密度相对较低。根据Tafel关系对极化曲线进行拟合后，未经过热处理试样的腐蚀电位为−153mV，腐蚀电流密度为194nA/cm^2，时效处理试样的腐蚀电位为−319mV，腐蚀电流密度为136nA/cm^2，固溶处理试样的腐蚀电位为−408mV，腐蚀电流密度为342nA/cm^2。在图4.47的交流阻抗测试结果中也得到了类似的结论，时效处理试样的阻抗值高于未经过热处理的试样，固溶处理试样的阻抗值低于未经过热处理的试样。

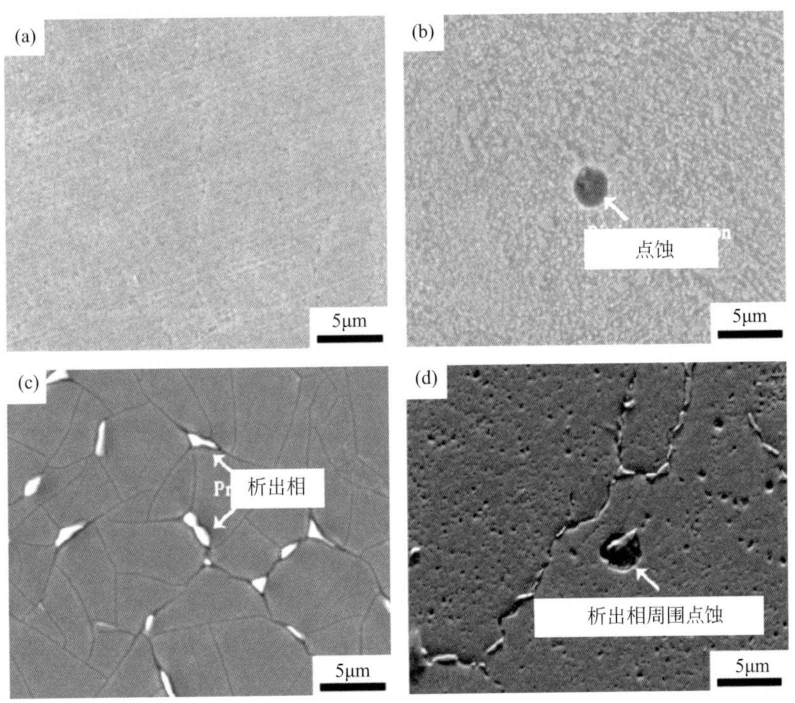

图4.48　SLM CoCrMo合金热处理前后在0.9%NaCl溶液中的腐蚀形貌

（a）未热处理试样；（b）750℃时效处理试样；（c），（d）1200℃固溶处理试样

图4.48(a)可见，未经过热处理的试样存在熔池边界形貌的迹象。在图4.48（b）中，时效处理试样的表面发黑，局部位置发生点蚀。在图4.48（c）和（d）中，固溶处理试样的基体腐蚀严重，表面覆盖腐蚀产物，并可以观察到离散镶嵌在腐蚀产物上的第二相，去除腐蚀产物后可观察到第二相附近发现明显的点蚀，由此可知，固溶处理后第二相不易腐蚀，但会造成附近基体的优先腐蚀。SLM CoCrMo合金热处理前后在0.9% NaCl溶液中浸泡20天后析出的离子含量如表4.4所示。不同离子的析出量与基体中的元素含量并不成比例，Co元素的耐蚀性比Cr、Mo元素更差，发生了明显的优先溶解。固溶处理试样析出的离子含

量比未经过热处理的试样、时效处理试样更高，与电化学测试结果相一致。

表4.4　热处理前后试样在0.9% NaCl溶液中浸泡20天后的离子析出结果

项目	$Co/10^{-9}$	$Cr/10^{-9}$	$Mo/10^{-9}$	Co元素占比	Cr元素占比	Mo元素占比
热处理前	51.18	0.65	0.016	98.72%	1.25%	0.03%
750℃，36h	50.98	0.41	0.011	99.18%	0.80%	0.02%
1200℃，3h	181.29	0.94	10.29	94.17%	0.49%	5.34%

根据上述的电化学和ICP-MS测试结果，SLM CoCrMo合金热处理后的耐蚀性演变规律可总结为以下内容：未经过热处理时，熔池边界处于亚稳态，容易优先发生腐蚀；经过时效处理后，熔池边界数量减少，而且γ-Co相的晶粒并未发生明显长大，晶界角度仍以小角度晶界为主，有利于耐蚀性的提高，纳米析出相均匀地分布在基体上，EDS面扫未发现明显的元素偏聚；但经过固溶处理后，γ-Co相的晶粒尺寸明显长大，晶界角度以大角度晶界为主，其导致的晶格畸变比小角度晶界高，电化学活性增加，而且固溶处理后析出的第二相呈离散分布，通过微电偶效应促进钝化膜形成效果较弱。

4.5 工程应用分析与展望

钴基合金的增材制造并未形成规范的标准和系统化，国内相关标准的发展还处于起步阶段，与国际标准发展相差较远。公开发表的部分文献表明，增材制造CoCrMo合金的耐蚀性会比铸造合金更好，在模拟人体溶液中释放的金属离子浓度更低。但总体来看，很多实验室加速试验测试的金属离子浓度都比人体可接受的限值更高。经过合适的热处理工艺，如固溶+时效处理，可提高材料的耐蚀性能。目前，钴基合金增材制造技术目前存在着许多问题和发展限制。由于钴元素在地球上储量较少，钴基合金的价格较为昂贵，以粉末床技术为代表的增材制造技术材料的利用率较低，大批量制造钴基合金必将造成材料的大量浪费。钴基合金中加入了许多其他元素对其进行强化作用，其中还有很多低熔点共晶，在增材制造过程中结晶时易出现偏析，导致热裂纹的产生。由于钴基合金中有一定的碳含量，具有较大的淬硬倾向和形成一定量的碳化物，碳化物组织硬度较高，脆性较大，且扩散氢含量较少，随着钴基合金增材制造界面扩散氢含量的增加，零件冷裂纹概率增加，降低了材料的使用性能。同时，增材制造是直接成形复杂零件，制造过程是一个非稳态的加热和冷却过程，零件受到不均匀的加热和冷却，导致应力集中，残余应力较大，使零件热裂纹倾向增大。特别是采用钴基高温合金制造的零件大部分用于复杂的结构部位或者需要良好的高温性能，对材料或零件精度要求较高。除此之外，利用增材制造所得到的零件的力学性能与预期值相差较远，这限制了钴基高温合金的发展，但是随着增材制造技术的进步和其他检测手段的发展，精度、力学性能等存在提升的空间。

4.6 本章小结

本章主要研究了增材制造CoCrMo合金的组织结构特征及不同环境下的腐蚀行为，结果显示SLM CoCrMo合金基体为FCC结构的γ-Co相，基体上弥散分布有直径几十至几百纳米的Co3Mo2Si金属间化合物（即Laves相），析出相未造成Cr元素的局部富集。在0.9% NaCl模拟人体溶液中，SLM CoCrMo合金具有典型的钝化特征。合金中Laves相的Volta电位比基体高约14mV，微电偶效应和弥散分布特征有利于促进合金表面均匀连续钝化膜的形成。模拟炎症环境中的H_2O_2浓度对SLM CoCrMo合金耐蚀性的影响具有两面性：当溶液中的H_2O_2浓度低于6mmol/L时，Cr、Co元素的氧化同时发生，而且SLM CoCrMo合金的开路电位随H_2O_2浓度的增加正向移动，阳极极化效应有利于钝化膜的形成和耐蚀性的提高；当溶液中的H_2O_2浓度高于6mmol/L时，阳极反应以Co元素的氧化为主，CoCrMo合金表面钝化膜的化学成分和表面粗糙度发生变化，对基体的保护效果变差。磨损导致SLM CoCrMo合金表面钝化膜发生破损，磨损腐蚀过程中，机械作用导致的金属损失与轴向压力成正比。

SLM CoCrMo合金在750℃时效处理后，熔池边界数量减少，γ-Co相基体上析出较多片层状的ε-Co相，纳米级Laves相数量也增加，合金的强度、硬度和耐蚀性同步提升，但形变诱发马氏体相变过程受到抑制，整体塑性降低。1200℃固溶处理后，SLM CoCrMo合金基体仍为γ-Co相，未见明显的ε-Co相析出，细小柱状晶转变为直径数十微米的等轴晶，Laves相数量减少，合金的强度、硬度和耐蚀性降低，但塑性有所升高，微裂纹附近存在明显的形变诱发马氏体相变。实际生产过程中，应注意选择合适的热处理温度，以获得最优的强度、塑性和耐蚀性组合。

参考文献

[1] Erica Liverani, Andrea Balbo, Cecilia Monticelli, et al. Corrosion resistance and mechanical characterization of ankle protheses fabricated via selective laser melting. Procedia CIRP,2017,65:25-31.

[2] Shingo Kurosu, Naoyuki Nomura, Akihiko Chiba. Effect of Sigma Phase in Co-210Cr-6Mo Alloy on Corrosion and Mechanical Properties. Advanced materials research,2007,26:777-780.

[3] Anigani Sudarshan Reddy, Dheepa Srinivasan. Small scale mechanical testing for additively manufactured（direct metal laser sintered）monolithic and hybrid test samples. Procedia structural integrity,2011,14:4410-466.

[4] Qian B, Saeidi K, Kvetkova L, et al. Defects-tolerant Co-Cr-Mo dental alloys prepared by selective laser melting. Dental materials,2015,31:1435-1444.

[5] Haosheng Chang, Yaote Peng, Weilin Hung, et al. Evaluation of marginal adaptation of Co-Cr-Mo metal crowns fabricated by traditional method and computer-aided technologies. Journal of dental sciences,2011,14:288-2104.

[6] Swee Leong Sing, Sheng Huang, Wai Yee Yeong. Effect of solution heat treatment on microstructure and mechanical properties of laser powder bed fusion produced cobalt-28chromium-6molybdenum. Materials science & engineering A,2020,7610:138511.

[7] Jerrmy L. Gilbert, Christine A. Buckley, Joshua J. Jacobs. In vivo corrosion of modular hip prosthesis components in mixed and similar metal combinations. The effect of crevice, stress, motion, and alloy coupling. Journal of biomedical materials research,110103,27:1533-1544.

[8] Jeremy L. Gilbert, Shiril Sivan, Yangping Liu, et al. Direct in vivo inflammatory cell-induced corrosion of CoCrMo alloy orthopedic implant surfaces. Journal of biomedical materials research A,2015,103A:211-223.

[9] 王赟达, 杨永强, 宋长辉, 等. 基于响应面法优化激光选区熔化成型CoCrMo合金工艺及其电化学行为. 中国有色金属学报, 2014, 10:2497-2505.

[10] Mirjana Metikos-Hukovic, Zora Pilic, Ranko Babic, et al. Influence of alloying elements on the corrosion stability of CoCrMo implant alloy in Hank' s solution. Acta biomaterialia, 2006,2:6103-700.

[11] Yu Yan, Anne Neville, Duncan Dowson. Biotribocorrosion of CoCrMo orthopaedic implant materials-assessing the formation and effect of the biofilm. Tribology international,2007,40:14102-141010.

[12] Zhang M, Yang Y, Song C, et al. Effect of the heat treatment on corrosion

and mechanical properties of CoCrMo alloys manufactured by selective laser melting. Rapid Prototyping Journal, 2018, 24:1235-1244

[13] Lu Y, Gan Y, Lin J, et al. Effect of laser speeds on the mechanical property and corrosion resistance of CoCrW alloy fabricated by SLM. Rapid Prototyping Journal, 2017, 23:12-23.

[14] 梁莉, 陈伟, 乔先鹏,等. 钴基高温合金增材制造研究现状及展望. 精密成形工程, 2018, 5:102-106.

[15] 胡亚博. 增材制造生物医用CoCrMo合金的钝化行为与腐蚀机理研究[D]. 北京：北京科技大学.

第5章

SLM成形AlSi10Mg合金的腐蚀行为与机理

Al-Si-Mg系合金是广泛用于船舶、高速火车、汽车和其他应用中的轻量化材料。除重工业外，先进材料的发展也迫使追求设备的小型化和复杂化。传统铸造和锻造方法成形的制件精密度较低，制造时间长，复杂形状成形困难，而且不利于资源节约，材料利用率低。由于3D打印激光熔融层层制备方式，SLM允许直接准备特定的尺寸和形状，并极大简便了材料后处理步骤。因此，SLM被广泛用于3D打印，6×××铝合金主要为AlSi10Mg和AlSi12。

铝合金在力学及耐蚀设计过程中，理论计算与实验性能之间存在差距。因此，在铝合金材料开发过程中通常需要根据理论计算过程制备实际试样，并测试实际试样的相关性能。在“计算-制备-测试”过程中，最受制约且耗时的过程为“制备”过程。实验室测试样品通常存在“成分高梯度，处理多样化，质量规模小”等需求，然而有能力满足该需求的厂商或对外实验室并不接受相关需求，或需要等待较长时间才能制备相关样品。3D打印技术弥补了这一短板，可以迅速满足材料制备需求，在短时间内打印一系列的小规模高成分梯度的试样以验证理论计算结果。

理论计算（数值分析）与实验结果的相互验证能极大缩短材料开发周期，高通量计算预测结构单相性质及其对腐蚀学的影响提供了方法。但在模拟过程中最为重要的就是模型参数的选择、精度要求以及数值分析过程，因此应当秉持审慎贴近实际参数的理念，对整个模拟进行严格的控制。

5.1 SLM AlSi10Mg打印参数对组织结构影响的模拟计算

5.1.1 第一性原理与分子动力学建模

由于SLM方法的特殊性，很难从实验手段观察熔体偏析和快速凝固过程。然而模拟方法，例如有限元法和相位场法，已被用于研究增材制造（additive manufacture，AM）过程。但两种方法都有一定的缺陷。由于SLM过程中粉末是离散的，因此不适用于传统有限元法（finite clement method，FEM）。为解决这一问题，Haeri使用离散元法模拟杆状颗粒在增材制造中的扩散，发现大颗粒会导致较高表面粗糙度。相场法可以有效地模拟复杂的固液界面，但是它需要明确凝固时熔池复杂的相关参数。由于SLM是类似于非平衡凝固的过程，因此在多组分合金的条件下，分子动力学计算（molecular dynanics，MD）方法来获得界面性能有着极大的便利。Hu使用MD方法来模拟熔池的行为，并使用LAMMPS研究了烧结过程的拉伸试验。Farzin Rahmani构造了30000个原子模型用以模拟Al/Cu/Ti的快速熔化和凝固，贵金属被掺入Al壳内，并在SLM过程中观察到熔化。Truong认为粉末的热力学行为不同于固态，然后用LAMMPS方法发现Ag团簇的热力学性质和尺寸高度相关。Guo使用MD建立了一个4250个原子的模型来研究SLM（循环加热）过程中Ni75Al的结构转变。当温度变化率上升到5×10^{13}℃/s时，结晶受到抑制。A. Sorkin报道了使用LAMMPS模拟SLM期间Al和Fe多层原子的熔化。Zhang用LAMMPS模拟了Cu-Zr金属玻璃的原子结构转变。总体模型为10976个原子，并且发现了沉积层的结构特征。总而言之，使用LAMMPS方法研究SLM或AM过程中的界面特性或结构转变是可行的。SLM打印技术的显著特征是高熔化温度集中在很小的区域。由于该技术的特性，难以直接研究凝固过程中熔融液体的组成变化和相变。在整个过程中，原子不断扩散和迁移，并形成团簇、位错和缺陷。为了更准确地描述聚集现象并减少统计误差，模型原子数应尽可能达到一定规模，例如为5500000，其模型大小约为$382\times207\times15\text{nm}^3$（见图5.1）。每个模型的总时间步长为6000000步。整个热模拟过程首先将能量最小化，然后将温度逐渐提高到1500 K，并在100皮

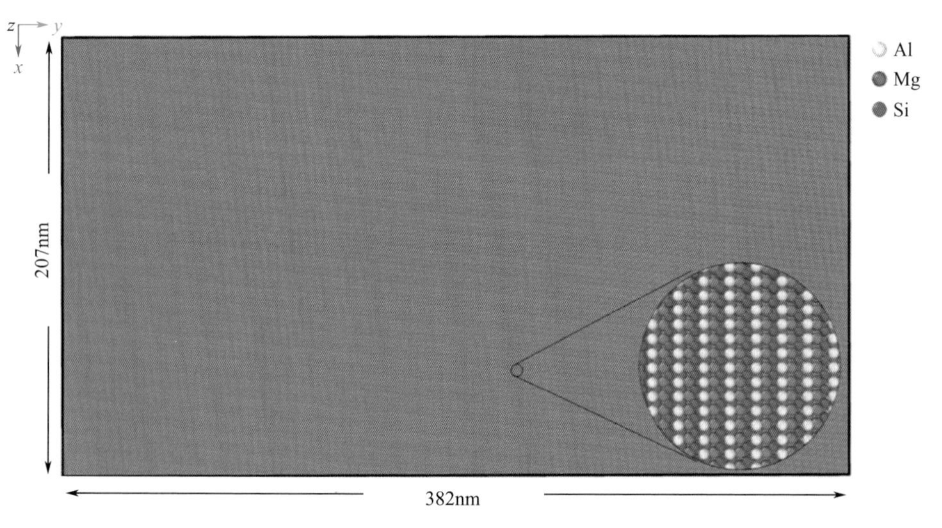

图5.1　分子动力学建立SLM熔融模型

秒（ps）的时间内对其进行加热。在整个冷却模拟中，直接冷却方法用于模拟整个淬火过程。整个冷却过程的步数为2亿步，最小时间步为0.001ps，最大时间步为0.05ps。采用大步冷却和小步稳定的策略，模拟冷却速率为1.2×10^7K/s，接近实验值。

在分子动力学模拟前，应对初始模型进行能量最低化，避免模型中两原子间力过大的非正常情况。能量最低化模型应当选择共轭梯度算法（conjugate gradient algorithm，CG）。在每次迭代过程中，力梯度将与前次计算信息结合在共轭方向搜索能量最低位置。Polak-Ribiere变量也是解决大多数问题较为高效的CG算法版本。除CG算法外，为尽量保持模型晶体结构信息，可以采用NVE/Limit系综限制移动，避免原子间高度重叠产生的力过大。为消除表面或边界效应，在模拟过程中应当选用周期性边界（periodic boundary）。边界原子会与周围晶胞产生相互作用力。

在升温过程中利用直接速度标定法velocity对模型进行控温。当t时刻的温度是T（t），速度乘以因子λ后，温度变化为：

$$\Delta T=(\lambda^2-1)T(t) \tag{5.1}$$

$$\lambda=\sqrt{\frac{T_{\mathrm{req}}}{T(t)}} \tag{5.2}$$

之后接入正则系综（NVT）。为维持系综在温度不变的情况下，将系统与一个恒温热浴相接触，利用Nose-Hoover热浴法保持模拟过程中与外部环境的热平衡状态。通过引入广义变量s反映系统与外部热浴的相互作用，其关系表达如下所示：

$$\overline{v}'=\overline{v},\overline{p}'=\overline{p},s'=s,\delta t'=\delta t/s \tag{5.3}$$

式中，上标（′）表示扩展系统的物理量；记$\left(\frac{\mathrm{d}s}{\mathrm{d}t}\right)/s=\eta$，系统的运动方程为：

$$\frac{\mathrm{d}\overline{r}_i}{\mathrm{d}t}=\frac{\overline{p}_i}{m} \tag{5.4}$$

$$\frac{\mathrm{d}\overline{p}_i}{\mathrm{d}t}=-\nabla_i U-\eta\overline{p}_i \tag{5.5}$$

$$\frac{\mathrm{d}\eta}{\mathrm{d}t}=\left(\sum_{i=1}^{N}\frac{P_i^2}{m_i}-\frac{3N}{k_B T}\right)/Q \tag{5.6}$$

式中，U代表系统势能函数；η代表热摩擦系数；Q代表广义变量s的有效质量，通常为5或10。

借助分子动力学团簇分析可以判断不同温度或熔融状态下Si原子聚集状态。不同温度下Si原子的簇数是通过减去模型中所有其他元素原子获得的统计值。

这些数字表示熔融环境中原子的偏析程度。团簇数的值越大，表示原子分布越分散，相反，偏析度越高。

通过材料表征技术的进步，已经表明，腐蚀开始很大程度上取决于腐蚀表面上的微观结构特征。例如晶粒形状、晶界类型特征和第二相析出物等对腐蚀起始部位有着重要影响，晶体学取向同样影响腐蚀的发生和扩散速率。不幸的是，原位观察点蚀萌生及扩展是极其困难的，因为点蚀通常在极端的时空尺度（即ns至μs和nm至μm）上发生。鉴于点蚀发生空间和时间尺度很小，因此利用计算模型（例如密度泛函方法DFT）来模拟和预测点蚀的萌生、扩展及耐蚀设计是十分有利的手段。经DFT和AFM耦合验证DFT是评价铝合金中不同析出相腐蚀电位的一种有效理论方法。计算模型已经发展了几种与腐蚀相关的应用，包括点蚀、应力腐蚀开裂和腐蚀疲劳。

腐蚀是与铝合金表面晶体结构、相分布和保护膜结构密切相关的过程。对于表面电势低或保护膜结构不稳定且不致密的区域，很容易由此腐蚀。精修XRD结果分析表面可以确定要研究的晶体结构，其结果如图5.2所示。不同成分的3D打印AlSi10Mg结构存在一定差异，但其主要由面心立方（FCC）结构中的Al和少量硅组成。经过数据精修分析后，发现硅原子处于固溶体中并且位于八面体间隙中。由于Si溶解在八面体间隙中，（111）的空隙被Si原子填充，因此Al的典型衍射峰被大大削弱。

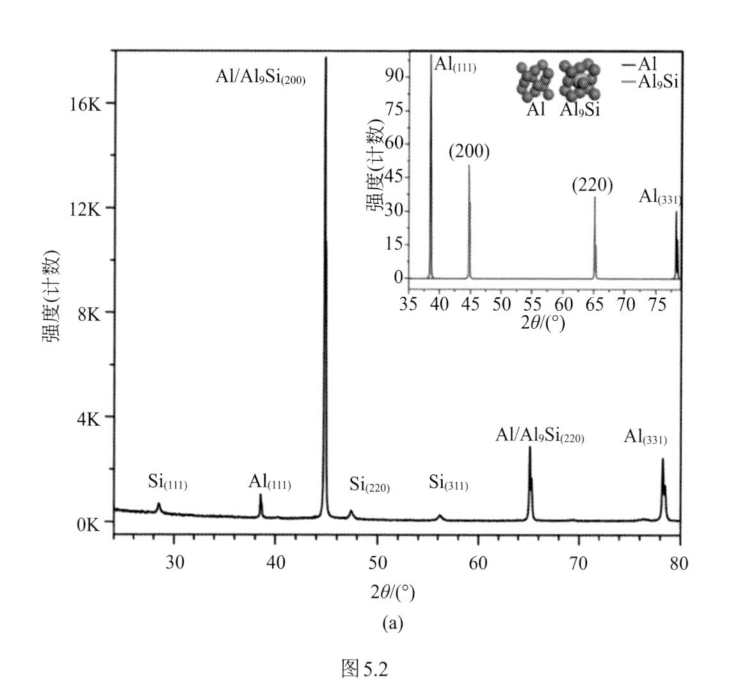

(a)

图5.2

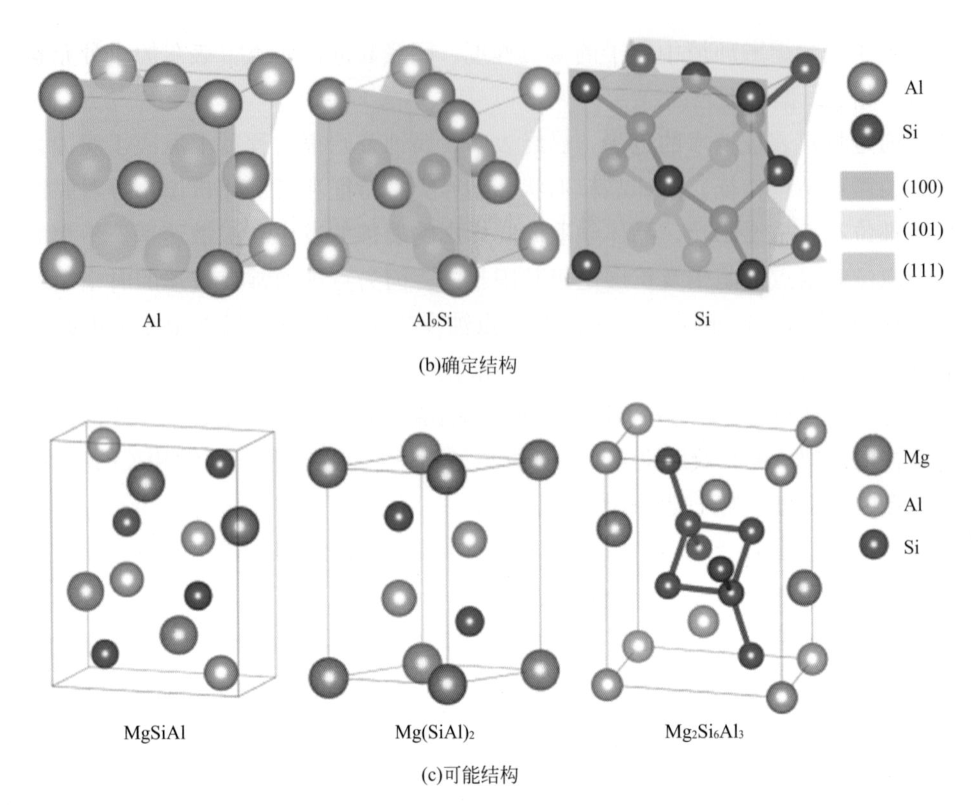

(b)确定结构

(c)可能结构

图5.2　3D打印AlSi10Mg合金的XRD及表面可能晶体结构

基于密度泛函理论的VASP 5.4.4程序可通过GGA和PBE方法计算腐蚀相关性质。在腐蚀计算中应尽可能提升计算精度，总能量的收敛精度选择应不低于10^{-5} eV/Å（IÅ=10^{-10}m）。所有计算均使用Accurate算法进行，并且设置周期性边界条件。晶胞形状和原子位置都可以弛豫以便晶胞计算，而表面优化时只允许原子位置改变。结构后处理可均于开源Vesta、MedeA或Materials Studio软件。表面结构应当由6层以上的原子和15 Å的真空层组成。为了确保模拟的准确性，所有结构的K点设置都是基于K点间距计算的，该间距小于0.2 1/Å。

根据结构周期性和对称性，选择低指数晶面，然后比较其表面能和功函数。表面能代表形成过程中某种类型的表面所需的能量。表面能值越大，形成越困难，其计算如式（5.7）所示。同样，功函数反映了电子从真空能级跃迁到表面时需要做的功。因此，该值越低，失去电子发生氧化还原反应越容易，这意味着功函低的材料比功函高的材料更容易受到腐蚀。

$$E_{\mathrm{surf}}=\left(E_{\mathrm{slab}}-\sum nE_{\mathrm{atom}}\right)/2A \tag{5.7}$$

式中，E_{surf}为表面能；E_{slab}为系统的总能量；n为该系统中存在的一种元素的原子数；E_{atom}为该元素的单个原子的能量；A为表面积。

5.1.2 SLM打印功率对组织结构的影响

如图5.3所示，温度达到700℃左右时，簇数急剧减少。该突变温度也是普通的Al-Si合金的熔化温度。在该熔融温度以下，Si原子保持相对分散的状态，并且聚集度稍微增加。因此，在普通铸造铝合金的偏析度低且冷却条件相对较慢的情况下，不会大规模地发生合金中的偏析现象。但是，当温度升至约1200℃时，溶质从溶剂中分离出来，Si原子的偏析得到大大提升，形成的簇数仅为1038左右。当Al原子快速移动时，Si原子逐渐聚集形成独特的簇。此时，温度尚未达到Si的熔点，并且Si原子的扩散速率相对较低。

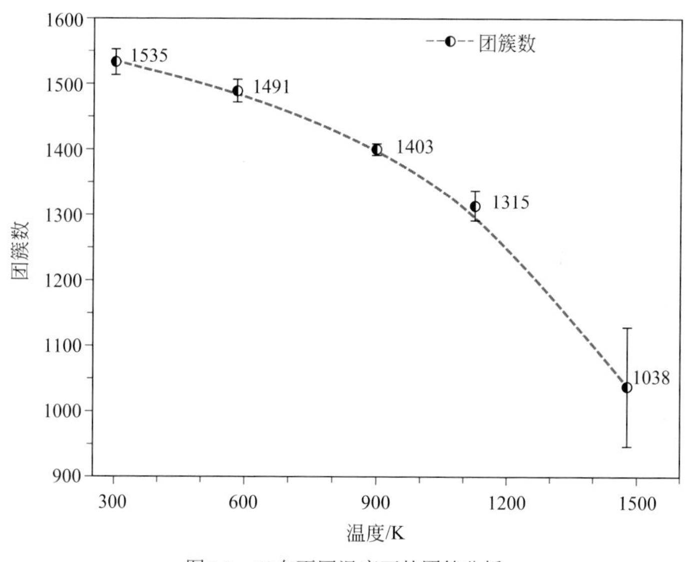

图5.3 Si在不同温度下的团簇分析

3D打印的AlSi10Mg中的Mg含量很高，因此还必须考虑Mg对Si偏析的影响。从图5.4（a）和图5.4（b）的Mg-Si-Al模型可以看出，Mg原子确实具有重要的影响。在相对较低的温度下，Si原子和Mg原子都少量地部分溶解在Al基体中。另外，在低温下的Al熔融尺寸较大，并且其外围被Si包围。在相对低的温度下，Si原子和Mg原子都少量溶解在Al基体中。另外，低温下的Al晶胞较大，并且其外围被约5 ~ 10个原子厚的富硅相包围。但是，当温度升至1226.43℃

时，Al基体中的Si和Mg原子会沉淀到边界，形成长而窄的富硅相。换句话说，当大功率激光熔融粉末时，由于高温下的对流和表面张力，所得到的高温熔融液会发生大量的原子团聚。众所周知，在加热甚至熔化过程中，激光的温度分布不是完全均匀，而是呈抛物线形或正态分布。激光辐照中心的温度极高，而边缘区域的温度则相对较低。由于激光区域中的温度差异，Al基体对Si原子的固溶效应也存在差异，其中边缘区域（温度相对较低）的Si溶解度高于中心。因此，如图5.4所示，高温区域中的Si原子向边缘区域聚集而形成富硅区域。但是，这种沿边缘积累的富硅相具有相对较好的固溶度，并且在整个加热过程中不会发生明显的偏析和结块。边缘的结构倾向于形成富含硅的Al-Si共晶。目前，许多学者关注热处理的效果，热处理往往在一定的高温下进行长期固溶和时效处理。从目前的模拟结果推测，这种处理将导致硅原子的再沉淀和聚集，这与实验结果相吻合，在熔池壁上出现了大量粗大硅颗粒，这反过来验证了模拟的正确性。

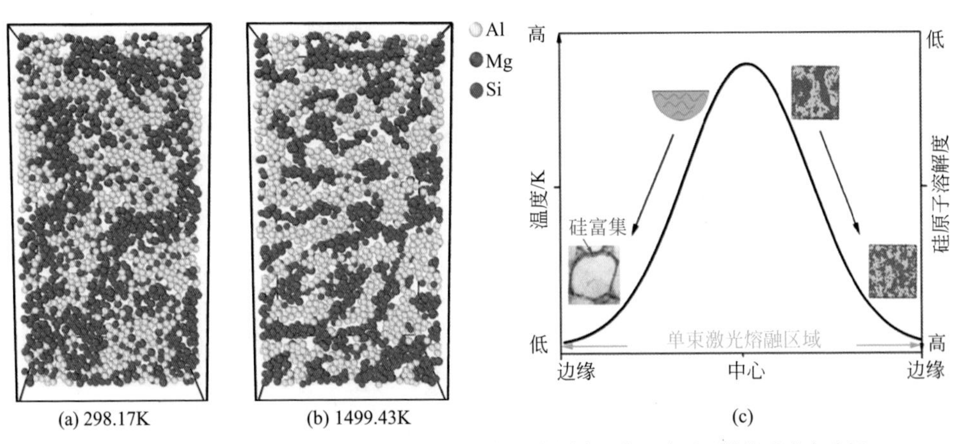

图5.4　激光熔化温度的差异会导致硅原子的析出并团聚，从而在以下边缘形成富硅相

除了局部高温外，SLM增材制造的另一个特点是冷却速度快，可以达到10^7 K/s。由于熔体四周被金属粉末，基体被保护性氩气包围，因此熔池与冷却介质的接触面积非常大，冷却速率极高。凝固过程中的成核时间极短，熔体不能在平衡熔点附近凝固。同样，过高的冷却速度可确保液/固界面处于非平衡状态，因此这两个相不符合平衡相图或亚稳态平衡相图。液固相变仅满足吉布斯自由能减少规则。当传热足够快时，材料固化以获得接近液体的固相。图5.5反映了不同原子在不同温度下的扩散能力。在整个淬火过程中，随着温度的降低，原子的扩散能力显著降低，这与Stocks-Einstein方程是一致的。

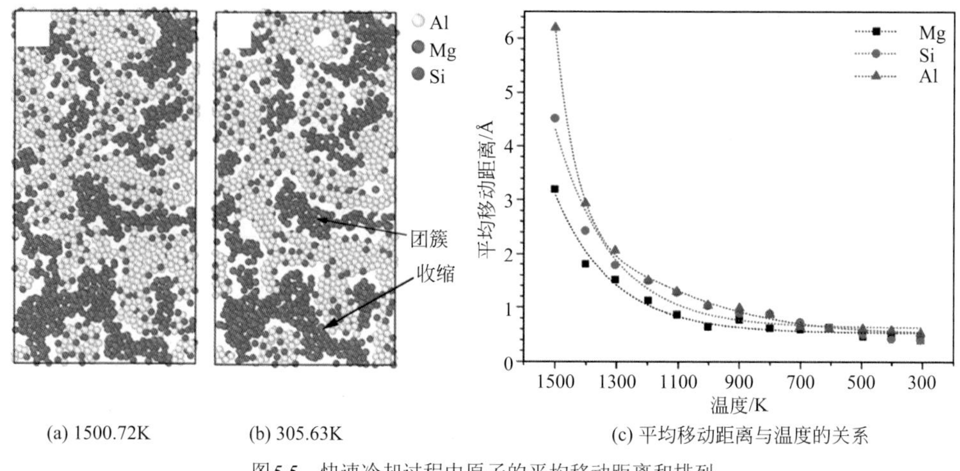

图5.5 快速冷却过程中原子的平均移动距离和排列

此外，在高温阶段，Al原子的扩散能力明显强于许多其他元素，而Mg原子的扩散能力最弱。原子运动的强度反映了其形成簇或晶胞的能力，因此可以推测，在淬火过程中，Al原子更有可能优先凝固并形成晶体或簇。由于过高的冷却速度，淬火过程中的原子排列不会发生很大变化，如图5.5（a）、（b）所示。原子在高温下保持其位置，高温似乎是固定的，团簇收缩，亚晶界距离显著增加，这更有利于Si或Mg原子的偏析。Mg原子的相对均匀分布会导致在亚晶界处发生少量富集，这可能导致形成少量Mg-Si-Al化合物。

综上所述，由于熔池被金属粉末、底板或保护性氩气包围，因此在激光产生的局部高温中存在一定的热梯度。由于强偏析作用，溶液中被排斥的Si原子析出。随着温度降低，Si原子的偏析变得更加明显，因此，高温下的富硅相更窄，暴露区域更小。其次，在快速冷却期间，具有较强扩散能力的Al原子优先成核以形成晶体团簇。由于晶体团簇的收缩而形成大量的亚晶界，并且Si更有利于偏析。最后，由于采用逐层打印，第二层为第一层再次热处理，这暂时升高重叠区域的温度，从而使这些位置的Si原子重新沉淀形成粗大的硅颗粒。这也解释了为什么在研究热处理对材料性能的影响时，热处理会导致边缘形成比中心粗的硅。

实验结果表明不同激光功率成形条件下表面主要呈灰黑色，随激光功率的增加表面逐渐平缓，未熔颗粒较少（图5.6）。当激光功率为160W时，试样出现明显孔洞，这是因为较低的输入能量导致表面熔化不完全，液体流动性差，熔体不能及时地补充孔洞。随着激光功率的进一步增加，试样表面会进一步平整，孔洞体积减小，点蚀诱发位点降低，有利于耐蚀性的提高。但当激光功率进一步增加至

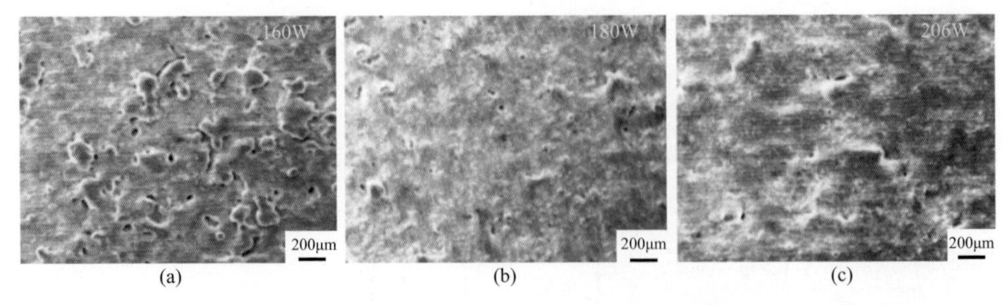

(a) (b) (c)

图5.6　不同激光功率成形条件下AlSi10Mg试样的表面形貌

200W时，虽然孔洞的数目仍然进一步减少，但其表面出现了一定的凸起。这可能是由于输入能量过高导致的熔池内部对流加剧，表面凝固后出现起伏。

5.2 SLM AlSi10Mg合金组织结构与性能特征

5.2.1 相组成与分布特征

SLM制备AlSi10Mg合金出现特殊的连续硅偏析形貌。由于熔融液体中的局部高温造成扩散偏析差异及快速冷却时形成的亚晶胞界，近似共晶的液体沿亚晶胞界形成了共晶Si，其尺寸通常在500 ~ 1500nm之间。同成分的铸态AlSi10Mg合金相比之下，其存在颗粒状的沉淀相，并未形成特殊的网格结构，对比见图5.7。铸态金属在制备过程中为整块金属加热熔融，在添加相应的合金后对熔体进行整体冷却。该过程并未造成小局部的巨大温度差及超高冷却速度。

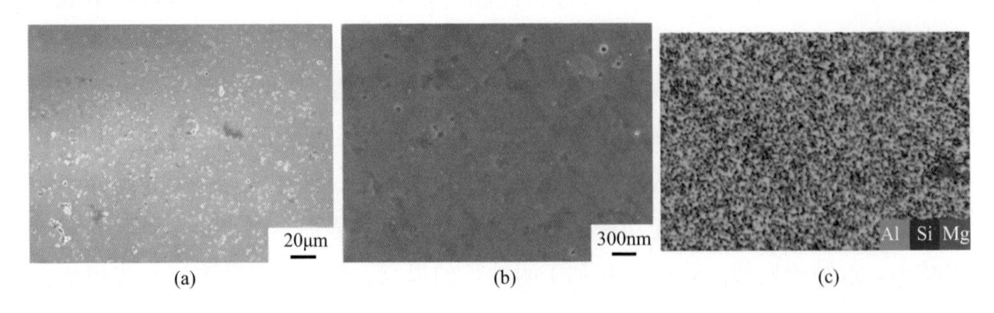

(a) (b) (c)

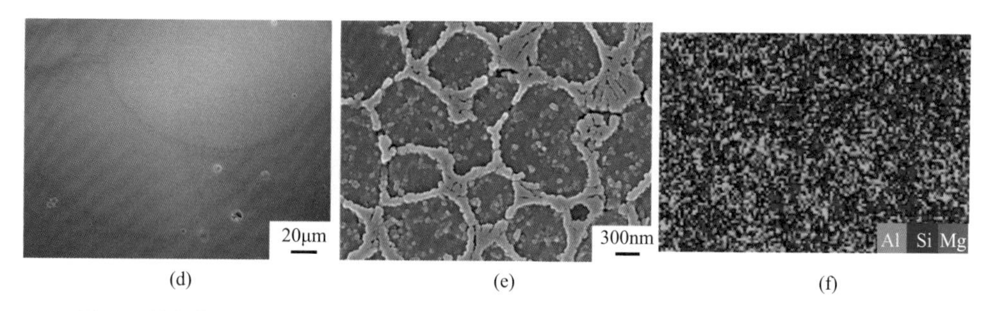

图5.7　铸态［(a)～(c)］和SLM［(d)～(f)］制备AlSi10Mg的微观结构及能谱面扫描分析

图5.8对透射样品进行更详细的EDS结果表明，AlSi10Mg中存在明显的Si偏析，并且大部分聚集在亚晶胞壁上。Mg和Cu也富集在亚晶胞壁上，而Al在亚晶胞壁上分布较少。这种结构也将铝基体封闭在内部，而AlSi10Mg合金的强度由于孔壁的稳定性而大大提高。

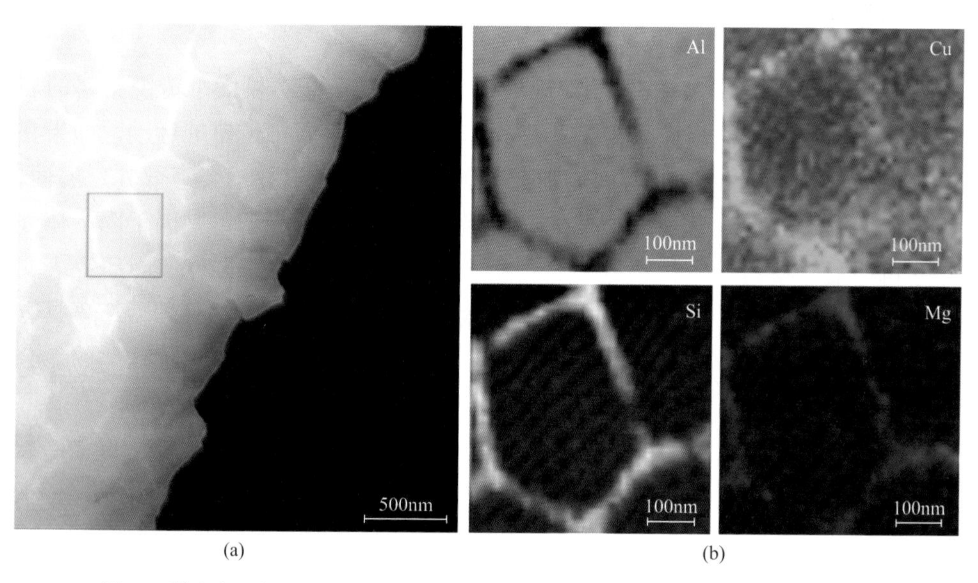

图5.8　激光选区熔化成形的AlSi10Mg透射电子显微结果（a）和能谱面扫描结果（b）

SLM打印工艺在制备过程中采用逐层打印直接成形，因此避免了机械加工过程，但热梯度及极高冷速也会促进铝合金晶粒的生长，在*XYZ*各个方向出现不同的性能差异。在熔池凝固早期，晶粒长大方向为凝固前沿，这一方向通常垂直于熔池边界。横截面观察显示由熔池边界形成细长晶粒结构，这些细长晶粒与构造方向对齐或向熔池中心倾斜。随着凝固的进一步发展，细长晶粒会消耗完剩余熔体或以等轴晶粒形式自表面形核（图5.9）。

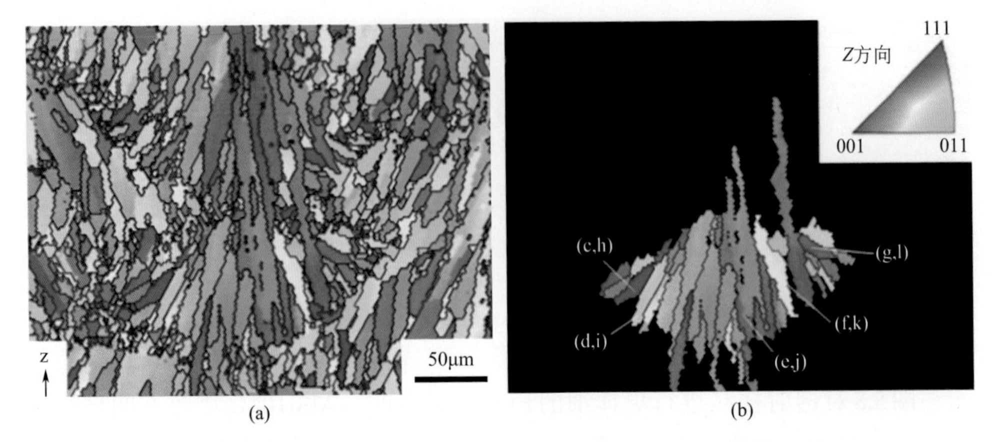

图5.9　极图显示沿构造方向细长晶粒沿<100>方向生长及无序等轴晶粒

5.2.2 亚晶胞界特征

SLM制备的AlSi10Mg零件常规处理后的屈服强度明显优于传统材料的屈服强度。该强度的提高被认为是亚晶界和枝状硅相阻碍了位错的运动。如果在SLM制备过程中对底板进行加热则会显著降低强度，但并不会降低其延展性。同理，后续热处理工艺同样会损失材料强度，该强度的降低可归因于固溶体强化和再回复，使得原本位错缠绕结构粗大，失去强化效应。N. Takata研究表明AlSi10Mg在垂直方向具有较低的屈服强度。通过退火或固溶热处理后不再具有方向性。这是由于热处理过程中的相变，熔池结构被取消，被更加均匀的复合结构代替，失去各向异性。

在拉伸载荷过程中，材料失效主要是沿熔池边界内并垂直于加载方向。断裂是通过熔池的分离而发生的，较软的α-Al区域及较少晶界阻碍了位错运动。偏析Si具有材料应变硬化的能力，由于其分布特征的方向性，从而导致了性能的方向性。值得注意的是，SLM制备AlSi10Mg合金存在随机分布的孔隙，这些缺陷可能造成了裂纹的萌生及沿熔池的传播。AlSi10Mg强化机理主要可分为：①晶粒细化驱动的强化；②固溶强化；③位错阻碍彼此运动产生的位错强化。经热处理后晶胞尺寸会明显增大，亚晶胞界的Si再次偏析形成从而导致其被原本产生的Orowan强化所抵消。热处理过程也会导致位错湮灭，位错密度降低，从而使得材料软化。

除了提高AlSi10Mg合金的强度外，亚晶胞在表面电势上也有显著差异。SKPFM结果表明，Si偏析的表面电势比Al基体高约200mV，这与第一性原理计算结果一致（图5.10）。从热力学观点来看，低电位的位点被优先腐蚀。150mV

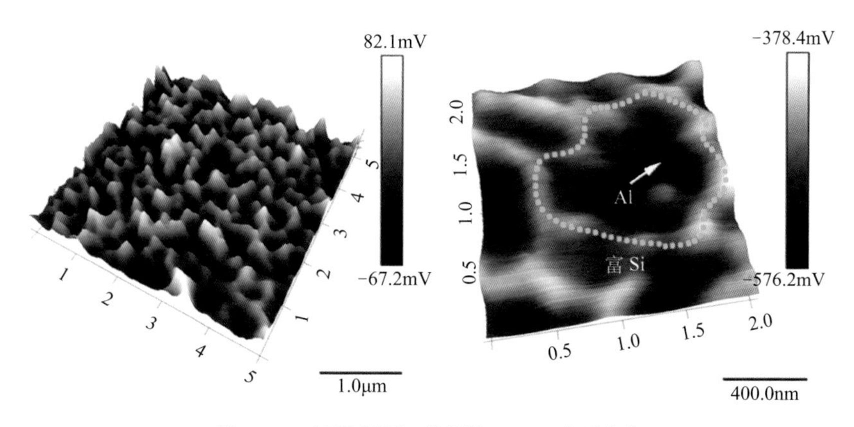

图5.10 亚晶胞界面Si偏析的SKPFM表面电势

甚至200mV的平均电势差足以引起电偶腐蚀。由于Al基体电势相对较低，所以在两相彼此接触的界面处优先腐蚀，并且在Al一侧更容易发生腐蚀。

5.3 SLM AlSi10Mg合金腐蚀行为

SLM制备AlSi10Mg合金的腐蚀类型主要为Si析出相促进的点蚀以及电偶腐蚀。第一性原理计算表明，AlSi10Mg合金表面中的Al（111）不仅在所有表面上具有最低的能量，而且具有最低的功函数，另外两个表面的值也很低。从表5.1中可以发现，当这三种结构的表面混合在一起时，粗大的Si粒子的功函数比Al基体的功函数高1eV，因此Al基体相对容易失去电子，先腐蚀。由Si掺杂形成的间隙固溶体的功函数低，但是其形成能相对较高。当Si在某些区域富集时，可以形成该晶体结构，并且在这些位置可能优先发生腐蚀。经过结构优化后，从表5.1可以清楚地看到，添加Mg原子在一定程度上降低了表面功函数，特别是对于Mg（SiAl）$_2$结构，其功函数仅为3.028eV。当晶体由等比例的Mg-Si-Al组成时，其表面能极低，几乎仅为纯Al表面的一半，对于（001）和（100）表面而言尤其如此，它们相对容易形成。Si原子含量的增加相应地增加了表面形成能，使其显著大于Al表面的表面形成能，但是它们的功函数略小于纯Al表面的功函数。除了表面，例如Mg（SiAl）$_2$的（010）和（100），Mg-Si-Al合金功函数远低于Al基体。根据MD模拟的结果，淬火过程中的Mg原子更有可能在边界处聚集，这些聚集可能导致点蚀的萌生。

表5.1　SLM 制备 AlSi10Mg 合金结构表面能及功函数

性能	晶面	MgSiAl	Mg（SiAl)$_2$	$Mg_2Si_6Al_3$	Al	Si	Al_9Si
表面能/(J/m^2)	001	0.4835	0.6981	1.9047	0.9606	2.1537	1.7631
	010	0.5708	1.0502	2.0720	—	—	—
	100	0.4981	1.0555	1.8384	—	—	—
	110	0.5811	0.6868	1.4242	—	—	—
	101	0.6818	1.2923	1.5164	0.8960	1.7954	2.6611
	111	0.6291	0.6219	2.1118	0.6490	2.3880	3.0944
功函/eV	001	4.176	3.028	4.139	4.229	5.391	4.591
	101	3.910	4.938	3.762	—	—	—
	100	3.949	4.892	3.930	—	—	—
	110	4.398	4.270	4.001	—	—	—
	101	4.224	4.022	4.013	4.165	—	4.727
	111	4.022	3.988	3.988	4.104	5.431	4.275

由于纯Al基体的表面功函数明显低于富硅相的表面功函数，因此Al基体优先受到电化腐蚀而没有保护。高活性铝在表面上形成保护膜，例如Al_2O_3，在某种程度上保护了Al基体。但是，熔池的边缘是富硅相聚集的地方。该区域很宽，表面保护膜无法覆盖所有区域，从而导致在那里容易发生电偶腐蚀。当增加激光功率时，富硅相的宽度显著减小，并且表面保护性氧化膜可以形成为用于保护的连续结构，如图5.11所示。因此，在相同条件下，以高激光功率制造的AlSi10Mg比以低激光功率制造的AlSi10Mg具有更好的耐腐蚀性。

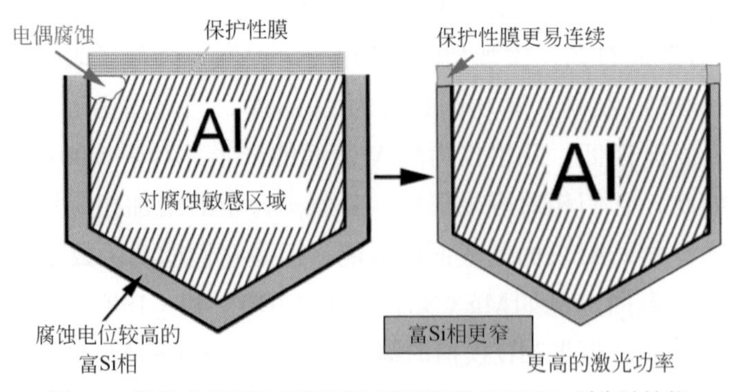

图5.11　激光功率降低Si偏析相面积以提升AlSi10Mg耐腐蚀性能

5.3.1 均匀腐蚀行为规律

为了验证腐蚀优先位于Al一侧，将具有不同激光功率的三个打印样品抛光并置于质量分数3.5%的NaCl溶液中。打印时不同的激光功率会在熔池中引起不同的热梯度。从图5.12可以明显看出，富硅相周围的Al基体优先受到腐蚀，而富硅相则略带光泽。在不同打印层中或在富硅相外围的富硅相的相交处，腐蚀发生率很高。适当增加激光功率可增强材料的耐腐蚀性，并降低点蚀的可能性。在150W制备AlSi10Mg主要表现为电偶腐蚀，并且其Al基体明显腐蚀。但是，在250W制备样品的电偶腐蚀显著降低，Al基体没有受到明显腐蚀。

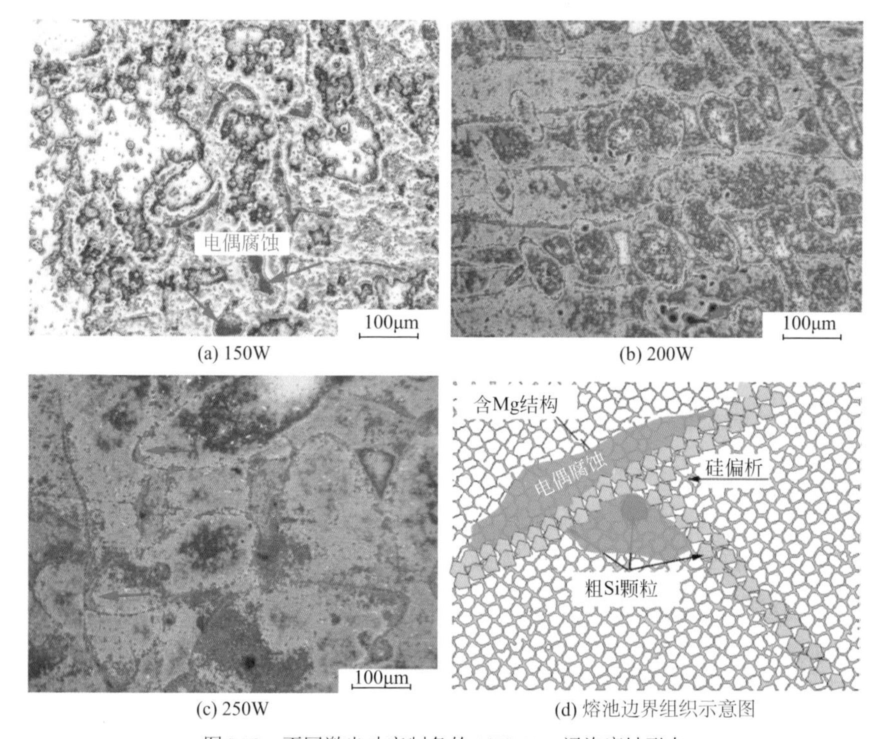

(a) 150W (b) 200W

(c) 250W (d) 熔池边界组织示意图

图5.12 不同激光功率制备的AlSi10Mg浸泡腐蚀形态

电位动力学极化和EIS详细反映了硅偏析对腐蚀表面的影响。图5.13显示了以不同功率制备的AlSi10Mg的极化曲线和能奎斯特图。150W样品的腐蚀电位比其他两个样品低70mV，这个腐蚀电位差远远超过了实验误差。这表明在相同条件下，低功率生产的样品更容易腐蚀。在一定范围内，增加激光打印功率有助于改善耐蚀性，但值得注意的是，高功率印刷样品的腐蚀电流密度比其他功率高一个数量级。这完全是由于原始连续表面氧化膜的腐蚀破坏。以高功率打印的样品的富硅相相对较窄，Al基体的面积较大。其表面覆盖有保护性的Al_2O_3膜，未保护的偏析区域小，因此不易发生腐蚀。但是，当保护膜被破坏时，会形成典型的“小阴极大阳极”状态，导致腐蚀速率急剧增加。图5.13（b）中的能奎斯特图描述了不同的硅偏析量对表面电化学反应的影响。在图5.13（b）所示的等效电路中，R_s是保护膜的等效电阻；Q是表面双电层的电容；L和R_L分别表示点蚀感应周期的等效电感和电阻；R_f表示在阳极溶解过程中的传递阻抗。

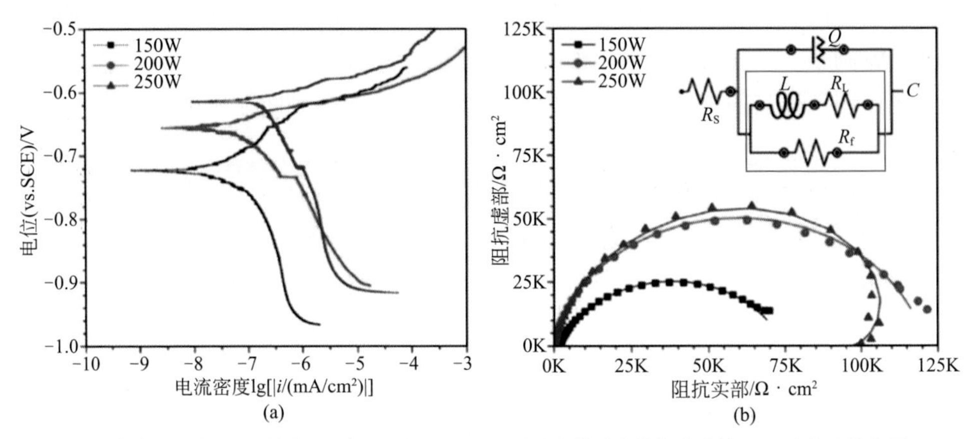

图5.13 不同激光功率下制备的AlSi10Mg在3.5% NaCl溶液中的动电位极化曲线（a）和能奎斯特图（b）

低激光功率制造的样品中，Si偏析的面积增加，并且高频下的反馈电阻也高。在含有氯的溶液，氯离子可以吸收在氧化膜的表面上，促进表面氧化膜的溶解。在点蚀过程中，Cl^-使表面连续氧化膜变薄，导致吸收区的阳极极化电流密度增加。金属离子以非常高的速度进入溶液，这导致溶液离子浓度上升。随着点蚀区域中的氧化膜的厚度持续减小，等效电感L的值也减小。因此，从表5.2中可以清楚地看到在150W和200W下产生的样品具有明显的点蚀。尤其是当阳极溶解速率高时，非常快速地形成点蚀。这些点蚀孔形成相对封闭区域，并且传质过程非常缓慢。点蚀坑内富集氯、H^+以及金属离子，这导致离子迁移缓慢。然而，阳极电流密度大，这导致大的电压降R_f。150W样品容易出现点蚀的R_f比250 W时的R_f高大约八个数量级。

表5.2 不同激光功率下制备样品的能奎斯特等效电路拟合值

激光功率/W	R_s/Ω · cm²	Q/（μF/cm²）	R_f/Ω · cm²	L/H	R_L/Ω · cm²
150	1920.23	1.789×10^{-5}	9.172×10^{12}	5639	7.262×10^{4}
200	31.11	0.972×10^{-6}	3.416×10^{11}	2835	1.189×10^{5}
250	33.91	1.052×10^{-5}	1.333×10^{5}	1.711×10^{6}	3.248×10^{5}

因此，结合电化学阻抗结果表明，高功率打印样品表面上的钝化膜质量更好并且具有优异的耐点蚀性。在相同的测试条件下（浸泡时间），样品没有出现明显的点蚀过程，钝化膜均匀一致。

5.3.2 点蚀萌生与扩展规律

除腐蚀电势差异造成的电偶腐蚀外，SLM制备的AlSi10Mg合金在相同条件下浸泡实验后观察到点蚀，孔的深度和直径通常较大。激光功率的增加使得亚晶胞壁的电偶腐蚀大大减弱。相反，凹坑的数量略有增加，但深度较浅。发现以200W的激光功率生产的样品在熔池壁的相交处具有增加的点蚀，而以250W制备的样品具有较少蚀孔数。不同激光功率制备的AlSi10Mg合金点蚀深度及数目统计如图5.14所示。

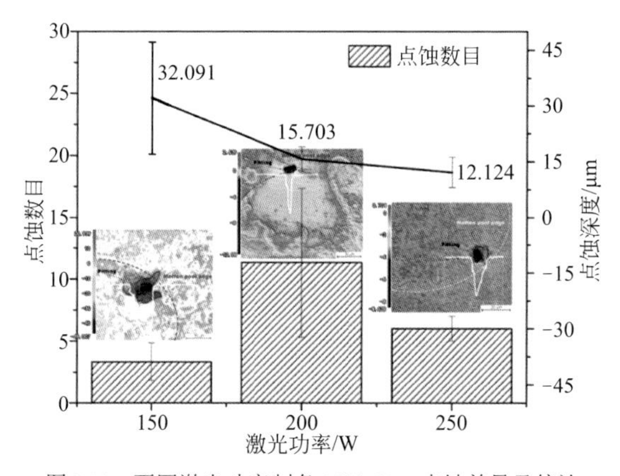

图5.14　不同激光功率制备AlSi10Mg点蚀差异及统计

图5.15所示的TEM结果表明，在亚晶胞界处析出功函数较低的Al_9Si相。第一性原理计算结果表明，其表面能较高，某些表面难以形成。但是，由于其功函数非常接近纯Al结构，因此表面保护膜更容易被破坏，从而可能在此引发点蚀。XRD分析同样表明具有最低功函数的（111）表面也容易暴露。当具有较高Al含量的基体被保护膜覆盖时，在沉淀阶段容易发生腐蚀，特别是点蚀。

AlSi10Mg尽管在制备过程中被保护性氩气所包围，但在移出或热处理过程中仍会形成表面保护性氧化膜。Vargel认为在空气中形成的自发氧化膜由两部分组成，在金属-氧化膜界面存在约4nm厚的无序致密内层膜，其形成与温度无关，与空气接触后直接形成。而最外侧膜的厚度主要取决于形成温度，是由水

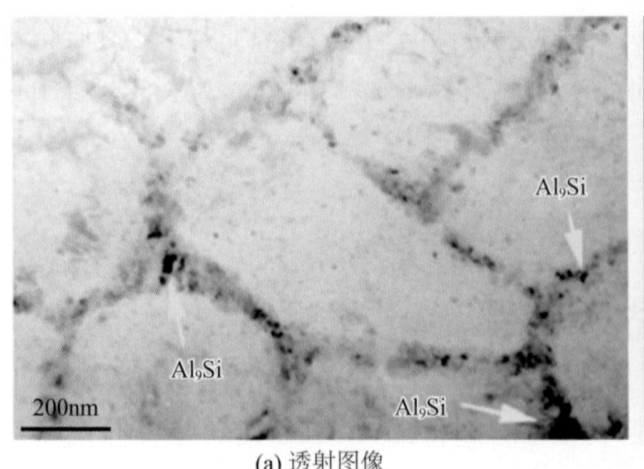

(a) 透射图像

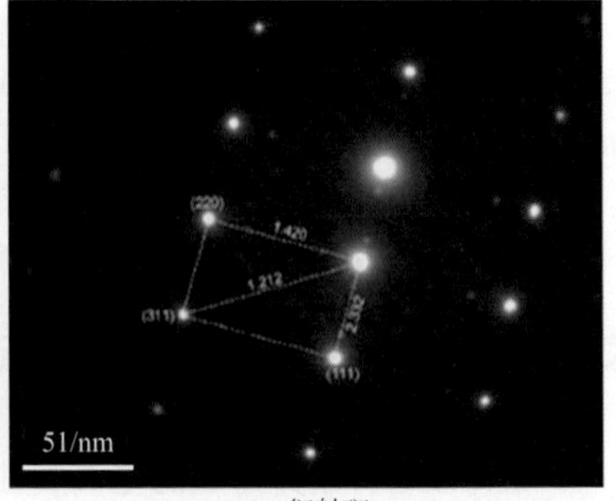

(b) 衍射斑

图5.15 亚晶胞界中低功函数的析出结构Al_9Si

合反应形成的。外层膜的厚度要在几周甚至数月才能形成，形成时间也取决于环境。

表面氧化膜被破坏或非连续后，点蚀会优先在该位置萌生并形成闭塞的原电池。从金属中溶解的Al离子水解并产生酸性环境，Cl^-浓度继续升高。AlSi10Mg特殊的微观形貌导致了点蚀萌生后的选择性腐蚀，其主要是优先腐蚀熔池边缘的α-Al基体。这一过程较高电势的Si析出相也充当了阴极。因此，在整个点蚀发生过程中，点蚀主要是由表层氧化膜非连续区域或被破坏处萌生，沿熔池边缘的α-Al基体优先腐蚀并扩展，最后导致材料失效。

5.3.3 腐蚀各向异性

由于增材制造技术的特殊性，组织各向异性也存在于SLM 铝合金中，从而导致腐蚀行为的各向异性。图5.16为SLM Al-Si系合金不同面的组织结果，*XY* 和*XZ*平面均能观察到典型的激光扫描痕迹特征，*XY*面为90° 垂直的扫描痕迹，而*XZ*面为月牙形的熔池边界。此外，*XY*和*XZ*平面均显示出大量纳米共晶Si颗粒在胞状结构边界。定量图像分析还显示，共晶硅颗粒占*XY*平面总面积的24.8%，大于*XZ*平面的20.7%的比例。而根据能谱扫描结果的原子比分析，*XY*平面的硅含量（20.29%）也略高于*XZ*平面的硅含量（18.54%）。进一步对比两个平面的胞状结构，发现在 *XY*平面，硅壳呈圆形细胞形态，直径为500 ~ 850nm，但深度较大［图 5.16（e）]。而*XZ*平面柱状形态的共晶Si壳显示出浅而大的孔，宽为300nm而长约3μm［图 5.16（f）]。为了便于对比理解，提出了花生壳模型。从插图可以看出，*XY*平面上的深而窄的Si壳可以与垂直花生

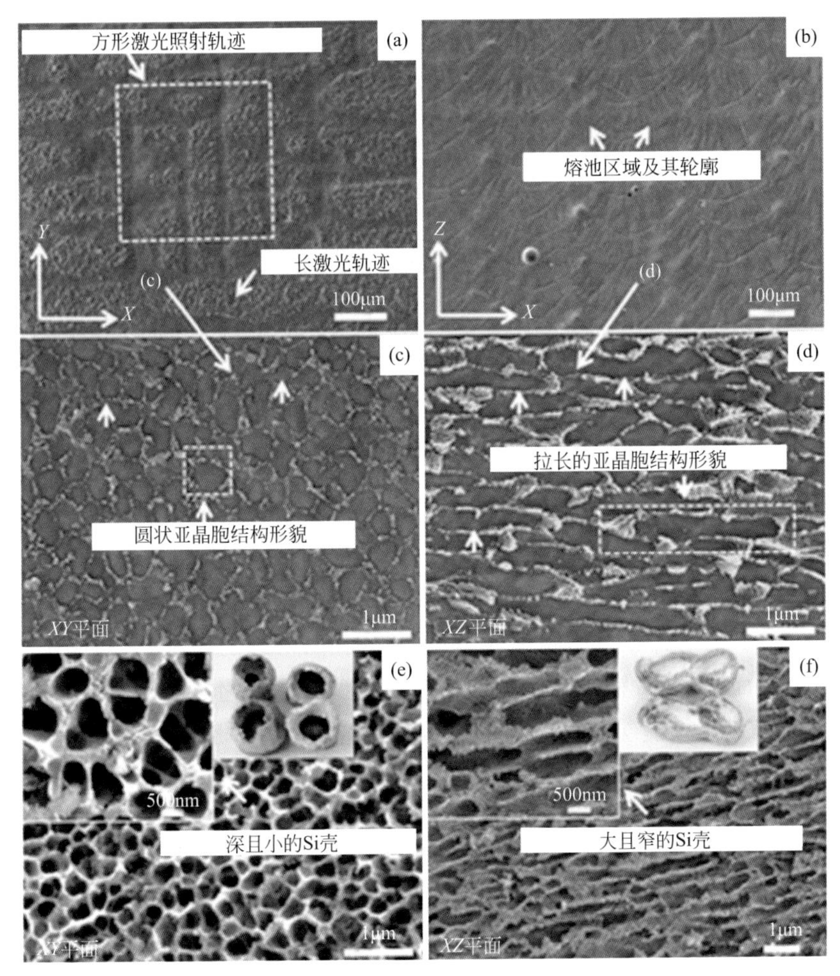

图5.16　SLM Al-Si系合金不同面侵蚀后的扫描电镜结果

(a)、(c)、(e) 垂直于打印面 (*XY*面)，(b)、(d)、(f) 平行于打印面 (*XZ*面)

壳生动地相似，而*XZ*平面上的浅而大的Si壳很像扁花生壳。

不同的组织结构将导致不一样的腐蚀行为，图5.17为SLM Al-Si系合金不同面在质量分数3.5%氯化钠溶液中的腐蚀电位和极化曲线结果。在浸泡开始阶段，两个平面的腐蚀电位都显著增加，归因于电极表面上氧化物膜的形成和生长。随着浸泡时间的增加，腐蚀电位逐渐正移，浸泡24h后达到相对稳定的值。*XZ*平面的最终稳定腐蚀电位（vs.SCE）为（−700 ± 3.2）mV，*XY*平面腐蚀电位最终稳定值为（−715 ± 2.9）mV；二者相差不大，但是重复性实验的结果表明，在NaCl溶液中，*XZ*平面的腐蚀电位始终略高于*XY*平面。极化曲线的结果显示，对于*XY*平面，腐蚀电流密度的平均值大约为（0.36 ± 0.02）$\mu A/cm^2$，是*XZ*平面[（0.16 ± 0.02）$\mu A/cm^2$] 的两倍。 通常，较大的腐蚀电流密度意味着较低的耐腐

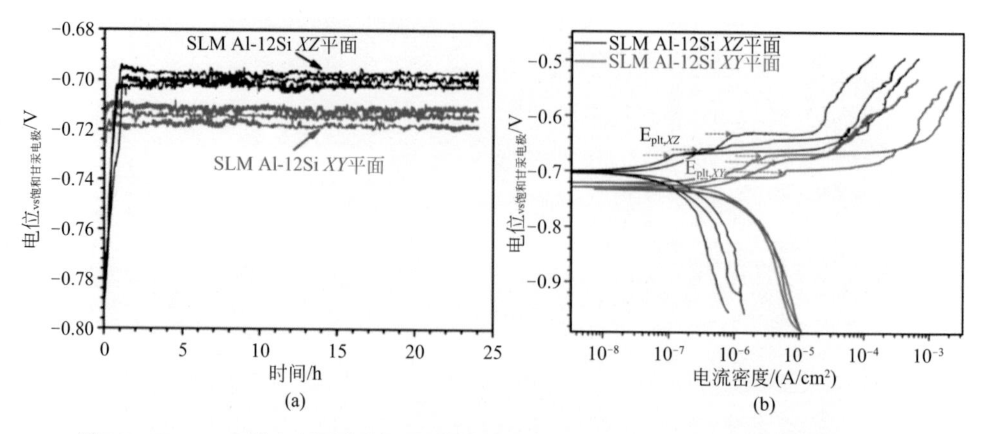

图5.17 SLM Al-Si系合金不同面在3.5%氯化钠溶液中的腐蚀电位（a）及极化曲线结果（b）

蚀性和较快的腐蚀速率。同时，对于XZ平面，阳极塔菲尔斜率和阴极塔菲尔斜率均稍大，意味着在XZ平面有更高的极化度和更大的对电极反应阻力。

图5.18为SLM Al-Si系合金不同面在3.5%氯化钠溶液中浸泡不同时间后的腐蚀失重速率结果。二者的腐蚀失重速率具有相似的趋势，即失重率随着浸泡时间的延长而降低。具体地说，在试验的初期，两个不同的面都显示出快速的失重率，Cl^-破坏了新生的氧化膜，随后腐蚀了铝基板。当浸泡14d后，失重率开始在一个小范围内逐渐降低，意味着在材料表面形成了相对稳定的氧化膜，并降低了合金样品的腐蚀失重率。然而，在每个测试时间段，XY平面的失重率明显高于XZ平面的失重率，说明SLM Al-Si合金的XY面更容易受到腐蚀。

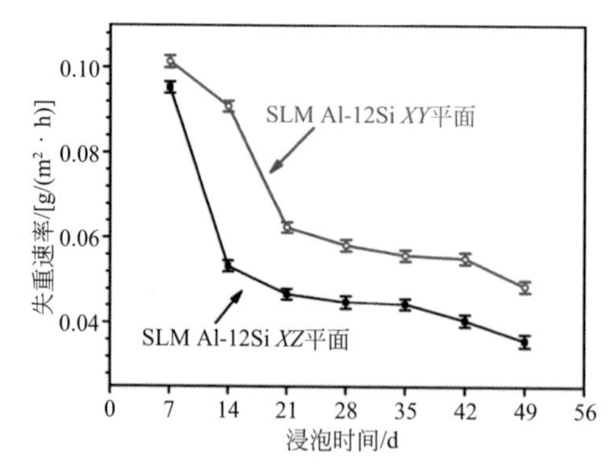

图5.18 SLM Al-Si系合金不同面在3.5%氯化钠溶液中浸泡不同时间后的腐蚀失重速率结果

图5.19为SLM Al-Si系合金不同面腐蚀之后的截面结果，可以清楚地看到一些深点蚀XY平面的界面上会出现孔，而XZ平面则显示出比较光滑的界面。这表明在XZ平面上仅发生了轻微的腐蚀溶解。小的胞状结构有更多的胞壁结构，

从而产生更多的腐蚀微电偶，同时容易造成侵蚀性离子（如Cl^-）在腐蚀坑内的富集，加速腐蚀的进程，因此，*XY*面的耐蚀性较差。这种由组织结构差异造成的腐蚀各向异性可能通过一定的热处理手段加以改善。

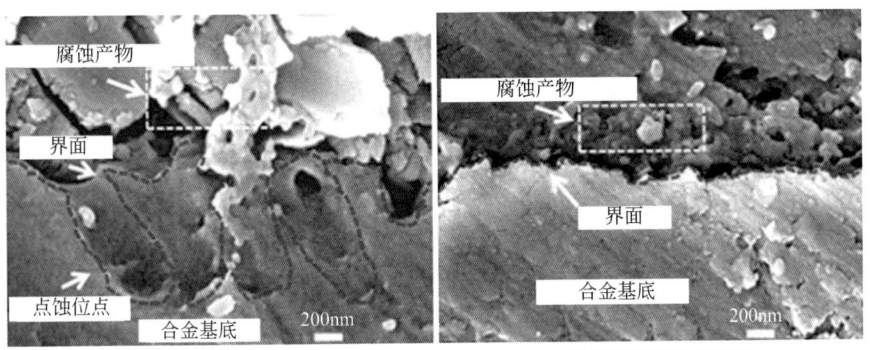

(a) 垂直于打印面（*XY*面）　　(b) 平行于打印面（*XZ*面）

图5.19　SLM Al-Si系合金不同面腐蚀之后的截面结果

5.3.4 热处理后的腐蚀行为

图5.20显示了在1mol/L HNO_3溶液中传统锻造、SLM AlSi10Mg及不同温度热处理6h后样品的失重速率随浸泡时间的变化关系。结果可以看到，SLM AlSi10Mg和铸造样品的重量损失曲线非常相似，这表明这些材料表现出的腐蚀行为具有可比性，即使这些样品的初始微观结构不同，但随着热处理温度的提

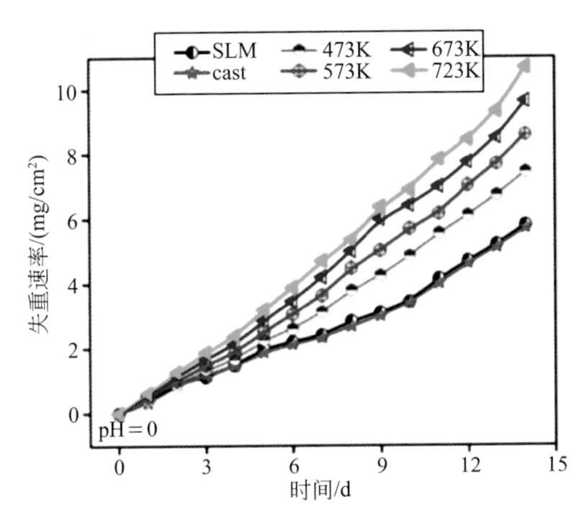

图5.20　传统锻造和SLM AlSi10Mg及不同温度下热处理6h后的样品在1mol/L HNO_3溶液的腐蚀失重速率随浸泡时间的变化关系

高，腐蚀失重速率逐渐增加，对于在723 K下热处理的材料，14d后有（10.68 ± 0.26）mg/cm^{2}的重量损失，是未处理SLM AlSi10Mg样品的两倍。

图5.21为SLM AlSi10Mg 经过不同热处理之后熔池边界附近的扫描电镜形貌结果，在进行热处理之前，可以看到铝基体中分布着相对连续的纤维状共晶富硅网络结构。经170 ℃人工时效 6h处理后，未观察到微观结构的显著变化。经过250 ℃去应力退火2h处理后，纤维状富硅网格结构发生了局部的分解，可以观察到，部分富硅胞状结构开始分解成单独的沉淀物，在熔池边界处有较大的沉淀物。当温度提高到300℃时，富硅网络结构分解为单独的第二相颗粒，较大的富硅第二相颗粒沉淀物存在于熔池边界处。因此，随着热处理温度升高，连续的富硅网格结构逐渐演变为不连续的、独立的富硅颗粒。

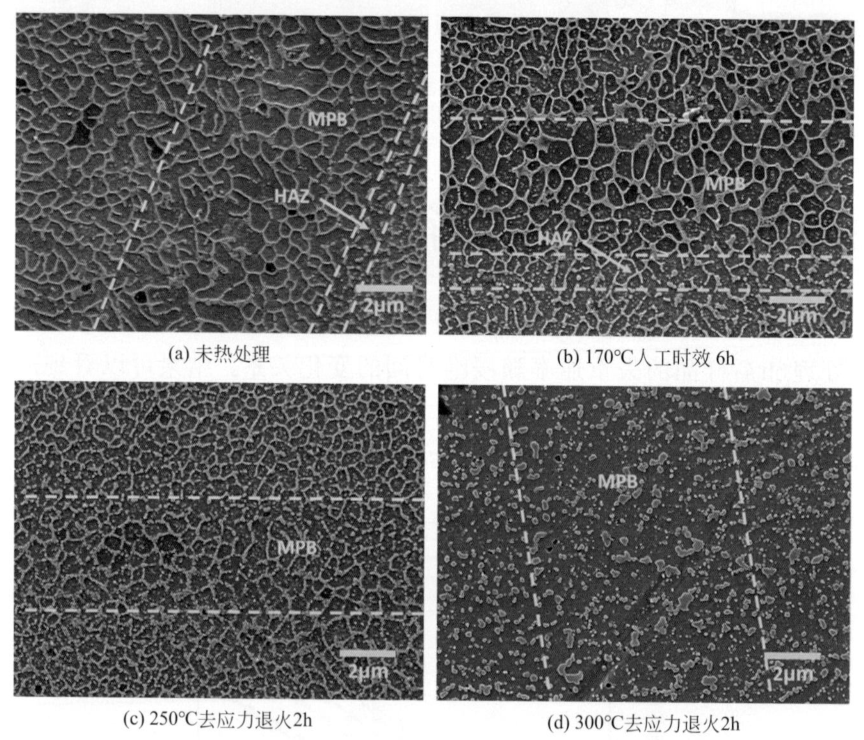

(a) 未热处理　(b) 170℃人工时效 6h

(c) 250℃去应力退火2h　(d) 300℃去应力退火2h

图5.21　SLM AlSi10Mg 经过不同热处理之后熔池边界附近的扫描电镜形貌结果

在0.1mol/L氯化钠溶液中浸泡一段时间后，观察在熔池边界附近的腐蚀形貌，结果如图5.22所示。未处理和170 ℃人工时效6h处理的SLM AlSi10Mg展现出了大面积的腐蚀，基体铝被腐蚀掉留下富硅的网格结构。同时，在熔池边界可以看到局部有裂纹存在，说明此处的局部应力对腐蚀过程有着加速作用。250 ℃和300℃去应力退火2h处理后的SLM AlSi10Mg表现出较深的点蚀坑的腐蚀形貌，同时，腐蚀也主要优先发生在熔池边界附近部位。而去应力退火处理后，富硅网格破裂的情况下，腐蚀仅局限在一定区域发生，从而造成较深的局部腐蚀坑；而对于连续的富硅网格结构，腐蚀可以从熔池边界逐步扩散，造成大面积的腐蚀。

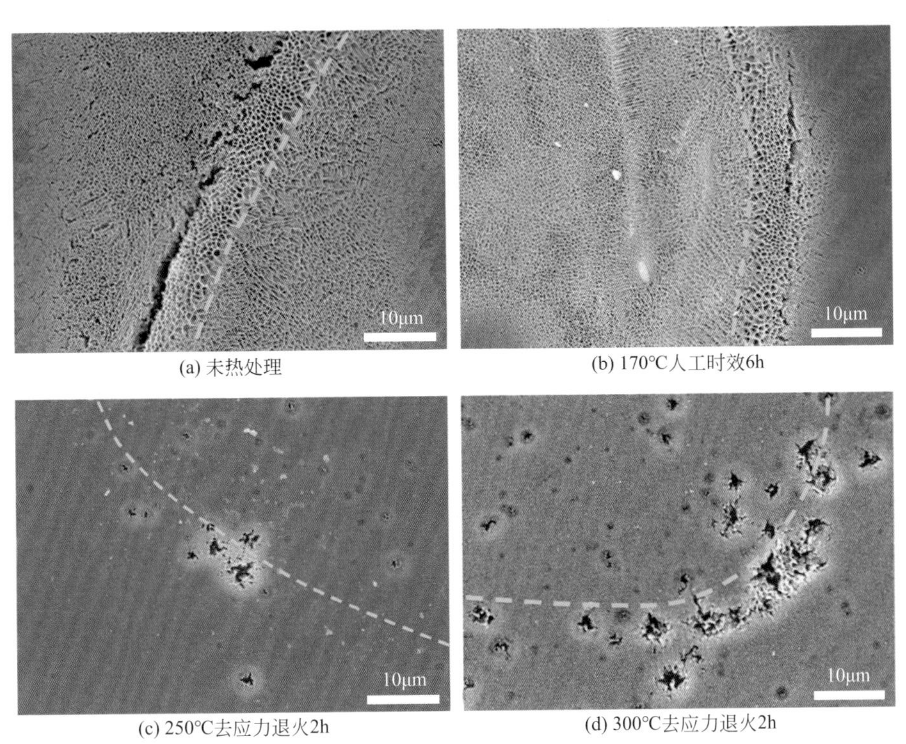

(a) 未热处理　(b) 170°C人工时效6h

(c) 250°C去应力退火2h　(d) 300°C去应力退火2h

图5.22　SLM AlSi10Mg经过不同热处理之后在0.1mol/L氯化钠溶液中浸泡一段时间后在熔池边界的腐蚀形貌

5.4 工程应用分析与展望

增材制造成形铝合金主要用于航天、汽车以及个人消费品等领域。以汽车为例，传统汽车行业为保障车辆的便利性、性能性和安全性，其车辆平均重量在不断增加。注入防抱死系统、安全气囊和复杂车身结构等安全功能都使得车辆重量增加。减轻重量会对燃油效率产生连锁反应，减重10%大约等于燃油经济性提升5.5%。对力学性能要求更高的锻造轮也在逐步应用铝合金，如隔热板、保险杠加强件、安全气囊外壳、气动系统、油底壳、座椅框架、侧撞板。由于发动机罩下方的空间在不断地被最小化，其下的热交换器的成形性要求不断提高，增材制造铝合金是一种潜在的解决方案。但在热交换器的整个生命周期中，其不仅遭受较高的工作压力，而且会受到不同腐蚀环境的影响。增材制造成形铝合金由于其显著的硅偏析形貌及其与铝基体间巨大的腐蚀电位差异，其裸金属耐蚀性防护仍是重要课题。因此，如何通过激光功率、扫描速度及路径亦或粉末合金化来避免增材制造成形铝合金的硅偏析，提升其耐腐蚀性能是未来一个重要的研究方向。

航空航天领域对轻量化、长寿命、高可靠性以及结构功能的一体化设计制造均有着较高的要求。而增材制造成形铝合金在以上几个方面有着极大的优势，可进行结构优化设计以及复杂结构的加工以及航空零件的快速修复。而AlSi10Mg、A6061、AlSi12以及AlSi12Mg是目前可用的主要增材制造铝合金。激光选区熔化制备的AlSi10Mg合金强度可达400MPa，其强度指标已经与目前航天领域所用的铝合金锻造件相当。但其显著的各向异性、过大的内应力、无法避免的孔隙率以及较低的延伸率都限制了该技术在航天领域的进一步工程应用。如何降低孔隙率并提高其延伸率是未来增材制造成形铝合金优化所考虑的一个方面。

5.5 本章小结

通过模拟计算和实验表征，本章解释了在SLM AlSi10Mg材料中，高熔点的Si元素主要富集在胞状结构的边界处。这种不均匀的元素偏析会造成腐蚀微电偶：富集Si元素的胞壁显示为高电势的阴极而胞内则作为加速腐蚀的阴极。在腐蚀进程中，胞内优先溶解从而留下富硅网状的壳体结构。而由于逐层制造的特征，SLM AlSi10Mg组织结构各向异性明显，尤其是形成的富硅的网状结构形貌。结果显示平行于打印方向的平面腐蚀速率要明显低于垂直于打印方向，且平行于打印方向的平面腐蚀形貌显示出窄而深的孔蚀特征。

热处理能够一定程度上消除组织各向异性，但随着热处理温度的提高，SLM AlSi10Mg材料的腐蚀速率加快；热处理会改变富硅胞状网格结构，形成独立分散的富硅第二相颗粒。同时，腐蚀主要优先在熔池边界附近发生，热处理之后腐蚀仅局限在一定区域发生，从而造成较深的局部腐蚀坑。

参考文献

[1] Herzog D, Seyda V，Wycisk E， et al. Additive manufacturing of metals. Acta Materialia 2016, 117 (15) :371-392.

[2] Hu Z, Mahadevan S. Uncertainty quantification in prediction of material properties during additive manufacturing. Scripta Materialia 2017, 135: 135-140.

[3] Rahmani F, Jeon J， Jiang S， et al. Melting and solidification behavior of Cu/Al and Ti/Al bimetallic core/shell nanoparticles during additive manufacturing by molecular dynamics simulation. Journal of Nanoparticle Research 2018, 20 (5) : 133.

[4] Sorkin A， Tan J L, Wong C H. Multi-material modelling for selective laser melting, Procedia Engineering， 2017, 216: 51-57.

[5] Zhang Y, Liu H， Mo J，et al. Atomic-scale structural evolution in selective laser melting of Cu50Zr50 metallic glass. Computational Materials Science 2018, 150: 62-69.

[6] Rosenthal I， Shneck R， Stern A. Heat treatment effect on the mechanical properties and fracture mechanism in AlSi10Mg fabricated by additive manufacturing selective laser melting process. Materials Science and Engineering， 2018, A 729:310-322.

[7] Wu J， Wang X， Wang W，et al. Microstructure and strength of selectively laser melted AlSi10Mg. Acta Materialia, 2016, 117: 311-320.

[8] Chen Y， Zhang J， Gu X，et al. Distinction of corrosion resistance of selective laser melted Al-12Si alloy on different planes. Journal of Alloys and Compounds ，2018，747: 648-658.

[9] Rubben T， Revilla R I， De Graeve I. Influence of heat treatments on the corrosion mechanism of additive manufactured AlSi10Mg. Corrosion Science, 2019, 147: 406-415.

[10] Prashanth K G, Debalina B, Wang Z， Tribological and corrosion properties of Al-12Si produced by selective laser melting. Journal of Materials Research, 2014, 29 (17) : 2044.

[11] 关杰仁. 铝合金选择性激光熔化成形工艺控制与组织性能研究. 昆明：昆明理工大学，2019.

[12] 沙春生，刘海英，王联凤，等. 固溶时间对激光选区熔化AlSi10Mg显微组织及显微硬度的影响. 宇航材料工艺，2019,49 (02) :54-58.

第6章 SLM成形Ti6Al4V合金的腐蚀行为与机理

目前，增材制造技术广泛地应用在生物医用领域，其突破了传统制备工艺的局限，可进行复杂结构和个性化定制的快速成形。以钛合金为例，为了使植入物的弹性模量与人骨相匹配，科学家研制了一系列低模量β型钛合金系列，如Ti-Nb-Ta系、Ti-Nb-Mo系、Ti-Nb-Sn系等，但弹性模量最低才降到40 GPa，仍然达不到人体组织的需求。制备具有孔隙结构的钛合金可以进一步降低弹性模量。当前，常用的制备多孔钛合金方法包括粉末冶金法、气相沉积法、浆料发泡法、自蔓延高温合成法、纤维烧结法等，但用这些方法制备的材料其微观结构无法灵活控制，孔隙间的导通性无法确保，且材料的孔隙结构不能很好地与人体骨骼组织结构模拟匹配。3D打印技术可以针对不同患者的需求，进行多元化的设计和制备，通过对孔径、孔隙率等参数的调整，可以使得钛合金的模量、密度和强度与自然骨相匹配，且多孔结构有利于成骨细胞的黏附、增殖和分化，促使新骨组织长入孔隙；同时，可以缩短加工周期和环节，故而在生物医用材料市场占据了越来越多的市场。

本章节主要探究SLM Ti6Al4V的组织结构特点及腐蚀机理，总结打印参数对其影响规律。同时，通过打印多孔结构设计，探究阳极氧化对多孔钛合金表面处理的可行性。

6.1 打印参数对SLM Ti6Al4V合金组织结构的影响

6.1.1 激光功率

Ti6Al4V是一种典型的α+β相合金，具有低密度并且可以减轻材料的重量，同时保持出色的强度，经常用于生物医学植入物和航空航天材料。然而，采用传统工艺铸造和加工的Ti6Al4V铸件会浪费原材料并延长加工周期。激光选区熔化是目前广泛使用的一种增材制造技术，它克服了传统制造技术的缺点，例如几何限制和制造周期长，因此可以满足快速制造复杂3D结构部件的要求。因此，通过激光选区熔化制备Ti6Al4V是目前增材制造的常用方法。

SLM过程中的快速冷却会导致体心立方（BCC）结构的β相转变为六方密堆积（HCP）结构的α'马氏体相。α'马氏体相通常是紧密堆积在一起的细长针状结构。Lore等人研究了扫描参数和扫描策略对SLM制备的Ti6Al4V微观结构的影响，发现SLM在不同参数下制备的Ti6Al4V的微观结构是细长的针状结构。Yang等进一步研究了不同工艺参数下α'马氏体的形貌和分布，马氏体长轴和短轴长度主要在10 ~ 70μm和1.0 ~ 2.0μm之间。

随激光能量密度增加，X射线衍射峰向大角度方向发生轻微偏移（见图6.1）。这是因为Al原子和V原子在α'马氏体相中作为置换原子存在，并且Al（0.143nm）和V（0.132nm）的原子半径均小于Ti原子半径0.147nm。当激光能量密度增加时，峰值温度增加，Al和V在α'马氏体相中的固溶度增加，从而使得α'马氏体相的晶格常数减少，衍射峰向大角度方向偏移。

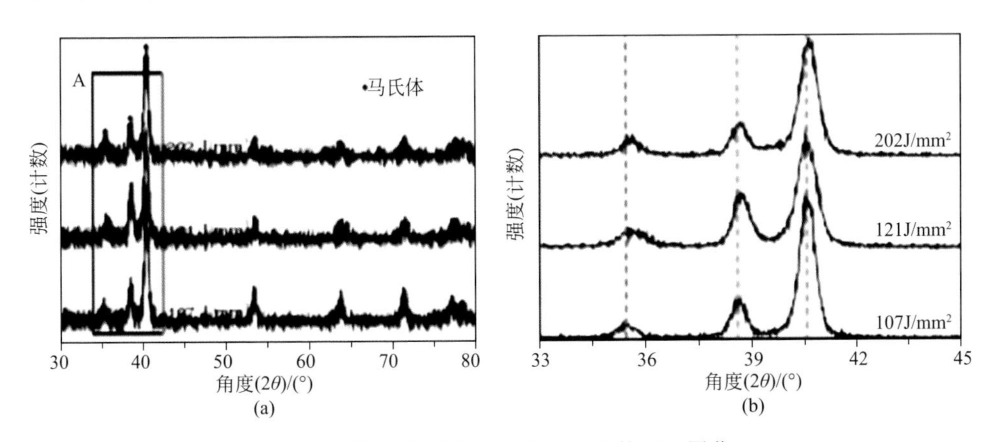

图6.1 不同能量密度下SLM Ti6Al4V的XRD图谱

（b）为（a）图的局部放大

柱状晶的宽度随激光能量密度的增加而逐渐增加（见图6.2），这是因为更高的激光能量密度为柱状晶的生长提供了更充足的驱动力，因此Ⅰ区的柱状晶

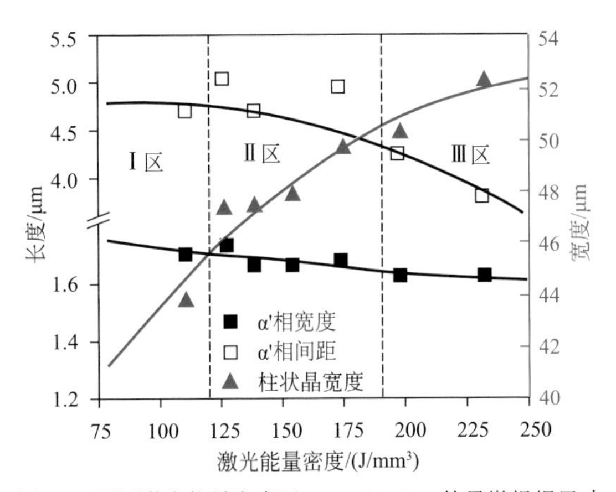

图6.2 不同激光能量密度下SLM Ti6Al4V的显微组织尺寸

宽度（40 ~ 44μm）小于Ⅱ区的柱状晶宽度（44 ~ 50μm），更小于Ⅲ区的柱状晶宽度（50 ~ 55μm）。同时，更高的激光能量密度产生的更大的过冷度增加了β相向α'相转变的驱动力，利于α'相的大量形核，使得α'相尺寸更加细小。Ⅰ区的α'相宽度（1.70 ~ 1.75μm）大于Ⅱ区的α'相宽度（1.65 ~ 1.70μm），更大于Ⅲ区的α'相宽度（1.60 ~ 1.65μm）。类似的三区之间的相邻α'相间距随激光能量密度的增加逐渐降低。

6.1.2 扫描速度

扫描速度的大小直接影响激光作用于粉末颗粒的时间长短，速度越快作用时间越短，速度越慢作用时间越长。G. Sander研究了不同扫描速度下不锈钢的孔隙率大小，随着扫描速度的加快，孔隙率整体上呈现增大的趋势，这是由于部分粉末未能完全熔融，导致第一类孔隙增多，黑色区域为孔隙的存在。然而，扫描速度降低则会延长材料的打印时间，造成生产效率下降。因此实际打印过程中，二者需结合考虑，从而达到最优效果，图6.3为SLM制备Ti6Al4V的致密度与不同能量的关系。

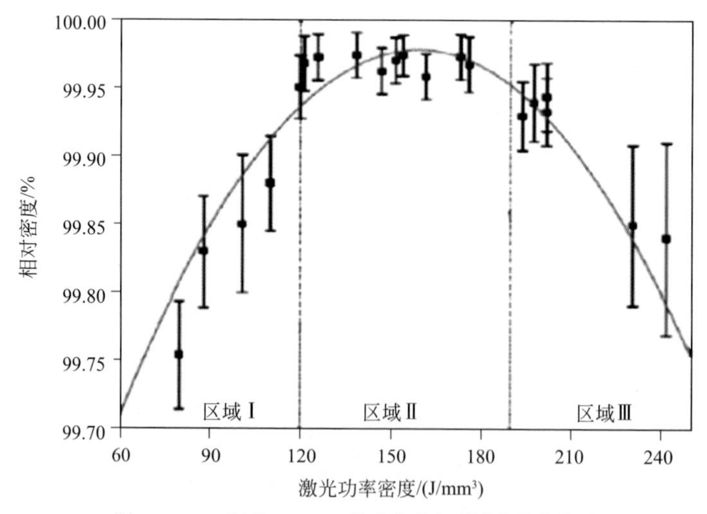

图6.3　SLM制备Ti6Al4V的致密度与不同能量的关系

一种更常见的方法来量化组件内缺陷的存在，是使用体积能量密度，如式（6.1），它描述了每体积材料所受的能量（E）用来评估在SLM打印过程中工艺参数的影响：

$$E=\frac{p}{vhd} \tag{6.1}$$

式中，p是激光功率；v是扫描速率；h是扫描间隔；d是粉末层厚度。Han等定义120 ~ 202 J/mm^{3}的工艺窗口以产生密度大于99.9%的Ti6Al4V。然而一些作者怀疑使用能量密度变量作为过程表征手段的有效性，他们指出其他一些工艺参数如激光直径、舱口样式等被忽略，这也可以影响孔隙率。

6.2 SLM Ti6Al4V合金组织结构与性能特征

6.2.1 相组成与结构特征

从图6.4（a）中可以看出，通过SLM制备的Ti6Al4V样品的表面结构中存在大量针状α'马氏体，这三个方向的结构都不同于传统的两相（α+β）Ti6Al4V，这是由于SLM工艺的快速冷却阻碍了原子之间的扩散，导致了初生的β相不能转化为α相，热力学过冷和动力学过冷导致针状α'马氏体的形成。图6.4显示了SLM制作的样品的垂直方向的*YOZ*平面和*ZOX*平面以及水平方向的*XOY*平面。图6.4（a）表明样品水平方向的*XOY*平面的初生β相基本等轴，并且α'马氏体在晶粒内生长是沿先前β相边界转变。如图6.4（b）和图6.4（c）所示，垂直方向

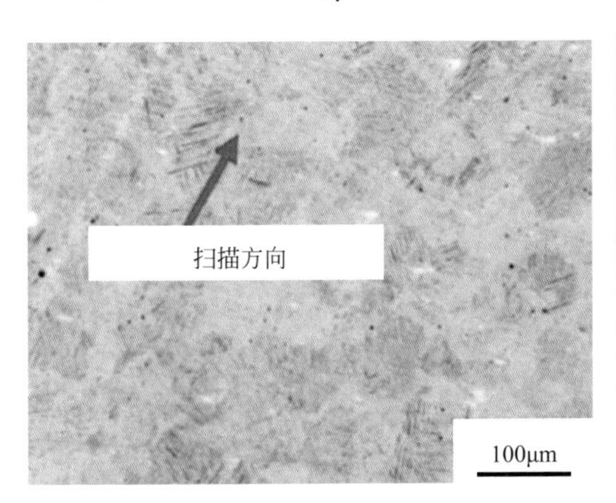

(a) *XOY*平面

打印方向
100μm

(b) *YOZ*平面

图6.4

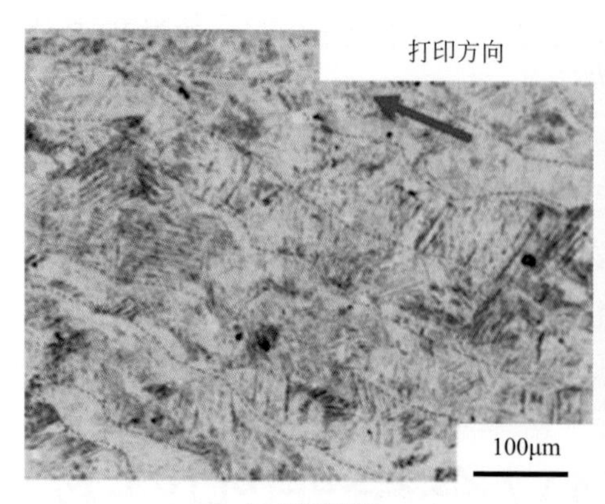

(c) *ZOX*平面

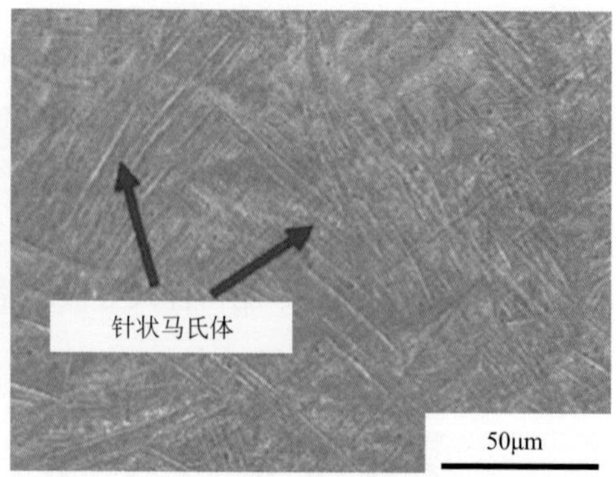

(d) SEM观察到的针状马氏体

图6.4　SLM制备的样品沿三个方向的结构

的*YOZ*平面和*ZOX*平面微观结构可以观察到完全不同于水平方向的形态，其微观组织结构是沿SLM构建方向呈柱状结构的初生β相转变而来α'马氏体。这种现象是由SLM工艺沿垂直方向的较大热梯度引起的。测量发现，*XOY*平面的等轴初生的β相的大小为70 ~ 140μm，图6.4（b）和图6.4（c）所示的初生的β相柱彼此平行。我们测量到初生的柱状β相的宽度大约为100μm，并且该宽度大约等于激光束光斑的直径，图6.4（d）显示了针状α'马氏体。

XRD是在不同方向的表面和初始TC4粉末上进行的。如图6.5所示，在不同方向获得的XRD峰与从初始粉末获得的XRD峰的位置相似，主要对应于α'相，

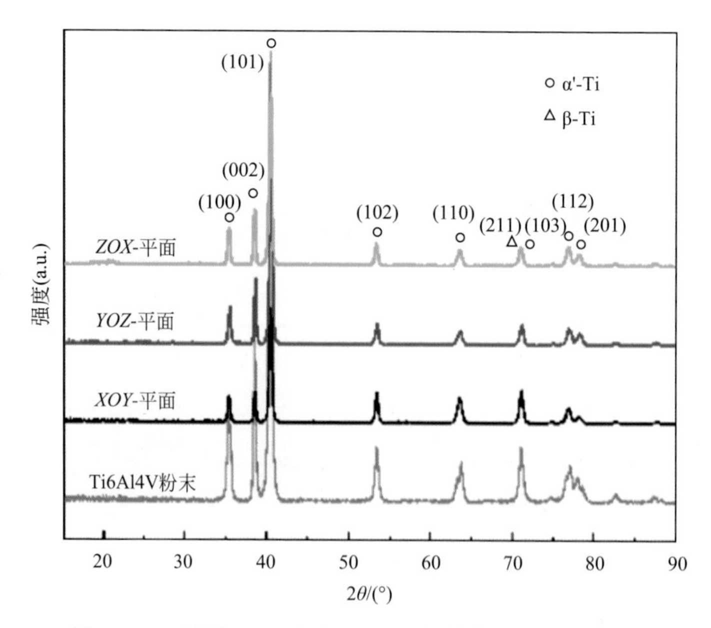

图6.5　*XOY*平面、*YOZ*平面、*ZOX*平面和初始粉末的XRD分析

主峰对应于（100），（002），（101）与β相对应的峰很小且不明显。通过XRD估计组分的含量，并且在不同方向上的β相的含量小于1%。

为了进一步了解和确认该SLM制备的Ti6Al4V的微观结构中的α'马氏体结构，通过TEM观察了马氏体结构。图6.6显示了明场图像（BFI）和相应的选定区域电子衍射（SAED）模式，我们观察到独特的针状α'马氏体结构，并且通过SAED也证实了密排六方结构的α'相的存在。从上述观察结果，可以初步确认对应于由SLM制备的Ti6Al4V的α′ 相主XRD峰。

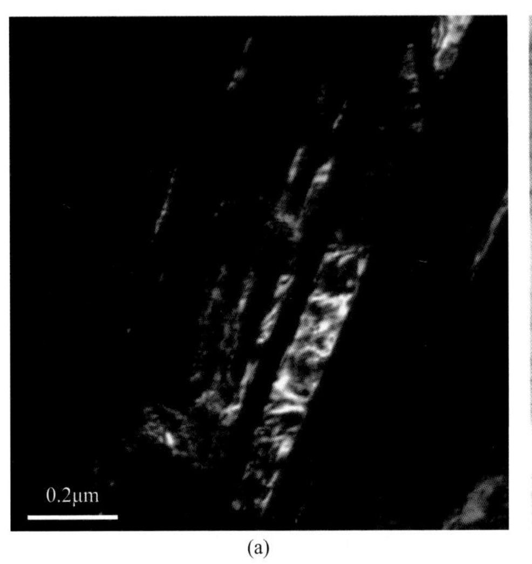

(a)

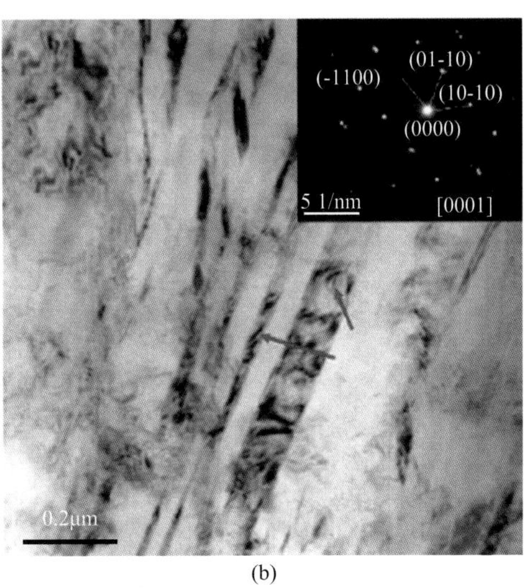

(b)

图6.6 α′ 针状马氏体的TEM暗场图形（a）、TEM亮场图像（b）以及通过SLM获得的Ti6Al4V结构的相应选定区域电子衍射图

6.2.2 晶界特征

通过观察SLM制备的Ti6Al4V样品的微观形貌，很明显可以观察到由SLM制造的Ti6Al4V样品在水平和垂直方向上初生β相都存在很大差异。为了进一步观察针状马氏体在两个方向上的含量和分布，对由SLM制造的Ti6Al4V的不同方向进行了EBSD。图6.7显示了三个方向的相图和相的组成，α'相以红色显示而β相以蓝色显示，结果可以看出该工艺参数下SLM制造的Ti6Al4V的α'相含量为多数，而β相含量是非常小的，不论在哪个方向都是同样的结果，上述结果也与XRD结果一致，同时我们也观察到了更加清晰的针状马氏体。表6.1列出EBSD相图中估算三个方向的相含量。结果表明，在所有三个方向

上β相的含量均小于1%，这与其他类似研究确定的β相含量不同。本研究中所有三个方向上的β相可以忽略，而β相对钛合金力学性能各向异性的影响也可以忽略。

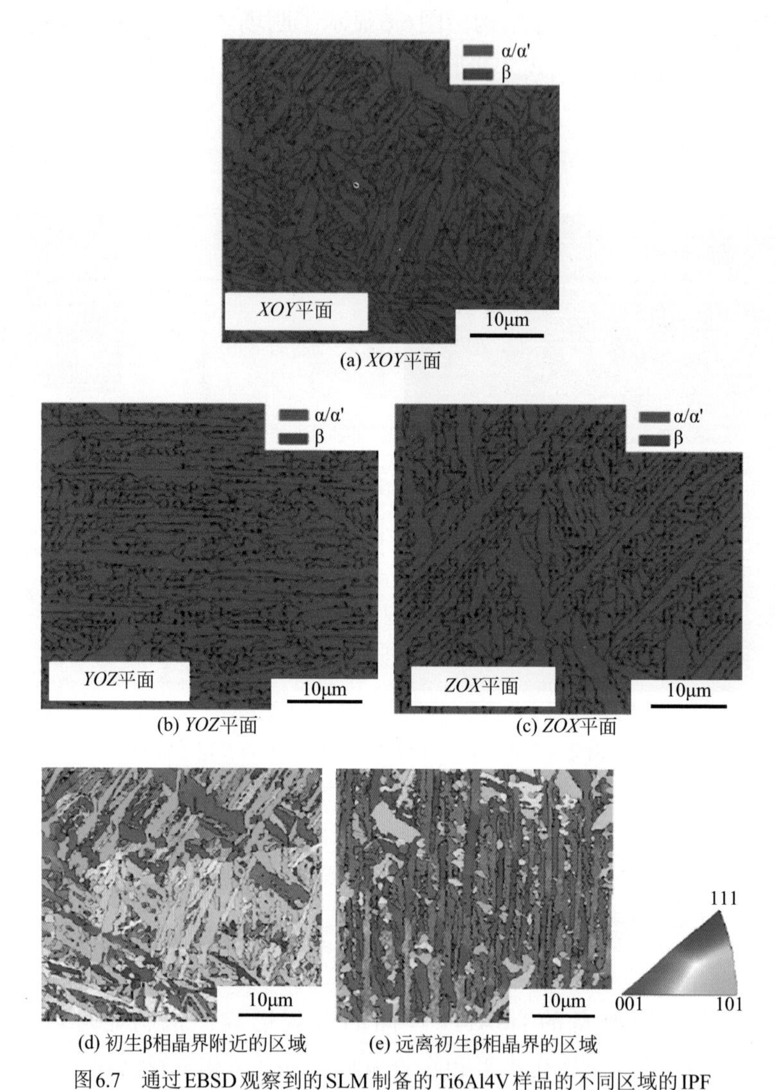

(a) XOY平面

(b) YOZ平面

(c) ZOX平面

(d) 初生β相晶界附近的区域

(e) 远离初生β相晶界的区域

图6.7 通过EBSD观察到的SLM制备的Ti6Al4V样品的不同区域的IPF

表6.1 通过EBSD测量的每个方向的相组成

样品	相组成	$V_{f,\alpha/\alpha'}$ /%	$V_{f,\beta}$/%
XOY面	α/α'+β	99.60	0.40
YOZ面	α/α’+β	99.47	0.53
ZOX面	α/α’+β	99.44	0.56

6.2.3 各向异性

通过EBSD观察了针状α'马氏体在三个方向上的形貌和分布，本研究提供了不同方向晶粒尺寸的统计数据（图6.8）。结果表明，在所有三个方向上观察到的针状α'马氏体的平均尺寸彼此非常接近，因此，我们得出结论，由SLM制备的Ti6Al4V的力学各向异性不是由于不同方向的马氏体尺寸的差异导致的。

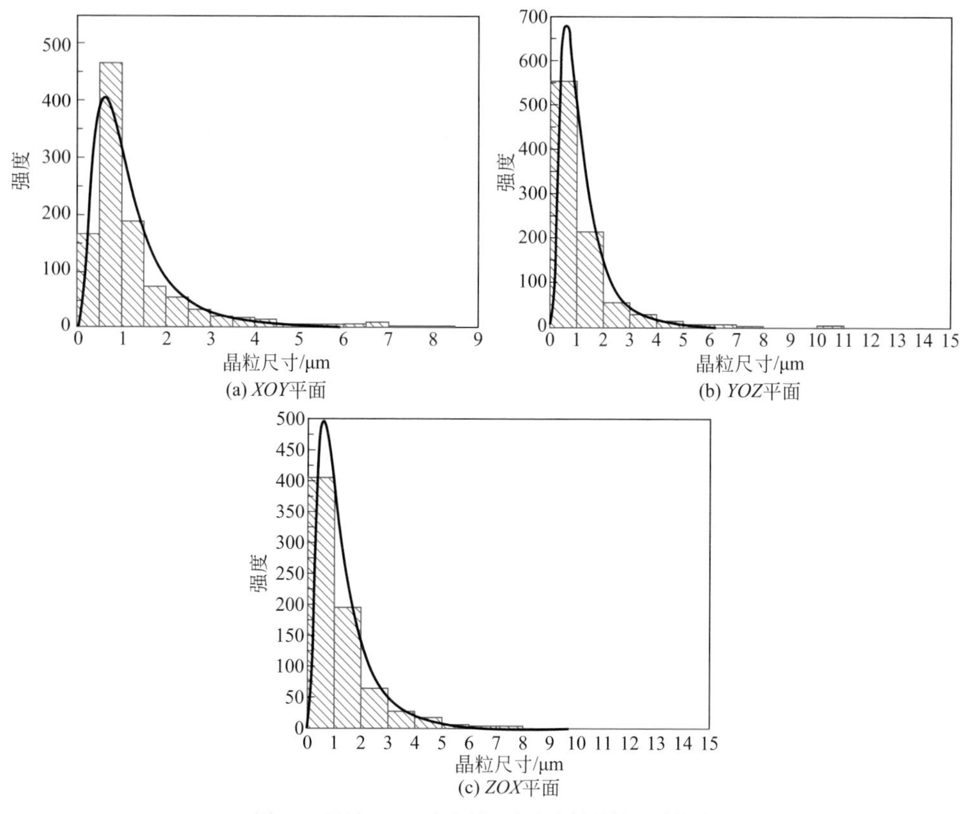

图6.8 通过EBSD确定的三个方向的晶粒尺寸统计

根据EBSD结果，马氏体尺寸的差异主要存在于初生β相的晶界附近区域和初生β相的晶粒内部。为了研究该SLM工艺制备的Ti6Al4V的晶粒尺寸与性能之间的关系，我们进一步研究了初生β相内部即远离晶界处的马氏体晶粒尺寸的统计数据。图6.9显示了马氏体短轴和长轴的分布统计量，我们发现长轴和短轴的长度与正态分布一致，因此使用统计结果的加权平均值来获得平均长度，使用该工艺参数下SLM技术制备的马氏体长轴的平均长度为24.5μm，短轴的平均长度为1.4μm，这证明了不同的工艺参数所形成的晶粒尺寸确实存在着差异，并

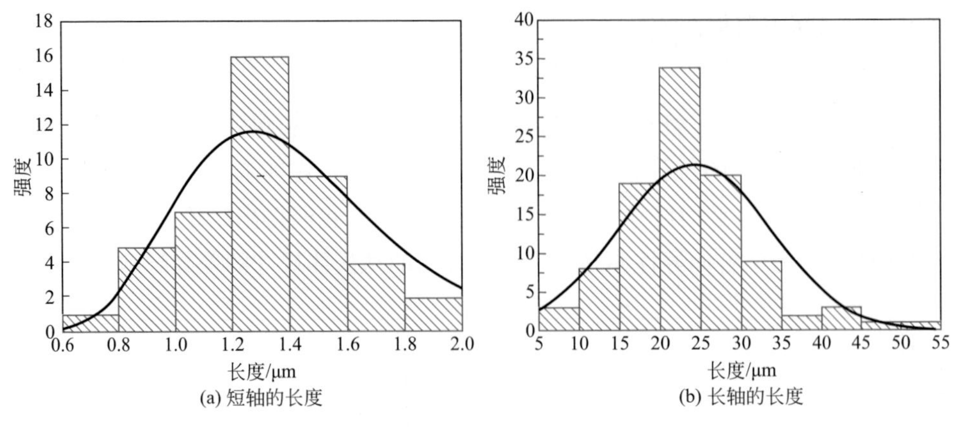

图6.9　针状马氏体的尺寸

且使用本文中描述的工艺参数获得的马氏体尺寸比之前文献中报道的马氏体尺寸进一步减小。

为了进一步了解马氏体的分布特性，我们观察了针状α'马氏体与初生β相晶界附近的晶界处的马氏体的位置关系。与SLM制成的其他合金的结构不同，通过该工艺制备的Ti6Al4V中的亚稳态α'针状马氏体沿初生β相形成，而初生β相通过光学显微镜观察到明显的各向异性。水平的*XOY*平面显示初生β相几乎等轴，而垂直方向上的*YOZ*平面和*ZOX*平面则呈现出平行于构建方向的柱状初生β相。进一步分析了针状α'马氏体与初生β相的取向和分布关系，使用OM获得的结果表明，针状α'马氏体倾向于以一定角度沿初生β相的晶界生长，我们测量了针状α'马氏体与初生β相的晶界之间的夹角，最小角度为35°，最大角度为68°，通过观察金相及EBSD结果我们并没有发现平行于晶界生长的针状α'马氏体，这证实了使用光学显微镜进行的观察。图6.10显示了针状α'马氏体与初生β

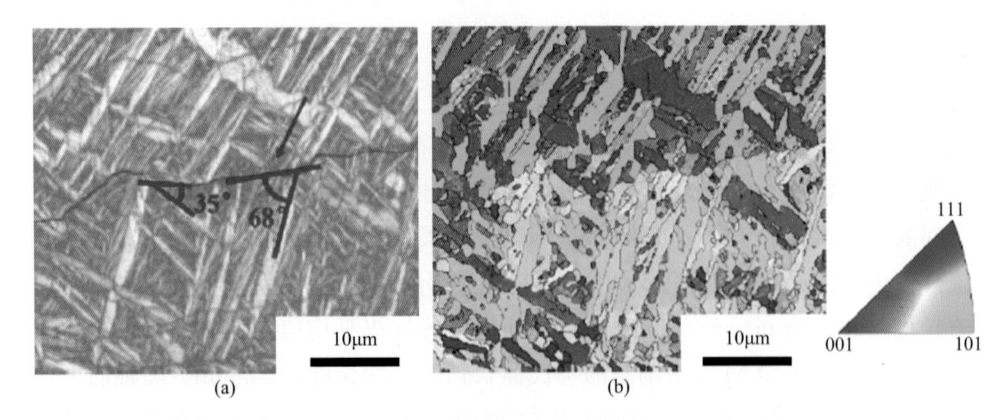

图6.10　针状α'马氏体与初生β相边界之间的夹角（a）及EBSD结果（b）

相的晶界之间的夹角。

Ti6Al4V在三个方向的α'相含量接近100%，不同于之前的SLM的有关电化学各向异性的研究，先前的研究中电化学各向异性的主要原因是不同方向上不同的β相的含量所造成的，通过不同的SLM工艺的参数的控制会对冷却速率产生影响，进而导致了本文中的Ti6Al4V的相含量与之前报道的不同，为了进一步研究在该SLM参数下形成的Ti6Al4V的耐腐蚀性是否有各向异性，测量了该SLM制备的不同方向制造的Ti6Al4V合金在人体模拟液（SBF）中的开路电位随时间变化关系，如图6.11所示。

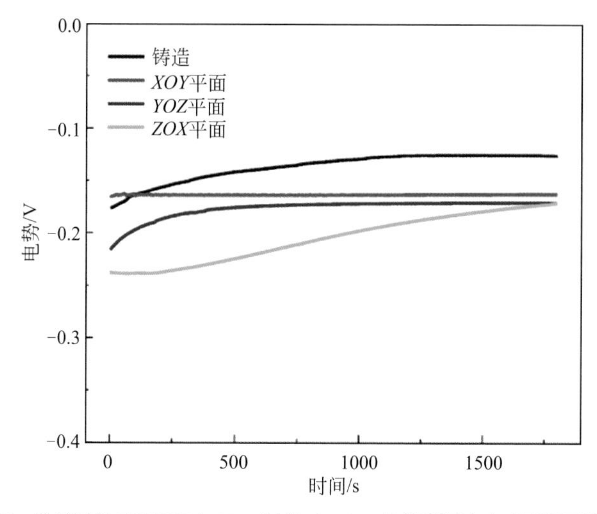

图6.11　传统铸造Ti6Al4V与SLM制备Ti6Al4V的沿不同方向表面的开路电位

由图6.11可知，样品在模拟体液溶液中开路电位在短时间内基本稳定。SLM制备的Ti6Al4V的三个打印方向的稳定的开路电位（vs.SCE）都相对接近，其中*XOY*平面为（−170.1 ± 5.4）mV，*YOZ*平面为（−172.6 ± 7.2）mV，*ZOX*平面为（−176.5 ± 4.6）mV。在开路电位稳定后对上述样品进行电位动力学极化曲线扫描，比较了不同样品表面上SBF模拟液体的维钝电流密度和腐蚀电位，三个方向的腐蚀电位和维钝电流密度非常接近。图6.12显示了SLM制备的Ti6Al4V的极化曲线，与铸造的Ti6Al4V相比，我们发现通过该工艺参数下制备的Ti6Al4V与传统铸造的Ti6Al4V在SBF溶液中的电化学结果很接近，这证明了SLM制备的Ti6Al4V在人体模拟液体的环境中具有出色的耐腐蚀性。

对不同方向平面分别进行了EIS测量以进一步分析不同方向表面在SBF溶液中的表面具体状态。图6.13显示了三个方向平面在SBF模拟液中的能奎斯特

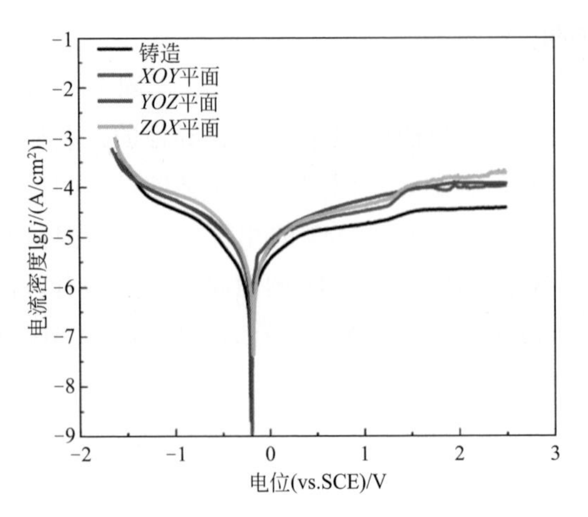

图6.12　传统铸造Ti6Al4V与SLM制备Ti6Al4V的沿不同方向表面的极化曲线

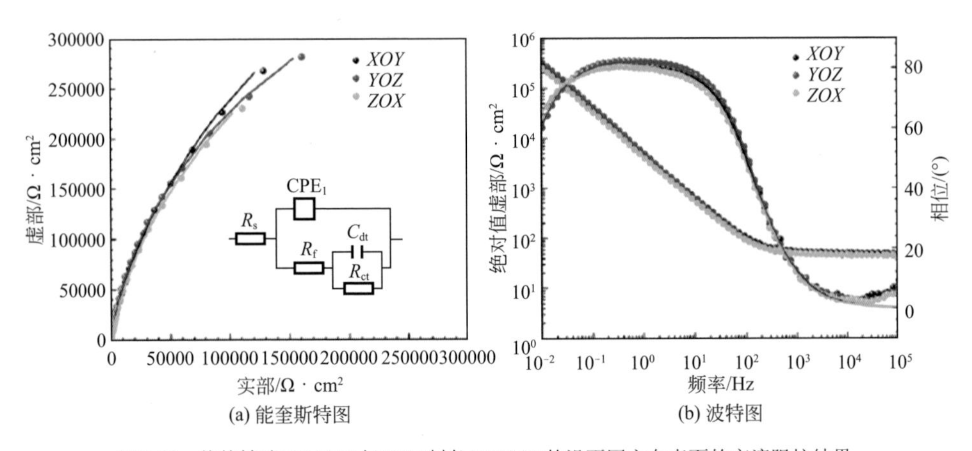

图6.13　传统铸造Ti6Al4V与SLM制备Ti6Al4V的沿不同方向表面的交流阻抗结果

图和波特图，等效电路已在图6.13（a）中给出，使用了两个时间常数的等效电路来拟合。表6.2总结了EIS测量的拟合结果，R_f、C_{dl}等拟合结果在三个方向都十分接近，这表明在SBF模拟液中，三个方向的耐蚀性没有明显的区别。

表6.2　SBF环境下不同方向SLM制造的Ti6Al4V的EIS测量拟合参数

样品	R_s /Ω · cm²	CPE_1 /（μF/cm²）	n_1	R_{ct} /kΩ · cm²	C_{dl} /（μF/cm²）
*XOY*面	49.95	0.68	0.89	1104	3.37
*YOZ*面	45.57	0.16	0.91	859.9	3.73
*ZOX*面	46.22	0.37	0.89	933.2	3.14

6.2.4 力学性能

对该工艺参数下的SLM制备的Ti6Al4V在三个方向上的硬度以及传统铸造Ti6Al4V的硬度进行了测试，其平均值和误差范围结果如图6.14所示。我们发现该工艺参数下制备的Ti6Al4V的硬度良好。在所有方向上，*XOY*平面的平均硬度为411.88HV，*YOZ*平面的平均硬度为422.42HV，*ZOX*平面的平均硬度为424.06HV。三个方向的硬度大于传统铸造获得的398.40HV的硬度，通过快速冷却由SLM制备的Ti6Al4V中形成了大量的针状α'马氏体结构，并分布在先前的β相中，这些马氏体结构是细小的晶粒，可以强化所得材料。

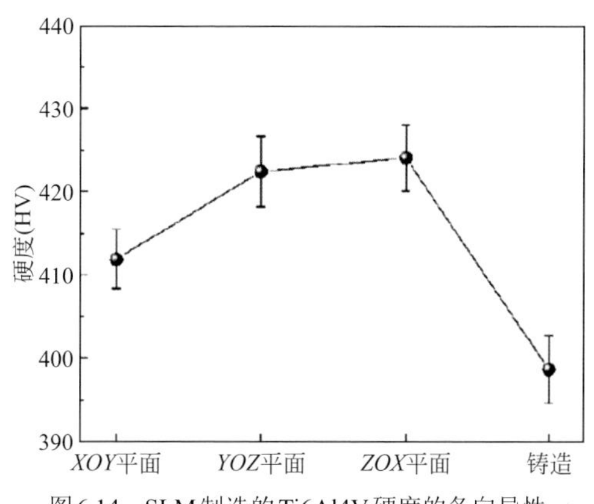

图6.14　SLM制造的Ti6Al4V硬度的各向异性

由于在SLM不同方向上形成的结构存在明显差异，在所有方向上都将导致不同的力学性能，研究不同方向的力学性能可作为设计合适的医用植入材料的参考。圆柱形样品在三个方向上经受压缩测试，图6.15显示了代表性应力-应变曲线和抗压强度，从中可以看出由SLM产生的Ti6Al4V的压缩性能的各向异性。垂直于*XOZ*平面和*ZOX*平面方向的压缩比明显高于垂直于*XOY*平面方向的压缩比，大约接近传统铸造Ti6Al4V的压缩比，垂直于*XOZ*平面和*ZOX*平面的抗压强度明显高于垂直于*XOY*平面的抗压强度，并且屈服强度表现出相反的关系。显然，由SLM制备的Ti6Al4V材料在垂直方向上沿*YOZ*平面和*ZOX*平面的延展性高于*XOY*平面，通过该SLM参数可以减小α'马氏体尺寸。SLM制造的Ti6Al4V在*X*轴和*Y*轴方向上具有更高的极限抗压强度，并且具有更高的压缩比，这与我们的预期结果相符。

通过本研究描述的SLM工艺参数制备的抗压强度明显高于之前文献中低致密度及大尺寸马氏体中的抗压强度，水平方向的平均抗压强度为2024MPa，垂

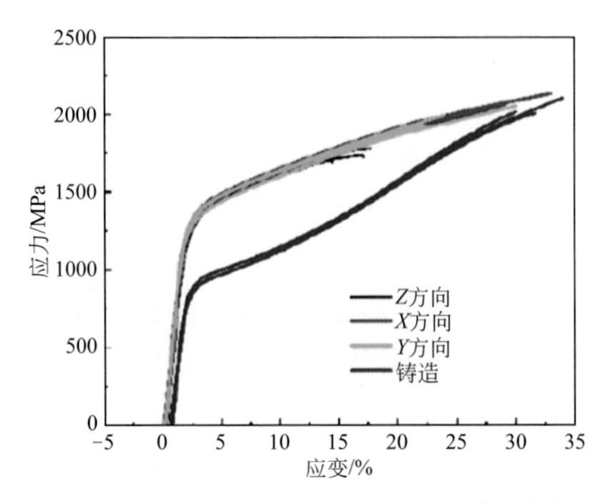

图6.15　SLM Ti6Al4V样品压缩过程中的应力-应变曲线结果

直方向的平均抗压强度为1780MPa，不同方向的屈服强度高出1150MPa。根据对微观结构的研究，可以进一步推断出这种差异是由于针状马氏体的尺寸导致的，通过测量马氏体尺寸，长轴的平均长度为24.5μm，短轴的平均长度为1.4μm，并且长径比为17.5。本研究制备的Ti6Al4V材料的长径比明显小于文献综述中汇总的马氏体尺寸，由于晶粒细化使得通过SLM制备的Ti6Al4V材料的力学性能已大大提高，特别是在塑性方面。Hall-Petch方程如下：

$$\sigma_y=\sigma_0+kd^{-1/2} \quad (6.2)$$

式中，σ_y为合金强度；σ_0为晶格摩擦；k为常数；d为晶粒尺寸。晶粒越细，合金的强度越高，本研究SLM工艺参数下制备的Ti6Al4V的α'针状马氏体尺寸上的减小从而使得α'针状马氏体晶界增多，因此相应的强度越高。初生β相的晶粒在不同方向上也不同，这些晶粒在垂直方向上是柱状的，在水平方向上是等轴的。初生β相晶界附近的α'针状马氏体的尺寸较小，这使得初生β相晶界附近的α'针状马氏体的晶粒更细，并增加了马氏体晶界的数量。由于在SLM过程中沿z轴的温度梯度较高，因此先前的β相在XOZ平面和YOZ平面呈柱状，如图6.16所示由于在垂直于加载方向的柱状初生β相晶界以及附近区域α'马氏体晶界分布阻碍了位错迁移，所以沿x轴和y轴的抗压强度和延展性较高。

图6.17显示了具有不同方向的三个压缩样品的断口表面的低倍和高倍放大SEM图像，SLM制成的压缩样品的三个方向在外部载荷的作用下变形，在所有三个方向上的断裂面成45°角。此外，在断裂处沿某个晶面的滑动清晰可见，并且每个断裂都具有平滑的延伸，除了延伸区，在所有三个裂缝中都可以观察

图6.16　加载方向垂直于柱状初生β相晶界示意图

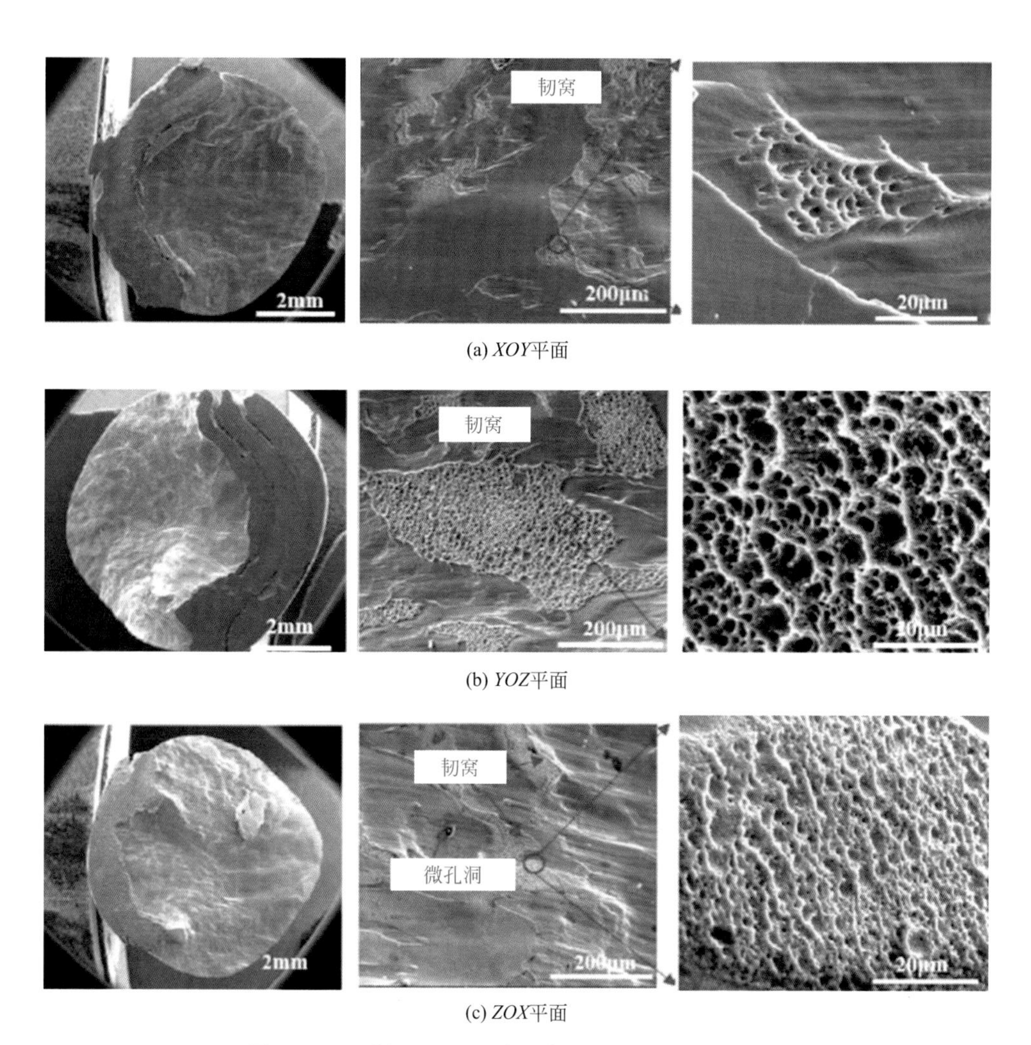

图6.17　SLM样品沿不同方向压缩的断裂形态的扫描电镜图

到由单轴压缩引起的典型的大面积等轴凹窝，根据上述特征，我们可以确定在所有三个方向上的压缩断裂都是韧性断裂，同时在沿y轴和z轴压缩的端口上可以观察到更多的韧窝，这也说明了在水平方向的韧性要更好。

6.3 SLM Ti6Al4V合金钝化特性与阳极氧化

6.3.1 钝化及点蚀行为

图6.18显示了SLM制备的Ti6Al4V合金在浸入不同浓度的NaCl溶液中时，开路电位随时间变化的规律，分别在0.01mol/L、0.1mol/L、0.5mol/L、1.0mol/L和2.0mol/L的NaCl溶液中浸没考察不同Cl^-浓度对SLM制备的Ti6Al4V的电化学性能影响。0.01mol/L、0.1mol/L和0.5mol/L的NaCl溶液浸泡初期，三组SLM制备Ti6Al4V平面的开路电位均发生一定的正向移动，这主要是由于SLM制备Ti6Al4V表面形成的钝化膜导致了开路电位的偏移，五组浓度下的SLM制备的Ti6Al4V表面均在短时间内就达到了一个比较稳定的电位，其中0.01mol/L的NaCl溶液中Ti6Al4V的相对稳定的开路电位（vs.SCE）为−374.6mV，0.1mol/L的NaCl溶液中开路电位降低至−432.5mV，0.5mol/L

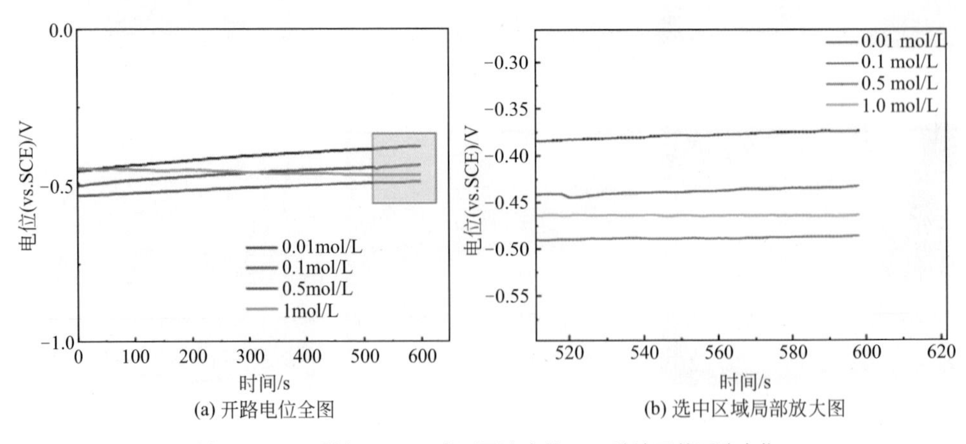

(a) 开路电位全图　(b) 选中区域局部放大图

图6.18　SLM制备Ti6Al4V在不同浓度的NaCl溶液下的开路电位

的NaCl溶液中开路电位进一步降低至-486.4mV，而当NaCl溶液浓度进一步提升至1.0mol/L时，开路电位上移至-464.6mV，整个开路电位在不同浓度都是稳定且接近的。

如图6.19显示，SLM制造的Ti6Al4V在不同的NaCl浓度下测试得到的动电位极化曲线，在测试前SLM制造的Ti6Al4V均在溶液下浸泡足够的时间并得到了稳定的开路电位，NaCl溶液的浓度在0.01 ~ 1.0mol/L时在100 ~ 1500mV（vs.SCE）表现出明显的钝化现象，这表明SLM制造的Ti6Al4V在该种环境下的离子浓度范围内形成了钝化膜，该钝化膜在一定程度上抑制了Ti6Al4V的腐蚀速率。

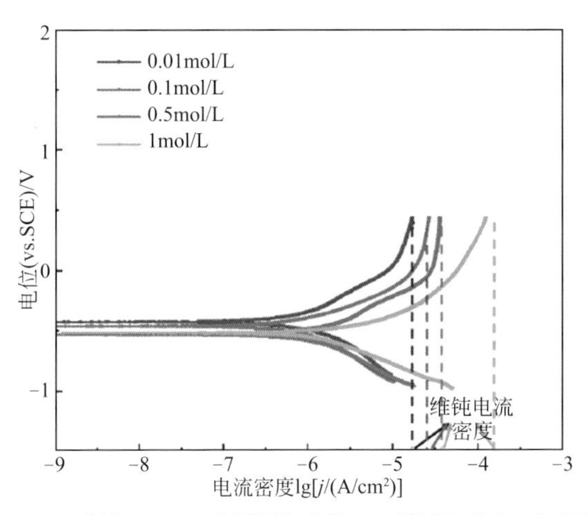

图6.19　SLM制备Ti6Al4V在不同浓度的NaCl溶液下的动电位极化曲线

在0.01mol/L NaCl溶液中的钝化电流密度为17.32μA/cm^2；0.1mol/L NaCl溶液中为27.42μA/cm^2；浓度为0.5mol/L时为35.40μA/cm^2；在NaCl溶液浓度达到1mol/L时，钝化电流密度为123.02μA/cm^2，证明该SLM工艺参数下制备的Ti6Al4V在NaCl溶液体系下，浓度从0.01mol/L增加至1mol/L时，钝化电流密度和耐蚀性呈线性变化规律，也反映了α'马氏体的耐蚀性的变化情况。

对SLM制备的Ti6Al4V在不同浓度的NaCl溶液中的EIS进行了测量，图6.20显示了在不同Cl^-浓度下的能奎斯特图和波特图。图6.20中也包含了在该环境体系测量EIS时所用的等效电路图，R_s和R_f分别代表溶液电阻和表面的氧化膜层电阻，R_{ct}代表电荷转移电阻，C_{dl}和CPE_1分别代表双电层电容和氧化层电容。不同浓度下的Ti6Al4V合金表面均具有较大的电容环路，使用两个时间常数的等效电路进行了不同Cl^-浓度下EIS的拟合，其中表6.3总结出了不同浓度的EIS拟合结果，其中R_f在浓度为0.01mol/L和0.1mol/L之间变化不明显，而增加到

0.5mol/L和1mol/L时分别发生了一个数量级的递减。

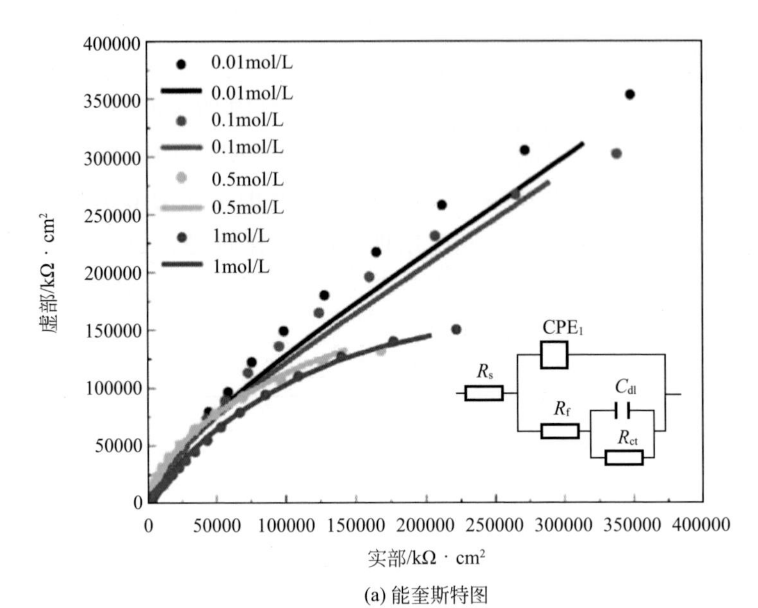

(a) 能奎斯特图

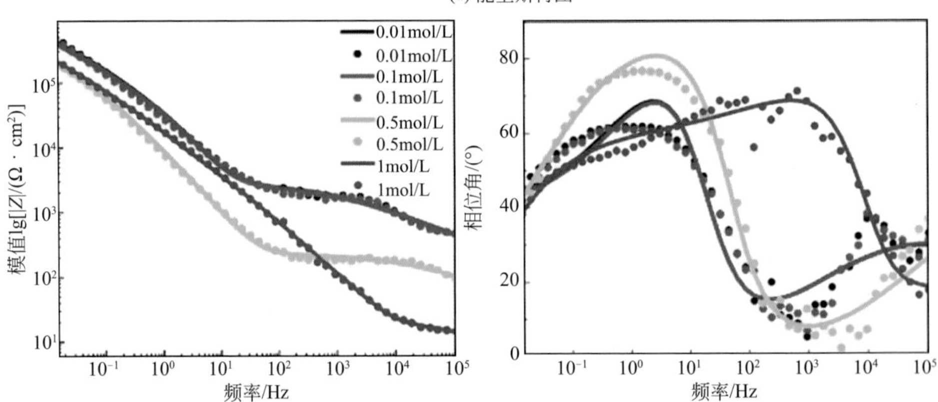

(b) 波特图　　(c) 等效电路图

图6.20　SLM制备Ti6Al4V在不同浓度的NaCl溶液下的EIS结果

表6.3　不同Cl^-浓度下EIS等效电路拟合值

NaCl溶液浓度 /（mol/L）	R_f/kΩ · cm²	CPE_1/（μF/cm²）	n_1	R_{ct}/Ω · cm²	C_{dl}/（μF/cm²）
0.01	7.29	6.10	0.43	3039.01	2.80
0.1	5.73	6.71	0.43	2965.04	2.89
0.5	0.10	10.18	0.48	233.25	14.70
1	0.007	16.04	0.64	16.48	0.69

6.3.2 热处理对腐蚀行为的影响

图6.21为Ti6Al4V样品热处理工艺，图6.22显示了SLM制备的Ti6Al4V微观组织结构，由于SLM整个过程中快速冷却（ > 10^4 K/s）的特点，成形后初生的β相全部转变成了α'相，图上可以观察到针状的α'马氏体结构，其尺寸研究已经在第5章给出，该工艺参数下具有较小尺寸的马氏体结构，其中长轴的平均长度为24.5μm，短轴的平均长度为1.4μm。图6.22还显示了经过热处理

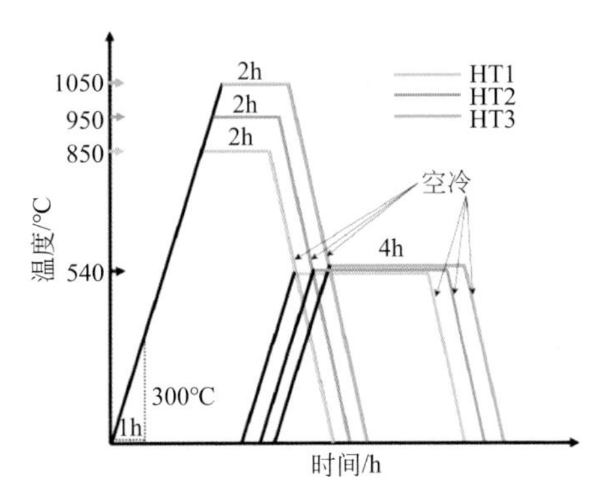

图6.21　Ti6Al4V样品热处理工艺

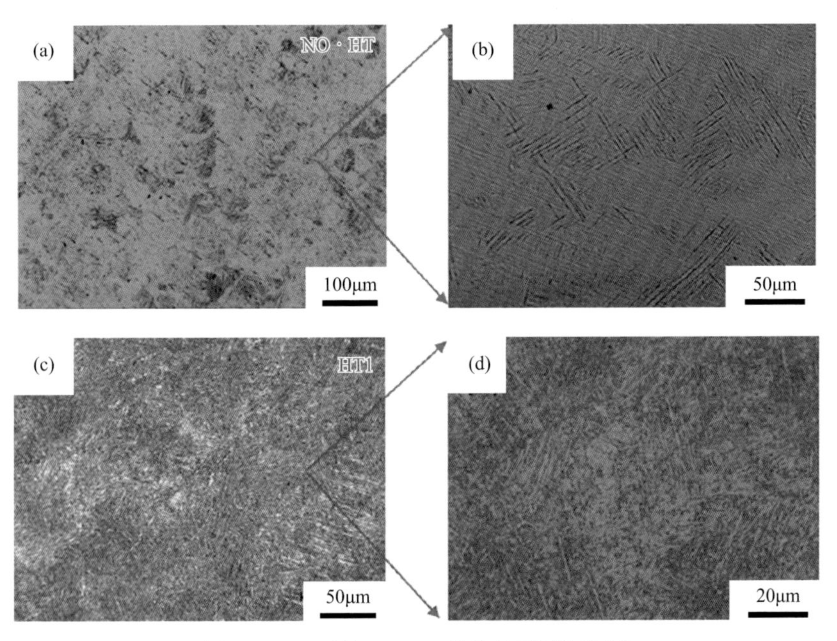

图6.22　SLM制备Ti6Al4V样品表面的微观形貌

（a）未热处理表面微观形貌；（b）未热处理局部放大；（c）热处理（850℃ /5h/AC+540℃ /5h/AC）表面微观形貌；（d）热处理，局部放大

（850℃ /5h/AC+540℃ /5h/AC）后的Ti6Al4V样品表面的微观形貌，可以明显观察到经过850℃的固溶处理后，显微组织明显变得均匀，但同时仍然有较小尺寸的马氏体结构，但α'马氏体的短轴长度发生了一定量的增长，通过对Ti6Al4V相图的对比，相结构的转变包括嵌入了α+β相。

图6.23为经过热处理（950℃ /5h/AC+540℃ /5h/AC）后的Ti6Al4V样品表面的微观形貌，经过950℃的固溶处理后，α'针状马氏体的组织已经发生了明显的变化，而850℃时的晶粒尺寸与未热处理的α'针状马氏体接近，而950℃热处理后的Ti6Al4V已经由针状结构的α'马氏体转变为了篮网状的组织结构。

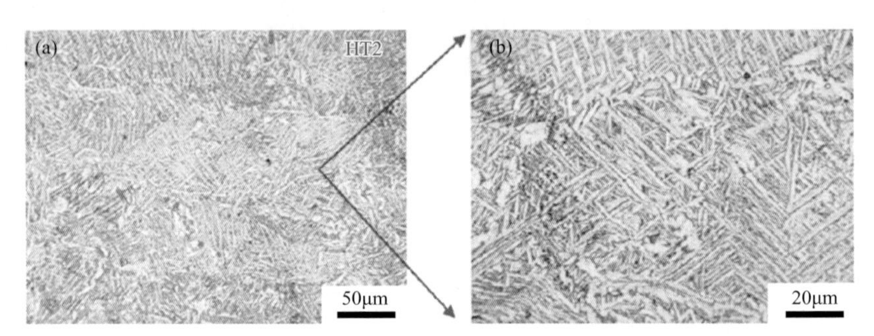

图6.23　SLM制备Ti6Al4V热处理（950℃ /5h/AC+540℃ /5h/AC）后表面微观形貌（a）及局部放大（b）

图6.24为经过热处理（1050℃ /5h/AC+540℃ /5h/AC）后的Ti6Al4V样品表面的微观形貌，经过1050℃的固溶处理后，晶粒的长轴变化不明显但短轴增加，这也证明了在该热处理工艺中，包括固溶和时效两个过程，在固溶温度从850℃增加到1050℃的过程中，晶粒尺寸呈不断增大的趋势，同时也发生了相结构的转变。

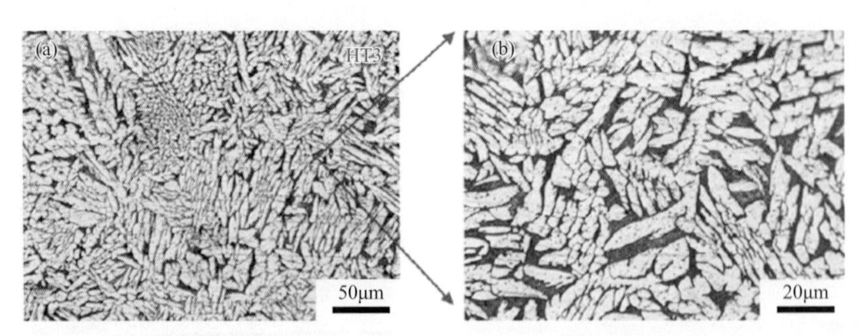

图6.24　SLM制备Ti6Al4V热处理（950℃ /5h/AC+540℃ /5h/AC）后表面微观形貌（a）及局部放大（b）

XRD结果（图6.25）显示热处理后α'相会导致α/α'相的三个主要峰值的右移，在热处理前本研究中的SLM制备的Ti6Al4V的相组成主要为α'相，其含量接近100%，在经过不同的温度热处理后，相结构发生了转变，这与Ti6Al4V的相转变温度和本研究中的空冷的冷速有关，在固溶温度从850℃升高到1050℃的过程中峰值发生了左移，证明了热处理后α相的增高，同时热处理后也相应产生了β相。

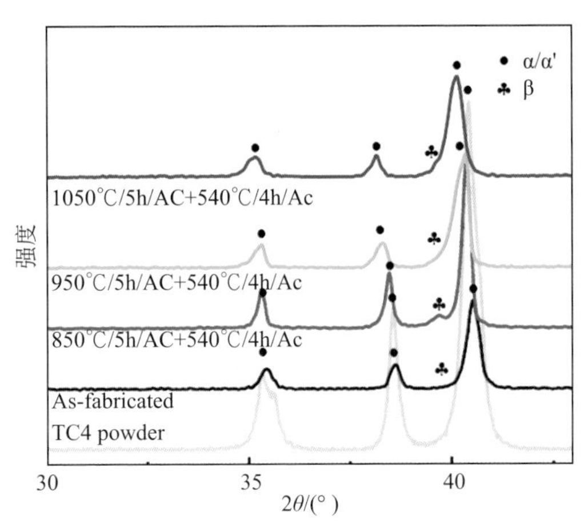

图6.25 SLM制备Ti6Al4V在不同热处理方式的XRD

此部分采用的热处理手段包括 500℃、850℃和1000℃分别保温处理2h后，随炉冷却。 图6.26（a）所示为未热处理的SLM Ti6Al4V合金光学显微镜的微观结构。可以看出，针状α′ 马氏体分布在整个组织中，伴随着一些典型的长柱状初生β晶粒，它们沿构造方向生长。此外，从放大的图像可以看出，在初生β晶粒内部还可以观察到细小的α′ 马氏体。图6.26（b）为500℃下热处理的SLM Ti6Al4V合金样品，其微观结构中没有明显的变化，在组织中仍然可以看到初生β晶粒和细小的α′ 马氏体相。而在850℃（仍低于T_β）下热处理的SLM Ti6Al4V合金的微观结构发生了显著变化 [图6.26（c）]，细小的针状α′ 马氏体和柱状初生β晶粒消失，并转变成板状α相和β晶粒。对于1000℃的热处理温度，热处理后的SLM Ti6Al4V样品中长的柱状β晶粒消失，随炉冷却过程中形成层状α+β微观结构的混合物，如图6.26（d）。

为了定量给出相含量的变化，图6.27显示了不同热处理制度下的SLM Ti6Al4V组织XRD结果，在SLM Ti6Al4V合金中，很难检测到β相，其含量非常少。同样，500℃热处理的样品主要峰与未热处理的样品相同，说明二者组织并无差别。在850℃ 和1000℃热处理时，XRD图谱中在$2\theta = 39.5°$ 附近出现明显的β-Ti的峰，表明在微观结构中产生了一定量的β-Ti相。从表6.4中不同热处理制度下SLM Ti6Al4V合金的相组成及其体积分数可以看到，在未处理和500℃

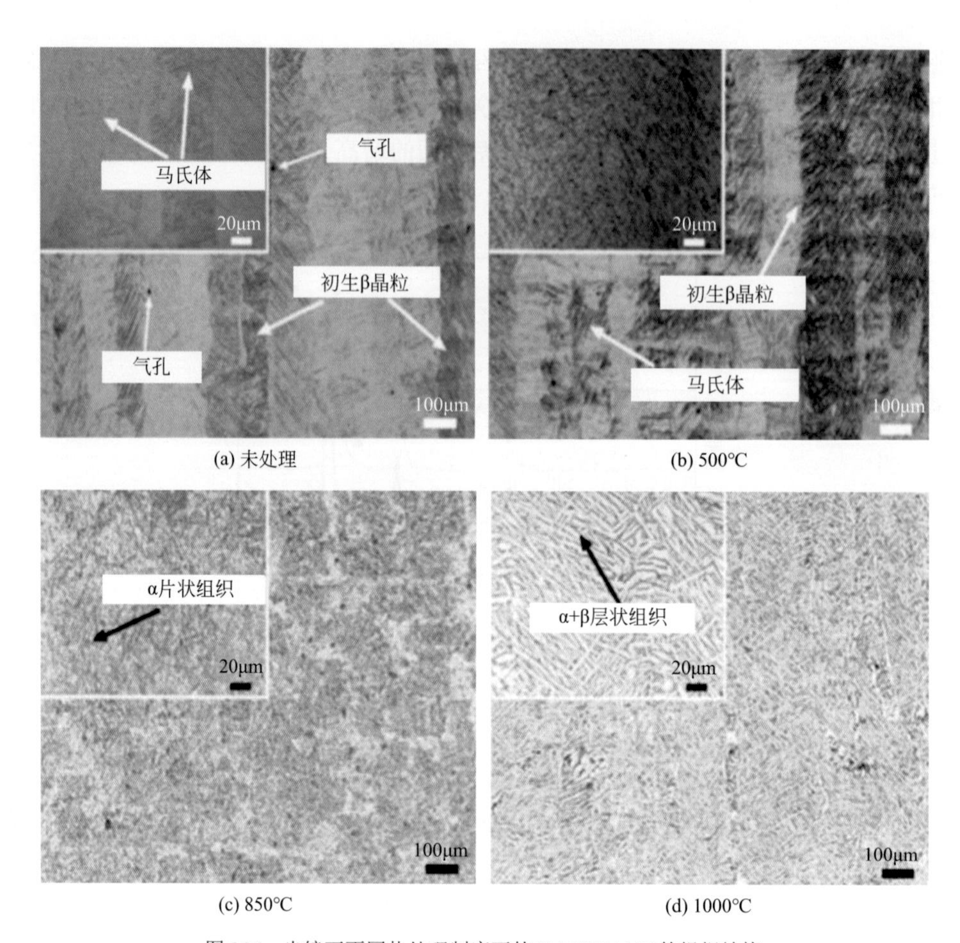

(a) 未处理　　(b) 500°C

(c) 850°C　　(d) 1000°C

图6.26　光镜下不同热处理制度下的SLM Ti6Al4V的组织结构

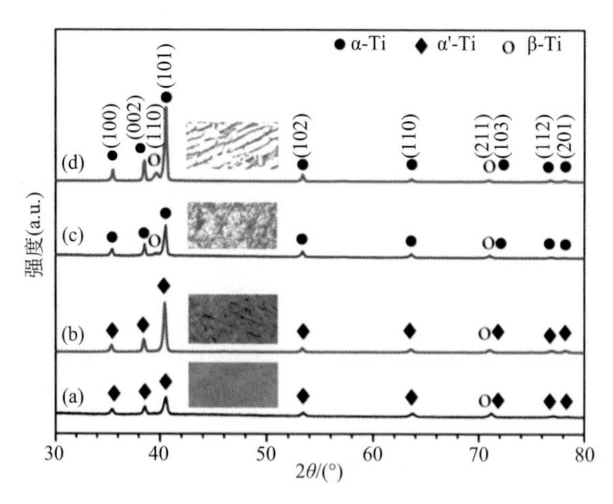

图6.27　不同热处理制度下的SLM Ti6Al4V组织的XRD结果

（a）未处理；（b）500℃；（c）850℃；（d）1000℃

热处理的样品中，β相含量较低且二者体积分数非常接近；而在850℃和1000℃的高温下进行热处理后，β相含量明显增加。

表6.4　不同热处理制度下的SLM Ti6Al4V组织中各相的百分含量

样品	相组成	α或α'相含量	β相含量
未处理	α'+β	95.0%	5.0%
500℃	α'+β	95.3%	4.7%
850℃	α+β	89.1%	10.9%
1000℃	α+β	87.9%	12.1%

图6.28显示了在质量分数3.5%的NaCl溶液中不同热处理制度下SLM Ti6Al4V合金样品的腐蚀电位和动电位极化曲线结果。从腐蚀电位可以看出，腐蚀电位随着时间都显示出正向偏移，这表明在样品表面上形成了钝化膜TiO_2，不同的样品大约需要50h才能获得相对稳定的腐蚀电位值。未热处理SLM Ti6Al4V合金的最终腐蚀电位值（vs.SCE）为（−79 ± 9.5 ）mV。而SLM Ti6Al4V合金样品在500℃和850℃热处理后的腐蚀电位比原样低，分别为（−115 ± 10.6）mV和（−155 ± 12.1）mV。而1000 ℃热处理的样品，腐蚀电位最负，为（−175 ± 1.7）mV。从动电位极化曲线中可以看出，对于未热处理的SLM Ti6Al4V合金在650 ～ 1200mV的电势范围内表现出最低的钝化电流密度，约为（0.9 ± 0.04）$\mu A/cm^2$。此外，在1600mV的电势下出现了第二次钝化。经过500℃热处理时，SLM Ti6Al4V合金的极化曲线在600 ～ 1250mV范围内也显示出钝化行为，钝化电流密度为（1.3 ± 0.07）$\mu A/cm^2$。这表明，与未热处理的样品相比，在500℃热处理的样品表现出较差的钝化行为。同样，在500℃热处理的合金样品还具有超过1500mV电位的第二次钝化。对于850℃热处理的SLM

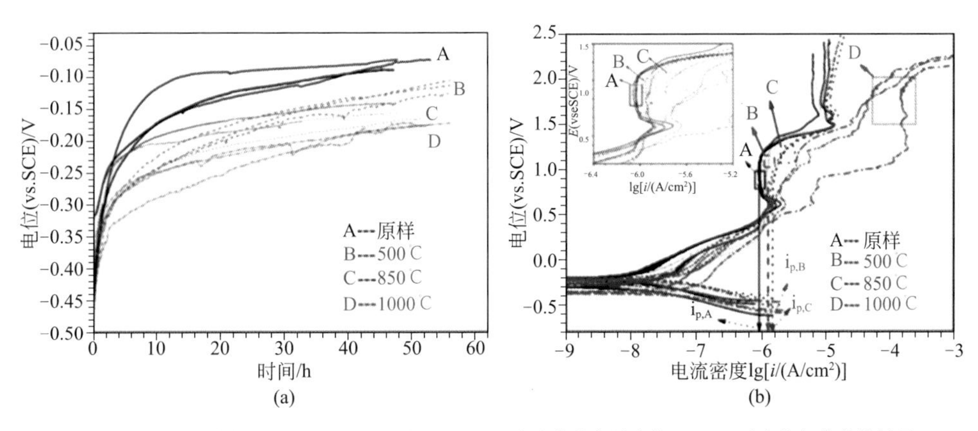

图6.28　不同热处理制度下的SLM Ti6Al4V在3.5% NaCl溶液中的腐蚀电位（a）及动电位极化曲线结果（b）

Ti6Al4V合金，与在500℃处理的样品相比，其钝化电流密度为（1.5 ± 0.05）μA/cm^2。而1000℃热处理后，SLM Ti6Al4V合金没有稳定的钝化区，显示出较差的耐蚀性。因此，在所选热处理工艺制度范围内，热处理不能提高SLM Ti6Al4V合金的耐腐蚀性。

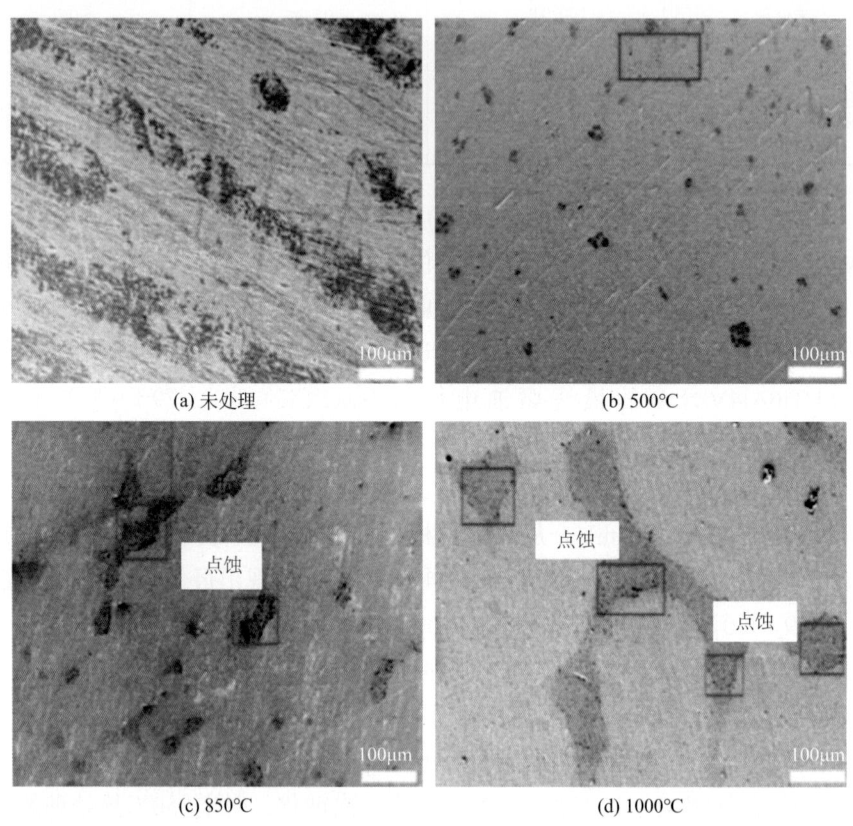

(a) 未处理　(b) 500℃　(c) 850℃　(d) 1000℃

图6.29　不同热处理制度下的SLM Ti6Al4V电化学腐蚀之后的腐蚀形貌结果

为了进一步研究相应SLM Ti6Al4V样品的耐蚀性和钝化膜稳定性，对电化学腐蚀过后的样品形貌进行观察，如图6.29所示。对于未热处理的样品，极化后会出现一些表面溶解的痕迹。对于500℃热处理的样品，表面会产生一些小的暗区，但几乎看不到腐蚀坑。而经过800℃和1000℃热处理后，在暗区域内观察到较多的腐蚀坑，表明在暗区域上形成的钝化膜的保护能力较弱。说明热处理会降低SLM Ti6Al4V样品的耐腐蚀性和钝化膜稳定性。因此，与通过热处理来提高SLM Ti6Al4V力学性能不同，该热处理工艺不能提高SLM Ti6Al4V合金的耐腐蚀性。相反，热处理显著降低了其耐腐蚀性和表面钝化膜的稳定性。

6.3.3 微纳表面结构制备与表征

通过SolidWorks构建了具有不同尺寸的方形多孔结构表面，使用TC4粉末在扫描速度为1200mm/s、激光功率为280W的参数下进行了制备，结果发现当多孔边长小于600μm时，很难形成规整的多孔结构并且其表面会有粉末的粘连和以及孔洞坍塌的存在，当进一步调整多孔尺寸后，我们发现在尺寸增加为600μm、800μm、1000μm时，均能形成规整的多孔结构表面，如图6.30所示，为成功制备的不同孔径的多孔结构表面，这也表明该设计方案下的SLM制备的精度在600μm以上。研究已表明，对生物植入材料而言，孔隙尺寸在500 ~ 1000μm范围内均表现出优异的骨诱导能力，其中600μm表现出很好的成骨细胞的成骨响应，1000μm时有着显著增强的细胞密度和代谢活性。通过扫描电子显微镜获得样品表面的微观形貌，如图6.30所示，该微米级多孔样品已经经过喷砂处理，表面的方形孔均匀分布，孔径分别为600μm、800μm、1000μm，孔深度约为600μm，有少量小坑状缺陷。

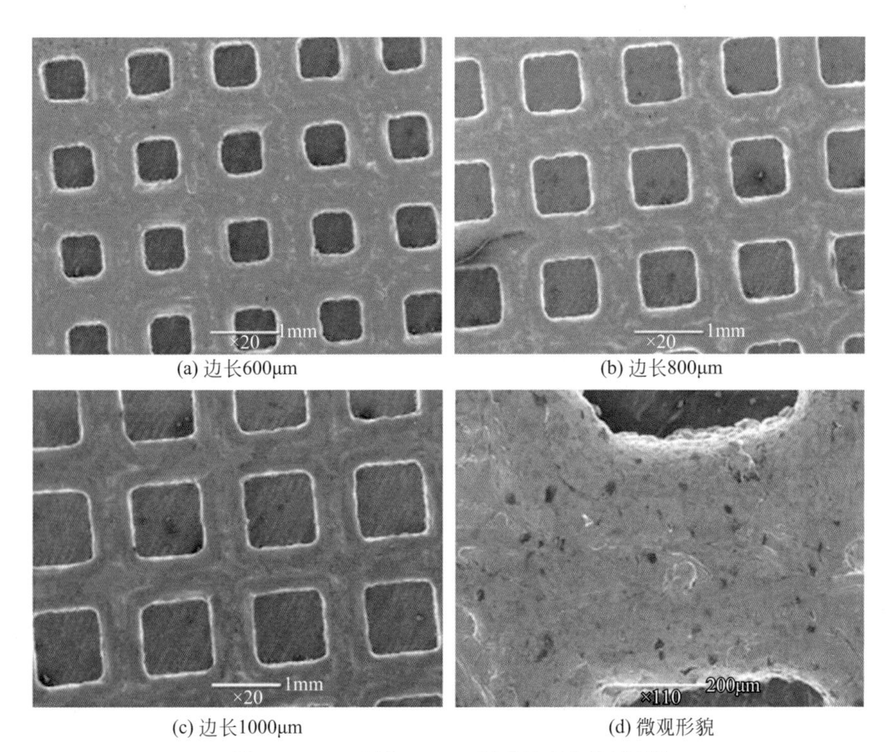

(a) 边长600μm　(b) 边长800μm

(c) 边长1000μm　(d) 微观形貌

图6.30　SLM制备Ti6Al4V微米级多孔表面轮廓

微米级表面构建后，需要对SLM制备Ti6Al4V的纳米级结构表面进行构建，采用直流稳压电源在两电极间施加直流电压分别为10V、20V及30V，对SLM制备Ti6Al4V进行阳极氧化3h，观察三种电压下SLMTi6Al4V表面纳米管形貌，如图6.31所示。

图6.31是不同阳极氧化电压下（10V、20V、30V）表面氧化层在场发射电子显微镜下观察得到的形貌。观察可知，当氧化电压为10V时，纳米管之间存在一定粘连，纳米管直径稳定在36nm左右；当氧化电压提升至20V时，直径稳定在55nm左右，管壁厚度13nm左右；而当氧化电压提升至30V时，纳米管直径稳定在68nm左右，纳米管管口形貌平滑，管口大小与形状均匀，可以得出SLM制备的Ti6Al4V表面氧化过程中随电压的增高，纳米管的直径基本呈线性规律增大。

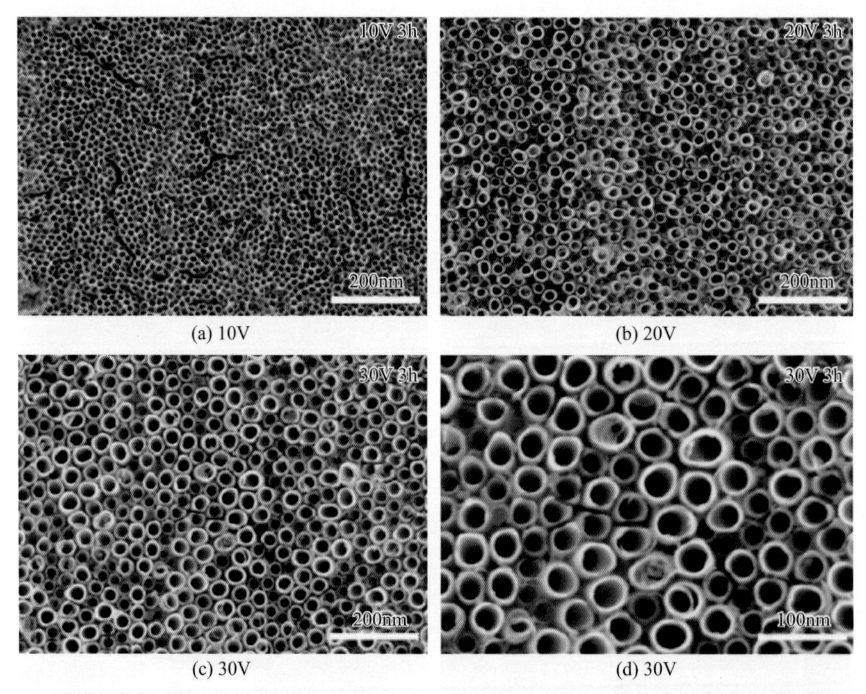

(a) 10V (b) 20V (c) 30V (d) 30V

图6.31　不同电压下0.12 mol/L NH_4F的乙二醇/水电解液中氧化2h后TiO_2纳米管在场发射扫描电镜下形貌

首先研究氧化时间对纳米管的影响。采用直流稳压电源在两电极间施加直流电压分别为30V，分别对该SLM制备的Ti6Al4V进行阳极氧化1h、1.5h、2h和3h，研究不同阳极氧化时间对以SLM制备Ti6Al4V为基底的纳米管形貌的影响，获得的场发射电镜形貌如图6.32所示。随着氧化时间的延长，纳米管的管径大小基本不变，而纳米管管口形貌逐渐平滑，阵列逐渐规整。从纳米管的侧面图可以看到，当在含有0.12mol/L NH_4F的乙二醇/水体系中对SLM制备的Ti6Al4V进行阳极氧化时，到1h的时候纳米管长度快速达到580nm；而在1 ~ 1.5h之间纳米管的管长增加至690nm，该范围内纳米管的生长速度较快；继续氧化到2h时纳米管的长度达到了1111nm，在此区间范围内纳米管管长具有很大的增长速度；而纳米管在2 ~ 3h之间其管长的增长变化已经不明显了，最终长度达到1134nm。表明SLM制备的Ti6Al4V在0.12mol/L NH_4F的乙二醇/水体系的电解液中氧化时，2h就能够得到1100nm管长。图6.33为SLM制备的Ti6Al4V表面阳极氧化TiO_2纳米管长度随时间的生长规律。

图6.32　30V电压下0.12 mol/L NH_4F的乙二醇/水电解液中氧化不同时间后SLM Ti6Al4V表面TiO_2纳米管在场发射扫描电镜下形貌

为了进一步分析和对比SLM制备的Ti6Al4V表面构建的TiO_2纳米管表面与传统铸造的Ti6Al4V表面构建的TiO_2纳米管表面的区别，对两种Ti6Al4V合金进行了同样参数下的阳极氧化处理，其中阳极氧化电压为30V，氧化时间为3h。如图6.34所示为SLM制备的Ti6Al4V在该参数下氧化得到的TiO_2纳米管的全貌，包括表面、侧面、TiO_2管的中部以及底部，发现在此参数下SLM制备的Ti6Al4V可以得到规整以及形貌完好的TiO_2纳米管。

在该条件参数下对传统铸造的Ti6Al4V进行同样的阳极氧化以构建TiO_2纳

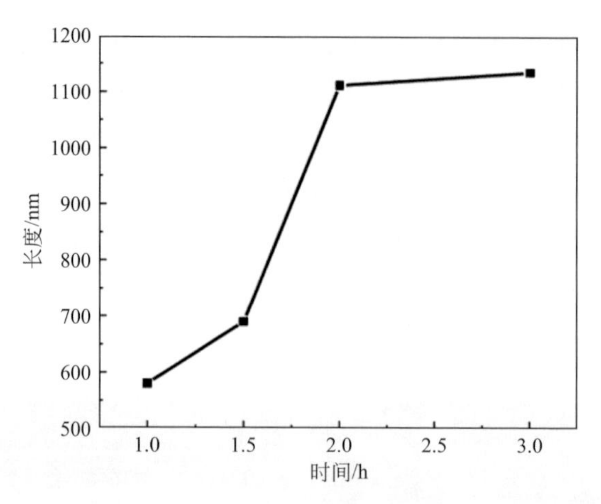

图6.33 SLM制备的Ti6Al4V表面阳极氧化TiO_2纳米管长度随时间的生长规律

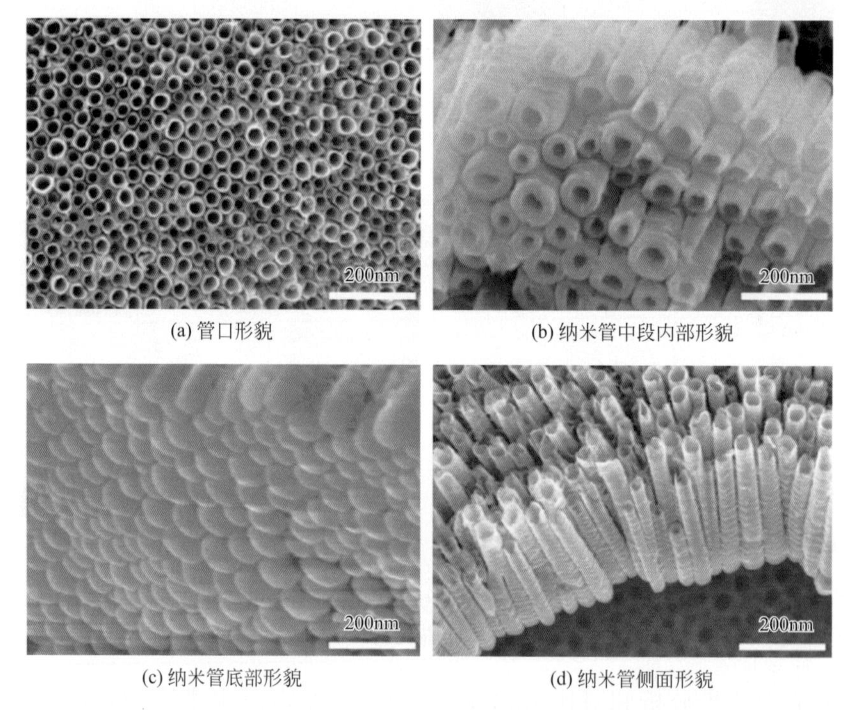

(a) 管口形貌 (b) 纳米管中段内部形貌

(c) 纳米管底部形貌 (d) 纳米管侧面形貌

图6.34 SLM制备的Ti6Al4V表面阳极氧化TiO_2纳米管

米管表面，如图6.35所示为以传统铸造的Ti6Al4V为基底构建的TiO_2纳米管表面。经过多组实验发现传统铸造的Ti6Al4V表面形成TiO_2纳米管有明显的脱落现象，先前的研究也表明在以有机溶剂为基础的电解液中形成的TiO_2纳米管会产生明显的脱落。而另一部分研究认为在传统铸造的两相合金Ti6Al4V中的β相往往不生成TiO_2纳米管。与之对比，我们发现SLM制备的Ti6Al4V表面形成的TiO_2纳米管膜层并未出现明显的脱落，同时由于SLM制造的Ti6Al4V在此阳极氧化参数下生成的TiO_2纳米管更加规整，经过测量传统铸造和SLM成形的Ti6Al 4V表面形成的TiO_2纳米管的管径是较为接近的。

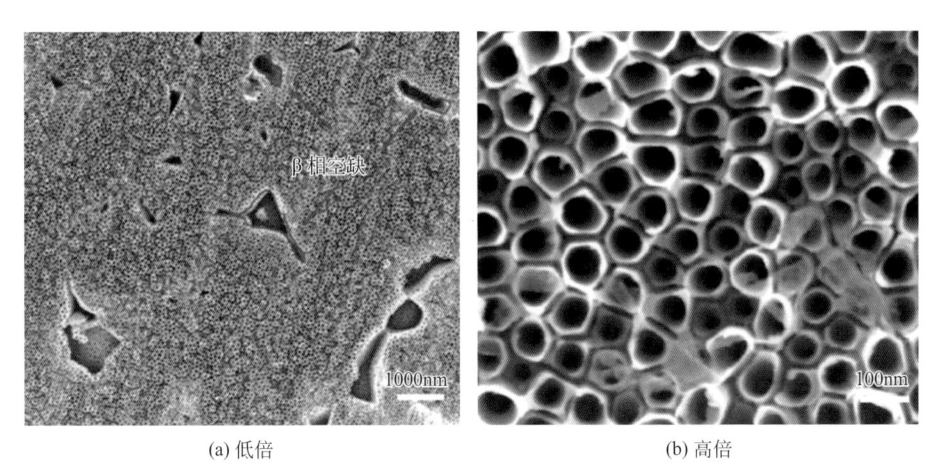

(a) 低倍　　(b) 高倍

图6.35　不同放大倍数下传统铸造的Ti6Al4V表面阳极氧化TiO_2纳米管形貌

通过上述实验结果分析可知，采用直流稳压电源在两电极间施加30V的直流电压形成的TiO_2纳米管在不同的基底存在着明显的差异。在SLM制备的Ti6Al4V的α'相上阳极氧化形成TiO_2纳米管口更接近圆形，同时TiO_2氧化层的覆盖率较高，而传统铸造的两相（α+β）Ti6Al4V表面的TiO_2纳米管可以观察到大量的脱落或空缺，这表明α'相在该参数下得到的氧化层结构更加稳定。如图6.36为以SLM制备Ti6Al4V为基底形成的TiO_2纳米管表面整体形貌及元素分布，几乎不存在由于β相存在而引起的空缺及脱落，其中四种主

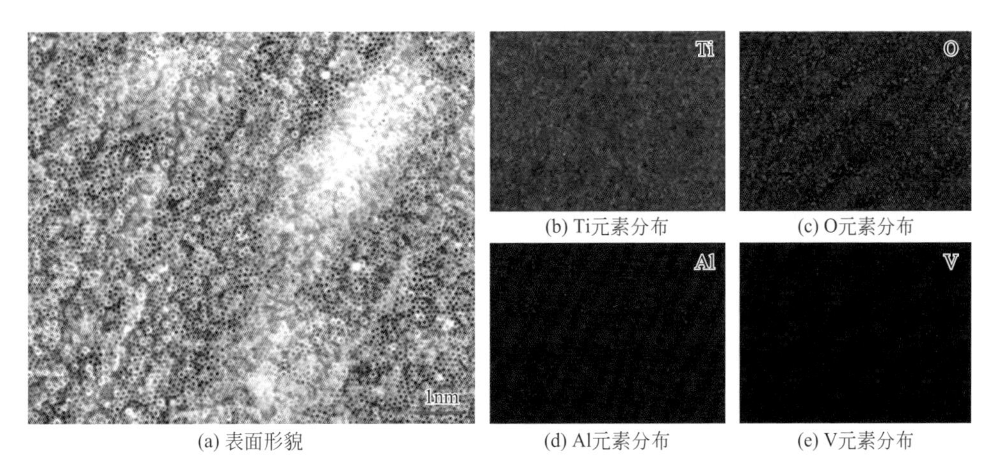

(a) 表面形貌　　(b) Ti元素分布　　(c) O元素分布　　(d) Al元素分布　　(e) V元素分布

图6.36　SLM制备Ti6Al4V表面阳极氧化后表面形貌及元素分布

要元素分布均匀。

通过EDS能谱分析了SLM制备Ti6Al4V氧化前后表面的元素含量变化。如图6.37所示，氧化前基体基本已经除去了氧化层，O元素含量可以忽略不计，在该溶液体系下30V、3h的阳极氧化后，表面O元素原子分数增加至52.55%。

研究表明，在钛合金表面进行阳极氧化以构建的TiO_2通常包括锐钛矿和金

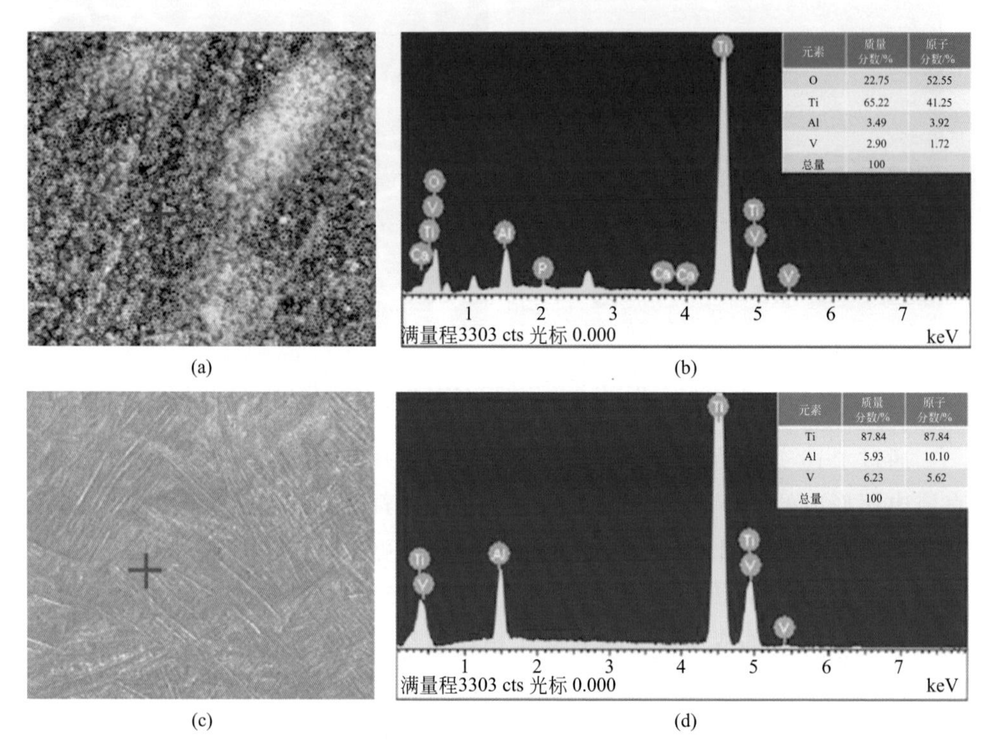

图6.37　SLM制备Ti6Al4V表面阳极氧化前后EDS能谱

（a）（b）氧化后形貌及元素含量；（c）（d）氧化前形貌及元素含量

红石等两种晶形结构，其中部分研究认为，相比于金红石结构的TiO_2，锐钛矿结构的TiO_2在生物医用方面的应用更加优异。我们将SLM技术和传统铸造的Ti6Al4V表面进行了表面检测分析，如图6.38（a）和（b），可以清晰明显地观察到两种钛合金基底的钛的强峰，包括（002）、（102）和（112）等，另外由于Ti6Al4V在空气中极易氧化会伴随有少量的TiO_2峰。分析两种基材包括SLM制造和传统铸造的Ti6Al4V在阳极氧化前后的XRD图谱的峰值主要对应于α'相以及α相的钛的峰值，这意味着只通过阳极氧化处理后二者表面的TiO_2纳米管都是无定形结构。

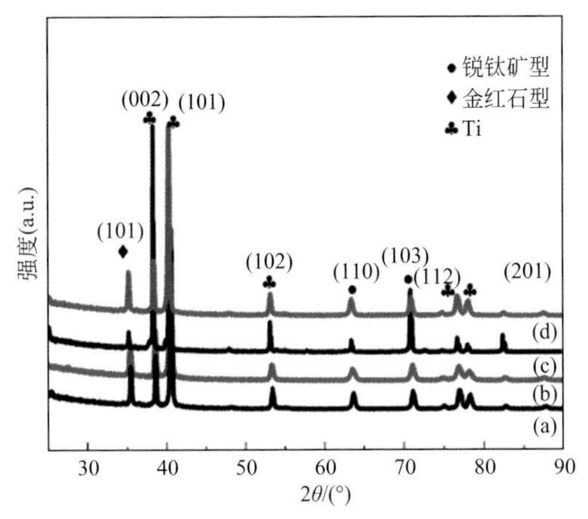

图6.38 SLM和传统铸造的Ti6Al4V表面氧化前后的XRD结果

（a）传统铸造的Ti6Al4V表面；（b）SLM制造Ti6Al4V；（c）传统铸造Ti6Al4V表面阳极氧化后；（d）SLM制造的Ti6Al4V表面阳极氧化后

6.3.4 微纳表面耐蚀性能

传统铸造的Ti6Al4V在生物环境下表现出优异的耐蚀性，这主要是由于Ti6Al4V表面易形成一层TiO_2的氧化层。目前的研究表明，通过阳极氧化形成TiO_2的纳米管表面能使得耐蚀性进一步提升，同时也能进一步减少Al和V元素的释放。因此本节对氧化前后的SLM制备以及铸造的Ti6Al4V进行了人体模拟液（SBF溶液）下的电化学测试。图6.39给出了四种样品的代表性极化曲线，四种样品包括SLM制备的Ti6Al4V，传统铸造的Ti6Al4V，在含有0.12mol/L NH_4F的乙二

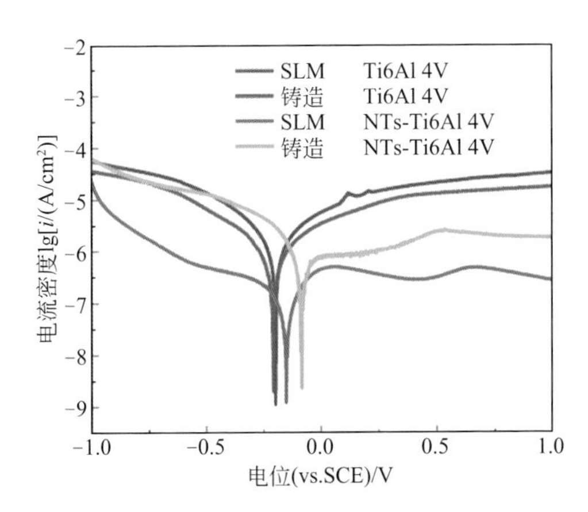

图6.39 SLM与传统铸造制备的Ti6Al4V在阳极氧化前后的极化曲线

醇/水体系并且乙二醇和去离子水的体积比为9 ∶ 1的电解液中，采用直流稳压电源在两电极间施加30V的直流电压进行阳极氧化后的上述两种表面。

阳极氧化前SLM和传统铸造的Ti6Al4V在人体模拟液下的耐蚀性比较接近，其中SLM制备的Ti6Al4V的腐蚀电流密度为5.98μA/cm^2，传统铸造的Ti6Al4V的腐蚀电流密度为2.01μA/cm^2，SLM和铸造的Ti6Al4V在SBF人体模拟液下的腐蚀电流密度在一个数量级。另一方面通过多次测量比较发现二者的腐蚀电位（vs.SCE）也比较接近，都在−0.20V附近，同时在测量过程中不论是SLM制造的Ti6Al4V还是传统铸造的Ti6Al4V都具有较宽的钝化区，这证明本研究所用的激光选区工艺参数下制备的Ti6Al4V在体液环境下具有不错的耐蚀性。经过阳极氧化处理后，SLM的Ti6Al4V的腐蚀电流密度降低至0.23μA/cm^2，而传统铸造的Ti6Al4V的腐蚀电流密度降至0.81μA/cm^2。根据极化曲线也可以判断经过阳极氧化后的传统铸造的Ti6Al4V由于表面氧化层的脱落导致耐蚀性略低于SLM的Ti6Al4V表面的氧化层结构。

通过传统铸造以及SLM制备的Ti6Al4V氧化前后表面结构的XRD结果发现，仅通过阳极氧化在两种表面形成的TiO_2纳米管结构是无定形，因此为了进一步改善和提高表面的生物相容性以及电化学性能，对SLM制备的Ti6Al4V表面氧化后进行一定的退火处理是很有必要的。目前的研究已经表明，无定形结构的TiO_2纳米管在退火温度达到大约300℃时开始转变为锐钛矿结构，而当退火温度继续升高到450℃时，TiO_2的晶型开始向金红石构型转变，而有关两种晶型结构的电化学性能的对比，目前研究还很少。

对退火后晶型以及不同晶型对电化学和性能的影响进行了进一步的研究。将SLM制备的Ti6Al4V放置于0.12mol/L NH_4F的乙二醇/水的电解液中（乙二醇

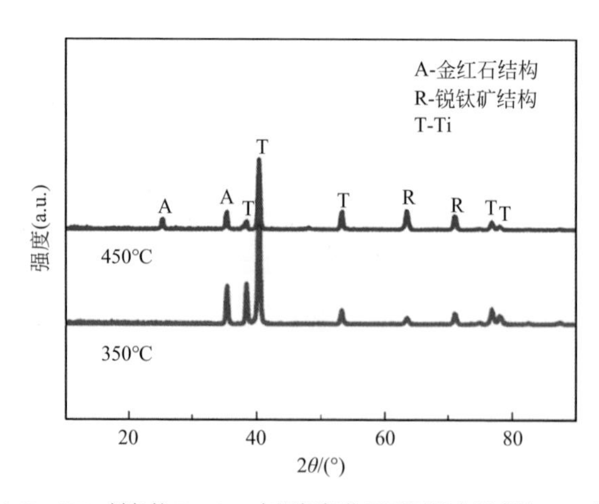

图6.40　SLM制备的Ti6Al4V在阳极氧化后不同退火温度的XRD结果

和去离子水的体积比为9 ： 1），采用直流稳压电源在两电极间施加30V的直流电压进行阳极氧化，制备好的样品进行了退火处理，退火温度设置为350℃和450℃均保持2h后随炉冷却。为确定此刻的TiO_2纳米管的晶型转变，对不同样品进行了XRD的测试。如图6.40，其中350℃退火处理后的SLM制备Ti6Al4V的氧化层表面存在着较少的金红石相，450℃退火处理后的SLM制备Ti6Al4V的氧化层表面存在着金红石相的峰。

对不同的样品进行了电化学极化曲线的测试，所有的测试都是在SBF溶液下进行，不同的样品在浸泡到20min时开路电位达到稳定状态，此时开始进行了极化曲线的测试。如图6.41所示，通过对比发现，经过阳极氧化处理的SLM制备的Ti6Al4V表面TiO_2纳米管的维钝电流密度比未表面处理的SLM制备的Ti6Al4V要低，维钝电流密度的降低意味着耐蚀性的增高。350℃退火处理后表面的腐蚀电位发生了左移，腐蚀电位（vs.SCE）为−0.48V，腐蚀电流密度0.08μA/cm^2，腐蚀电流密度降低了一个数量级。当退火温度达到450℃时，腐蚀电位正移至−0.38V，腐蚀电流密度进一步降低至0.03μA/cm^2，此时维钝电流密度也最低，表面的耐蚀性大大增加。在模拟人体体液环境下的耐蚀性研究是作为植入物的一个重要的指标，通过对SLM制备的Ti6Al4V的进一步阳极氧化可以形成一层1100nm厚度的纳米管氧化层，此氧化层通过退火对晶型的调控，能更好地改善表面的耐蚀性。

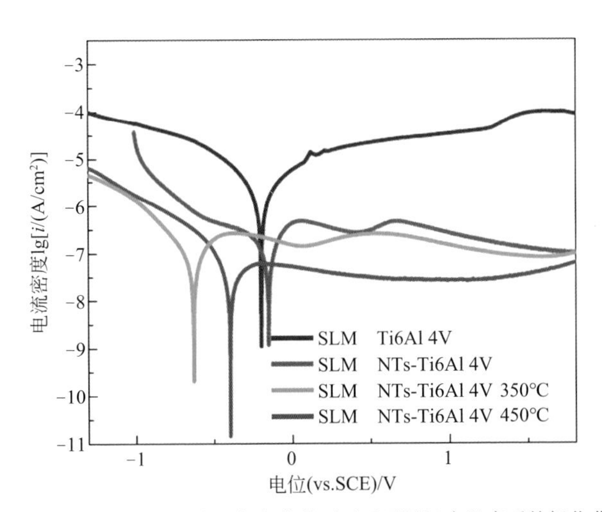

图6.41 SLM的Ti6Al4V在阳极氧化前后以及不同退火温度后的极化曲线

为了表征SLM制备的Ti6Al4V表面以及传统铸造的Ti6Al4V表面的亲水性，对二者表面的接触角进行了测试。每组测量至少在3个区域进行了接触角测试，误差均在3°以内，结果如图6.42（a）和（b）所示。SLM制备的Ti6Al4V的亲水性略低于传统铸造的Ti6Al4V表面的亲水性，这也表明α'马氏体的亲水性要高于α相。同样对经过晶型转变后的TiO_2纳米管表面进行了接触角测试。结果显示，350℃时锐钛矿相含量较多的TiO_2纳米管表面的接触角在25°附近，而450℃时由于部分金红石结构的形成我们发现此时的接触角进一步降低至19°附近，这也证明金红石结构TiO_2具有优良的亲水性及耐蚀性能，更有望促进细胞的黏附和增殖。

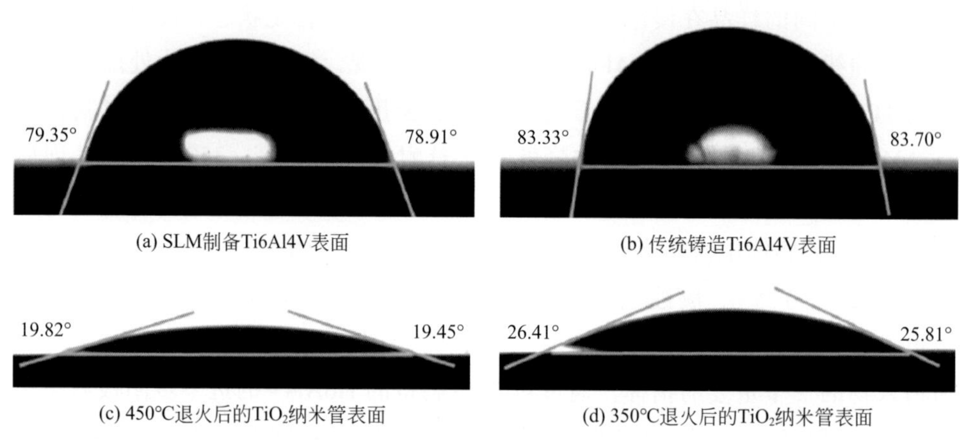

(a) SLM制备Ti6Al4V表面　(b) 传统铸造Ti6Al4V表面

(c) 450℃退火后的TiO_2纳米管表面　(d) 350℃退火后的TiO_2纳米管表面

图6.42　亲水性接触角测试结果

传统铸造的纯钛及钛合金表面阳极氧化后形成的TiO_2纳米管往往作为药物或仿生涂层的载体，为了进一步探究以SLM制备Ti6Al4V为基底阳极氧化后形成的TiO_2纳米管后水热掺杂元素表面的形成能力，将制备好的具有氧化层的SLM制备Ti6Al4V表面放入高压反应釜中，加入0.2mol/L的氢氧化锶水溶液，置于干燥箱中200℃下反应2～3h，获得扫描电镜形貌如图6.43。水热2h后表面形成了团簇状物质，后经过XRD测试为锶的氧化物，3h后团簇物质增多，覆盖面积变大，证明该表面适合作为水热掺杂的载体。

(a) 纳米管　(b) 2h水热下掺锶纳米管　(c) 3h水热下掺锶纳米管

图6.43　30V下0.12mol/L NH_4F的乙二醇/水电解液中氧化3h后TiO_2纳米管及水热掺锶形貌

图6.44为SLM制备Ti6Al4V表面以及氧化后二氧化钛表面和掺锶二氧化钛表面的XRD，通过XRD可以得出，Sr掺杂后以$SrTiO_3$的形式存在，因此可以表明SLM制备Ti6Al4V表面在构建微纳结构后可以通过水热法进行元素的掺杂。由于SLM可以更高效地制备多孔结构表面，因此该结果也表明微纳表面结构的存在可以通过增大表面积的方式提高掺杂容量。

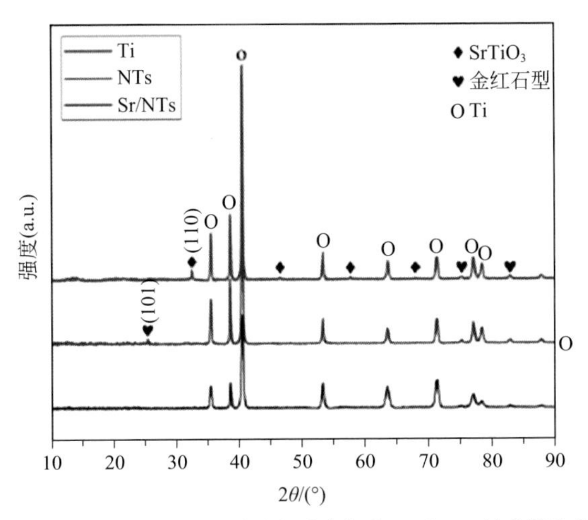

图6.44　30V下0.12mol/L NH_4F的乙二醇/水电解液中氧化3h后TiO_2纳米管及水热掺锶XRD结果

6.4 工程应用分析与展望

目前钛合金产品已经在多个领域得到应用，这些产品的结构较复杂、品种多、批量小且性能要求高，传统的生产制造技术无法满足这些产品要求，而增材制造技术能够满足钛合金产品制造技术和性能要求，因而得到广泛应用。钛合金增材制造技术有望完全替换传统钛合金的制备工艺。

以Ti6Al4V合金为例，其主体合金元素与锻件是一致的，但杂质含量却低于传统锻件的性能指标，相对致密度接近100%。激光选区熔化成形Ti6Al4V的强度指标远高于传统锻件的强度要求，只是延伸率略低，这与材料的热循环状态直接相关，可通过适当的后热处理，改善金属零件的延伸率等塑性指标。钛合金增材制造技术在航空领域的应用取得前所未有的发展，钛合金零件不仅在飞机制造中得到广泛的应用，而且新型的钛合金材料开始在火箭、航天飞机等航天设备中得到应用，钛合金增材制造技术生产的零件极大地减少了航天设备之间的焊缝数量，由于钛合金的强度更高，使得航天设备的安全性大大提高。现代医疗中，钛合金技术已经得到应用，如人工关节。随着医疗水平的提高，人们对于人工关节或者其他的复合材料在身体中的应用也提出更高要求，这些应用于人体的材料应有更好的接触性和相容性，同时还应完成相应的功能。钛合金增材制造技术生产的人工关节确保关节具有良好的耐磨界面，同时能够很好地与骨组织进行融合，提高人工关节的质量和医疗水平。以齿科领域为例，可快速制作各种形状的义齿，采用增材制造技术，200 ~ 250颗义齿的加工时间为11h，也可实现种植钉的快速个性化定制（图6.45）。采用增材制造技术能够实现医疗器械的轻量化、一体化制造，如某传统医疗工具由7部分组成，传统加工时间6周，而采用激光选区熔化一次成形，加工周期为3天，大大缩短了制造周期。

图6.45　激光选区熔化成形批量钛合金牙齿以及个性化定制成形

随着科学技术的进步，钛合金材料的应用范围将不仅仅局限于航空航天、国防和医疗卫生方面，钛合金增材制造技术也会不断地完善和发展。未来的钛合金增材制造技术必向着生产复杂化、高精度化、大型化以及低成本的方向发展。

6.5 本章小结

SLM Ti6Al4V合金的微观组织由贯穿多个熔覆层且呈外延生长的粗大柱状晶组成，柱状晶的生长方向沿着堆积层的方向生长；原始柱状晶β相内部由细针状α′ 相马氏体组成。改变打印参数，如激光功率等，会改变柱状晶之间间距以及α′ 相马氏体之间的距离，从而改变材料的力学性能及腐蚀行为。SLM Ti6Al4V合金的强度高于传统锻造钛合金，主要是由于组织结构的细化，然而，其耐蚀性能要略差于传统轧制态的Ti6Al4V合金。同时，由于组织各向异性，SLM Ti6Al4V合金平行于打印方向平面的耐腐蚀性要强于垂直面。热处理并不能提高SLM Ti6Al4V合金的耐蚀性，相反，在一定程度上恶化其耐久性；尤其是高温热处理后，生成α + β两相，导致表面钝化膜的稳定性降低。阳极氧化工艺同样适应于SLM Ti6Al4V合金，同时适当的氧化工艺优化，可在多孔SLM Ti6Al4V合金表面生成较为均匀的纳米管，其耐蚀性能优于阳极氧化后传统锻造Ti6Al4V合金。同时，也可对纳米管表面进行适当的元素掺杂，提高其生物相容性能。

参考文献

[1] 王华明, 张述泉, 王韬, 等. 激光增材制造高性能大型钛合金构件凝固晶粒形态及显微组织控制研究进展. 西华大学学报（自然科学版）, 2018, 037（004）:9-14.

[2] Yang J, Yu H, Yin J, et al. Formation and control of martensite in Ti-6Al-4V alloy produced by selective laser melting. Materials & Design, 2016, 108（oct.15）:308-318.

[3] Yadroitsev I, Krakhmalev P, Yadroitsava I. Selective laser melting of Ti6Al4V alloy for biomedical applications: Temperature monitoring and microstructural evolution. Journal of Alloys and Compounds, 2014, 583: 404-409.

[4] Xu W, Brandt M, Sun S, et al. Additive manufacturing of strong and ductile Ti - 6Al - 4V by selective laser melting via in situ martensite decomposition. Acta Materialia, 2015, 85: 74-84.

[5] Vilaro T, Colin C, Bartout J D. As-fabricated and heat-treated microstructures of the Ti-6Al-4V alloy processed by selective laser melting. Metallurgical and materials transactions A, 2011, 42（10）: 3190-3199.

[6] Beladi H, Chao Q, Rohrer G S. Variant selection and intervariant crystallographic planes distribution in martensite in a Ti - 6Al - 4V alloy. Acta materialia, 2014, 80: 478-489.

[7] Simonelli M, Tse Y Y, Tuck C. Effect of the build orientation on the mechanical properties and fracture modes of SLM Ti - 6Al - 4V. Materials Science and Engineering: A, 2014, 616: 1-11.

[8] Yang J, Yu H, Yin J, et al. Formation and control of martensite in Ti-6Al-4V alloy produced by selective laser melting. Materials & Design, 2016, 108: 308-318.

[9] Chen L Y, Huang J C, Lin C H, et al. Anisotropic response of Ti-6Al-4V alloy fabricated by 3D printing selective laser melting. Materials Science and Engineering: A, 2017, 682: 389-395.

[10] Vrancken B, Thijs L, Kruth J P, et al. Microstructure and mechanical properties of a novel β titanium metallic composite by selective laser melting. Acta Materialia, 2014, 68: 150-158.

[11] Dai N, Zhang L C, Zhang J, et al. Distinction in corrosion resistance of selective laser melted Ti-6Al-4V alloy on different planes. Corrosion Science, 2016, 111: 703-710.

[12] 倪晓晴，孔德成，温莹，等. 3D打印金属材料中孔隙率的影响因素和改善方法. 粉末冶金技术，2019(3).
[13] Dai N, Zhang J, Chen Y, et al. Heat treatment degrading the corrosion resistance of selective laser melted Ti-6Al-4V alloy. Journal of The Electrochemical Society, 2017, 164(7): C428.

第7章

SLM成形哈氏合金的腐蚀行为与机理

高温合金是指以铁、镍、钴为基，能在600℃以上的高温及一定应力环境下长期工作的一类金属材料，具有较高的高温强度、良好的抗热腐蚀和抗氧化性能以及良好的塑性和韧性。目前按合金基体种类大致可分为铁基、镍基和钴基合金3类。哈氏合金是一种固溶强化型镍基高温合金，主要分成镍-铬合金与镍铬钼合金两大类，其固溶强化元素为Mo、W和Cr，具有良好的耐蚀性能和抗氧化性能。该类合金高温性能良好，可以在900℃以下长期使用，最高使用温度可达1090℃，主要被用于制造航空发动机的叶片、燃烧室部件和核反应堆燃料外套等高温部件。

相比于传统生产工艺，SLM技术在结构复杂、难加工成形的高温合金零部件方面具有极大的优势，能够提高材料利用率和零部件结构设计自由度，缩短产品开发周期。但SLM成形的材料质量、成形性能也需要进行研究评估。在传统的焊接工艺中，裂纹对于镍基合金是一个严重的问题。镍基高温合金焊接接头形成的裂纹可分为偏析裂纹和失塑裂纹。偏析裂纹是指存在于晶间液体薄膜中的裂纹，包括焊缝区的凝固裂纹和热影响区的液化裂纹；失塑裂纹是指在镍基高温合金焊接接头经过热处理后形成的再热裂纹、消除应力处理裂纹和应变-时效裂纹等。凝固裂纹在焊接凝固的最后阶段形成，液体薄膜沿着凝固晶界和枝晶界分布。这种沿着凝固晶界的连续的液体薄膜由于受到形成固体/固体边界的干扰，在收缩拉应力的作用下而促使产生裂纹。这种裂纹形成在快速激光熔融过程中也存在，同时将会对材料的力学性能、腐蚀行为及耐久性产生影响。

哈氏合金包括很多牌号，其中Hastelloy X系列合金具有以下特性：①在高达1200℃时具有优秀的抗氧化性；②高温强度好；③很好的成形性和焊接性；④很好的抗应力腐蚀开裂性。本章节以Hastelloy X系列合金为研究对象，说明打印工艺参数对SLM哈氏合金组织、性能的影响，以及与传统成形材料相比SLM哈氏合金的腐蚀行为特点及机理。

7.1 打印参数对SLM 哈氏合金组织结构及性能的影响

7.1.1 激光功率

图7.1为哈氏合金的粉末形貌及尺寸分布，部分粉末上面黏结有卫星小球，粉末的平均尺寸约为32μm；粉末的化学成分与传统材料的成分接近，满足Hastelloy X的标准成分。

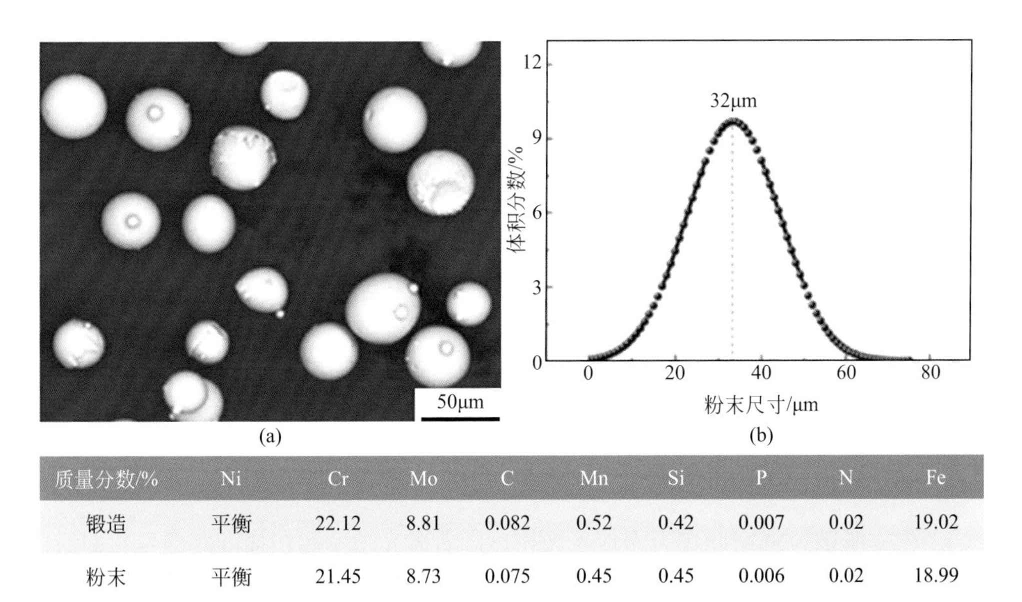

质量分数/%	Ni	Cr	Mo	C	Mn	Si	P	N	Fe
锻造	平衡	22.12	8.81	0.082	0.52	0.42	0.007	0.02	19.02
粉末	平衡	21.45	8.73	0.075	0.45	0.45	0.006	0.02	18.99

图7.1　哈氏合金的粉末形貌及尺寸分布，粉末的化学成分以及与传统成分对照结果

图7.2显示了以960mm/s的扫描速度和不同激光功率下成形的哈氏合金熔池纵截面的光学显微照片。随着激光功率的增加，熔池的宽度和深度都越来越大。熔池尺寸在SLM技术中起着重要作用，因为它在SLM过程中会显著影响相邻轨迹和层之间的冶金结合。如果熔池大小合适，则可以避免因热输入参数不合适而导致的缺陷，从而提高打印件的性能。

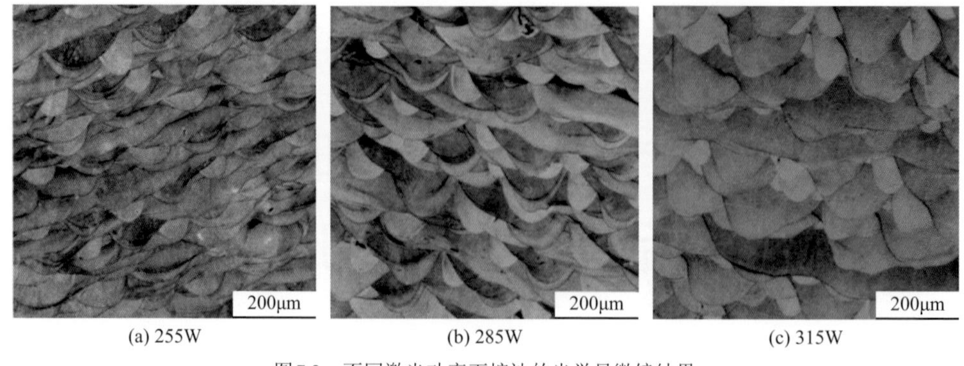

(a) 255W　　(b) 285W　　(c) 315W

图7.2　不同激光功率下熔池的光学显微镜结果

扫描间距为100μm，扫描速度为960mm/s

因此，预测熔池大小将为优化SLM技术的热输入参数提供关键指导。众所周知，扫描速度和激光功率是显著影响熔池尺寸的两个重要参数。图7.3显示了热输入参数对熔池大小的影响结果：一方面，在一定的扫描速度下，熔池的宽度和深度随着激光功率的增加而增加。另一方面，扫描速度的增加将导致熔池尺寸的减小。

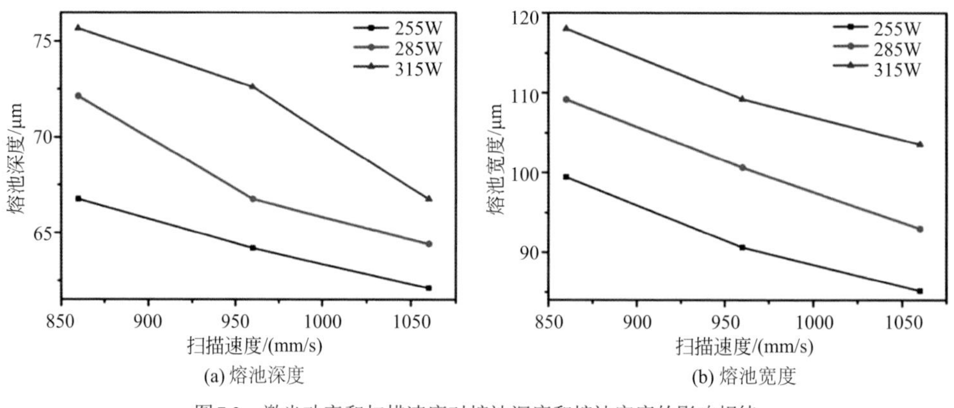

(a) 熔池深度　　(b) 熔池宽度

图7.3　激光功率和扫描速度对熔池深度和熔池宽度的影响规律

图7.4所示为SLM哈氏合金成形致密度随着激光功率和扫描间距的变化曲线，所制成零件的相对密度随输入激光功率而变化，并且在所有情况下均呈倒U形分布。可以看到，相对密度随输入激光能量的增加而增加，而在高功率范围内则略有下降。通过将这些依赖关系拟合为二次多项式，可以获得最大相对密度，并且在所有情况下，相应的功率约为275W。可以通过以下两个可能的原因来解释此现象。一方面，当输入激光功率低于275W时，零件的相对密度主要受熔体流动能力的影响，该能力与输入激光功率和熔池的重叠成正比。极低的激光能量会导致SLM缺乏融合，从而影响相对密度。另一方面，当输入功率超过275W时，SLM工艺中会

出现起球现象，这是一种典型的冶金缺陷，会对零件的相对密度产生不利影响。由于球化效应，在高功率范围内，零件的相对密度随功率的增加而降低。

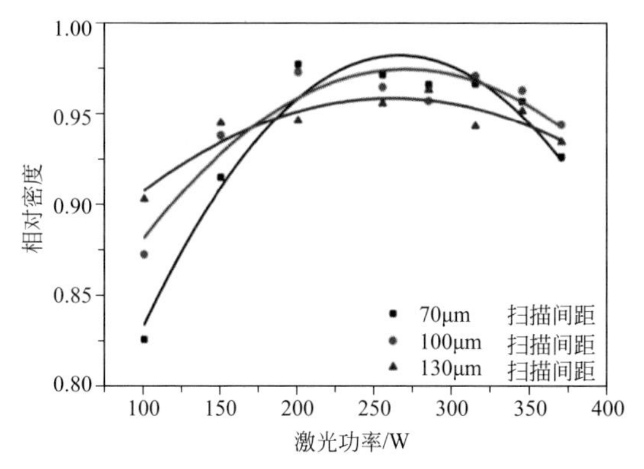

图7.4　SLM哈氏合金致密度随着激光功率及扫描间距的变化规律

图7.5为SLM哈氏合金在不同激光功率下成形的拉伸曲线结果。打印件的强度远高于传统锻造材料，其屈服强度是传统锻造的将近两倍，但延伸率较低；在实验参数范围内，随着激光功率的提高，打印件的延伸率有所提高，这归因于材料内部缺陷的减少。

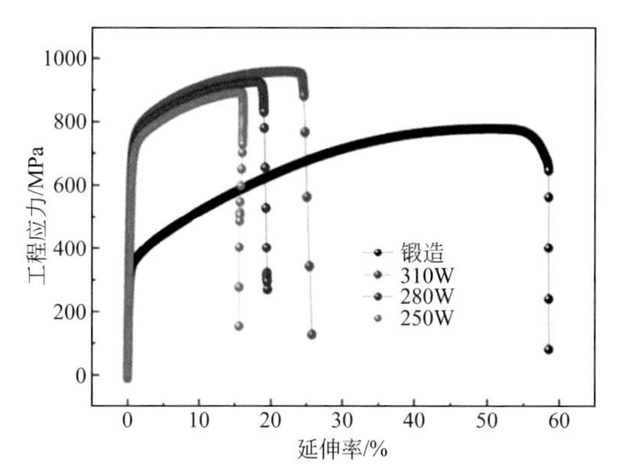

图7.5　SLM哈氏合金在不同激光功率下成形的拉伸曲线结果

7.1.2　扫描速度

图7.6为SLM哈氏合金在不同扫描速度下成形的拉伸曲线结果，同样，打印件有着较高的强度和较低的延伸率，但延伸率随着打印速度的变化并不明显，扫描速度低会略微提高打印件的延伸率。

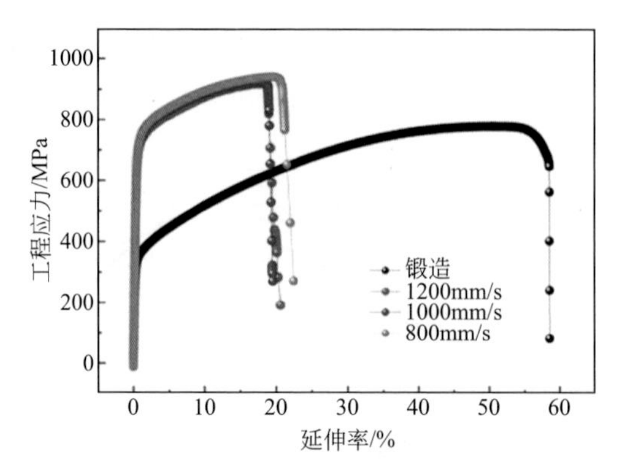

图7.6　SLM哈氏合金在不同扫描速度下成形的拉伸曲线结果

图7.7显示了拉伸断裂后的传统锻造和不同打印参数下的哈氏合金的截面和侧面的形貌，可以看到SLM哈氏合金拉伸断口侧面有大量的微裂纹存在，同时

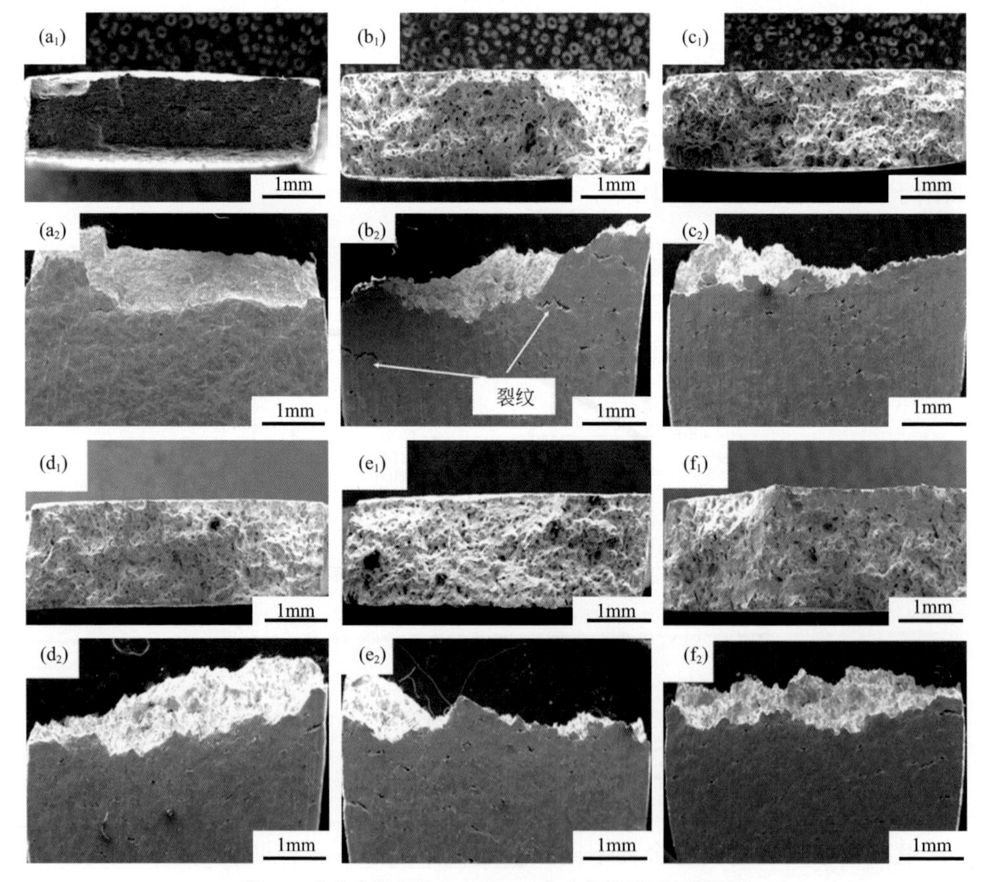

图7.7　拉伸实验后的Hastelloy X合金的横截面和侧视图

(a_1)(a_2) 传统锻造；(b_1)(b_2) 250 W和1000mm/s；(c_1)(c_2) 280 W和1000mm/s；(d_1)(d_2) 310 W和1000mm/s；(e_1)(e_2) 280 W和800mm/s；(f_1)(f_2) 280 W和1200mm/s

断口面有很多孔隙缺陷。SLM哈氏合金过早的失稳断裂很大程度上归因于材料内部的孔隙以及熔池交界处的裂纹。

进一步对比传统锻造和SLM哈氏合金断口的微观形貌，如图7.8所示，可以看到传统锻造材料断口处有较多碳化物夹杂颗粒的存在，而SLM哈氏合金断口并没有明显第二相颗粒，但是有较多打印孔隙缺陷。对于传统锻造材料，较硬的碳化物颗粒在变形过程中可能是微裂纹的起源。

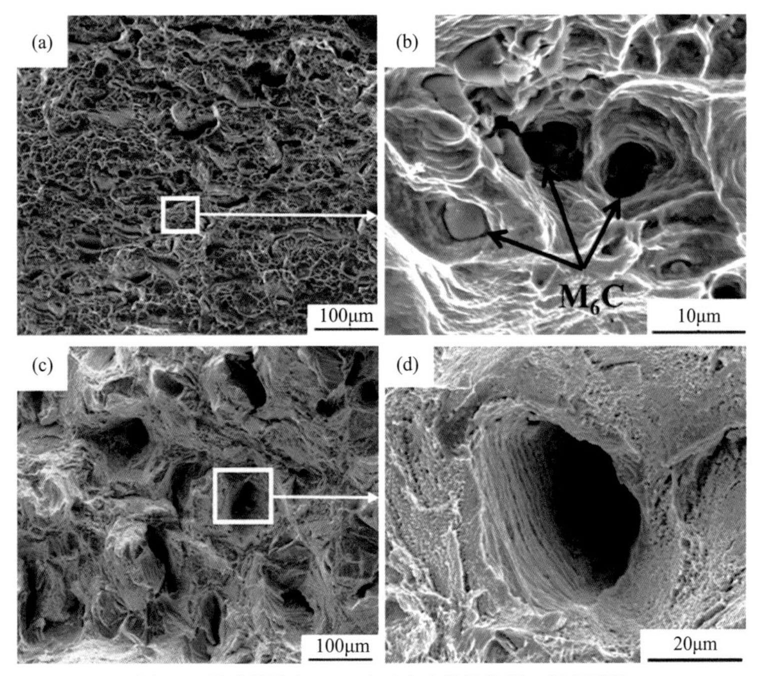

图7.8 传统锻造和SLM哈氏合金的拉伸断口微观形貌

表7.1列出哈氏合金激光选区熔化的常规打印参数，在这种打印参数下成形，材料的相对致密度较高，但仍然有部分缺陷存在，因此有学者在通过合金化手段进一步提高材料的质量。

表7.1 哈氏合金激光选区熔化的常规打印参数

打印参数	数值
基板温度	80℃
激光功率	280 W
扫描速度	960mm/s
扫描间距	110μm
铺粉层厚	40μm

7.2 SLM哈氏合金组织结构与性能特征

7.2.1 相组成与分布特征

图7.9为传统锻造和SLM哈氏合金的X射线衍射图谱，结果显示传统锻造主要有Cr_2Ni_3相和微弱的M_6C信号峰；而SLM哈氏合金主要是Cr_2Ni_3相，并没有M_6C的信号峰，这可能归因于快速凝固过程中碳化物未来得及扩散形核导致材料内部并无大量碳化物。

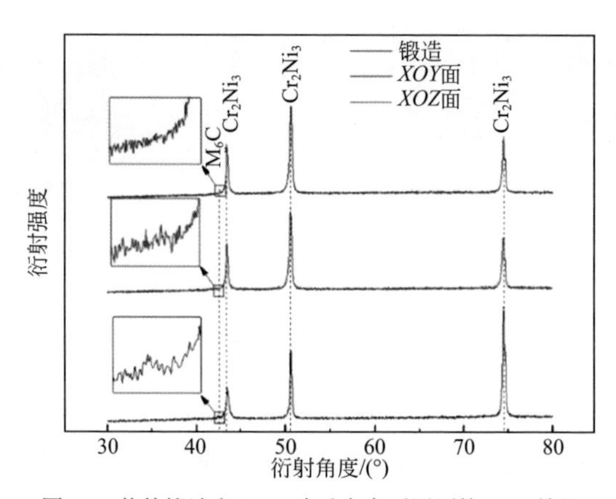

图7.9　传统锻造和SLM哈氏合金不同面的XRD结果

图7.10为传统锻造和SLM哈氏合金的透射电镜明场图像。在晶粒内部，锻造样品观察到了位错线，而SLM哈氏合金观察到了许多亚晶粒，在亚晶界错成了明显的位错富集区域，因此可以在外力作用下阻碍位错的迁移，从而导致高强度。同时，在SLM哈氏合金亚晶粒边界处弥散分布着亚微米级夹杂物，并且这些夹杂物在亚晶粒边界中的钉扎效应使晶粒边界不滑动，同样也提高了合金的强度。亚微米夹杂物的尺寸在100nm以下，比传统锻造材料内部颗粒（大于5μm）小得多。能谱结果显示，这些颗粒富集Mo、C和Si元素，结合文献可知主要是富钼碳化物。

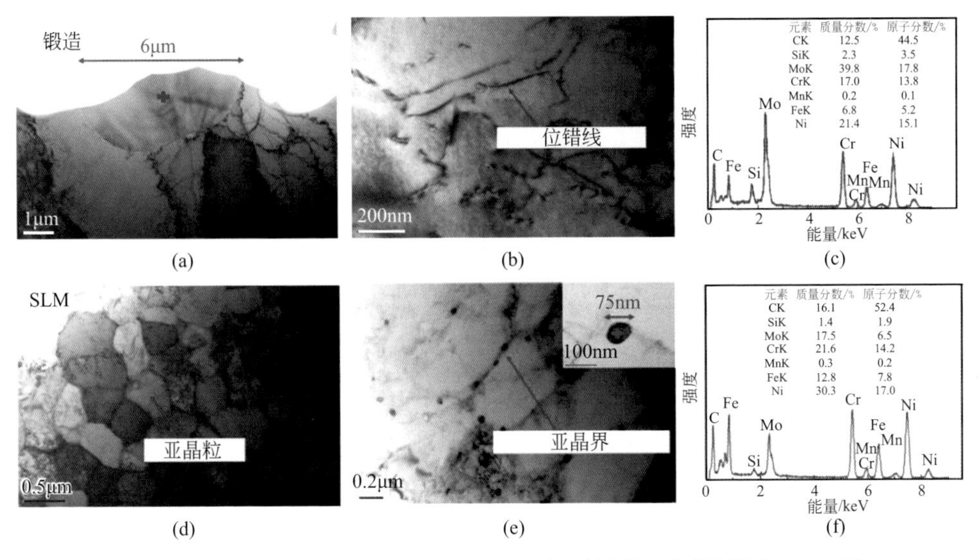

图7.10 传统锻造［(a)～(c)］和SLM哈氏合金透射电镜及能谱结果［(d)～(f)］

7.2.2 晶界特征

图7.11为传统锻造和SLM哈氏合金的晶粒形貌及晶界角度分布结果。从反极图可以看出，锻造和SLM哈氏合金均为奥氏体相。SLM哈氏合金的晶界不规则，而传统锻造材料内部有部分退火孪晶存在；SLM哈氏合金XOZ平面上的晶粒为柱状晶，晶粒主要沿着Z轴方向生长。传统锻造材料的晶界主要为大角度晶界，而SLM成形材料的晶界主要以小角度为主，可通过一定的热处理工艺去

图7.11

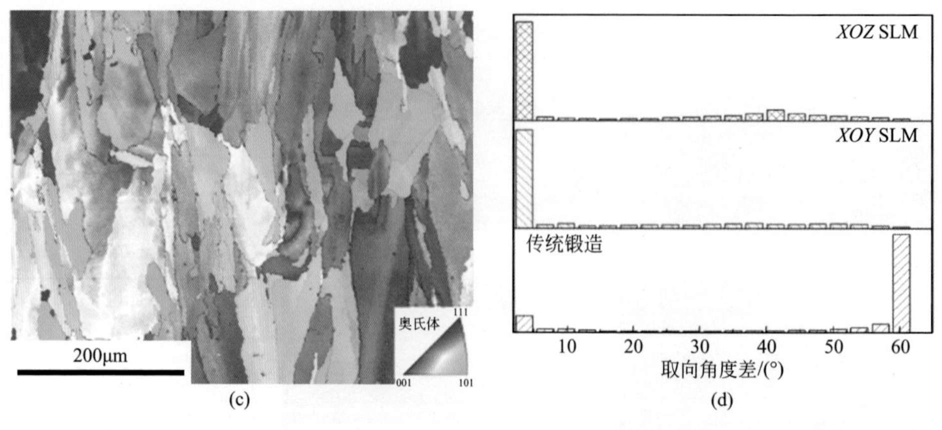

图7.11 传统锻造（a）和SLM哈氏合金不同面的EBSD的反极图结果（b）（c）及晶界角度分布（d）

改善材料的晶界特性。

图7.12为传统锻造和SLM哈氏合金的金相结果，可以看到激光束熔化产生的沿*XOY*和*XOZ*平面具有不同形状的熔池轮廓。在当前工作中，熔池边界分为两类：一类是在两个交替层之间（旋转67°），另一类是在两个相邻的交叉熔池之间。进一步观察熔池形貌，可观察到呈鱼鳞状的熔池深度约为50μm，贯穿约2.5层铺粉厚度，层与层之间冶金结合良好，但是存在沿*Z*轴方向生长的裂纹。这些熔池边界以及边界处的裂纹会导致材料的性能下降，尤其是降低材料的延伸率。此外，还可看到沿*Z*轴生长的柱状晶，且晶粒内部为细小的胞状组织，这分别与晶粒易沿着温度梯度较大的热流方向生长和SLM过程熔化凝固速率极快有关。

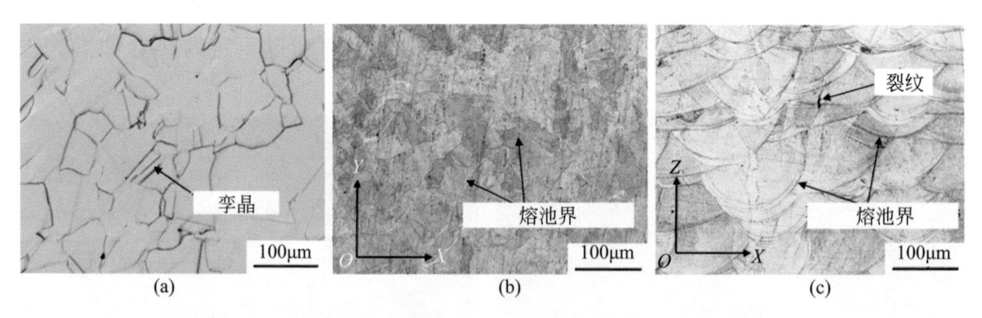

图7.12 传统锻造和SLM哈氏合金不同面化学侵蚀后的金相结果

SLM成形过程中，金属粉末经历快速熔化、凝固、冷却以及周期性热循环过程，熔池附近温度梯度较高，不同区域发生不均匀热胀冷缩。后凝固区域在凝固、冷却过程伴随的体积收缩会受到周围已凝固部分的限制而产生局部拉应力，当局部拉应力超过材料的强度极限时就会萌生微裂纹。

7.2.3 力学性能

此处的力学性能主要针对SLM 哈氏合金的各向异性。图7.13可以看到，*XOZ*面沿着*Z*轴拉伸的延伸率（约18%）要高于*XOY*面沿着X轴拉伸的结果（约13%）。这应该归因于熔池边界沿*Z*轴方向存在的裂纹，此外由于结合力差，熔池边界也加速了裂纹的扩展。

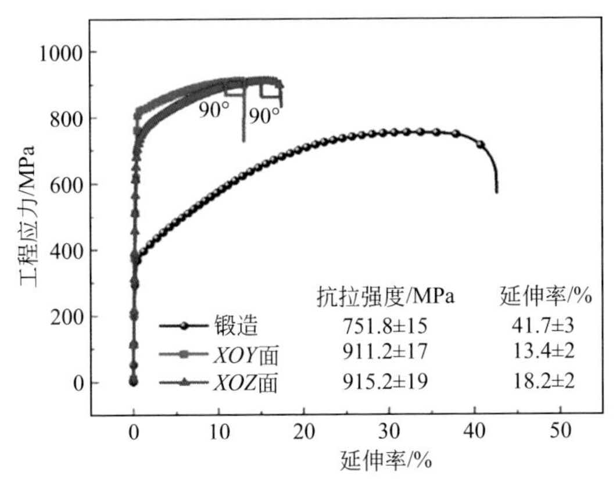

图7.13 传统锻造和SLM哈氏合金不同加载方向的拉伸曲线结果

图7.14对比了断裂后传统锻造和SLM哈氏合金不同面的断口结果，传统锻造材料断口为典型的杯锥状，颈缩比较明显；而SLM哈氏合金断口表面有大量的孔洞，微观断口也属于韧性断裂，韧窝尺寸较小，主要与材料内部存在大量的亚晶微结构有关。对比SLM哈氏合金不同面的断口可以发现，*XOZ*面断口边缘从打印裂纹处萌生，此处断口比较平直，无塑性变形痕迹。因此，*XOZ*面沿着*Z*轴的拉伸塑性要低于*XOY*面，这主要取决于打印裂纹的生长方向与拉伸方向的对应关系。

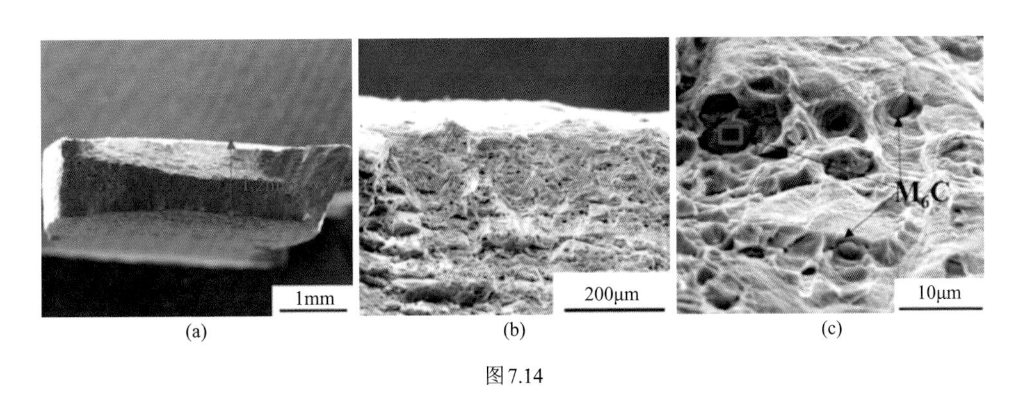

图7.14

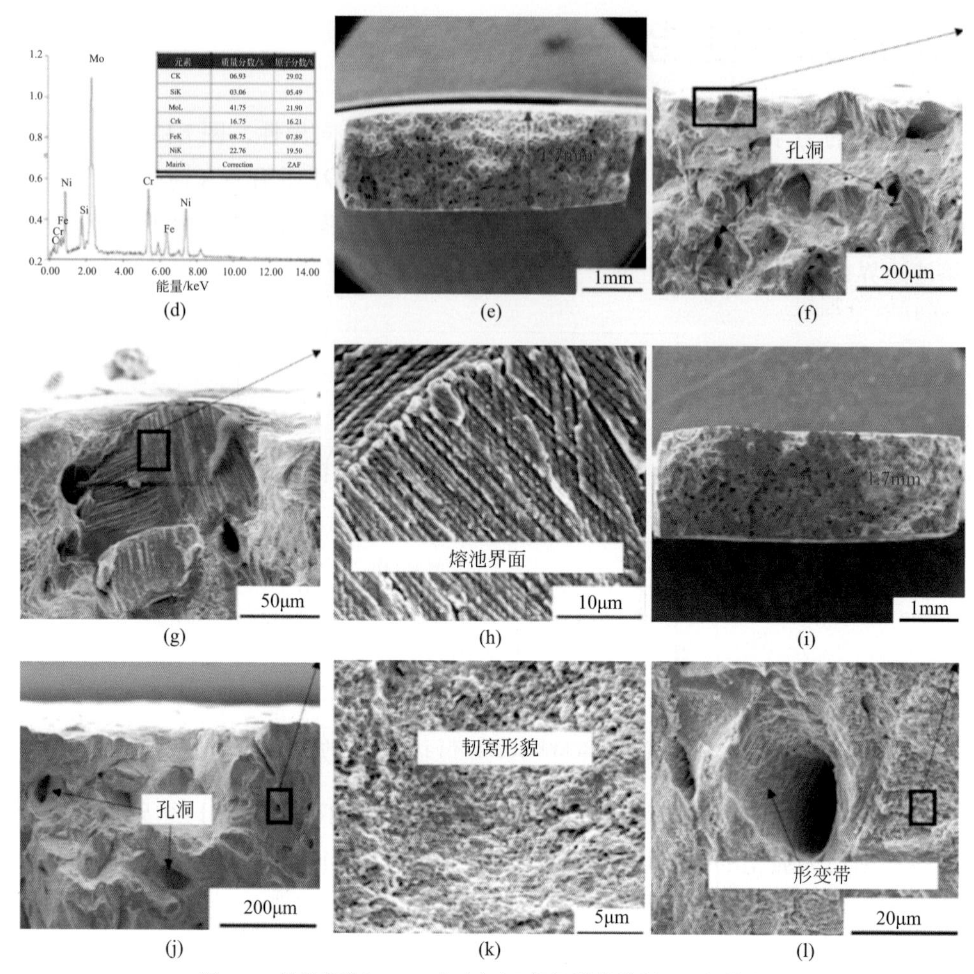

图7.14 传统锻造和SLM哈氏合金不同面的拉伸断口及能谱结果

（a）～（d）传统锻造；（e）～（h）SLM哈氏合金*XOY*面；（i）～（f）SLM哈氏合金*XOZ*面

7.3 SLM哈氏合金钝化特性与腐蚀行为

7.3.1 钝化膜组成与耐蚀性

为了研究钝化膜的性能，在硼酸钠缓冲溶液（pH = 8.4）中进行了电位动力学和恒电位极化测试，如图7.15所示。动电位极化曲线中电极由钝态向活化态转变过渡，电流密度从0.45V开始迅速增加，主要是由于Cr（Ⅲ）的氧化溶解生成Cr（Ⅵ）。在0.70 ~ 0.90V之间存在一个二次钝化区域；当施加的电势达到0.9V时，电流密度突然增加，是由于析氧反应的发生。传统锻造和SLM哈氏合金的动电位极化曲线并没有明显区别，尤其在钝态范围，重合度较高。根据动电位极化结果，选择0.3V的阳极电位，进行2h恒电位成膜，监测钝态电流密度的变化。可以看出，*XOY*平面上的SLM哈氏合金X表现出最低的电流密度，而锻造材料则最高，表明在SLM哈氏合金上形成的钝化膜应具有更好的耐腐蚀性。

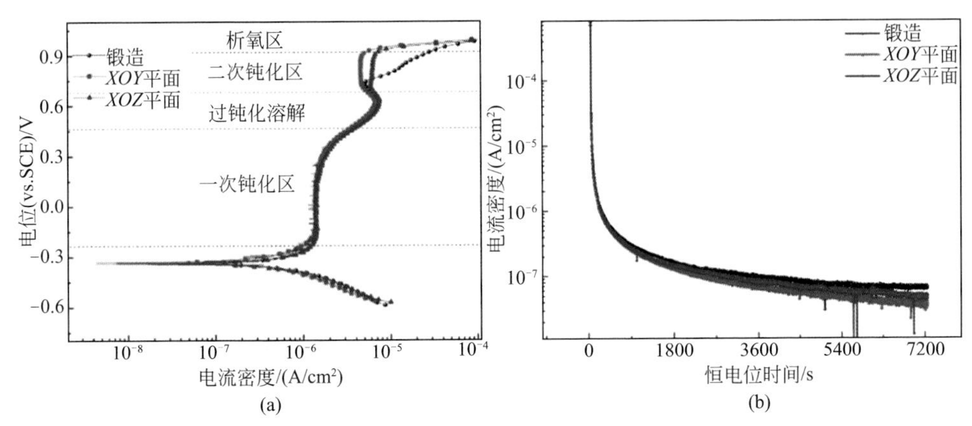

图7.15　传统锻造和SLM 哈氏合金不同面在硼酸缓冲溶液（pH=8.4）中的动电位（a）和恒电位极化测试结果（b）

图7.16为传统锻造和SLM哈氏合金不同面在硼酸缓冲溶液（pH = 8.4）中的交流阻抗谱的实验及等效电路拟合结果。可以看到，实验和拟合结果非常接近，说明等效电路的可行性。表7.2为等效电路的拟合结果。从阻抗弧的大小可以看到，SLM哈氏合金*XOY*面显示最大的阻抗弧，而传统锻造则显

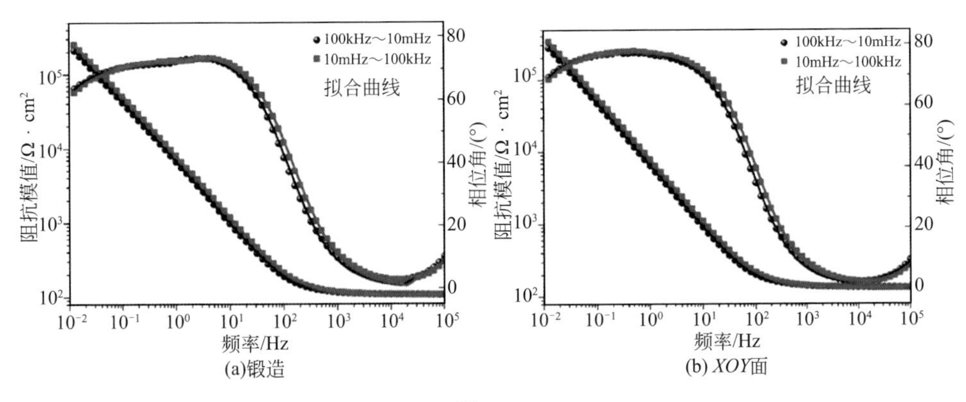

图7.16

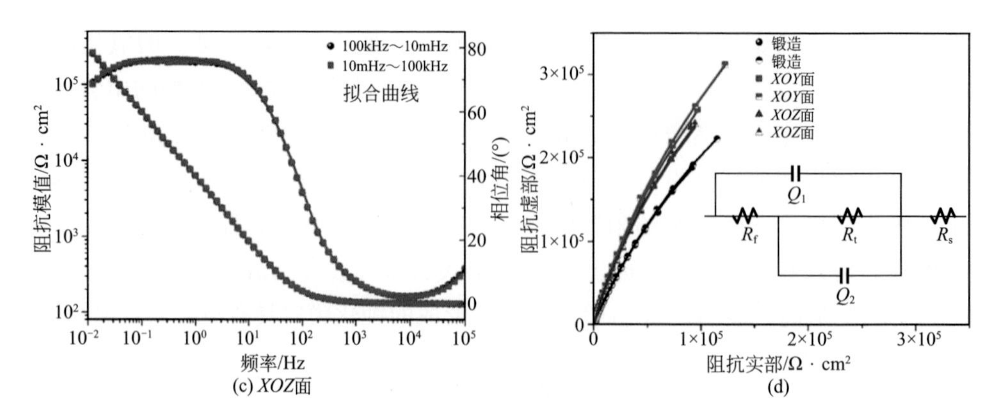

图7.16 传统锻造和SLM哈氏合金不同面在硼酸缓冲溶液中的交流阻抗谱实验及等效电路拟合结果
(a) 传统锻造；(b) SLM哈氏合金*XOY*面波特图结果；(c) SLM哈氏合金*XOZ*面波特图结果；(d) 能奎斯特图结果（内部为等效电路图）

示最低的阻抗值。拟合结果显示，SLM哈氏合金*XOY*面显示出最大的极化电阻，为传统锻造的1.3倍。而*XOY*面的阻抗略高于*XOZ*面的原因可能为：与*XOZ*平面相比，*SLM*哈氏合金的*XOY*平面显示出更细、更均匀的晶粒微结构分布，尤其是亚晶微结构，从而促进了在*XOY*平面上更稳定的钝化膜形成。

表7.2 交流阻抗谱等效电路拟合结果

项目	Q_1/［10^{-6}S^n/（Ω · cm^2）］	n_1	Q_2/[10^{-5}S^n/(Ω · cm^2)]	n_2	R_p 10^6 /Ω · cm^2
传统锻造	5.93	0.93	3.34	0.86	1.45
*XOY*面	3.38	0.85	3.14	0.87	1.85
*XOZ*面	4.16	0.82	2.97	0.86	1.52

图7.17显示了传统锻造和SLM哈氏合金不同面上钝化膜的Cr2p3/2、Fe2p3/2、Ni2p3/2和Mo3d5/2的XPS谱图结果，两个样品的钝化膜主要由Fe和Cr的氧化物和氢氧化物组成，包含Fe_2O_3、FeOOH、Cr_2O_3和Cr（OH）$_3$。图7.18为传统锻造和SLM哈氏合金钝化膜中各成分含量的百分比例结果。SLM哈氏合金样品在*XOY*和*YOZ*平面上的钝化膜内Fe的氧化物和氢氧化物总和与Cr的氧化物和氢氧化物总和的比值分别为0.81和0.85，低于传统锻造的材料（1.42），说明*XOY*平面上的钝化膜中Cr元素的化合物含量高于其他情况。而高比例的Cr的氧化物将有助于提高钝化膜的稳定性，增强SLM哈氏合金*XOY*面的耐腐蚀性。

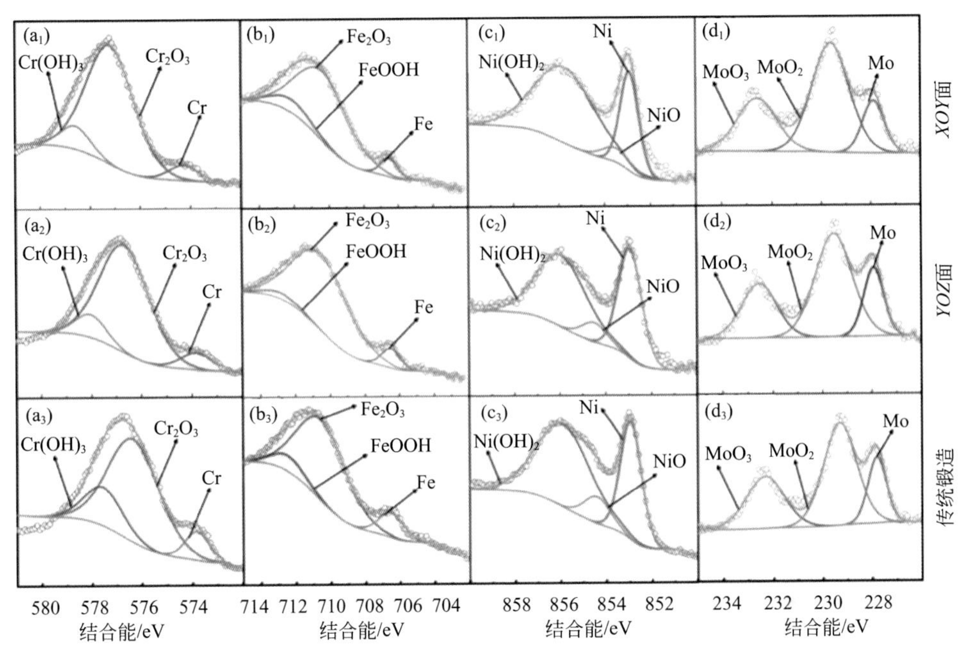

图7.17 传统锻造和SLM哈氏合金表面钝化膜的XPS拟合结果

(a_1)～(d_1)*XOY*面；(a_2)～(d_2)*YOZ*面；(a_3)～(d_3)传统锻造

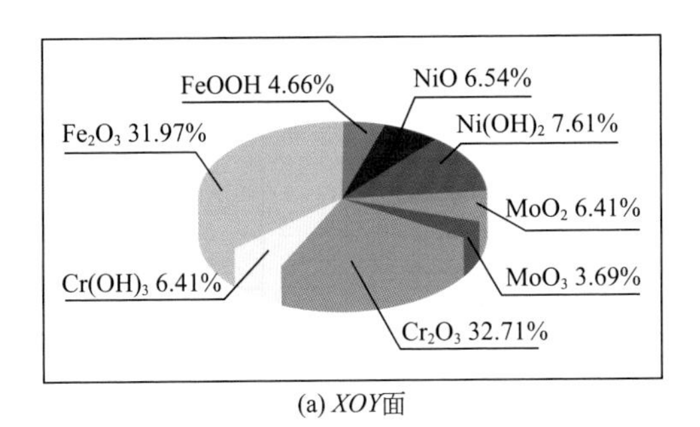

(a) *XOY*面

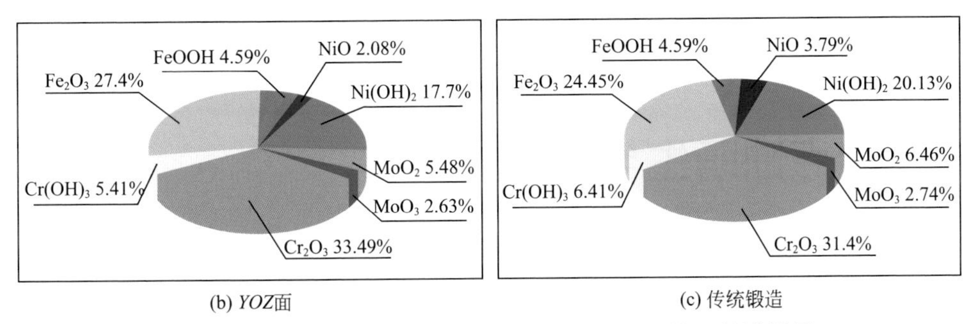

(b) *YOZ*面　　(c) 传统锻造

图7.18 传统锻造和SLM哈氏合金钝化膜中各成分含量的百分比例结果

此外，采用俄歇电子技术对钝化膜的厚度进行表征，结果如图7.19所示，SLM哈氏合金显示出较厚的钝化膜。具体结果为浸泡48h后，SLM哈氏合金

XOY面和XOZ面膜层厚度分别约为12nm和6.2nm，而传统锻造材料表面膜层的厚度约为3.6nm，显然较厚的钝化膜厚度提供更好的耐蚀性。

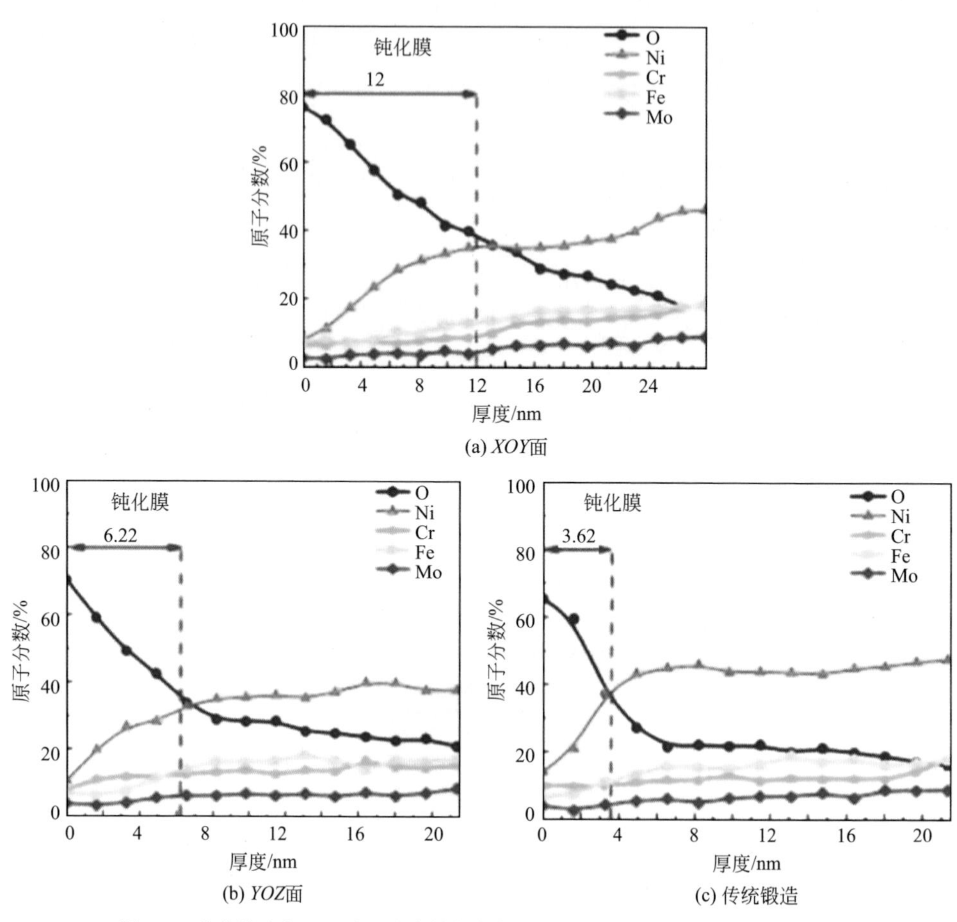

图7.19　传统锻造和SLM哈氏合金钝化膜中各成分含量沿着深度方面的变化结果

7.3.2 点蚀萌生与扩展规律

为了进一步研究耐点蚀性和强腐蚀性溶液中的耐久性，选择了高氯化物溶液进行测试（5mol/L NaCl）。图7.20为传统锻造和SLM哈氏合金不同面在不同温度的5mol/L NaCl溶液里的循环动电位极化曲线结果。可以看到，反向扫描和钝化区域之间没有相交，表明在室温（25℃）的5mol/L NaCl中哈氏合金均没有出现点蚀，说明材料具有较高的耐点蚀能力；而电流密度在0.8V（vs.SCE）左右的突然增加归因于氧气的析出，并非点蚀的形成。但是，对于SLM哈氏合金，钝化过程中存在一个不稳定区域，范围为0.2 ~ 0.5V，这应该归因于打印材料的表面缺陷（包括孔隙和熔池边界等）、表面钝化膜的不稳定性。为了进一步评估耐点蚀性，在较高温度（70℃）下进行了循环动电位极化测试，可以看到传统锻造材料出现磁滞回线，表明发生了点蚀，同时点蚀电位（约0.4V）远低于析氧电位（约0.8V）。而对于SLM哈氏合金，材料在极化过程中直接进入活化状态，并没有出现钝化区，电流的快速增大归因于在高温下孔隙和熔池边界等区域发生快速腐蚀溶解。动电位极化曲线获得的电化学参数列于表7.3中，可以看到，在侵蚀性较弱的环境中（25℃），传统锻造和SLM哈氏合金均显示钝态，且SLM哈氏合金的腐蚀速率小于锻造合金的腐蚀速率；但在更严酷的环境下（70℃），腐蚀速率相反，主要是因为在此环境下打印缺陷被激活从而腐蚀加剧，使得SLM哈氏合金从钝态转变为活化态。而SLM哈氏合金*XOZ*面在活化态的腐蚀速率仍然高于*XOY*面（1.2倍），这也说明了与打印缺陷含量不同有关。

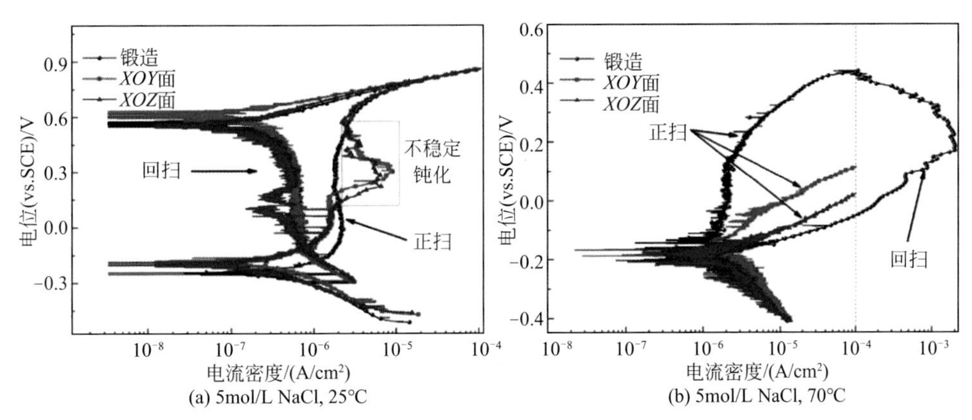

图7.20　传统锻造和SLM哈氏合金不同面在不同温度的5mol/L NaCl溶液里的循环动电位极化曲线结果

表7.3　动电位极化曲线中腐蚀电位及腐蚀电流数据

项目	5mol/L NaCl，25℃			5mol/L NaCl，70℃		
	I_{corr} /（μA/cm²）	E_{corr}（vs.SCE）/V	状态	I_{corr} /（μA/cm²）	E_{corr}（vs.SCE）/V	状态
传统锻造	0.59	−0.250	钝化	1.5	−0.191	钝化
*XOY*面	0.31	−0.185	钝化	2.1	−0.183	活化
*XOZ*面	0.30	−0.198	钝化	2.5	−0.185	活化

采用传统三氯化铁浸泡试验来评估点蚀的萌生及扩展，传统锻造和SLM哈氏合金不同面在50℃质量分数6%三氯化铁溶液中浸泡72h后点蚀形貌及点蚀深度分布如图7.21所示。在传统锻造的材料表面上出现密密麻麻腐蚀坑，但坑的

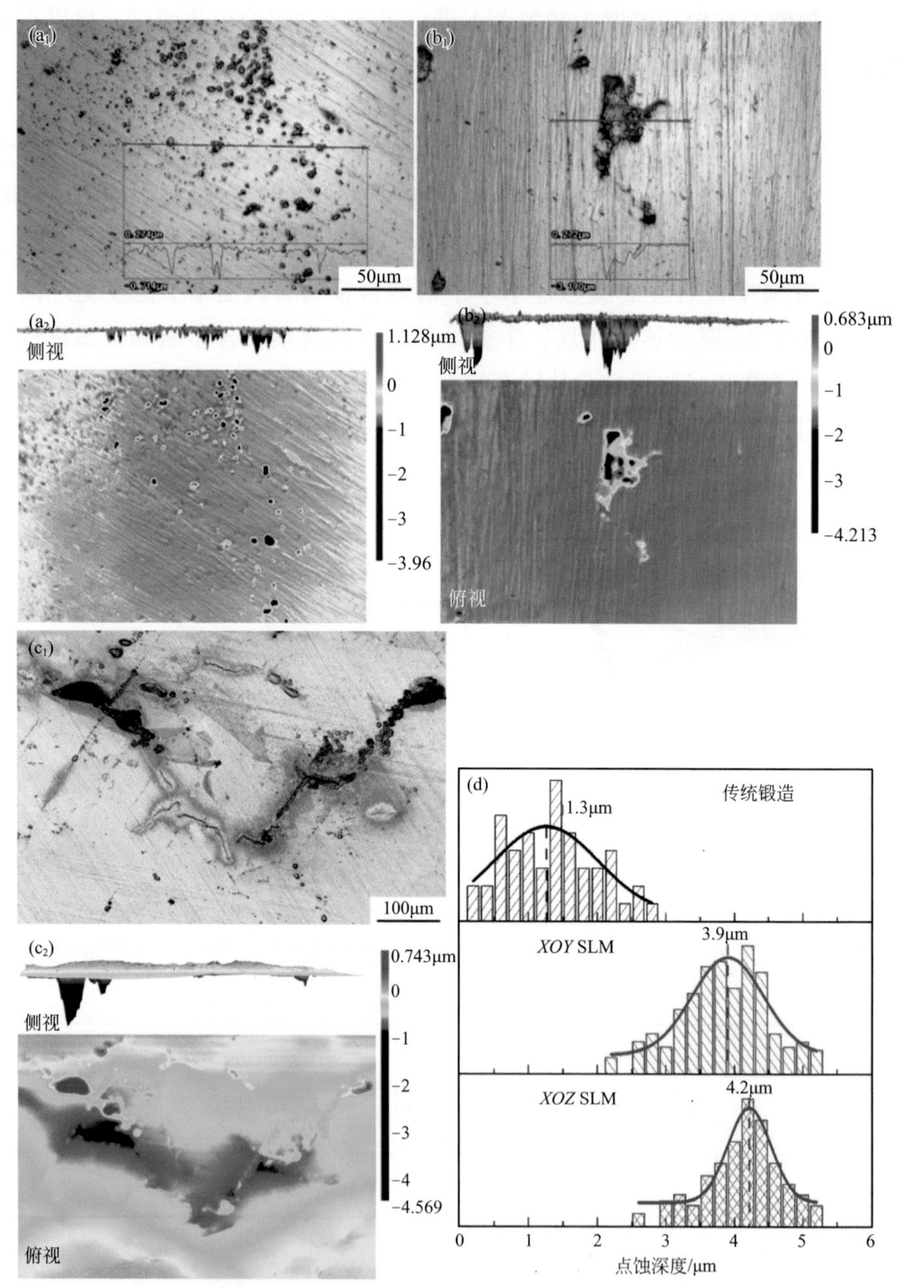

图7.21 传统锻造和SLM哈氏合金不同面在50℃ 6%三氯化铁溶液中浸泡72h后点蚀形貌及点蚀深度分布

(a_1)、(a_2) 传统锻造；(b_1)、(b_2) *XOY*面；(c_1)、(c_2) *XOZ*面；(d) 点蚀深度分布结果

深度较浅，平均约1.3μm，而在SLM哈氏合金上存在较大的腐蚀区域，同时发现这些腐蚀区域主要优先发生在熔池边界或孔隙缺陷处，尤其是在*XOZ*面。同时，SLM哈氏合金的腐蚀部位比锻造的腐蚀部位要深得多，平均深度在4μm左右，这表明SLM零件在恶劣环境下的耐用性较差。因此，在这种情况下，应考虑对SLM零件进行后续处理，以消除材料内部的孔隙、裂纹和熔池边界等缺陷。

7.3.3 高温氧化行为

高温氧化能力是高温镍基合金服役关键指标之一，图7.22为传统锻造和SLM哈氏合金在等温氧化过程（950℃，72h）中获得的热重试验结果。可以看到在氧化初期阶段（<10h），二者的增重速度快速增加；超过10h之后，增重曲线缓慢上升，主要可能是连续致密的氧化膜形成，阻碍了氧化的进一步进行，从而降低了增重速率。通过对比可以明显看到，SLM哈氏合金的氧化增重速度要低于传统锻造材料，体现出较高的耐氧化能力。

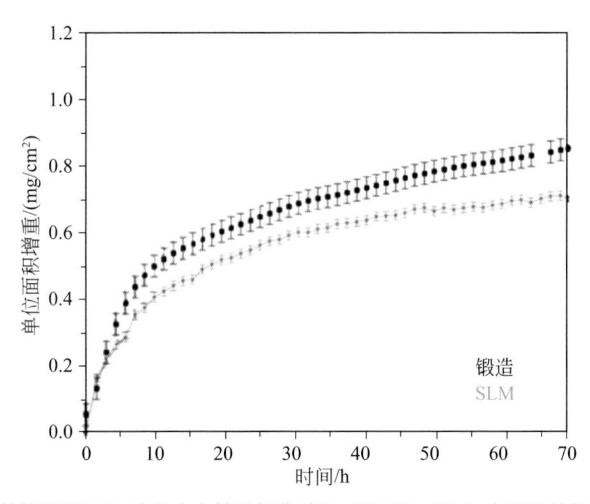

图7.22　传统锻造和SLM哈氏合金等温氧化过程（950℃，72h）中获得的热重试验结果

图7.23为传统锻造和SLM哈氏合金高温950℃氧化72h后氧化层截面的背散射扫描电镜结果。可以看到，传统锻造材料的氧化物较平整，厚度为（5±1）μm；而SLM哈氏合金的氧化皮稍薄，总厚度为（3±1）μm。同时，可以看到传统锻造材料内部有更多的白色碳化物，且这些碳化物大部分在晶界处析出。

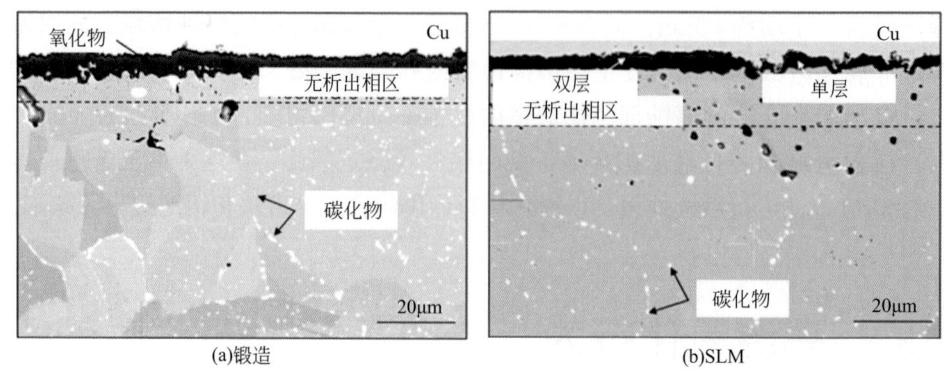

(a)锻造　(b)SLM

图7.23　传统锻造和SLM哈氏合金高温950℃氧化72h后氧化层截面的背散射扫描电镜结果

图7.24为传统锻造和SLM哈氏合金高温950℃氧化72h后氧化层截面的扫描电镜及能谱面扫描结果。结合文献可以知道，传统锻造材料表面的氧化皮由

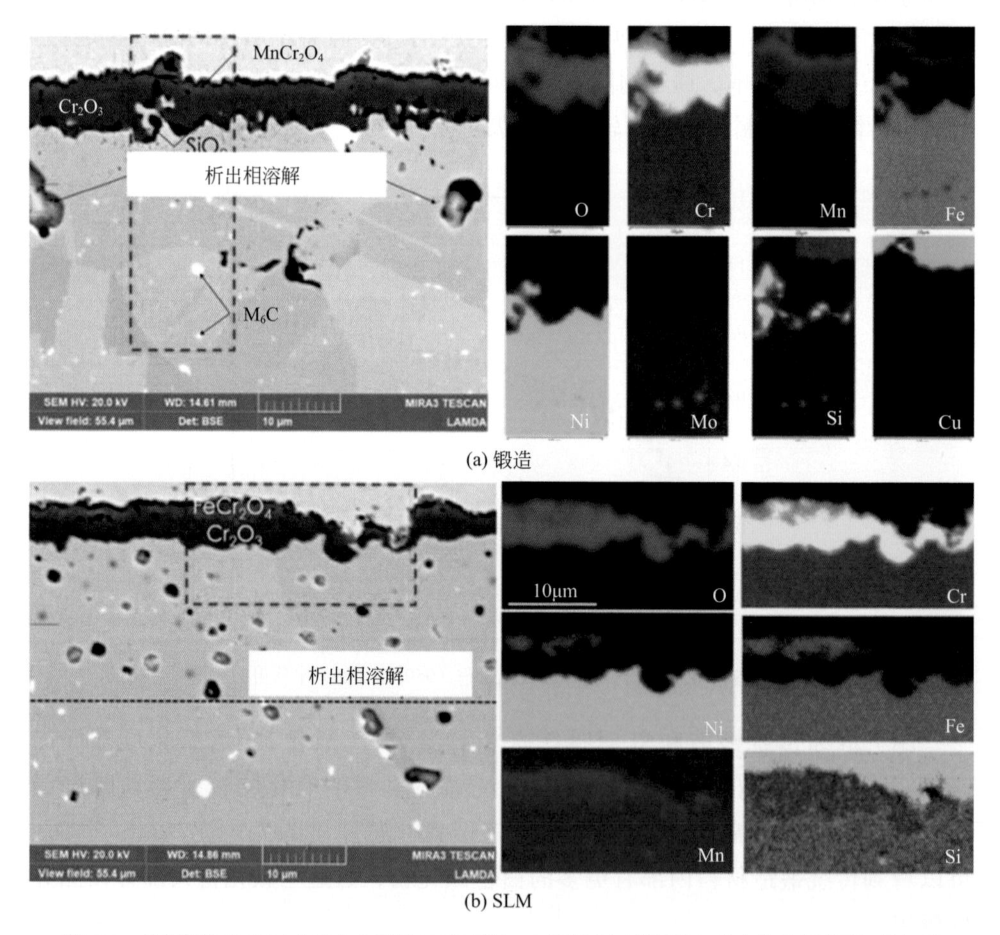

(a) 锻造

(b) SLM

图7.24　传统锻造和SLM哈氏合金高温950℃氧化72h后氧化层截面的扫描电镜及能谱面扫描结果

外层的$MnCr_2O_4$和内层的Cr_2O_3组成。同时，在Cr_2O_3层下面还观察到Si和O富集，可能是SiO_2聚集。对于SLM哈氏合金，有文献证实其表面氧化物由外层$FeCr_2O_4$和内层Cr_2O_3组成，二者厚度比例接近1∶1。

使用EBSD进一步表征了氧化皮的微观结构，如图7.25所示。锻造试样在较厚的Cr_2O_3氧化物的顶部形成了一个薄层的$MnCr_2O_4$，$MnCr_2O_4$层的平均晶粒尺寸为（2±1）μm，并且Cr_2O_3层由较细的晶粒组织［（0.5±0.2）μm］构成。对于SLM哈氏合金，外部氧化层的EBSD图像较难重构，这里只显示内部Cr_2O_3微结构，其氧化物鳞片的微观结构由较粗的晶粒［（0.8±0.4）μm］构成。由此可知，锻造样品呈现出较细的Cr_2O_3晶粒而SLM哈氏合金试样显示出中等尺寸的Cr_2O_3晶粒。而晶界是离子的快速扩散通道，因此，SLM哈氏合金呈现出较慢的氧化动力学。

合金之间观察到的氧化动力学差异主要归因于合金组成的变化及其在氧化物结构上的作用。本实验中锻造材料的Mn含量（质量分数）为0.63%，而SLM哈氏合金的Mn含量为0.1%，因此，对于高锰含量的锻造材料，表面$MnCr_2O_4$的形成是由于更快的氧化动力学。图7.26为传统锻造和SLM 哈氏合金高温950℃

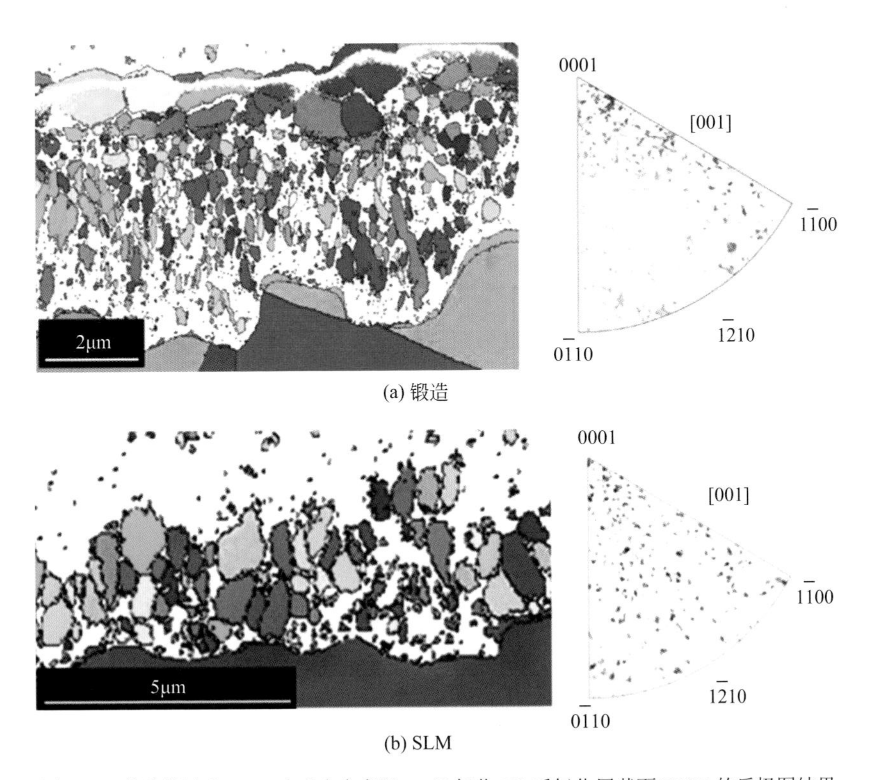

(a) 锻造

(b) SLM

图7.25　传统锻造和SLM 哈氏合金高温950℃氧化72h后氧化层截面EBSD的反极图结果

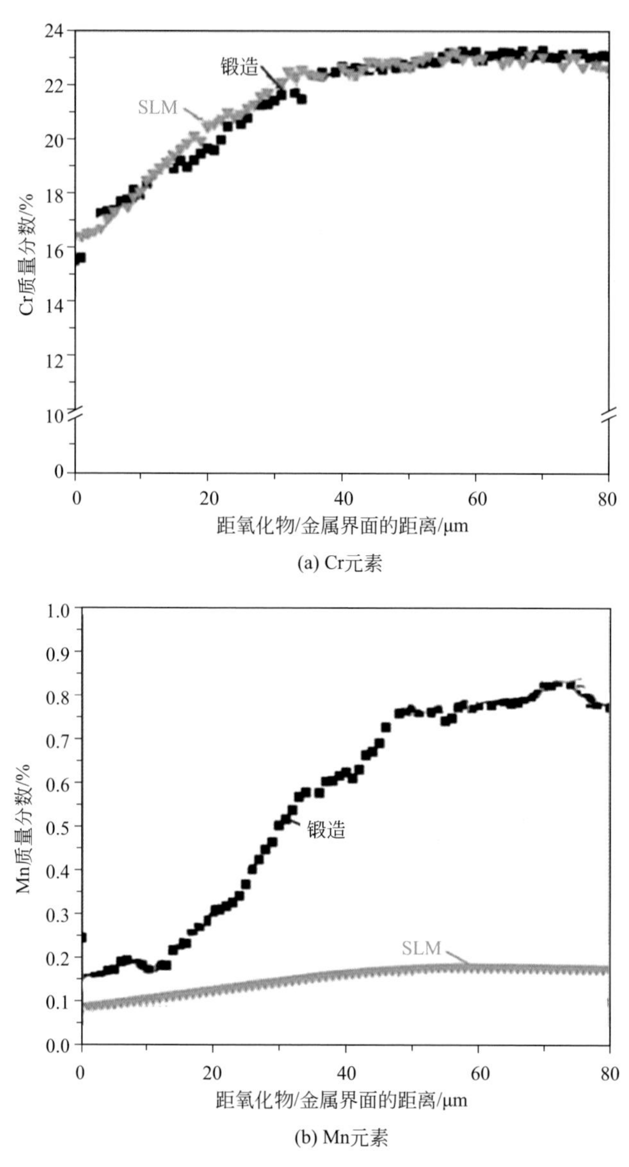

图7.26　传统锻造和SLM哈氏合金高温950℃氧化72h后各元素距金属和氧化物界面的含量变化

氧化72h后各元素距金属和氧化物界面的含量变化，二者Cr的差异不大，主要是Mn含量的变化。可以看到在界面处，Mn在传统锻造材料内的耗尽速率更快。这主要是内层等轴晶粒尺寸较小，从而导致Mn更快地向氧化物/合金界面传输到达表面，从而加速了暴露过程中基体内部Mn的消耗。此外，SLM哈氏合金在氧化过程中没有观察到氧化皮剥落行为，也说明其氧化膜较致密，与基体的结合作用较强，从而拥有更好的耐氧化能力。

7.4 工程应用分析与展望

哈氏合金在航空航天、石油化工、核能源等领域有较广泛的应用，例如应用于发动机燃烧室热端部件等。采用激光选区熔化技术加工成形高性能哈氏合金航空燃烧室构件对于提高航空发动机使役性能、降低航空发动机研发成本具有重大战略意义。世界各国已经竞相开展哈氏合金零部件激光选区高质量成形的科学问题和关键技术研究。研究结果表明，通过成形工艺参数优化可以有效提高哈氏合金的致密度和室温力学性能。然而，即使在最优工艺条件下成形的哈氏合金样件中仍存在大量的微裂纹，且此类裂纹无法通过工艺参数优化的手段消除。

由于这种裂纹是在快速凝固过程中形成的，与内部热应力和低熔点共晶含量有直接关系，因此也被称为热裂纹。镍基合金的热裂纹敏感系数较大，从组织中可观察到清晰的沿Z轴方向生长的裂纹。热裂纹缺陷降低了成形构件的强度和韧性，并显著降低构件的使役性能。在强腐蚀介质中，材料处在活化状态，哈氏合金内部的打印缺陷如孔隙、裂纹和熔池线开始加速活化溶解，导致材料的耐蚀性，尤其是耐点蚀能力严重恶化。这些问题已成为目前世界各国在研究激光选区成形高性能哈氏合金中急需攻克的“卡脖子”关键技术。未来需要构建面向全尺寸构件和全工艺流程的激光增材制造工艺仿真、监测、反馈及工艺优化关键技术与方法，全面提升激光增材制造工艺技术水平、质量以及工业应用水平。

7.5 本章小结

SLM哈氏合金（Hastelloy X）组织中可观察到清晰的熔池形貌和沿Z轴方向生长的裂纹。此外，还存在沿Z轴生长的柱状晶，并跨越多个沉积层，晶粒内部为细小的胞状组织。这些裂纹的存在严重影响材料的性能，尤其是降低材料的延展性。可通过改善工艺参数，如调整激光功率或扫描速度，改变熔池的尺寸从而改善裂纹的产生问题。通常，熔池的宽度和深度都随着激光线能量密度的增加而增加。低的能量密度粉末不能完全熔化而高的激光功率又会导致球化现象，经过大量工艺优化，使用275 W激光功率和960mm/s的扫描速度可以获得最大致密度的哈氏合金。

SLM哈氏合金存在明显的各向异性，*XOY*平面均显示出优良的力学和耐蚀性能，力学性能主要与打印裂纹的存在形式有关，裂纹主要沿着Z轴方向生成；对于腐蚀行为，在温和的钝态体系，SLM哈氏合金显示出优于传统锻造材料耐蚀性，而*XOY*面又优于*XOZ*面，主要是由于钝化膜厚度和钝化膜中成分含量的差异。*XOY*面显示出最大的钝化膜厚度以及钝化膜中Cr的氧化物和氢氧化物含量最高。然而，在强腐蚀介质中，当材料处在活化状态时，SLM哈氏合金的腐蚀速率要高于传统锻造，主要由于SLM材料内部的打印缺陷如孔隙、裂纹和熔池线开始加速活化溶解，导致材料的耐蚀性，尤其是耐点蚀能力严重恶化。

在950℃高温氧化过程中，SLM哈氏合金显示出更好的耐氧化能力，主要是由于其氧化层内部形成的Cr_2O_3颗粒具有相对粗大的晶粒尺寸，从而降低了元素沿着晶界扩散的动力学过程，同时，SLM哈氏合金在氧化过程中没有出现氧化剥落行为，说明其氧化膜较致密，与基体的结合作用较强。

参考文献

[1] 吴楷，张敬霖，吴滨，等. 激光增材制造镍基高温合金研究进展. 钢铁研究学报，2017（12）:953-959.

[2] 吴云鹏. 激光增材制造镍基高温合金的工艺，组织以及性能研究. 南昌：南昌大学，2019.

[3] Zhang L, Song J, Wu W, et al. Effect of processing parameters on thermal behavior and related density in GH3536 alloy manufactured by selective laser melting. Journal of Materials Research, 2019, 34（8）: 1405-1414.

[4] Song J, Wu W H, He B B, et al. Effect of processing parameters on the size of molten pool in GH3536 alloy during selective laser melting. MS&E, 2018, 423（1）: 012090.

[5] Yin Y, Zhang J, Huo J, et al. Effect of microstructure on the passive behavior of selective laser melting-fabricated Hastelloy X in $NaNO_3$ solution. Materials Characterization, 2020: 110370.

[6] 李雅莉，雷力明，侯慧鹏，等. 热工艺对激光选区熔化 Hastelloy X 合金组织及拉伸性能的影响. 材料工程，2019, 47（5）: 100-106.

[7] Romedenne M, Pillai R, Kirka M, et al. High temperature air oxidation behavior of Hastelloy X processed by Electron Beam Melting（EBM）and Selective Laser Melting（SLM）. Corrosion Science, 2020: 108647.

[8] Ni X, Kong D, Zhang L, et al. Effect of process parameters on the mechanical properties of hastelloy X alloy fabricated by selective laser melting. Journal of Materials Engineering and Performance, 2019, 28（9）: 5533-5540.

[9] Kong D, Ni X, Dong C, et al. Anisotropic response in mechanical and corrosion properties of hastelloy X fabricated by selective laser melting. Construction and Building Materials, 2019, 221: 720-729.

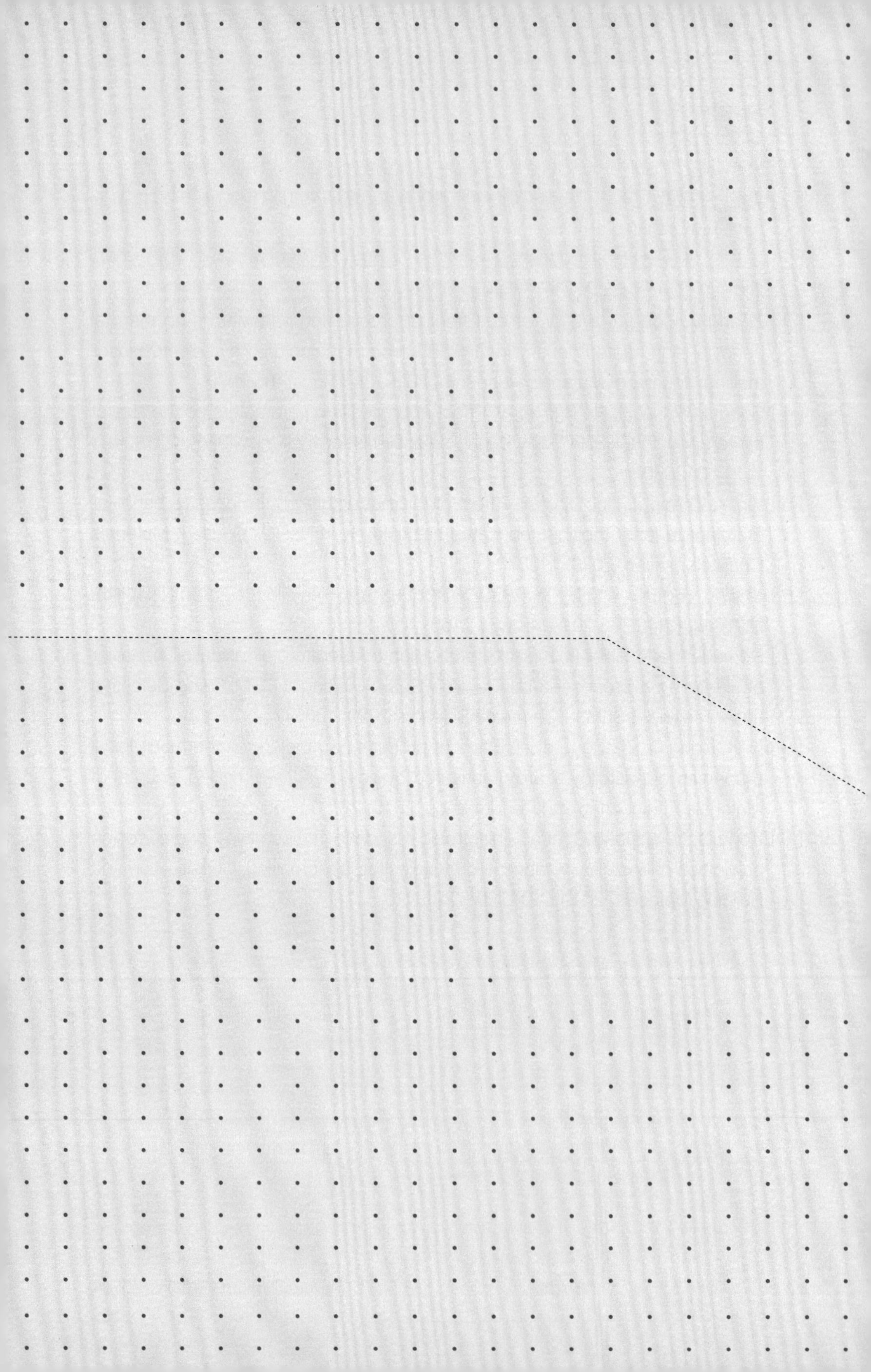

第8章

LMD成形Inconel 718合金的腐蚀行为与机理

Inconel 718高温合金是20世纪60年代初由美国的INCO Huntington Alloys公司发明的，在航空发动机上的应用已超过半个世纪，其设计之初的目的就是为了满足不断提高的发动机工作温度和制造成本的要求。Inconel 718合金的广泛工业应用与它的组织成分有关，Nb是该合金的关键强化元素，其含量约占合金总成分的5%，微观组织主要由奥氏体基体组成，时效处理后基体中析出γ′ 和γ″ 强化相。此外，MC型碳化物及δ相在晶界析出，起钉扎晶界作用。其中，γ″ 相是该合金的主要强化相，它与奥氏体基体γ保持共格关系，造成大的点阵错配度。

因具有极好的高温力学性能及抗腐蚀性能被广泛应用于航空、航天及能源领域，如蒸汽涡轮及航空发动机关键部件的制造。特别是650℃以下，其综合力学性能具有很好的稳定性，使其成为现代航空发动机中应用最为广泛的镍基高温合金材料。现代航空发动机的叶片、机匣、涡轮盘、定子、轴、支撑件、封严、管路、坚固件等关键零部件，都采用Inconel 718合金制成，其在飞机发动机上的用量超过30%（质量分数）。

激光增材制造在直接成形及修复镍基复杂结构零件方面具有独特优势。然而，激光增材制造镍基高温合金尚存在严重的成分偏析、脆性相、明显的各向异性（织构）及凝固组织可控性差等诸多问题，严重地限制了该技术发展与广泛应用。本章主要针对采用高通量直接金属沉积（LMD）技术来获取多成分Inconel合金体系，旨在了解快速凝固成形过程中组织成分对材料性能的影响；同时，这种高通量的制备技术也将提供高性能材料的设计新路径。

8.1 高通量LMD Inconel 718合金的制备工艺

高通量制备多种成分合金主要通过设计多功能的送粉系统来实现，如图8.1所示。采用双通路送粉系统，可实现两种粉末的掺杂打印，实现高通量制备。当然还可以通过更多通路，这里以双通路为例说明。送粉系统主要采用转盘式送粉器，主要由粉斗、粉盘和吸粉嘴组成。粉盘上带有凹槽，整个装置处于密闭环境中，粉末由粉斗通过自身重力落入转盘凹槽，并且电机带动粉盘转动，将粉末运至吸粉嘴，密闭装置中由进气管充入保护性气体，通过气体压力将粉末从吸粉嘴处送出，然后再经过出粉管到达激光加工区域。

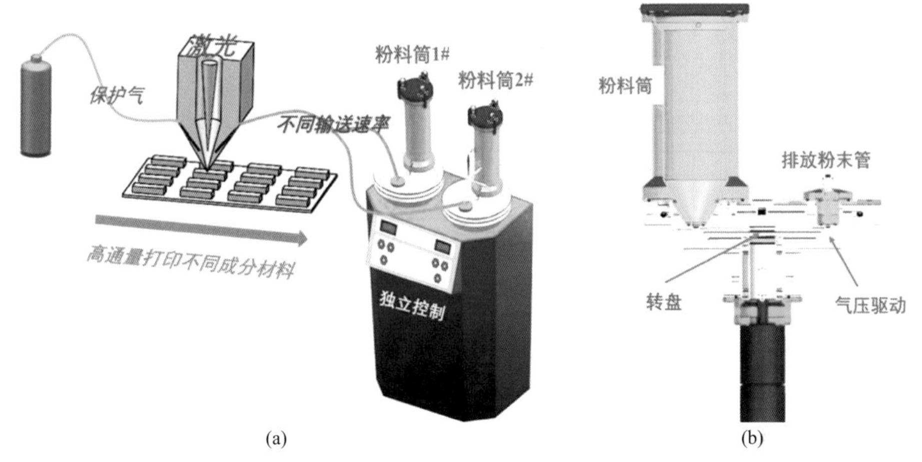

图8.1 直接金属沉积双通道送粉系统示意图（a）及送料仓双通路局部结构图（b）

这种双通道系统有如下功能特点:

① 双筒送粉，独立和同时工作可选。

② 粉末比例自主调整，适合梯度材料加工。

③ 可视储粉罐,送粉精确稳定可调。

④ 手动和可编程切换,编码器反馈控制电机，性能稳定可靠。

8.2 Nb含量对LMD Inconel 718合金组织与性能影响

8.2.1 成分与相组成

Nb是Inconel 718合金的关键强化元素，其含量及分布对材料的性能有着至关重要的影响。表8.1列出两种不同Nb含量的Inconel 718合金粉末的化学成分，通过不同的粉末配比，可获得Nb含量（质量分数）从1% ~ 8 %之间任一成分的打印。激光功率为1900W，光斑直径为2.5mm，每层厚度0.5mm，成形速度为10mm/s。表 8.2为设计打印不同Nb含量的LMD Inconel 718合金的实际化学成分，可以看到实际Nb含量与设计的Nb含量非常接近，成分偏差在4%之内，显示出这种打印方式的可靠性。

表8.1　两种不同Nb含量的Inconel 718合金粉末的化学成分（质量分数）　单位：%

元素	Al	Si	Nb	Mo	Ti	Cr	Fe	Ni
低Nb粉末	0.30	0.41	1.03	2.69	0.80	17.85	20.46	平衡
高Nb粉末	0.32	0.38	7.98	2.78	0.74	17.40	21.00	平衡

表8.2　设计打印不同Nb含量的LMD Inconel 718合金的实际化学成分（质量分数）　单位：%

设计Nb含量 \ 元素	Al	Si	Nb	Mo	Ti	Cr	Fe	Ni
1.0	0.30	0.34	1.04	2.86	0.79	17.68	21.01	平衡
2.0	0.23	0.30	2.03	2.99	0.60	17.75	20.89	平衡
3.0	0.29	0.38	3.11	3.05	0.75	17.64	20.12	平衡
4.0	0.26	0.37	4.05	3.08	0.61	17.50	19.82	平衡
5.0	0.28	0.41	5.08	3.05	0.80	16.90	19.34	平衡
6.0	0.24	0.47	5.94	3.21	0.72	17.01	18.74	平衡

图8.2为不同Nb含量的LMD镍基合金的背散射扫描电镜结果。沉积态组织主要以柱状枝晶组织为主，且枝晶间存在严重的Nb偏析及链状的Laves相，且随着Nb含量的增加这种白色的Laves相含量增多。Nb元素偏析及脆性Laves相形成对成形件的最终性能非常不利。首先，Laves相的形成会消耗基体中有用的合金元素Nb，进而抑制强化相γ′和γ″的析出。其次，脆性Laves相在残余应力或其他外载应力作用下为裂纹的形核和生长扩展提供条件，导致成形件的拉伸性能、断裂韧性及疲劳性能显著下降。此外，在增材制造过程中枝晶间低熔点共晶Laves相的形成容易造成热裂纹。因此，有必要控制凝固过程中Laves相的析出行为，尤其是避免长链状的Laves相。

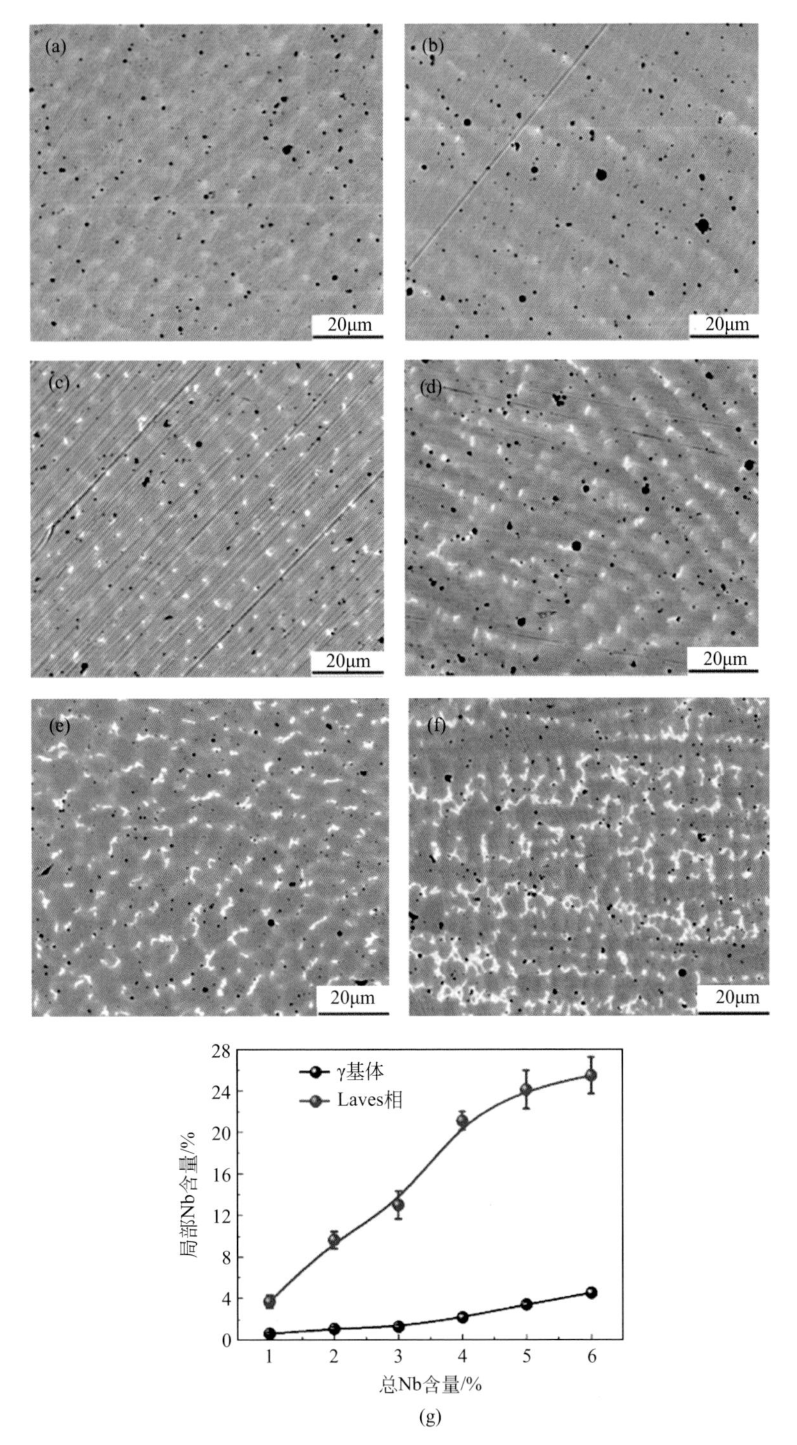

图8.2　不同Nb含量的LMD镍基合金的背散射扫描电镜结果

(a) 1%；(b) 2%；(c) 3%；(d) 4%；(e) 5%；(f) 6%；(g) γ 基体和Laves 相中局部的Nb含量随着总Nb含量的变化

在增材制造快速凝固过程中，Inconel 718合金通常以如下次序进行凝固：L → L + γ → L +NbC/γ→L+Laves/γ。由于固相中Nb原子的固溶度远小于液相，导致枝晶生长过程中不断向液相中排出Nb原子。因此，Nb元素偏析导致液相中Nb浓度的持续增加。随着凝固的进行，枝晶臂相互接触并将液相划分为许多独立的枝晶间区域。由于扩散途径（液相通道）的封闭，这些枝晶间区域中的Nb浓度会随液相体积分数的减少而急剧上升。当这些封闭区域里液相的化学成分及转变温度到达共晶点时，会发生L→L+Laves/γ共晶反应以终止凝固过程。尽管凝固过程也会发生L→L+NbC/γ共晶反应，但由于Inconel 718中的碳含量很少，跟Laves相比，NbC的数量可忽略不计。由此可以看出，Laves相是一种不可避免的终端凝固组织，其形成取决于凝固条件。随着Nb含量的增加，γ基体和Laves相中的Nb含量都有所增加，但Nb主要富集在Laves相中，且其饱和含量在25%左右。

图8.3为不同Nb含量（质量分数）的LMD Inconel 718合金的背散射扫描电镜和对应的能谱面分布结果，白色颗粒沿柱状枝晶间区域连续分布，呈长链状形貌，其富含Nb与Mo元素，贫乏Cr及Fe元素；而在枝晶区域，Nb及Mo元素是相对缺乏的。此外，黑色圆形颗粒为Ti和Al的氧化物，主要由于打印环境中的氧进入熔体形成弥散分布的氧化物颗粒。

采用标准的工业固溶+时效热处理工序：1095℃保温1h后空冷，980℃保温1h后空冷，720℃保温8h，以55℃ /h 速度冷却至620℃后保温8h，最后空冷。

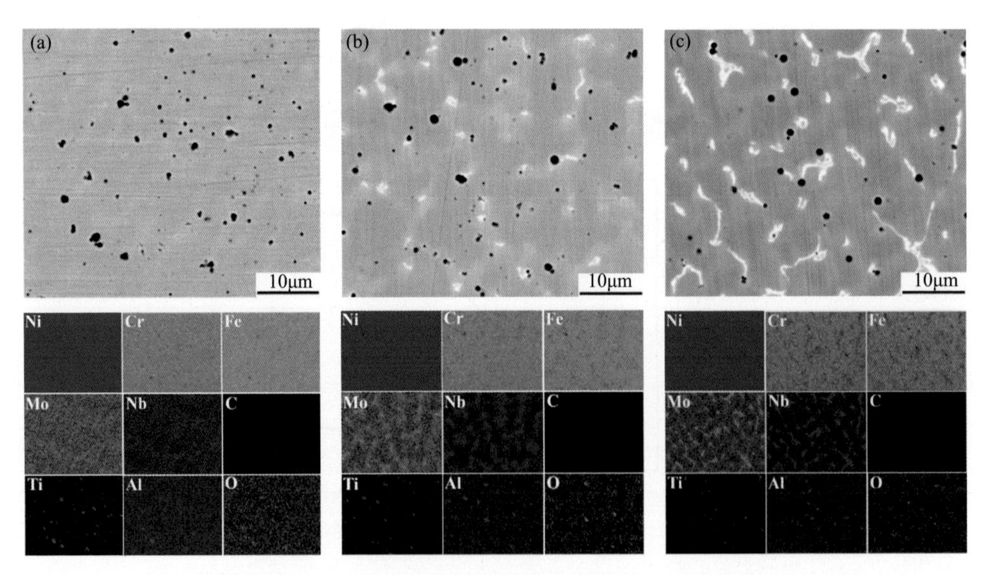

图8.3 不同Nb含量的LMD镍基合金的背散射扫描电镜和对应的能谱面分布结果
（a）2%；（b）4%；（c）6%

图8.4为不同Nb含量（质量分数）的LMD Inconel 718合金经过固溶+时效热处理后的背散射扫描电镜和对应的能谱面分布结果，可以看到，Laves相基本消失但氧化物颗粒仍然存在；6% Nb含量的LMD Inconel 718合金热处理之后出现大量δ相，且有的沿晶界析出。

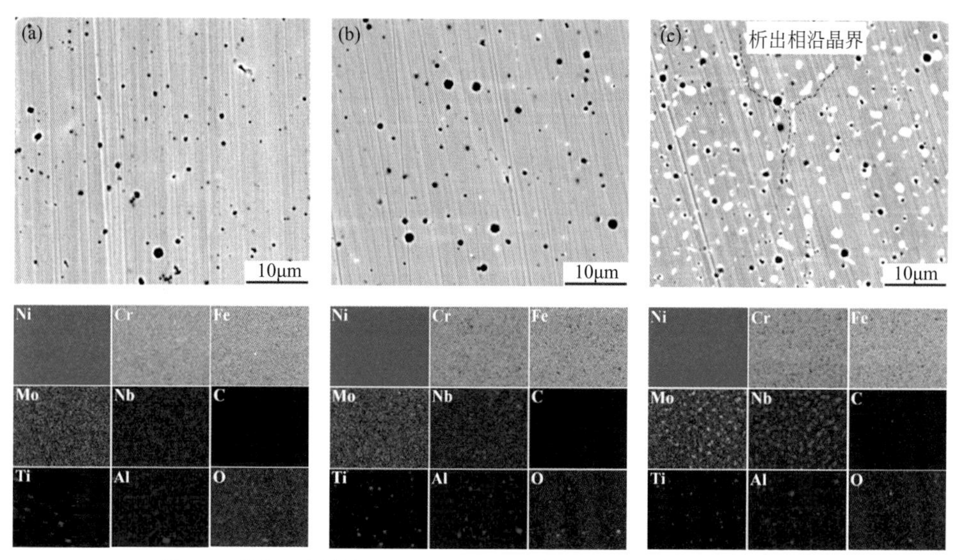

图8.4　不同Nb含量的LMD Inconel 718合金经过固溶+时效热处理后的背散射扫描电镜和对应的能谱面分布结果

（a）2%；（b）4%；（c）6%

8.2.2 微观组织结构

图8.5为不同Nb含量的LMD Inconel 718合金垂直打印方向的EBSD反极图结果以及平均晶粒尺寸随着Nb含量的变化关系。可以看到，晶粒取向没有明显变化，但晶粒形貌随着柱状晶逐渐变为等轴晶；同时，当Nb含量（质量分数）从1% 增加到6%时，晶粒尺寸从300μm左右减小到70μm。因为Nb在基体中能形成如NbC等细小的颗粒从而能够钉扎位错，阻碍晶界移动，从而达到细化晶粒的目的。

图8.6为不同Nb含量的LMD Inconel 718合金的透射电镜结果及Laves相的衍射斑。可以看到，Laves相随着Nb含量的增多而增多，同时相尺寸也从分散的圆形变为长条状。长条状的Laves相在外载应力作用下为裂纹的形核和生长扩展提供条件，导致材料断裂韧性及疲劳性能显著下降。

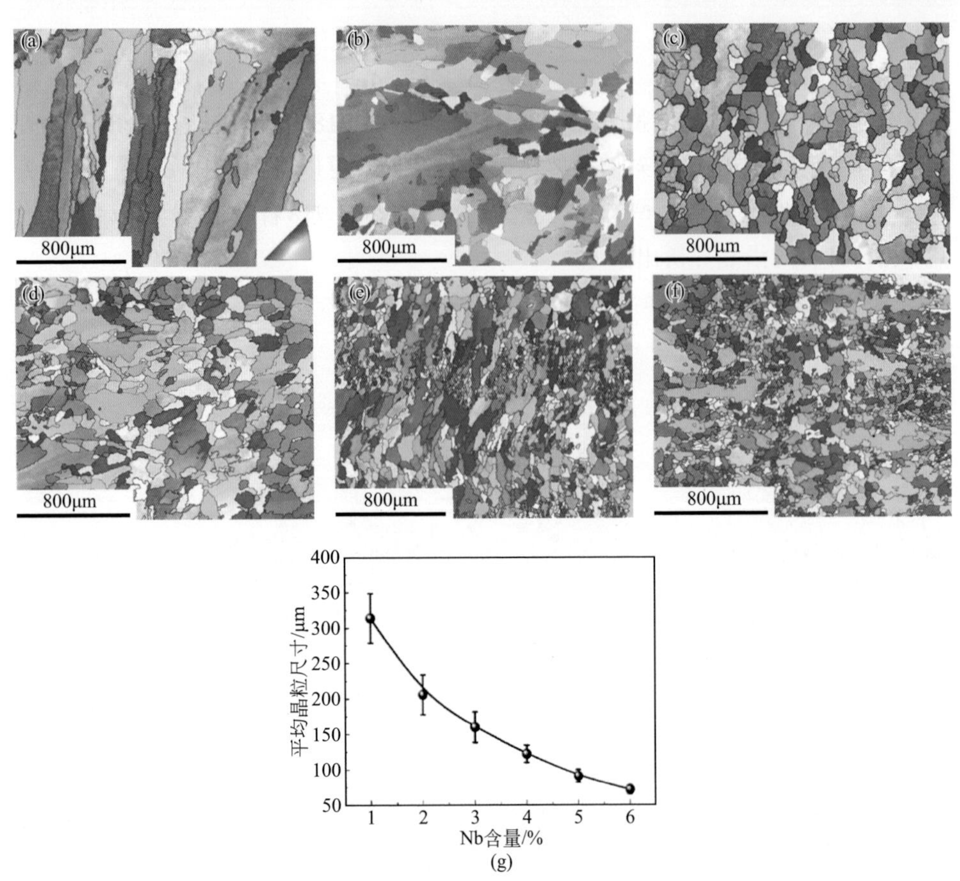

图8.5 不同Nb含量的LMD Inconel 718合金的EBSD反极图结果（*XOY*平面）及平均晶粒尺寸随Nb含量的变化关系

（a）1%；（b）2%；（c）3%；（d）4%；（e）5%；（f）6%；（g）平均晶粒尺寸随着Nb含量的变化关系

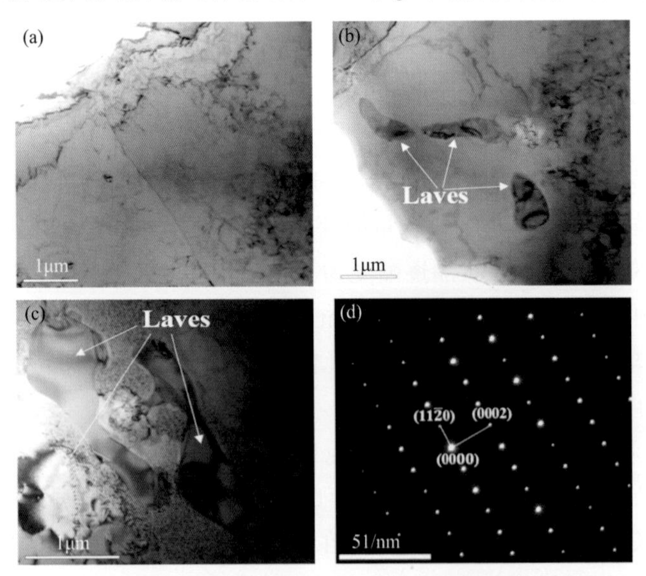

图8.6 不同Nb含量的LMD Inconel 718合金的透射电镜结果

（a）2%；（b）4%；（c）6%；（d）Laves相的衍射斑

经过适当热处理可消除这些Laves相。图 8.7为不同Nb含量的LMD Inconel 718合金固溶+时效热处理后的EBSD反极图结果和平均晶粒尺寸随着Nb含量的变化。可以看到，相对于直接成形样件，热处理之后材料的晶粒尺寸都有所变大。

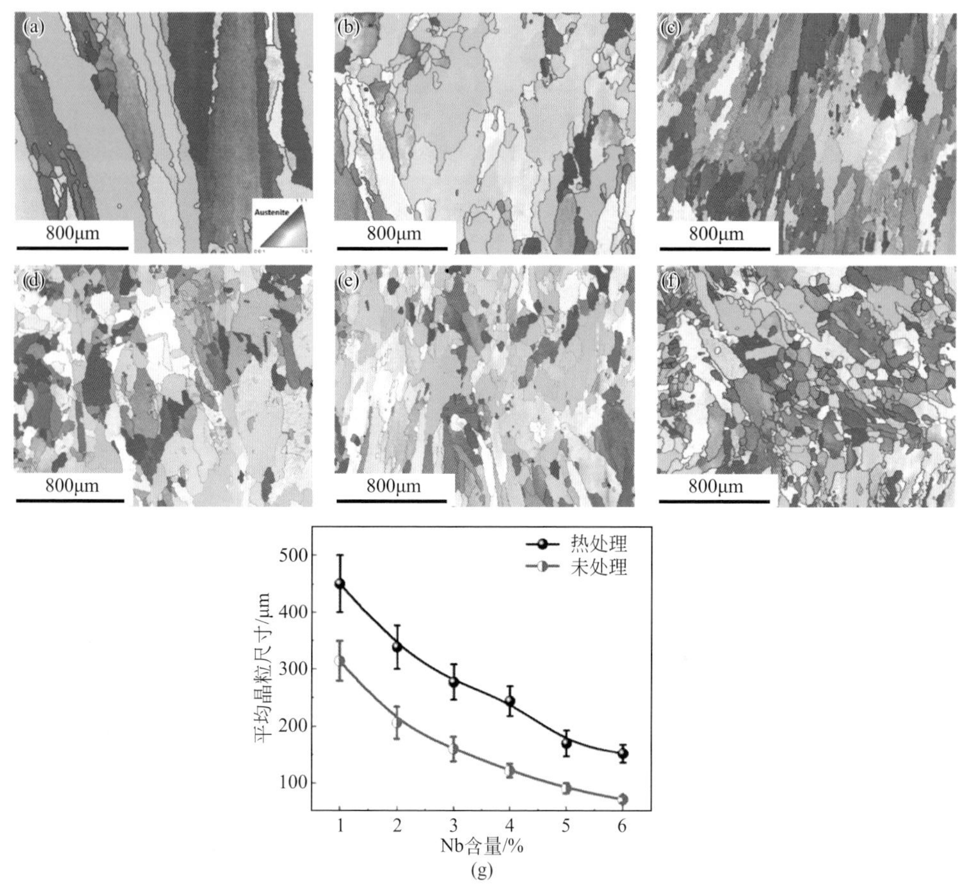

图8.7 不同Nb含量的LMDInconel 718合金固溶+时效热处理后的EBSD反极图结果（*XOY*平面）及平均晶粒尺寸随着Nb含量的变化

（a）1%；（b）2%；（c）3%；（d）4%；（e）5%；（f）6%；（g）平均晶粒尺寸随着Nb含量的变化

图 8.8为不同Nb含量的LMD Inconel 718合金固溶+时效热处理后的透射电镜结果。可以看到Nb含量较低的LMD Inconel 718合金热处理之后Laves相基本消失，逐渐生成γ′、γ″强化相。此外，MC型碳化物及δ相在高Nb的材料中也生成。对于6%Nb含量的LMD Inconel 718合金，部分Laves相热处理之后仍然存在。同时，透射结果显示，热处理之后主要是γ″强化相含量较多，而其对材料的强度影响也最大。

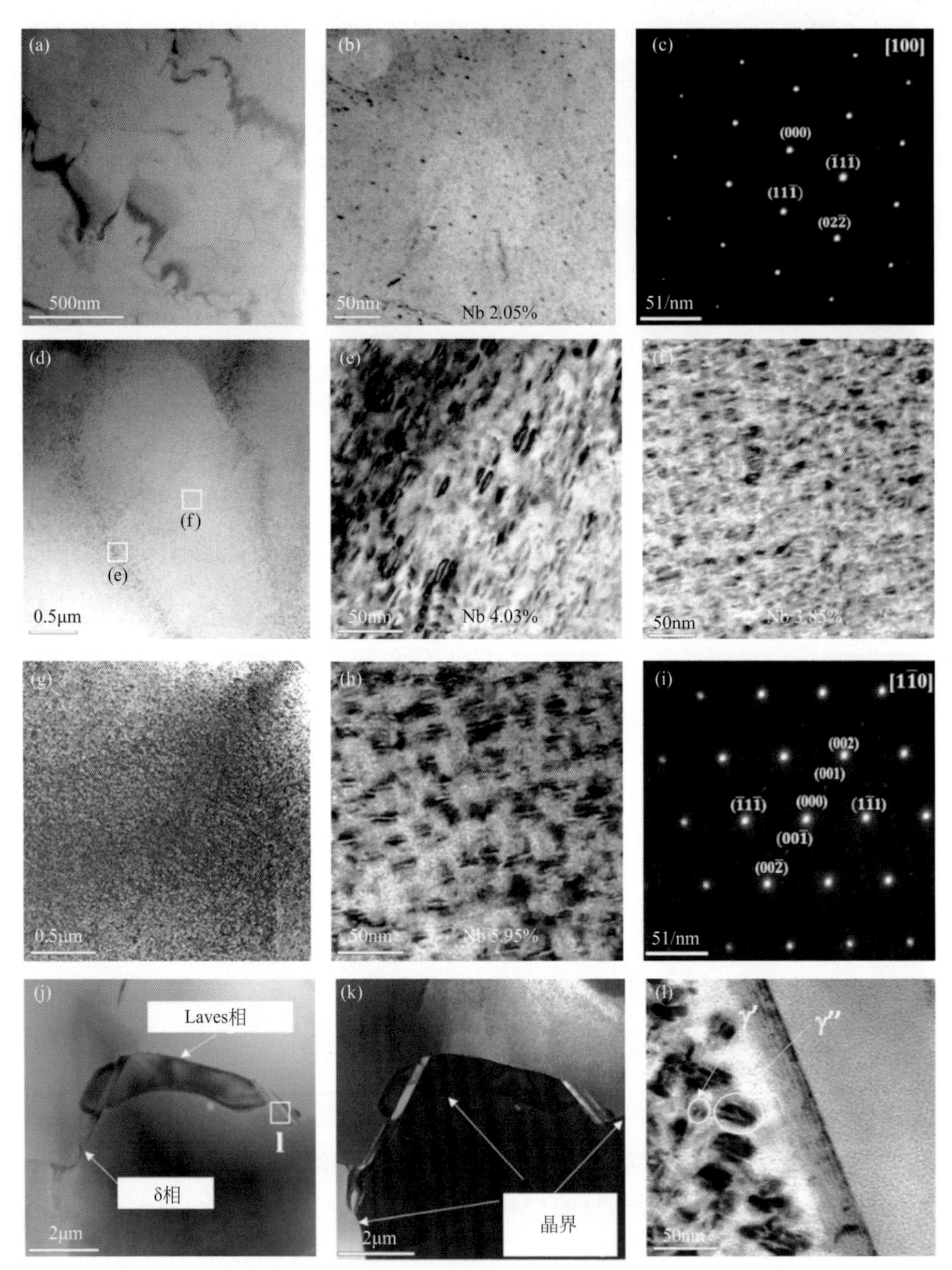

图8.8 不同Nb含量的LMD Inconel 718合金固溶+时效热处理后的透射电镜结果

（a）～（c）2%,（d）～（f）4 %,（g）～（l）6%

8.2.3 力学性能

由于Nb的偏析偏聚导致Laves相在材料内部大量生成，因此需对Laves相的力学性能进行表征。采用纳米压痕技术区分γ基体和Laves相的纳米硬度，如图8.9所示为不同Nb含量的LMD Inconel 718合金γ基体和Laves相的纳米压痕的应力位移曲线和相对应的纳米硬度随局部Nb含量的变化。可以看到，随着Nb含量的提高，基体的硬度略有提高，说明Nb元素固溶强化的效果并不明显，通常Mo和Cr用来强化面心立方γ基体。而Laves相的硬度随着Nb含量的提高而迅速增大。25% Nb含量的Laves相的硬度是基体的1.5倍。对比Laves相的纳米硬度随局部Nb含量的变化可知，Laves相中的Nb含量远高于基体，且随着总Nb含量的增加而迅速增加。说明随着Nb含量的增加，Laves相更硬，这也增大了Laves相与基体的不协调性。

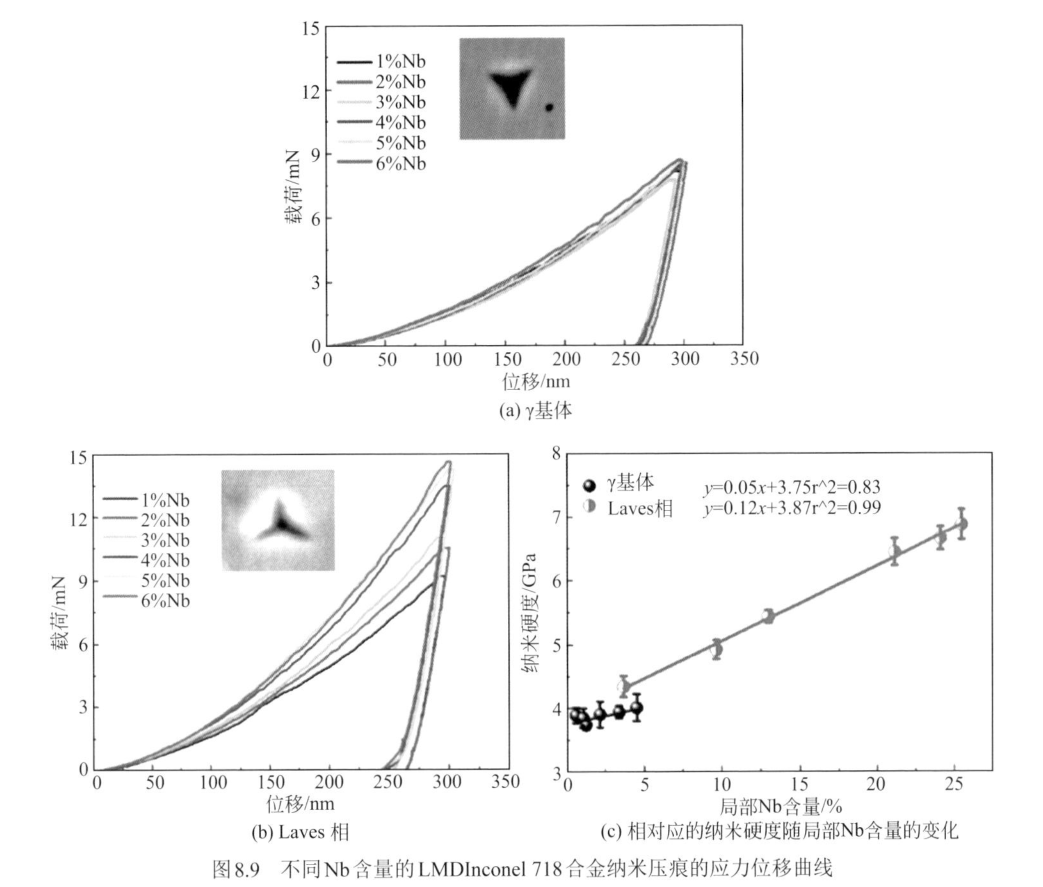

(a) γ基体

(b) Laves 相

(c) 相对应的纳米硬度随局部Nb含量的变化

图8.9 不同Nb含量的LMDInconel 718合金纳米压痕的应力位移曲线

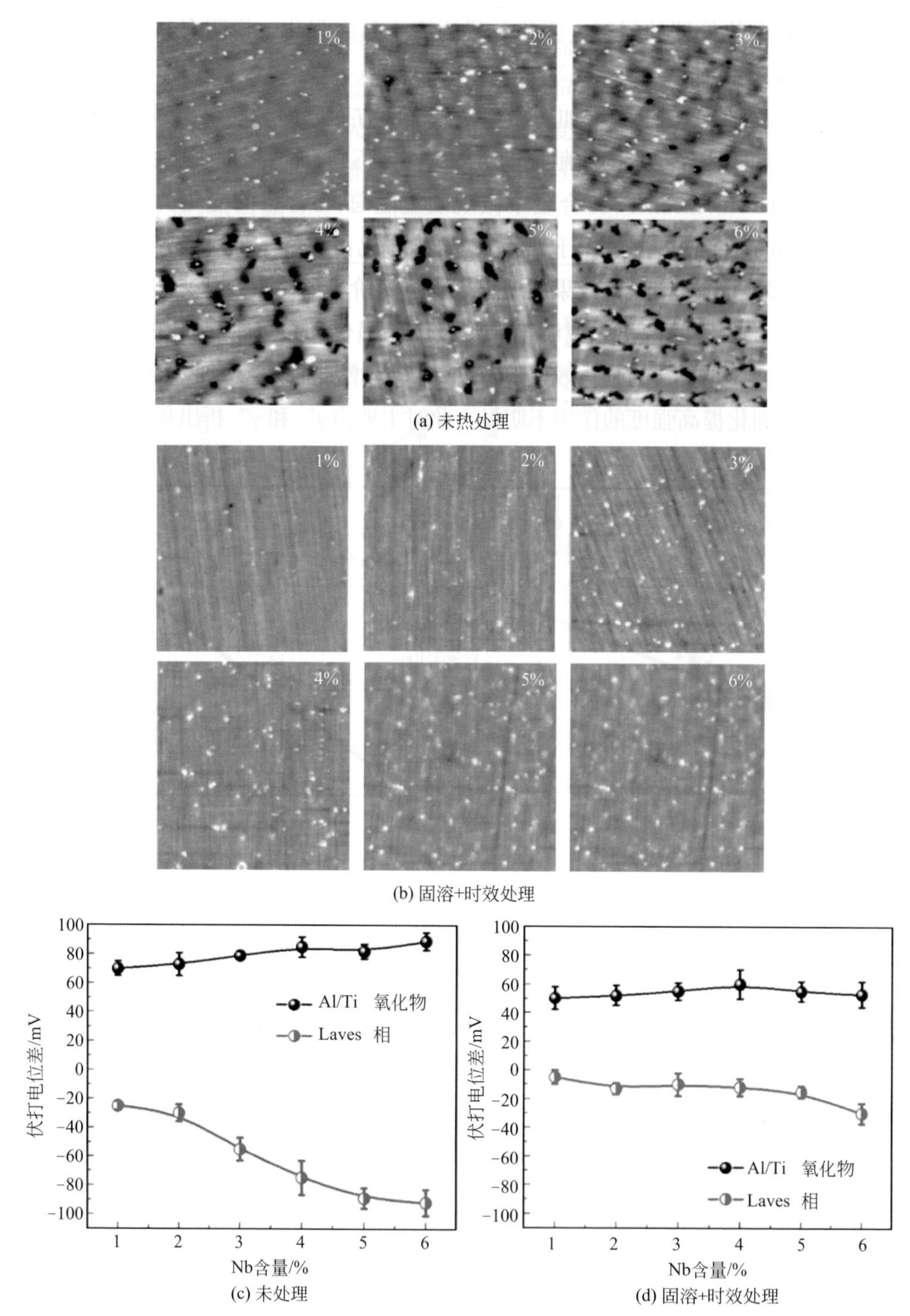

图8.13 LMD Inconel 718合金的伏打电位分布随着Nb含量变化图及LMD Inconel 718中钛/铝氧化物与基体和Laves相与基体之间的电位差结果

扫描面积为50×50μm²，电位分布范围为-120～80mV（灰色表示电位低）

图8.14为不同Nb含量的LMD Inconel 718合金在3.5%氯化钠溶液中的电化学交流阻抗谱的结果，阻抗弧随着Nb含量的增加而增大，说明Nb元素的添加提高了材料的耐蚀性；同时，相位角图规律一致，说明腐蚀过程类似，可采用同一等效电路进行拟合。拟合结果如表8.3所示，双电层电容器件的n值均在0.9以上，说明双电层的完整性比较好，同时，电荷转移电阻随着Nb含量的增多而增大，说明耐蚀性逐渐提高。

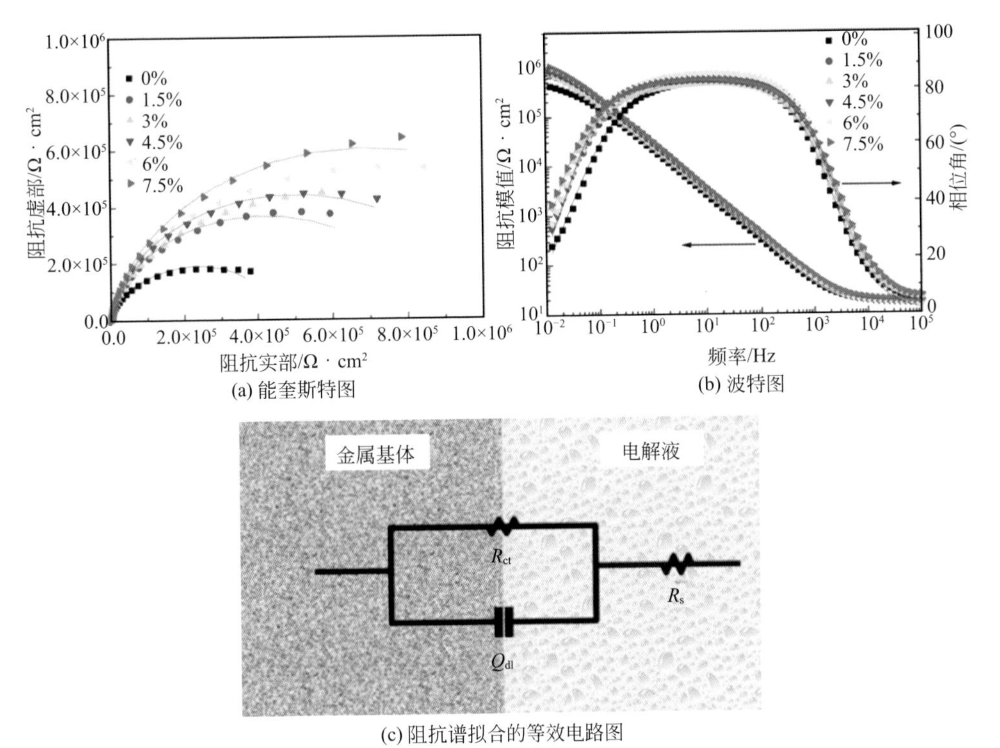

(a) 能奎斯特图

(b) 波特图

(c) 阻抗谱拟合的等效电路图

图8.14 不同Nb含量的LMD Inconel 718合金在3.5%氯化钠溶液中的电化学交流阻抗谱的结果

表8.3 阻抗谱拟合后的各等效元器件的数值结果

Nb含量（质量分数）/%	R_s/Ω · cm^2	C_{dl}/［10^{-6}S^n/（Ω · cm^2）］	n	R_{ct}/10^5Ω · cm^2
0	17.4	9.06	0.91	4.29
1.5	17.7	7.14	0.92	8.36
3	18.2	8.22	0.91	9.54
4.5	17.0	6.23	0.93	9.79
6	17.0	5.74	0.94	11.16
7.5	18.3	6.09	0.92	13.62

通过动电位极化曲线测试进一步对比，如图8.15所示为不同Nb含量的LMD Inconel 718合金在3.5%氯化钠溶液中的动电位极化曲线结果。点蚀电位有着明显的不同，钝化电流密度和点蚀电位具体结果如表8.4所示。可以看到，钝化电流密度随着Nb含量的提高而降低，说明钝化膜的稳定性随着Nb含量增多而提高；此外，点蚀电位随着Nb含量的提高明显变大，说明耐点蚀能力增强。不添加Nb时，点蚀电位在0.14V，而当Nb含量为6%左右时，点蚀电位提高到0.9V左右。

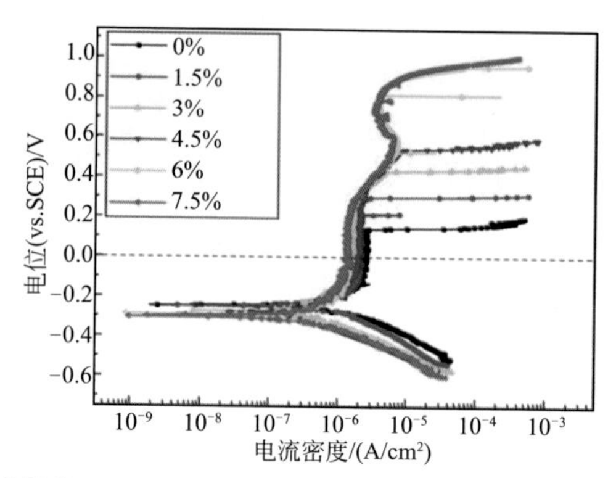

图8.15　不同Nb含量的LMDInconel 718合金在3.5%氯化钠溶液中的动电位极化曲线结果

表8.4　极化曲线中提取的电化学参数结果

Nb含量（质量分数）/%	钝化电流密度/（10^{-6}A/cm^2）	点蚀电位（vs.SCE）/V
0	2.6±0.2	0.14±0.05
1.5	2.2±0.1	0.30±0.04
3	1.8±0.1	0.43±0.07
4.5	1.9±0.2	0.54±0.08
6	1.4±0.1	0.91±0.1
7.5	1.3±0.1	0.92±0.12

点蚀电位的提高与材料内部析出相有关，没有Nb添加时，材料内部，尤其是晶界，容易形成碳化物，如碳化铬等，这样会造成局部铬的贫化导致耐蚀性下降；而当Nb含量提高时，会形成弥散分布碳化铌，从而减少了铬的贫化，提高耐点蚀能力。进一步更细致的解释还需更多的实验验证（图8.16）。

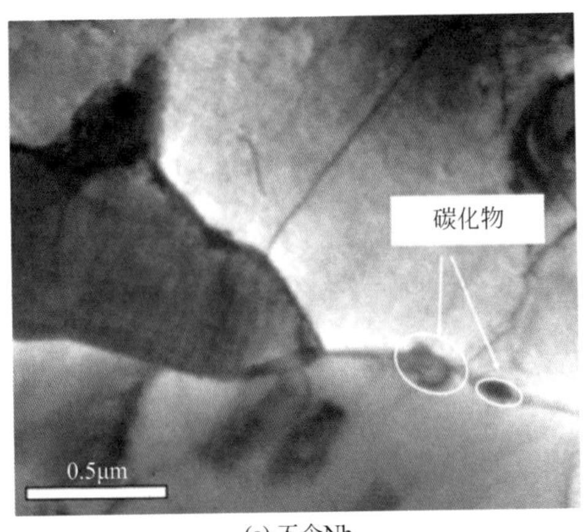

(a) 不含Nb

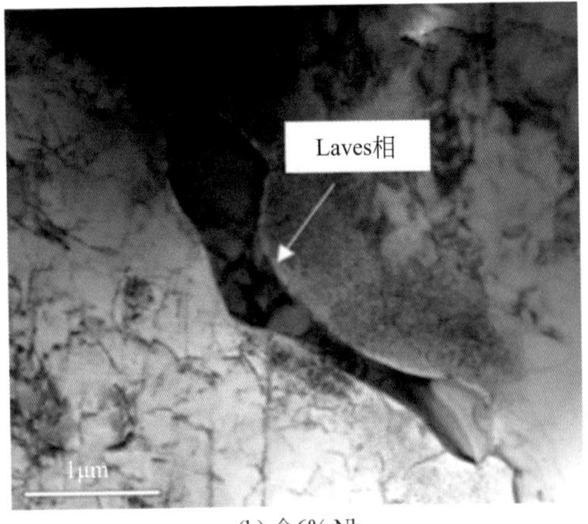

(b) 含6% Nb

图8.16 LMD Inconel 718合金的透射电镜结果

8.3 第二相颗粒对LMD Inconel 718 合金组织与性能的影响

8.3.1 组织结构与成分分布

直接金属成形的LMD Inconel 718合金硬度比较低，同时Laves相含量较高，因此，需要通过第二相颗粒强化，同时又要减少Laves相的产生。降低Nb的偏聚可以减少Laves相的生成，因此可通过添加与Nb亲和性较高的元素，如C等，使之弥散分布。本章节采用添加TiC颗粒的方式来降低Laves相的生成，同时提高材料的硬度。如图8.17为双通路送粉系统直接金属沉积不同TiC含量的LMD Inconel 718合金和一次性打印所有不同成分样品。两种粉末分别为Inconel 718合金粉末和Inconel 718合金加10%（质量分数）TiC的粉末，能够实现TiC含量从0% ~ 10%的任意打印。可以看到这种方式极大地提高了制备效率。实验中采用每层0.5mm的厚度以及10mm/s的扫描速度进行成形。

图8.18为不同TiC含量的LMD Inconel 718合金的光学照片，孔隙显黑色，如图中箭头所示，而TiC显灰色。左下角插图为背散射扫描电镜图，黑色为TiC颗粒。可以看到，增加了TiC的含量并没有明显提高材料的孔隙度。

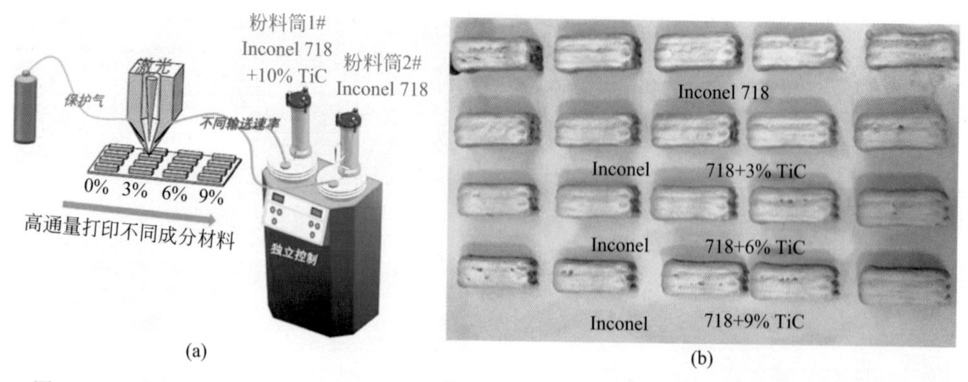

图8.17 双通路送粉系统直接金属沉积不同TiC含量的LMD Inconel 718合金（a）及一次性打印所有成分样品（b）

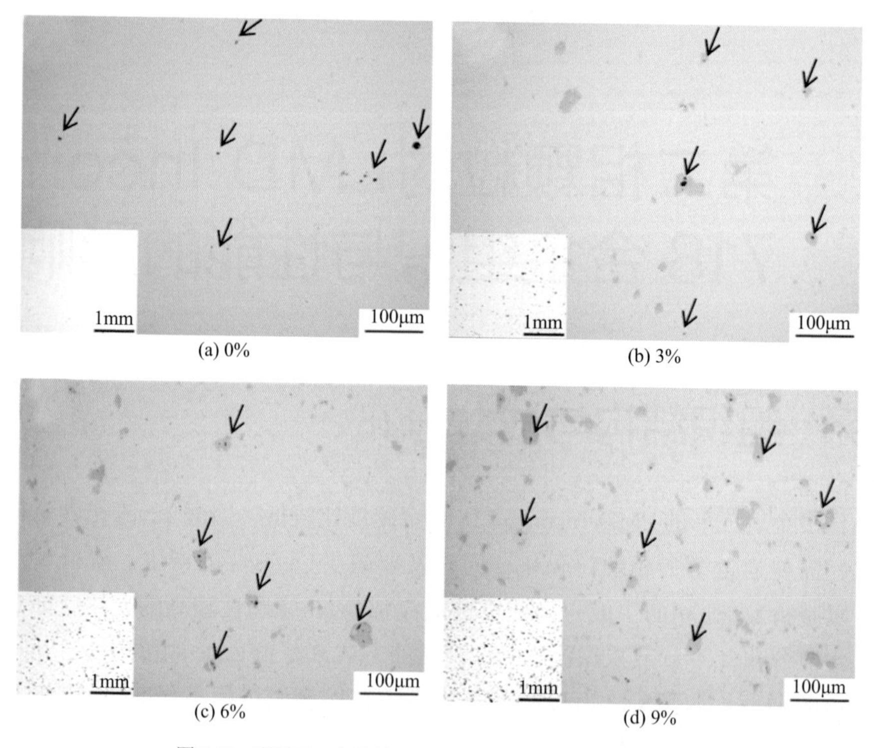

图8.18 不同TiC含量的LMD Inconel 718合金的光学照片

表8.5为不同TiC含量的LMD Inconel 718合金各成分的实际含量，可以看到，设计含量与实际含量相差不大，误差在6%以内，说明这种高通量制备的方式可靠性较高。图8.19为不同TiC含量的LMD Inconel 718合金的XRD结果，可以看到只有Ni-Cr固溶体和TiC两种物质的峰，同时，TiC的峰随着其添加量的增加而逐渐明显。

表8.5　不同TiC含量的LMD Inconel 718合金各成分的实际含量（质量分数）　单位：%

元素	C	Al	Nb	Mo	Ti	Cr	Fe	Ni
Inconel 718	0.81	0.47	5.58	3.31	1.05	18.04	18.56	平衡
Inconel 718 + 3% TiC	3.94	0.41	5.31	3.14	2.78	17.68	18.82	平衡
Inconel 718 + 6% TiC	4.50	0.44	5.38	2.99	5.50	17.20	18.13	平衡
Inconel 718 + 9% TiC	5.13	0.52	5.74	3.09	8.39	17.55	18.32	平衡

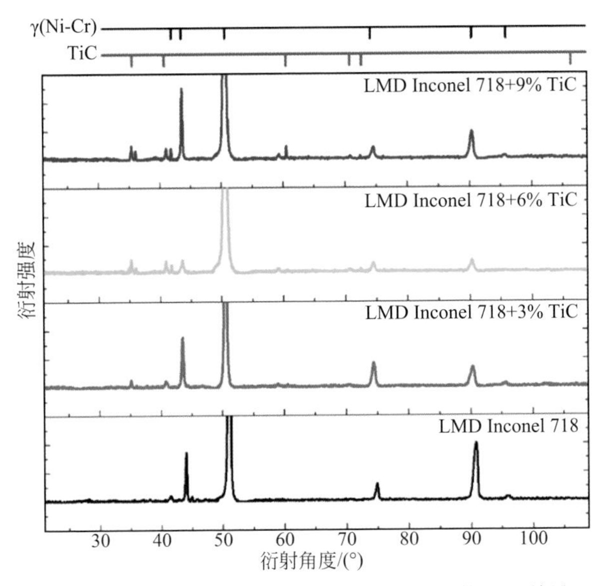

图8.19　不同TiC含量的LMD Inconel 718合金的XRD结果

图8.20为不同TiC含量的LMD Inconel 718合金的背散射扫描电镜及对应的能谱面扫描结果，背散射扫描电镜图中白色为Laves相，可以看到随着TiC含量

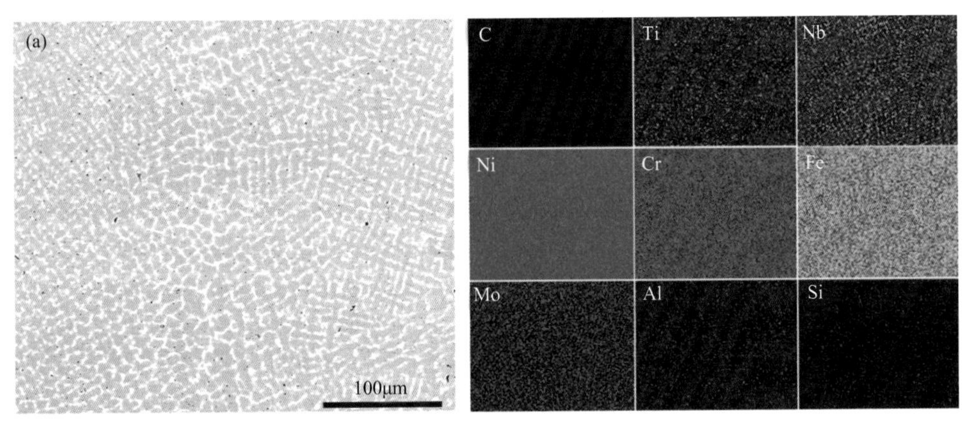

图8.20

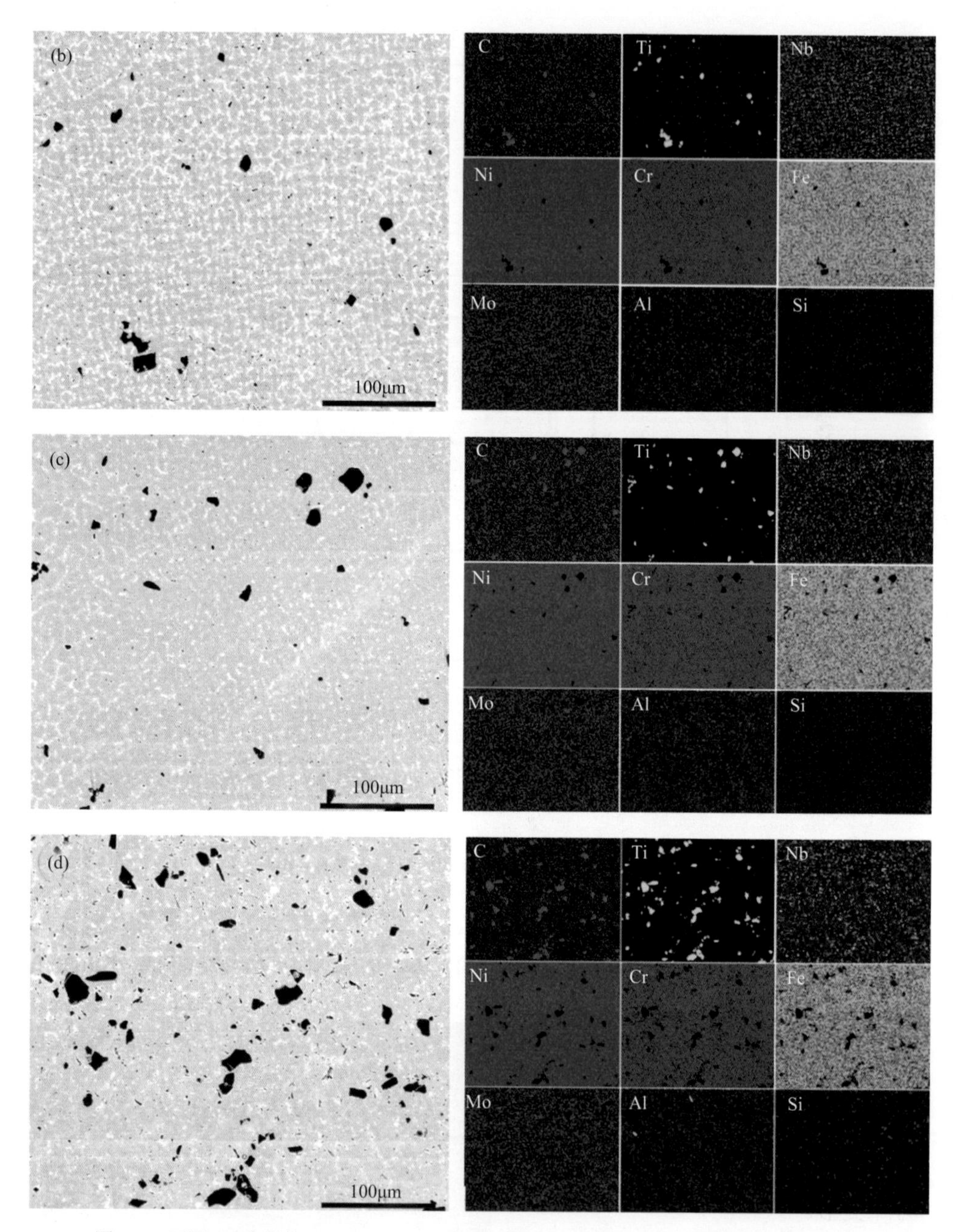

图8.20　不同TiC含量的LMD Inconel 718合金的背散射扫描电镜及对应的能谱面扫描结果

（a）0%；（b）3%；（c）6%；（d）9%

的添加，Laves相含量逐渐减少。黑色区域为TiC颗粒区域，随着添加量的增加而增多，其尺寸在20μm左右；能谱结果显示其主要还是Ti和C的富集，说明TiC并没有完全熔融扩散入基体。

图8.21为不同TiC含量（质量分数）的LMD Inconel 718合金EBSD的反极图结果，可以看到晶粒形状非常不规则。同时，随着TiC含量的添加，晶粒尺寸逐渐变小，说明添加TiC能够起到细化晶粒的作用。TiC颗粒的熔点较高，为3140℃，在激光熔融过程中并不能完全熔化TiC颗粒，未熔融的TiC颗粒可以阻碍部分晶界的长大；而颗粒边缘熔融的部分，由于碳的扩散与材料中的Nb等元素形成碳化铌等析出相，起到钉扎位错或晶界的作用，从而细化晶粒。

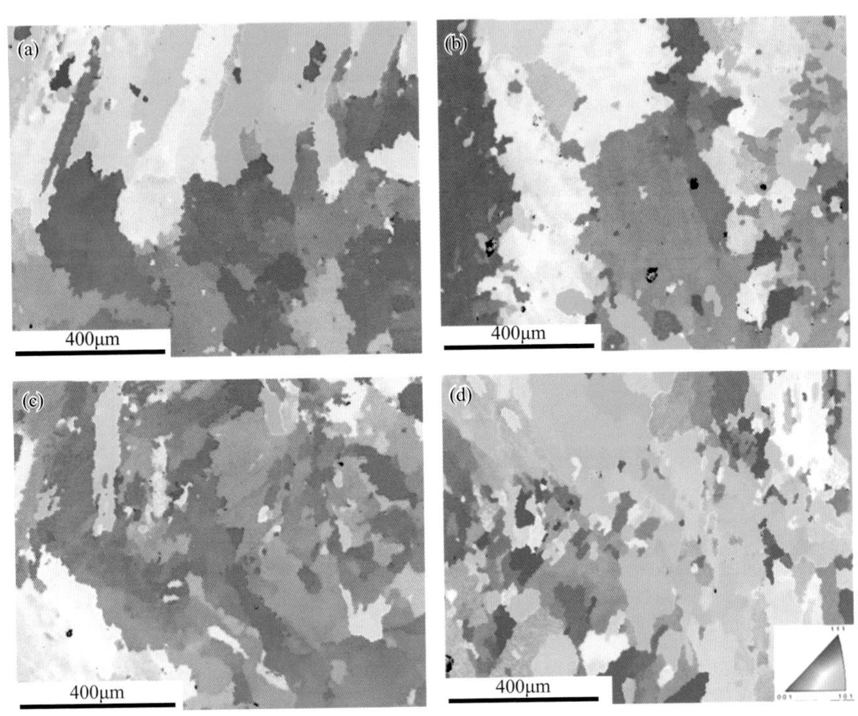

图8.21　不同TiC含量的LMD Inconel 718合金EBSD的反极图结果
（a）0%；（b）3%；（c）6%；（d）9%

图8.22为9%（质量分数）TiC含量的LMD Inconel 718合金的透射电镜结果以及能谱结果，可以看到TiC颗粒与基体的结合比较完整，并没有出现微裂纹等现象；同时，界面有微条纹形貌，有可能为材料在打印过程中残余应力引起的局部变形。通过能谱的线扫描发现，颗粒物处并非只有Ti和C的富集，Nb元素也存在明显的富集（高达50%），体现出Nb和C元素的高度亲和性，消耗了Nb的同时也减少了Laves相的生成。

图8.23为γ基体和TiC颗粒的纳米压痕的应力与位移曲线对比，可以明显看到，TiC的硬度较高，约为基体的1.5倍。高的硬度将有助于提高材料的耐摩擦磨损性能。

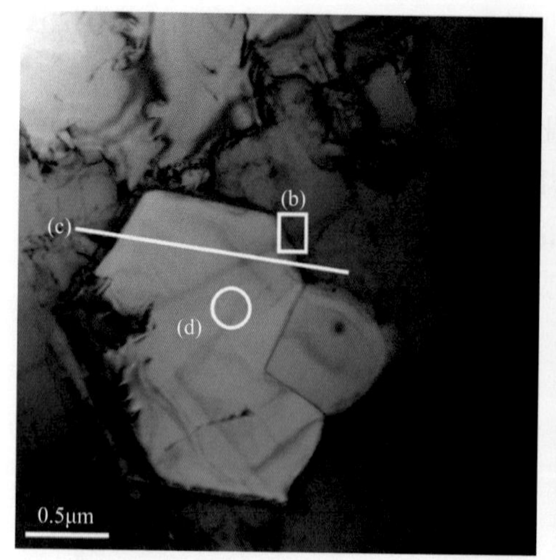

(a) 9% TiC含量的LMD Inconel 718合金的透射电镜结果

基体
颗粒
5nm

(b) TiC颗粒和基体界面的放大图

300nm
100nm
C
Cr
Fe
Nb
Ni
Ti
元素分布
0
500
1000
1500
2000
2500
距离/nm

(c) 穿过颗粒的能谱线扫描结果

元素	质量分数/%	原子分数/%
C(K)	8.80	40.14
Ti(K)	28.43	34.50
Cr(K)	2.63	3.22
Ni(K)	1.04	1.13
Fe(K)	1.18	1.19
Nb(K)	50.27	14.73
Mo(K)	7.61	5.05

(d) 颗粒物的能谱成分结果

图8.22　9%TiC含量的LMD Inconel 718合金的透射电镜结果以及能谱结果

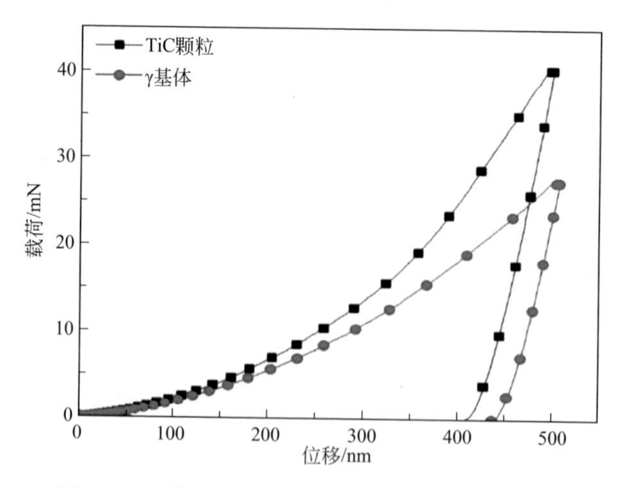

图8.23　γ基体和TiC颗粒的纳米压痕的应力与位移曲线

8.3.2 微电偶效应及局部腐蚀行为

图8.24为不同TiC含量的LMD Inconel 718合金在3.5%（质量分数）氯化钠溶液中的电化学测试结果。从腐蚀电位可看出，TiC颗粒的添加会提高材料的腐蚀电位，同时，随着添加量的增加，腐蚀电位也增大。这主要是因为TiC颗粒作为一种陶瓷相，其导电性非常低，电位较高，从而使得材料整体的电位有所提高。但通过动电位极化曲线测试可以看到，其钝化电流密度随着TiC含量的增加而增大，体现出较差的耐久性。添加9%（质量分数）TiC的LMD Inconel 718合金在0.4V（vs.SCE）的钝化电流密度为未添加TiC材料的2倍以上，说明TiC颗粒的存在加速了材料的腐蚀速率。

图8.25采用原子力扫描电镜对比TiC颗粒和基体之间电位差异，结果可以看到，由于TiC颗粒较硬，故在打磨抛光样品表面显示高于基体，高度统计结

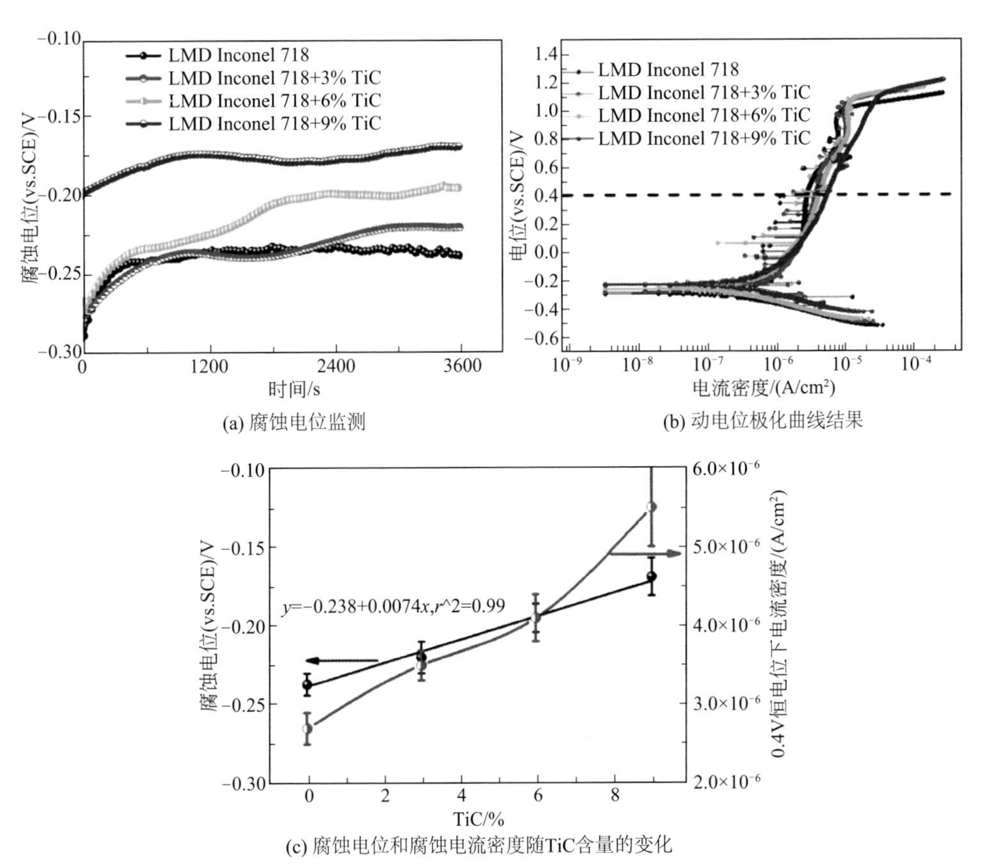

图8.24 不同TiC含量的LMD Inconel 718合金在3.5%氯化钠溶液中的电化学测试结果

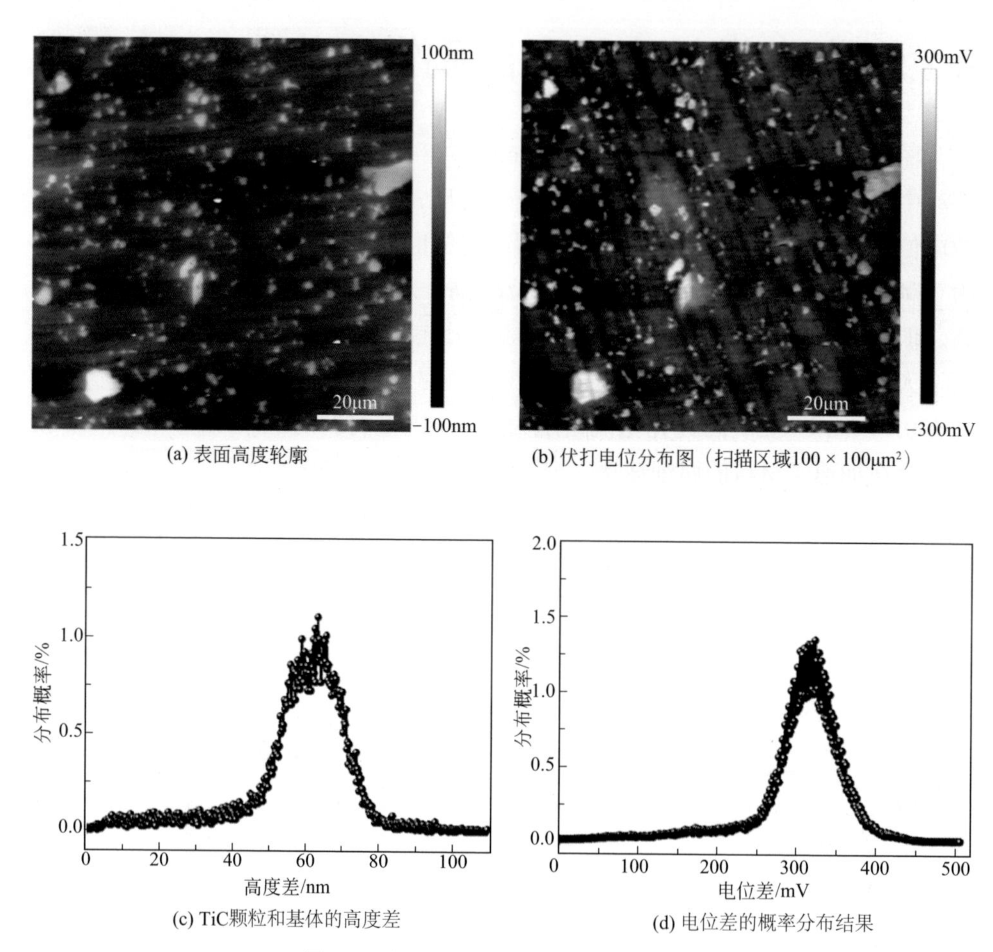

(a) 表面高度轮廓

(b) 伏打电位分布图（扫描区域100 × 100μm²）

(c) TiC颗粒和基体的高度差

(d) 电位差的概率分布结果

图8.25　含9% TiC 的LMD Inconel 718合金

果显示比基体高约60nm；同时，表面伏打电位显示TiC颗粒的电位也要高于基体，平均电位高出约300mV。因此，TiC颗粒在材料内部显示为阴极相，在其周边将会产生电偶腐蚀，作为阳极的基体将会有优先溶解，故而导致腐蚀电流密度增加。

图8.26为掺杂TiC的LMD Inconel 718合金在3.5%（质量分数）氯化钠溶液中极化曲线测试后TiC颗粒处的腐蚀形貌及能谱面分布结果。可以看到TiC颗粒内部及周边有很多小孔状的腐蚀坑，能谱面扫结果显示小孔处附近富集氧元素，为腐蚀发生区域；同时也有部分氯元素在小孔处富集，体现出电偶腐蚀加剧周边基体溶解的现象。但虽然加速腐蚀，总体的腐蚀速率还是偏低的，腐蚀电流密度仍在微安每平方厘米级别。

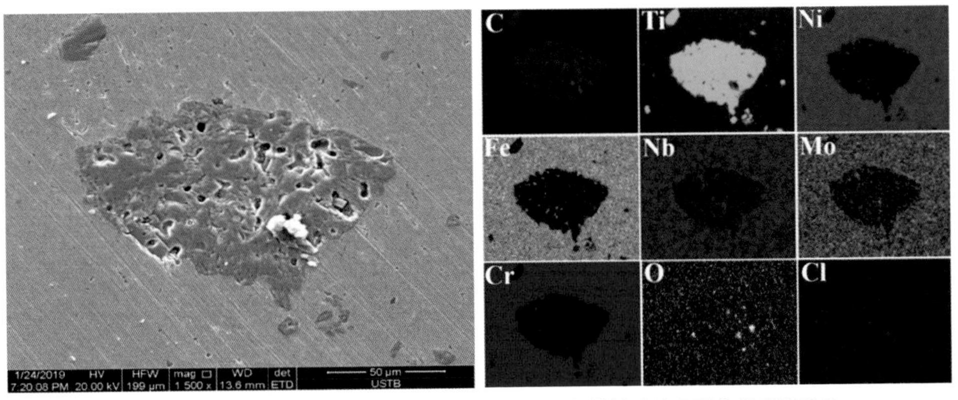

图8.26　掺杂TiC的LMD Inconel 718合金在3.5%氯化钠溶液中极化曲线测试后TiC颗粒处的腐蚀形貌及能谱面分布结果

8.3.3 摩擦磨损性能

摩擦磨损性能是结构材料的关键性能之一，采用Al_2O_3陶瓷球在材料表面加载5N，实时监测摩擦力获取摩擦系数；后通过三维激光共聚焦显微镜对摩擦痕迹进行分析。图8.27为不同TiC含量（质量分数）的LMD Inconel 718合金的摩擦系数随滑动时间的变化和稳态摩擦系数随TiC含量的变化结果。在摩擦初期，摩擦系数均快速增加，然后略有下降，最后保持稳定。无TiC添加的LMD Inconel 718合金的平均摩擦系数高达0.68，当TiC 添加量为9%时，摩擦系数下降20.1%。LMD Inconel 718合金的摩擦系数随着TiC含量的增加而减少，表明对

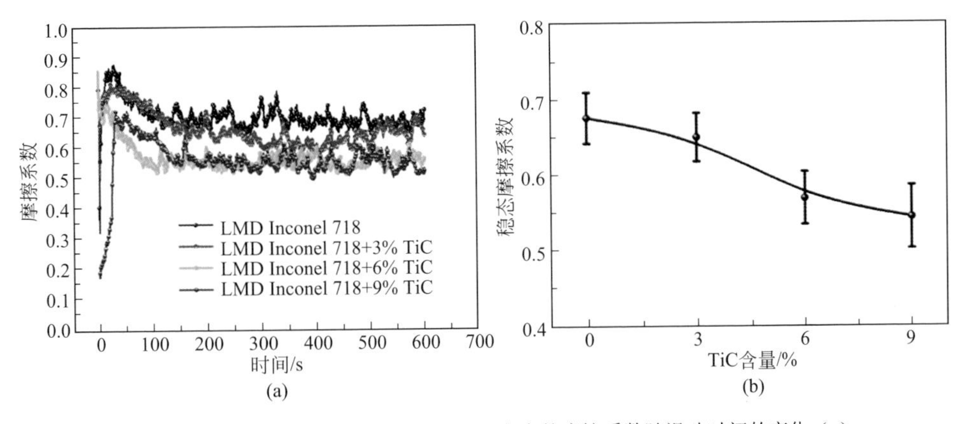

图8.27　不同TiC含量的LMD Inconel 718合金的摩擦系数随滑动时间的变化（a）和稳态摩擦系数随TiC含量的变化结果（b）

材料的摩擦磨损性能有所提高。TiC颗粒的高弹性模量在负载下抵抗变形，较高的TiC含量提高了复合材料的摩擦系数。

图8.28显示了不同TiC含量（质量分数）的LMD Inconel 718合金的表面磨损形貌及三维轮廓结果。可以看到，随着TiC含量的增加，磨损形貌逐渐变浅和变窄。材料硬度的提高将减少实际摩擦接触面积，因此与无TiC添加的基体相比，滑动过程中摩擦力变小。同时，TiC颗粒在变形下充当错位运动的屏障，从而强化材料抗磨损性能。此外，随着TiC颗粒的增加，组织的晶粒细化，也能更进一步提高材料的耐磨性能。

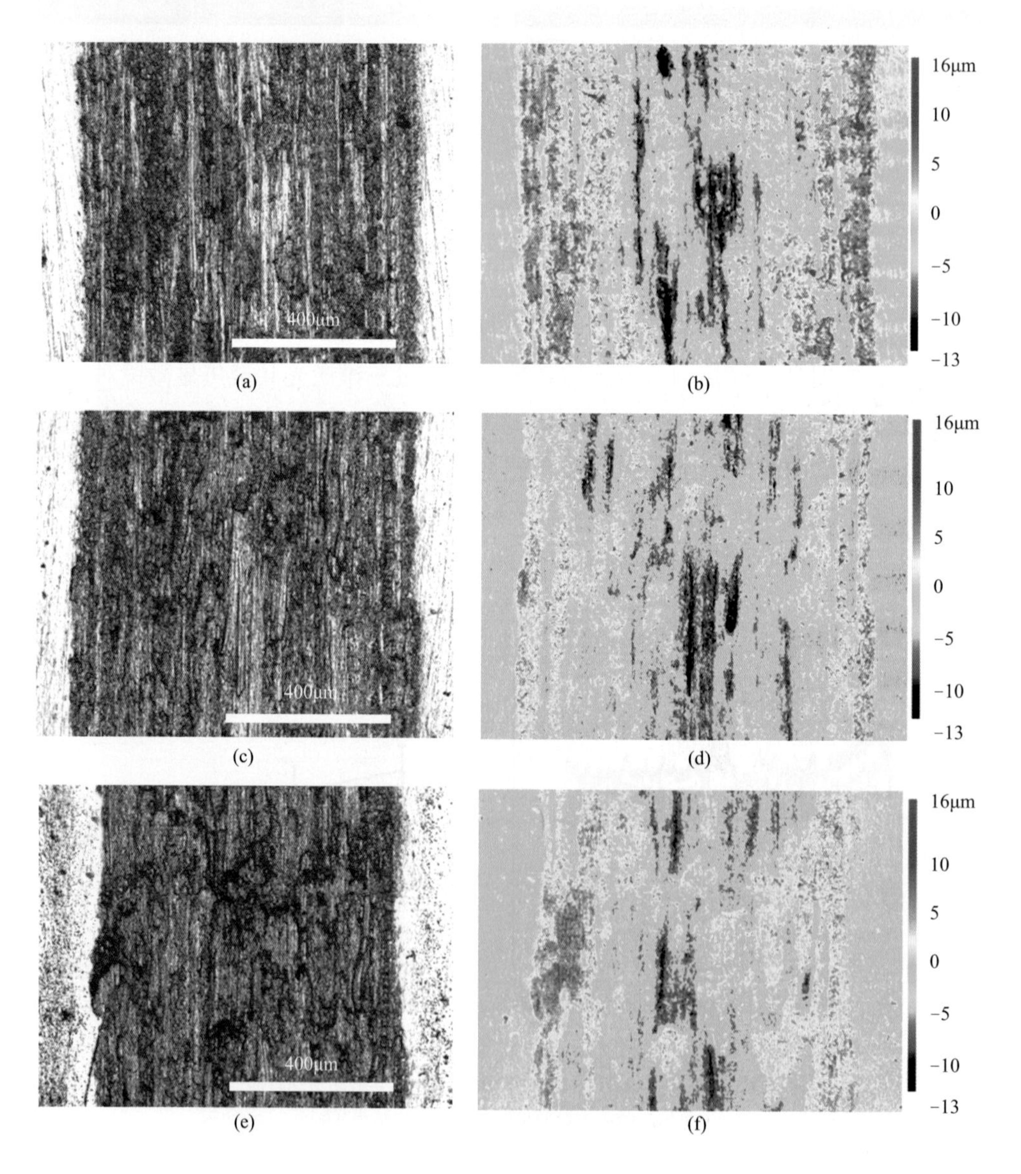

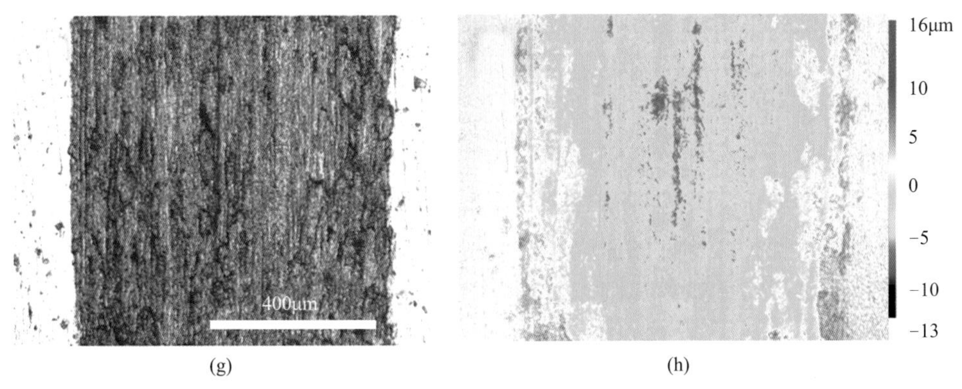

图8.28 不同TiC含量的LMD Inconel 718合金的表面磨损形貌及三维轮廓结果

（a）、（b）0%；（c）、（d）3%；（e）、（f）6%；（g）、（h）9%

8.4 工程应用分析与展望

目前，国内外已大量开展了激光增材制造方面的研究和应用，主要集中在镍基高温合金增材制造的工艺特性、成形件组织性能以及热处理对组织和性能的影响方面，并探索了增材制造技术在单晶叶片的修复技术。增材制造技术的一个最好的应用领域是对部件损伤的修复，包括高压压气机叶盘结构、高压涡轮导向器和叶片、高压涡轮衬套以及燃烧室旋流器等部件维修技术的研究，保持了结构的完整性，如图8.29。同时，相比传统的锻造或铸造工艺，增材制造

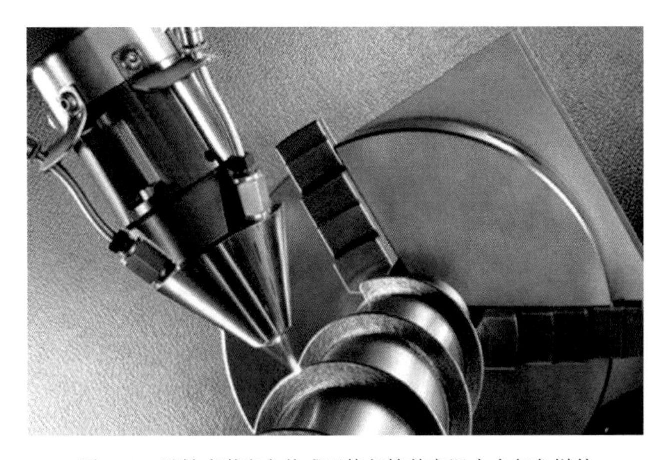

图8.29 送粉式激光立体成形修复镍基高温合金复杂样件

技术能够降低原材料消耗50%，将发动机的BTF比（生产部件的原材料质量与部件最终质量之比）从传统工艺的20∶1降低到2∶1以下，这对降低部件质量和制造成本是大有裨益的。

对于大型金属构件，基于送粉方式的激光熔化沉积技术可有效满足大型金属构件的成形要求，并实现钛合金、镍基高温合金、高强钢、难熔合金等难加工金属材料大型关键构件的激光增材制造及工业应用。同时，多通路的送粉技术，也打破了材料体系的局限以及梯度材料的成形。本章采用双通路送粉系统高通量制备多成分的镍基高温合金，研究结果表明，这种高通量制备手段具有较高的可靠性，实际成形材料成分偏差较小。这主要得益于以凝固晶粒、内部缺陷及显微组织为核心的冶金质量和性能的控制，以及激光成形件热应力、变形开裂及结构缺陷控制等理论及技术的进步。同时，近年来多激光器、多振镜协同的粉床型激光选区熔化装备及技术的发展，也为结构复杂的大型整体金属构件的成形开辟了新途径。

8.5 本章小结

本章主要采用双通路送粉系统高通量制备多成分的LMD Inconel 718合金，主要研究关键强化元素Nb和第二相强化颗粒TiC对材料组织结构、力学性能及腐蚀行为的影响。研究结果表明，这种高通量制备手段具有较高的可靠性，实际成形材料成分偏差较小。

Nb的添加提高了LMD Inconel 718合金中Laves相的含量，但同时细化了晶粒组织，提高了材料的强度；此外，Nb的添加改变了材料内部析出相的含量，尤其改善了碳化物夹杂，提高了材料的耐蚀性能。固溶+时效热处理后，Laves相逐渐消失，大量的γ′、γ″强化相析出，极大地提高了材料的强度。

TiC颗粒的添加并未明显增大LMD Inconel 718合金的孔隙率，但明显降低了材料内部的Laves相含量；TiC颗粒的添加同样减小了晶粒尺寸，提高了材料的强度。TiC颗粒在材料内部为阴极相，与周围基体产生电偶效应，导致周围基体的快速溶解，降低了材料的耐蚀性。但由于强化相的存在以及晶粒组织的细化，LMD Inconel 718合金的耐摩擦磨损性能提高。

参考文献

[1] 肖辉. 激光增材制造Inconel 718合金凝固组织调控及机理研究. 长沙：湖南大学，2017.

[2] Kong D, Dong C, Ni X, et al. High-throughput fabrication of nickel-based alloys with different Nb contents via a dual-feed additive manufacturing system: Effect of Nb content on microstructural and mechanical properties. Journal of Alloys and Compounds, 2019, 785: 826-837.

[3] Kong D, Dong C, Ni X, et al. Effect of TiC content on the mechanical and corrosion properties of Inconel 718 alloy fabricated by a high-throughput dual-feed laser metal deposition system. Journal of Alloys and Compounds, 2019, 803: 637-648.

[4] Ni X, Zhang L, Wu W, et al. Functionally Nb graded inconel 718 alloys fabricated by laser melting deposition: mechanical properties and corrosion behavior. Anti-Corrosion Methods and Materials, 2020.

[5] Sui S， Chen J， Zhang R，et al. The tensile deformation behavior of laser repaired Inconel 718 with a non-uniform microstructure.Mater Sci Eng A, 2017，688: 480-487.

[6] Stevens EL， Toman J， To A C, et al. Variation of hardness, microstructure, and Laves phase distribution in direct laser deposited alloy 718 cuboids. Mater Design, 2017，119: 188-198.

[7] Zhong C， Gasser A， Kittel J，et al. Improvement of material performance of Inconel 718 formed by high deposition-rate laser metal deposition. Mater Design, 2016, 98: 128-134.

[8] Xiao H, Li S, Han X, J.et al.Laves phase control of Inconel 718 alloy using quasi-continuous-wave laser additive manufacturing. Mater Design，2017，122: 330-339.

[9] 张颖，顾冬冬，沈理达，等. INCONEL系镍基高温合金选区激光熔化增材制造工艺研究. 电加工与模具，2014, 000（004）:38-43.